直流换流站运检技能培训教材
直流控制保护及测量设备

国家电网有限公司设备管理部
国家电网有限公司直流技术中心　组编 ●

中国电力出版社
CHINA ELECTRIC POWER PRESS

图书在版编目（CIP）数据

直流控制保护及测量设备 / 国家电网有限公司设备管理部, 国家电网有限公司直流技术中心组编. -- 北京：中国电力出版社, 2025. 6. -- (直流换流站运检技能培训教材). -- ISBN 978-7-5198-9358-3

Ⅰ. TM63

中国国家版本馆 CIP 数据核字第 2024U74S05 号

出版发行：中国电力出版社
地　　址：北京市东城区北京站西街 19 号（邮政编码 100005）
网　　址：http://www.cepp.sgcc.com.cn
责任编辑：雍志娟
责任校对：黄　蓓　李　楠
装帧设计：郝晓燕
责任印制：石　雷

印　　刷：三河市万龙印装有限公司
版　　次：2025 年 6 月第一版
印　　次：2025 年 6 月北京第一次印刷
开　　本：710 毫米×1000 毫米　16 开本
印　　张：26.5
字　　数：420 千字
定　　价：180.00 元

编　委　会

前言
PREFACE

截至 2024 年 12 月，国家电网公司国内在运直流工程 35 项，其中特高压 16 项，常规直流 14 项（其中背靠背 4 项），柔直 5 项（其中背靠背 1 项），换流站 69 座。公司系统海外代维直流 3 项（美丽山 1 期、美丽山 2 期、默拉直流工程）。随着西部"沙戈荒"风电光伏基地和藏东南水电大规模开发外送，特高压直流将迎来新一轮大规模、高强度建设，预计到 2030 年将新建 26 回直流工程。其中到 2025 年将建成金上—湖北、陇东—山东等直流，开工库布齐—上海、乌兰布和—河北京津冀、腾格里—江西、巴丹吉林—四川、柴达木—广西等 5 回直流工程；到 2030 年，再新建雅鲁藏布江大拐弯送出、内蒙古、甘肃、陕西"沙戈荒"新能源基地送出共 17 回直流。直流输电规模快速增长和直流输电技术日益复杂，使部分省公司直流技术人员不足、新工程运检人员储备不足、直流专家型人才缺乏的问题日益凸显。

为加强直流换流站运检人员技能培训，国网直流技术中心受国网设备部委托，组织湖北、上海、江苏、甘肃、四川、湖南、安徽、冀北、山东公司和相关设备制造厂家专家，在收集、整理、分析大量技术资料的基础上，结合现场经验，经过多轮讨论、审查和修改，最终形成了《直流换流站运检技能培训教材》。整个系列教材包括换流站运维、换流变压器、开关类设备、直流控制保护及测量、换流阀及阀控、阀冷却系统、柔性直流输电、调相机以及换流站消防九个分册。编写力求贴合现场实际且服务于现场实际，突出实用性、创新性、指导性原则。

由于编写时间仓促，编写工作中难免有疏漏之处，竭诚欢迎广大读者批评指正。

编　者
2025 年 4 月

目 录
CONTENTS

第三篇 直 流 保 护 系 统

第四篇 PCS-9550 控制保护系统

第五篇 DPS-3000 控制保护系统

第六篇　直 流 测 量 设 备

第一篇

直流输电原理

第一章　绪　　论

一、国外直流输电的发展

1809 年，英国人汉弗莱·戴维制成了世界上第一盏弧光灯，标志着人类进入电力照明时代。1866 年，德国企业家冯·西门子发明了世界上第一台工业用途自励式直流发电机，使电力逐步取代蒸汽力成为重要的动力，世界向电气化时代迈出了有力的一步。

早期的电能的生产、输送和应用均以直流为主，然而随着生产力的发展和人们对电能需求的不断增加，直流电逐渐不能满足用电要求。19 世纪末，人们逐步掌握了多相交流电路原理，发明了交流发电机、变压器以及感应电动机，特别是经历了著名的"电流之战"后，交流电几乎完全取代了直流电，并逐渐发展演进成现在的规模巨大的交流电力系统。但是在电能输送领域，直流输电仍然具有交流输电所不具备的优点，比如电能损耗小、线路造价低、系统稳定以及可实现不同电网的非同期互联等优势。在电能的生产和应用均为交流所统治的情形下，要发展直流输电，必须解决和跨越"换流"门槛。

随着大功率电力电子可换流器件的不断发展，"换流"问题逐渐找到了可靠的方式。按照换流器件载体的不同，直流输电的发展大体可以划分为三个时期。

（一）汞弧阀换流时期

20 世纪初，随着大功率汞弧阀的问世，直流输电开始逐渐发展起来。汞弧阀既可以用于整流，同时也解决了逆变问题，开始逐步应用于长距离大功率的电力输送、海底电缆输电以及交流联网等工程。从 1954 年世界上第一个工业性直流输电工程（哥特兰岛直流工程）在瑞典投入运行，到 1977 年最后一个采用汞弧阀的直流工程（加拿大纳尔逊河 I 期工程）建成，世界上共有 12 个使用汞弧阀的直流输电工程投入运行。其中，输送容量最大和输送距离最长的工程是美国太平洋联络线工程（1440MW、1362km），直流输电电压最高的工程为加拿大纳尔逊河Ⅰ期工程（±450kV）；具有最大容量的汞弧阀是用于美国太平洋联络线的多阳极汞弧阀（133kV、1800A）和用于苏联伏尔加格勒—顿巴斯直流工程的单阳极汞弧阀（130kV、900A）。受限于汞弧阀的制造技术复杂、价格昂贵、逆弧故障率高、可靠性低以及运行维护不便等缺点，这一时期直流输电的发展受到了一定限制。

（二）晶闸管换流时期

20世纪70年代以后，伴随着电力电子技术和微电子技术迅猛发展，特别是高压大功率晶闸管的研制成功后，直流输电迎来了快速大发展。晶闸管换流阀不存在逆弧问题，且在制造、试验、运行维护及检修等方面，比汞弧阀简单方便的多，其应用有效地改善了直流输电的运行性能和可靠性。1970年，瑞典率先采用晶闸管换流阀对哥特兰岛直流输电工程进行了扩建增容，扩建部分直流电压50kV，功率为10MW。1972年，世界上第一个采用晶闸管换流阀的直流工程——加拿大伊尔河背靠背直流工程，投入运行，该工程直流电压80kV，输送容量为320MW。该工程的成功投运，标志着直流输电正式步入晶闸管换流时期，原来采用汞弧阀的直流工程也逐步被晶闸管所取代。

随着微机控制保护、光电传输技术、水冷技术、氧化锌避雷器技术等新技术在直流工程中的广泛应用，直流输电技术得到了更加有力的提升。以晶闸管换流阀为换流元件的直流输电技术不管在输送容量还是电压等级上都有了很大的提高，在长距离大功率输电、电网互联以及海缆送电等方面都发挥了重大的作用。1954—2000年，世界上已投入运行的直流输电工程共有63个，其中架空线路工程17个，电缆线路工程8个，架空线和电缆混合线路12个，背靠背直流工程26个。较为典型的直流工程有巴西伊泰普直流工程（架空线路直流工程）、英法海峡直流工程（电缆线路直流工程）、瑞典—德国的波罗的海直流工程（电缆线路直流工程）、巴西与阿根廷联网的加勒比工程（背靠背直流工程）等。

（三）新型半导体换流时期

20世纪90年代以后，随着新型氧化物半导体器件——绝缘栅双极型晶体管（Insulate-Gate Bipolar Transistor，IGBT）、门极可关断晶闸管（Gate Turn-Off Thyristor，GTO）和集成门极换流晶闸管（Integrated Gate-Commutated Thyristor，

IGCT）在工业中的广泛应用，应用新型半导体器件，基于电压源换流器的高压直流输电（Voltage Source Converter based High Voltage Direct Current Transmission，VSC–HVDC）技术为高压直流输电领域开辟了新的发展赛道。1997年3月，世界上第一个采用IGBT组成电压源换流器的直流输电工业试验性工程在瑞典中部投运，其输送功率3MW，电压10kV，输送距离10km。1999年6月，世界上第一个商业运行的柔性直流输电工程在瑞典哥特兰岛投运，其输送容量50MW，电压±80kV。

早期的VSC–HVDC系统大都基于两电平和三电平换流器技术，一直存在换流器开关损耗较大、谐波含量较高等缺陷，一定程度上制约了其进一步发展。2001年德国慕尼黑联邦国防军大学的R. Marquardt和A. Lesnicar提出了模块化多电平换流器（Modular Multilevel Converter，MMC）拓扑结构，为VSC–HVDC在未来高电压、大容量场合的应用提供了技术支持。2010年，西门子公司在美国建设成世界第一个基于模块化多电平换流器的柔性直流输电工程，该工程采用电缆送电，输送容量达到330MW，电压±150kV。

可以预计，随着新技术的不断进步，新型的半导体换流器件将逐步取代普通的晶闸管，并将有力地推动直流输电技术的发展。

二、我国直流输电的发展

我国直流输电的发展，既与经济的高速发展息息相关，又与我国的能源分布密切相关。中国能源资源大部分集中在西部、北部，而东部经济发达地区相对较少，资源分布和经济格局的分布特点，决定了国家"西电东送"的战略布局，而直流输电的发展，即有力的加快了"西电东送"的步伐。

我国的直流输电跨越了汞弧阀换流时期，直接从晶闸管换流起步。与国外相比，我国直流输电虽起步较晚，但发展很快。

1987年，舟山直流输电工程单极投入运行（-100kV、50MW），线路总长54.1km，其中直流架空线42.1km，海底电缆12km，这是我国首次自主设计、研制、施工和调试的工业性试验工程，工程全部采用国产设备。

1990年，葛洲坝—上海±500千伏直流输变电工程投入运行（±500kV、1200MW、1045km），这是我国首条±500千伏跨区联网输电工程。

2010年，向家坝—上海±800千伏特高压直流输电示范工程（±800kV、

6400MW、1907km)、云南—广东±800 千伏特高压直流输电示范工程(±800kV、5000MW、1373km)等的正式投入运行,标志着我国电力技术、装备制造达到国际先进水平。

2019 年,昌吉—古泉±1100 千伏特高压直流输电示范工程(±1100kV、12000MW、3319km)投入运行,一举成为世界上电压等级最高、输送容量最大、输送距离最远、技术水平最先进的电力超级工程,成为我国在特高压输电领域持续创新的重要里程碑。

截至目前,我国在直流输电领域的发展已走在世界前列,成为世界直流输电第一大国。

三、高压直流输电特点

高压直流输电(High Voltage Direct Current Transmission,HVDC)是指将输送端的交流电变换为直流电,采用高压直流方式进行输送,然后在接收端又将直流电转换为交流电的技术。

1. 高压直流输电的优缺点

相比于交流输电,直流输电有以下优点:

(1)有利于改善两侧交流系统的稳定性。

(2)具有良好的故障恢复特性,针对绝缘的恶化,可以在降压情况下继续运行。

(3)调节速度快,可以进行功率紧急支援。

(4)不会增大交流系统的短路容量,可实现交流系统的非同步运行。

(5)相对交流输电线路来说,直流输电线路造价低,线路的损耗小。

(6)适合长距离电缆输电,适合进行长距离、大容量的功率输送等。

与交流输电相比,直流输电技术更加复杂,需要增加更多的设备,如换流器、平波电抗器、直流滤波器、交流滤波器、无功补偿装置、各类交直流避雷器以及用于转换直流方式的大地回线和金属回线直流转换开关等。换流站设备多、结构复杂、投资大,运行费用也相对较高。换流器换流过程中需要大量的无功功率(约占直流输送功率的 40%～60%),同时产生大量的谐波,因此需要装设大量的滤波及无功补偿装置。此外,作为换流核心元件的晶闸管由于不具备自关断能力,这导致其在逆变侧交流系统电压不稳定的情况下易发生换相失败，严重情况甚至导致直流系统闭锁，给直流系统的送、受端电网安全稳定运行带来严峻的考验。

2. 高压直流输电的应用

高压直流输电的主要应用于以下情形：

（1）长距离、大容量电能的输送。

（2）海底电缆输电。

（3）不同频率或频率相同但非同步运行的交流系统之间的互联。

（4）用地下电缆向大城市供电。

（5）系统互联或配电网增容时，作为限制短路电流的措施。

（6）配合新能源输电，例如：风能、太阳能、潮汐能等。

对远距离输电来说，直流输电线路的造价相对比较低，换流站造价相对较高，当输电线长度超过某一临界数值时，其总造价将比交流输电低。通常规定，当直流输电线路和换流站的造价与交流输电线路和交流变电站的造价相等时的输电距离，称为等价距离。一般来说，架空线路的等价距离约为 640～960km，地下电缆线路的等价距离约为 56～90km，海底电缆线路的等价距离约为 24～48km。

第二章　直流输电原理

一、直流输电的基本原理

要实现直流输电必须将送端的交流电变换为直流电，而在受端又必须将直流电变换为交流电。所以我们说直流输电技术离不开换流的基本概念。换流就是交流转换为直流、直流转换为交流的过程。

高压直流输电的核心设备是换流器，它是影响高压直流输电系统性能、运行方式、设备成本以及运行损耗等的关键因素。换流器是实现交直流电相互转换的设备，当其工作在整流状态时，将交流转换为直流，又称为整流器。当其工作在逆变状态时，将直流转换为交流，又称为逆变器。

以实现功率变换的关键器件划分，换流器分为晶闸管换流器和全控器件换流器。前者指由半控器件晶闸管组成的换流器，后者指由全控器件（如 IGBT、IGCT）组成的换流器。半控型晶闸管只能控制导通而不能控制关断，因此必须依赖电网提供换相电压完成晶闸管换流阀的关断，故晶闸管换流器也称为电网换相换流器（Line Commutated Converter，LCC）。

自 1972 年世界上第一个完全采用晶闸管器件的高压直流输电工程—加拿大伊尔河背靠背直流工程投入商业化运行以来，采用 LCC 技术晶闸管换流器的直流输电工程约占全部直流输电工程的 90%。

当前，"电压源型换流器直流输电技术（VSC－HVDC）"，即中国统一命名的"柔性直流输电技术"已投入工程实用。柔性直流输电技术采用全控器件 IGBT 组成换流器，受限于当前 IGBT 容量为 3000A 的限制，大容量柔性直流输电受端 VSC 阀需要并联才能满足容量需求。相对 LCC 工程，柔性直流输电工程造价较高。

为保持传统 LCC 换流器低损耗、高可靠性和经济性等优点，又具备柔性直流输电技术换相过程可控，避免换相失败风险的性能，另一种新型的具有可控关断能力的可控电网换相换流器（Controllable Line-commutated Converter，CLCC）投入使用。CLCC 换流器基于全控型 IGBT 和半控型晶闸管混联构成，利用 IGBT 的可关断能力，将主晶闸管电流转移至含 IGBT 的辅助支路，通过增加晶闸管关断时间使其可靠恢复，最后利用辅助支路 IGBT 的关断能力切断桥臂电流完成桥臂间换相。CLCC 换流器不仅能保持 LCC 换流器各项技术优势，还具备完全抵御换相失败能力以及对交流电网的短时功率支撑能力。

由于目前采用 LCC 技术的晶闸管换流器依然是直流输电工程的主流换流器。本书主要分析晶闸管器件组成换流器（简称换流器）的控制保护特性。

（一）晶闸管的开通、关断特性

晶闸管器件的示意符号如图 1-2-1 所示，电气回路上由阳极、阴极和控制极组成。

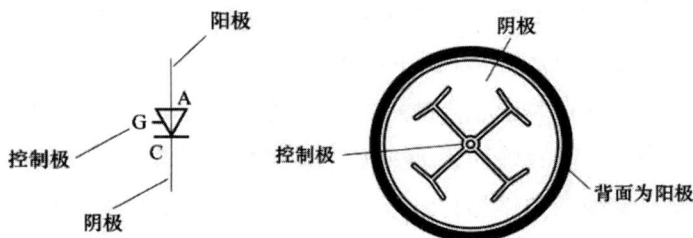

图 1-2-1　晶闸管器件示意符号

直流输电工程广泛采用的晶闸管换流阀的特性曲线如图 1-2-2 所示。

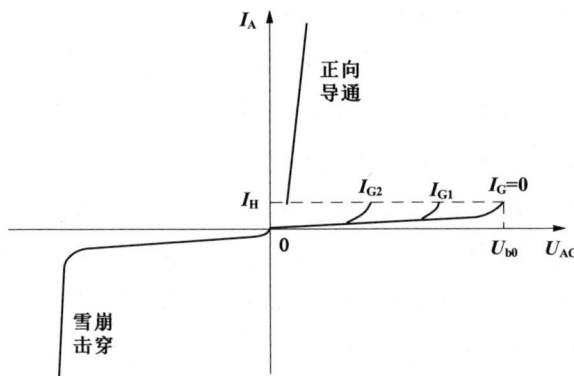

图 1-2-2　晶闸管换流阀特性曲线

从图中，我们可以看出晶闸管换流阀的导通特性：

换流阀具有单向导电性。换流阀的导通条件是阳极对阴极为正电压和控制极对阴极加能量足够的正向触发脉冲两个条件，必须同时具备，缺一不可。满足以上两个条件，换流阀进入正向导通状态。只承受正向电压，但未向控制极注入电流，晶闸管处于正向阻断状态。

晶闸管具有承受反向电压应力的能力，在允许的反向电压应力期间，晶闸管仅有很小的漏电流，但当反向电压达到反向击穿电压时，晶闸管将被雪崩击穿。

换流阀一旦导通，它只有在具备关断条件时才能关断，否则一直处于导通状态。其关断条件为：流经换流阀的电流为零。

（二）换流器工作原理

1. 6 脉动整流器

换流站是包含实现大容量交、直流电能相互转换设备的场所，换流器是实现整流、逆变功能设备。实现交流电转换为直流电的设备称为整流器，实现直流电转换为交流电的设备称为逆变器，它们统称为换流器。直流输电的换流器是采用一个或多个三相桥式换流电路（也称 6 脉动换流器）串联构成，因而可用 6 脉动换流器（也称换流桥）作为原理分析的基础。换流桥由 6 个换流阀组成，其中阀 V1、V3、V5 共阴极，称为阴极换相组或阴极半桥；阀 V2、V4、V6 共阳极，称为阳极换相组或阳极半桥。代表阀的符号 V 后面的编号是按换流阀运行时触发次序编排的。

单桥整流器的原理接线如图 1−2−3 所示。图 1−2−3 中 e_u、e_v、e_w 为等值交流系统的基波正弦相电动势，L_r 为每相的等值换相电抗。图 1−2−4 给出

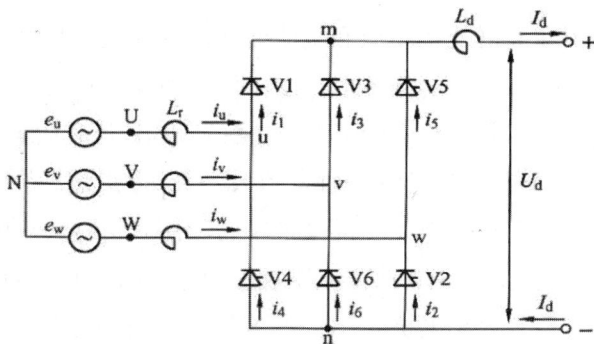

图 1−2−3　单桥整流器原理接线图

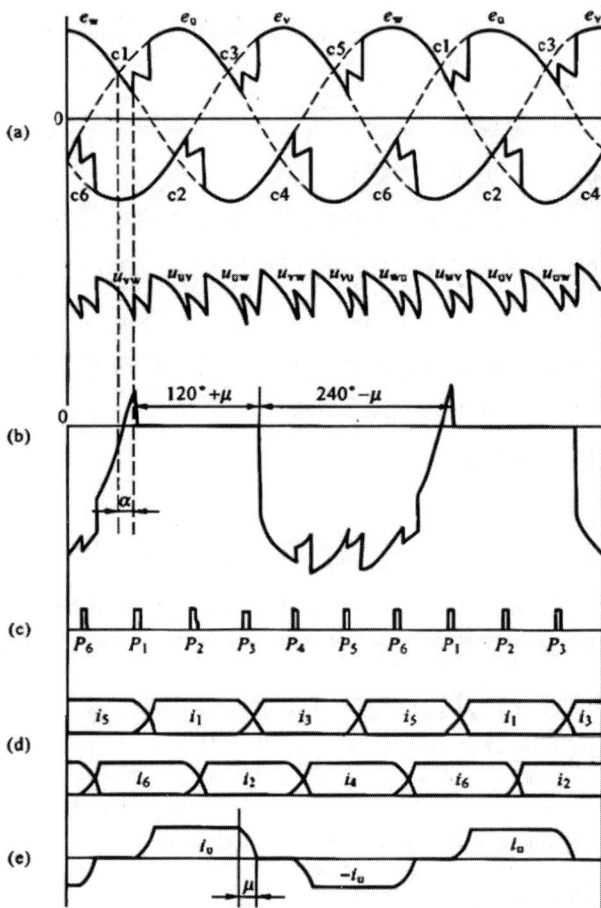

图 1-2-4 整流器的电压和电流波形

（a）交流电动势和直流侧 m 和 n 点对中性点的电压波形；（b）直流电压和阀 1 上的电压波形；
（c）触发脉冲的顺序和相位；（d）阀电流波形；（e）交流侧 U 相电流波形

整流器正常工作时主要各点的电压和电流波形。图 1-2-4 中，等值交流系统的线电压用 u_{uw}、u_{vw}、u_{vu}、u_{wu}、u_{wv}、u_{uv} 表示，为换流阀的换相电压。规定线电压 u_{uw} 由负变正的过零点 c1 为换流阀 V1 触发角 α_1 计时的零点。其余线电压过零点 c2～c6 则分别为 V2～V6 的触发角 α_2～α_6 的零点。在理想条件下，认为三相交流系统是对称的，触发脉冲是等距的，换流阀的触发角也是相等的，通常触发角用 α 角来表示。6 脉动整流器触发脉冲之间的间距为 $60°$。

理想状态下，假定换相电抗 $L_r=0$，换流阀不可控，换流阀的通态电压降和断态漏电流均可忽略不计，直流电流是平直的。在 c1 时刻以后，V1 和 V6 处于导通状态，换流器的直流输出电压为线电压 U_{uv}；到 c2 时刻，由于 V 点电位高于 W 点电位，V2 进入导通状态，V6 在反向电压作用下电流到零而关断，直流输出电压为 U_{uw}；到 c3 时刻，由于 V 点电位高于 U 点电位，V3 进入导通状态，V1 电流过零而关断，直流输出电压为 U_{vw}。一直持续下去。

由于 $L_r=0$，阀的换相过程是瞬时的，换流器在任意时刻总是有两个阀导通，每个阀在一个工频周期内导通 120°，阻断 240°。在交流电动势的作用下，换流阀会周而复始地按顺序开通和关断，从而在 n 和 m 之间可得到依次为 1/6 周期的 U_{uw}、U_{vw}、U_{vu}、U_{wu}、U_{wv}、U_{uv} 6 个正弦曲线段组成的直流电压波形。从而使三相交流电动势经整流变成每周期有 6 个脉动的直流电压 U_d，因此称为 6 脉动整流器。

从直流电压的瞬时值取平均值得 U_{d01}，称为不可控 6 脉动整流器的理想空载直流电压，可用下式表示：

$$U_{d01}=\frac{3\sqrt{2}}{\pi}U_1=1.35U_1 \qquad （1-2-1）$$

U_1 为换流变压器阀侧绕组空载线电压的有效值。

实际工程中我们使用的晶闸管换流器为半控器件，换流器在交流侧电动势和触发脉冲的作用下，进行有次序的开通和关断，将交流电变为直流电。只有在相应的 ci 到来之后收到触发脉冲 P_i（i 为 1～6 的正整数，代表阀的导通顺序），才能使 Vi 导通。P_i 延迟于 ci 的电角度 α，称为 Vi 的触发角（或称控制角）。因此，对于晶闸管换流阀，在触发脉冲到来之前，原导通的阀仍继续导通，直到触发脉冲到来时，Vi 才满足导通条件而导通，从而使 6 个换流阀的导通时间均向后移 α 电角度。此时，整流器的理想空载直流电压的平均值 U'_{d01}，可用下式表示

$$U'_{d01}=U_{d01}\cos\alpha \qquad （1-2-2）$$

当换流器直流侧有载时，$L_r>0$。换相无法瞬时完成，必须经过一段时间才能完成换相过程，这段时间所经历的角度称为换相角 μ。6 脉动换流阀正常运行时，一般同时导通 2 个阀，换相时同时导通 3 个阀，即 2—3 工况，该工况下，每个阀在一个周期内导通时间为 120°$+\mu$，每个阀在一个周期内关断时间为 240°$-\mu$。

6 脉动整流器在正常运行时的直流电压平均值可用下式表示：

$$U_{d1} = 1.35U_1 \cos\alpha - \frac{3}{\pi}X_{r1}I_d \qquad (1-2-3)$$

式中，$X_{r1} = \omega L_{r1}$ 为等值换相电抗。

2. 6 脉动逆变器

逆变器将直流电转变为交流电，然后送入受端的交流系统。图 1-2-5 为单桥逆变器原理接线图。图 1-2-6 给出正常工作时逆变器主要各点的电压和电流波形。

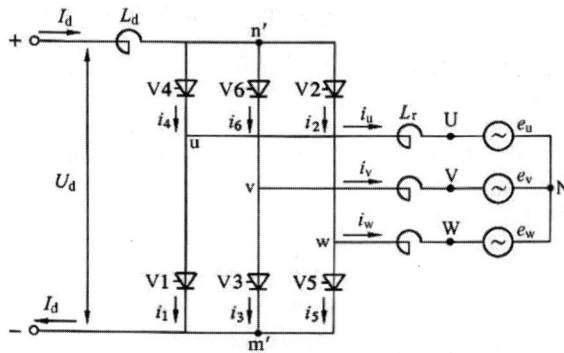

图 1-2-5　单桥逆变器原理接线图

对比图 1-2-3 和图 1-2-5 可知，逆变器和整流器的原理接线图相同，因此换流器既可作为整流器又可作为逆变器，它们只是运行状态的不同。由于换流阀的单向导电性，逆变器阀的导通方向必须和整流器一致，才能保证直流电流的流通。

换流器作为逆变器运行时，其共阴极点（m'）的电位为负，共阳极点（n'）则为正，与其作为整流器运行时的极性正好相反。

由式（1-2-2）可知，当 $0 < \alpha < 90°$ 时，U'_{d01} 为正值；当 $\alpha = 90°$ 时，$U'_{d01} = 0$，如果 $\alpha > 90°$，则 U'_{d01} 为负值。根据换流阀的导通条件，换流阀只能在 $0 < \alpha < 180°$ 区间内导通，而在此区间内当 $0 < \alpha < 90°$ 时，为整流器运行，当 $\alpha > 90°$ 时，则为逆变器运行。

由于受端系统等值电感 L_r 的存在，逆变器的换相也不是瞬时的，它也有一个换相过程。逆变器的换相角为 μ_2。

6 脉动逆变器在正常运行时的直流电压平均值可用下式表示：

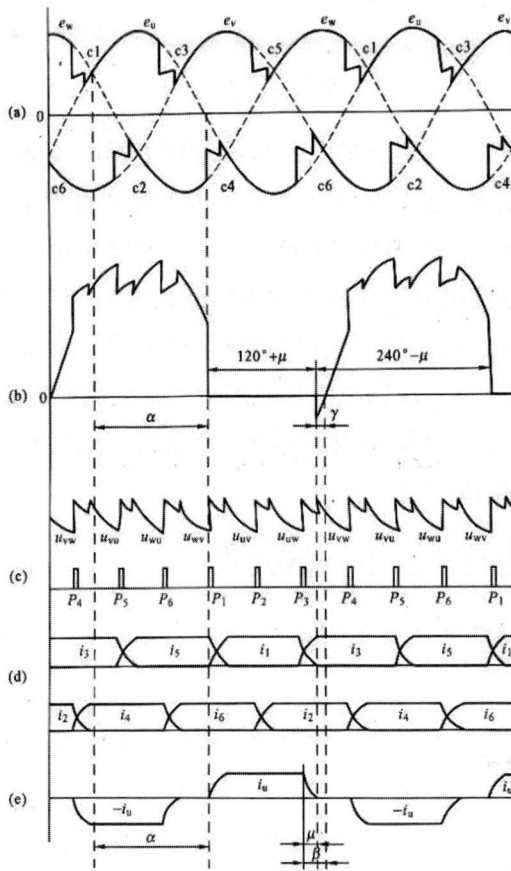

图 1-2-6 逆变器的电压和电流波形

（a）交流电动势和直流侧 m 和 n 点对中性点的电压波形；（b）直流电压和阀 1 上的电压波形；

（c）触发脉冲的顺序和相位；（d）阀电流波形；（e）交流侧 U 相电流波形

$$U_{d2} = 1.35U_2\cos\beta + \frac{3}{\pi}X_{r2}I_d \qquad (1-2-4)$$

式中 U_2 为逆变器换流变压器阀侧绕组空载线电压有效值；$X_{r2}=\omega L_{r2}$ 为等值换相电抗；$\beta=180°-\alpha$ 为逆变器的超前触发角。

从换流阀 Vi 关断到电压由负变正的过零点之间的时间要求有足够大，使得 Vi 关断后处于足够长承受反向电压的时间。这样才能够充分满足恢复换流阀阻断能力的要求，以保证换相的成功。否则当 Vi 两端电压变正时，Vi 在无触发的情况下可能又重新开通，造成换相失败。规定从 Vi 关断（阀中电流到零）到过零点之间的时间为关断角 γ。为防止换相失败，γ 角一般必须大于 γ_0。且 $\gamma=$

$\beta - \mu_2$。

$$U_{d2} = 1.35U_2 \cos\gamma - \frac{3}{\pi}X_{r2}I_d \qquad (1-2-5)$$

综上所述，逆变器正常运行的条件是：① 逆变器与整流器的导通方向要相一致；② 逆变器的直流侧必须加有大于其反电动势的直流电压，才能满足向逆变器注入电流的要求；③ 逆变器交流侧受端系统必须提供换相电压和电流以实现换相（用可关断器件组成的逆变器则不需此条件）；④ 逆变器的触发角 $\alpha >$ 90°，其直流侧电压为负值；⑤ 逆变器的关断角 γ 必须大于 γ_0，以保证正常换相。逆变器的阀电压、阀电流、直流电压等波形相当于整流器的波形翻转 180°。因此，逆变器的阀在一个工频周期内大部分时间处于正向阻断状态，而整流器则大部分时间处于反向阻断状态。

二、直流输电稳态工况计算公式

1. 极对地理想空载直流电压 U_{d0}

整流站

$$U_{d01} = N_1 \times 1.35U_1 \qquad (1-2-6)$$

逆变站

$$U_{d02} = N_2 \times 1.35U_2 \qquad (1-2-7)$$

2. 极对地直流电压 U_d

整流站

$$U_{d1} = N_1 \times \left(1.35U_1 \cos\alpha - \frac{3}{\pi}X_{r1}I_d\right) \qquad (1-2-8)$$

逆变站

$$U_{d2} = N_2 \times \left(1.35U_2 \cos\beta + \frac{3}{\pi}X_{r2}I_d\right) \qquad (1-2-9)$$

$$U_{d2} = N_2 \times \left(1.35U_2 \cos\gamma - \frac{3}{\pi}X_{r2}I_d\right) \qquad (1-2-10)$$

3. 直流电流 I_d

单极方式

$$I_d = \frac{U_{d1} - U_{d2}}{R} \qquad (1-2-11)$$

双极方式

$$I_d = \frac{2(U_{d1} - U_{d2})}{R} \qquad (1-2-12)$$

4. 直流功率 P_d

整流站直流功率　$P_d = U_{d1}I_d$（单极）、$P_d = 2U_{d1}I_d$（双极）

逆变站直流功率　$P_d = U_{d2}I_d$（单极）、$P_d = 2U_{d2}I_d$（双极）

5. 直流回路电压降 ΔU_d

$$\Delta U_d = U_{d1} - U_{d2} = RI_d \qquad (1-2-13)$$

6. 直流线路损耗 ΔP_d

$$\Delta P_d = P_{d1} - P_{d2} = RI_d^2 \qquad (1-2-14)$$

7. 换流站消耗无功 Q_c

整流站

$$Q_{c1} = P_{d1}\tan\phi_1 = P_{d1}\sqrt{\left(\frac{U_{d01}}{U_{d1}}\right)^2 - 1} \qquad (1-2-15)$$

逆变站

$$Q_{c2} = P_{d2}\tan\phi_2 = P_{d2}\sqrt{\left(\frac{U_{d02}}{U_{d2}}\right)^2 - 1} \qquad (1-2-16)$$

8. 换流站与交流系统交换无功功率 Q_s

交流系统向换流站提供无功为正方向，反之为负方向

整流站

$$Q_{S1} = Q_{C1} - Q_{F1} - Q_{RC1} \qquad (1-2-17)$$

逆变站

$$Q_{S2} = Q_{C2} - Q_{F2} - Q_{RC2} \qquad (1-2-18)$$

Q_{C1}、Q_{C2} 为整流站和逆变站换流器消耗的无功功率，Q_{F1}、Q_{F2} 为整流站和逆变站交流滤波器提供的基波无功功率，Q_{RC1}、Q_{RC2} 为整流站和逆变站的无功补偿装置提供的无功功率。

9. 功率因素 $\cos\phi$

整流站

$$\cos\phi_1 = \frac{U_{d1}}{U_{d01}} = \frac{1}{2}[\cos\alpha + \cos(\alpha + \mu_1)] = \cos\alpha - \frac{X_{r1}I_d}{\sqrt{2}U_1} \qquad (1-2-19)$$

逆变站

$$\cos\phi_2 = \frac{U_{d2}}{U_{d02}} = \frac{1}{2}[\cos\gamma + \cos(\gamma + \mu_1)] = \cos\gamma - \frac{X_{r2}I_d}{\sqrt{2}U_2} \qquad (1-2-20)$$

10. 换相角 μ

整流站

$$\mu_1 = \cos^{-1}\left(\cos\alpha - \frac{2X_{r1}I_d}{\sqrt{2}U_1}\right) - \alpha \qquad (1-2-21)$$

逆变站

$$\mu_2 = \cos^{-1}\left(\cos\gamma - \frac{2X_{r2}I_d}{\sqrt{2}U_2}\right) - \gamma \qquad (1-2-22)$$

11. 交流侧电流 I_a

整流、逆变站交流侧电流同直流电流的关系可近似表示为

$$I_a \approx \sqrt{\frac{2}{3}}I_d = 0.816I_d \qquad (1-2-23)$$

整流、逆变站交流侧基波电流有效值同直流电流的关系可近似表示为

$$I_a \approx \frac{\sqrt{6}}{\pi}I_d = 0.78I_d \qquad (1-2-24)$$

12. 换流变压器视在功率 S

整流站

$$S_1 = \frac{\pi}{3}U_{d01}I_d \qquad (1-2-25)$$

逆变站

$$S_2 = \frac{\pi}{3}U_{d02}I_d \qquad (1-2-26)$$

以上式中:

N_1、N_2——整流站和逆变站每极中的 6 脉动换流器数,通常为 2,最多为 4,最少为 1;

U_1、U_2——整流站和逆变站换流变压器阀侧空载线电压有效值,kV;

X_{r1}、X_{r2}——整流站和逆变站每相的换相电抗，Ω，当换流站交流母线为交流滤波器接入点时，可取换流变压器的漏抗和阀电抗（也称阳极电抗）之和；

α、β——整流器和逆变器的触发角，（°）；

γ——逆变器的关断角，（°）；

I_d——直流电流平均值，A；

R——直流回路电阻值，主要包括直流线路电阻、平波电抗器电阻、接地极引线电阻以及接地极电阻等；不同的直流回路接线方式有不同的值，Ω。

三、直流输电的控制系统

（一）直流输电控制的基本原理

直流输电系统的控制调节，是通过改变线路两端换流器的触发角来实现的，它能执行快速和多种方式的调节，不仅能保证直流输电的各种输送方式，完善直流输电系统本身的运行特性，而且还能改善两端交流系统的运行性能。因此，直流输电的控制调节对整个交直流系统的安全和经济运行起着重要地作用。

两端直流输电系统的等效电路如图 1-2-7 所示。

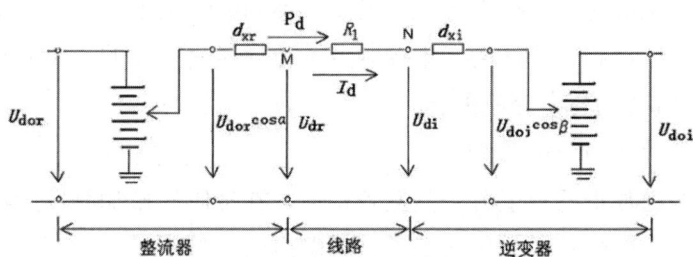

图 1-2-7　两端直流输电系统的等效电路

根据图 1-2-7，从整流侧向逆变侧的直流电流为：

$$I_d = \frac{U_{dor}\cos\alpha - U_{doj}\cos\beta}{d_{xr} + R_1 + d_{xi}} \qquad (1-2-27)$$

由上式可以看出，不管是直流电流还是直流电压都决定于整流侧的触发控

制角 α、逆变侧的触发控制角 β、整流侧换流变压器的阀侧空载电压 U_{d0r} 和逆变侧换流变压器的阀侧空载电压 U_{d0i} 四个量,上述四个量是直流系统的控制量。直流输电的基本控制手段就是控制上述四个量以满足直流输电系统的各种运行要求。在上述四个控制量中, α 和 β 具有极快的响应速度,通常在 1～4ms 之内。整流侧和逆变侧换流变压器的阀侧空载电压可以通过调节变压器的分接头来加以调节,但其响应速度与触发角控制相比要慢得多,通常变压器的分接头每调一档要 5～6s。因此在交流系统或直流系统发生故障的暂态过程中,直流输电系统能发挥作用的控制量只有两侧的触发角 α 和 β ,换流变的分接头调节在暂态过程中可以认为不起作用。更一般的情况是,对于交流系统中的电压快速变化,直流系统可以通过触发角的调节来维持其性能,而对于交流系统中的缓慢电压变化,直流系统通过调节换流变的分接头来使触发角维持在额定值附近。

由于直流输电系统的快速控制只有改变触发角,因此对于两端直流输电系统,控制的自由度只有两个,显然能被控制的量也只有两个,不可能有更多的量被控制。通常要求直流输电系统按照某种功率指令运行,因此最直接的控制模式就是定功率控制,为了达到定功率控制的要求,最简单的就是一侧控制直流电压恒定,另一侧控制电流恒定。由于整流运行和逆变运行各自的不同特点,通常整流侧是定电流控制,而逆变侧是定电压控制。

上面讲的是最基本的控制方式,当然在不同的情况下可能会有不同控制方式。以下对整流站和逆变站的基本控制及其特性做进一步的简单介绍。

(二)整流站的基本控制配置

1. 最小触发角 Amin 控制

晶闸管阀由数十乃至上百个晶闸管构成,在控制极施加触发脉冲的时候,如果施加在它上面的正向电压太低,阀触发电路能量不足,会导致晶闸管导通的同时性变差,对阀的导通不利;因此,设定了最小触发角控制这个功能。从世界上一些直流输电工程的设计及运行经验来看,绝大多数直流工程采用的最小触发角为 5°。

2. 直流电流控制

直流电流控制也称定电流控制,是直流输电的最基本的控制,它可以控制直流输电的稳态运行电流,并通过它来控制直流输送功率以及实现各种直流功率调制功能以改善交流系统的运行性能。同时当系统发生故障时，它又能快速的限制暂态的故障电流以保护晶闸管换流阀以及其他设备。因此，直流电流调节器的稳态及暂态性能是决定直流输电控制系统性能好坏的重要因素。

3. 直流功率控制

直流功率控制也称之为定功率控制，可以使直流输电系统按照预定的计划输送功率。然而功率调节器并不直接去控制换流器的触发脉冲相位，而是以直流电流调节器为基础，通过改变电流调节器的电流定值的方法来实现功率调节。

除此以外还有其他一些控制方式，例如，为限制过电压而配备的直流电压控制；当直流电压太低时，减小直流电流指令值的低压限流控制等。

（三）逆变站的基本控制

1. 定关断角控制

在直流输电工程中，如果发生一次换相失败，系统往往能自行恢复，对直流输电影响不大，但是如果连续地发生换相失败，则会严重地影响直流功率的输送。因此，从保证逆变站的安全运行观点来看，关断角应保持大一点。然而从另一方面来看，增大关断角会降低逆变站的功率因数，使得逆变站消耗的无功增大。因此，定关断角调节器的任务是通过进行合理的调节，将关断角限制在最小安全值以上。定关断角控制通过控制逆变侧的换流阀关断角，来调节逆变侧的直流电压，和整流侧配合控制直流功率的传输。同时适当控制关断角，也可以有效避免换相失败现象的出现。

2. 直流电流控制

根据电流裕度控制原则，逆变侧也需要装设电流调节器，不过逆变侧电流调节器的整定值比整流侧要小，因此在正常工况下，逆变侧定电流调节器不参与调节。只有当整流侧直流电压大幅度降低或逆变侧直流电压大幅度上升时，才会发生控制模式的转换，变为整流侧最小触发角控制起作用来控制直流电压，逆变侧定电流控制起作用来控制直流电流。同时，还可以配备自动电流裕度补偿功能，来弥补与电流裕度定值相等的电流下降，尽量减少直流输送功率的降低。另外，因各种故障原因，直流电流突然大幅度减小，整流侧失去控制电流的能力，或者站间通信故障，逆变侧也将进入定电流控制。

3. 直流电压控制

逆变站采用定电压控制方式与定关断角控制相比，更有利于直流系统的动态稳定。因此，逆变侧一般采用定电压控制。

还有其他的一些控制方式，例如，低压限流控制、最大触发角控制。

（四）两端直流系统基本运行特性

1. 两端定触发角控制

直流系统的控制基础是两端定触发角控制。当不考虑调节器的作用时，整流器将按一个固定的触发滞后角，逆变器将按一个固定的触发超前角运行。如果以整流侧直流电压测量点（图 1-2-7 中的 P_d 下的 M 点）为界，写出两侧的稳态伏安特性方程：即左侧为整流器直流电压方程式（1-2-3），M 点右侧为：式（1-2-4）或式（1-2-5）。

在一个平面直角坐标轴系中，分别作出两个方程的直流电流与直流电压的关系曲线［参见图 1-2-8（a）］。对于一个恒定的触发角，左边的特性是以整流器内阻的负值为斜率的直线①，右边特性是以逆变器内阻与直流线路电阻之和为斜率的直线。式（1-2-4）定超前触发角特性②的斜率是正的；式（1-2-5）定关断角特性③的斜率是负的［参见图 1-2-8（b）］。两侧直线的交点为直流系统的稳定运行点 N。

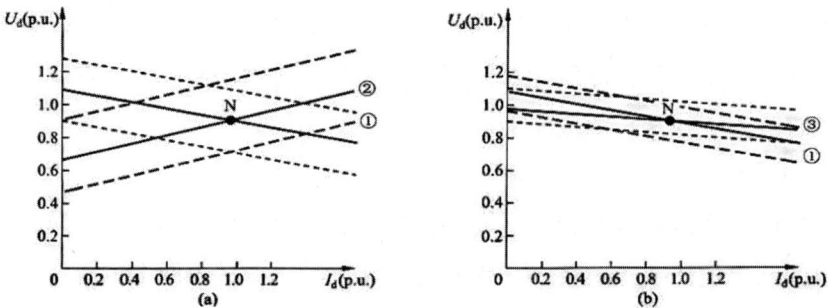

图 1-2-8　定触发角伏安特性

（a）定 α 与定 β 运行特性；（b）定 α 与定 γ 运行特性

①—定滞后触发角特性；②—定超前触发角特性；③—定关断角特性

2. 触发角限制

两端的不同触发角的伏安特性直线，是一组相互平行的、沿垂直方向变化的直线（如图 1-2-8 中的虚线所示）；但是，角度变化与直流电压（直线间距离）变化的关系是非线性的。换流器触发角在 0°～90° 范围内变化时，为整流器运行。考虑到必须有一定时间，保证每个阀晶闸管元件的触发电路，具有足够的触发功率和能克服元件参数误差的影响，通常最小触发角限制设为 5°，它的特性处于较高的位置。

而换流器触发角在 90°～180° 范围内变化时，为逆变器运行；但最大触发角要受到换相角和关断角的限制。逆变器运行的控制角 α 有：

$$\alpha = 180° - \beta = 180° - (\gamma + \mu) \tag{1-2-28}$$

式中：α 为触发角；β 为超前触发角；γ 为关断角；μ 为换相角。

按照式（1-2-28），增大触发角 α，即减小超前触发角 β 或 γ，在伏安特性上的直线将上移。但是，一般大功率晶闸管元件的去离子恢复控制的时间（γ_{min}）在 400μs（约 7 个电角度）左右；一个晶闸管阀，考虑串联元件的误差和关断角调节器响应需要时间，为避免系统小扰动就换相失败，需要考虑一定的裕度。根据直流工程经验，关断角调节器的设定值（γ_0）一般为 18° 左右。按照式（1-2-5），定关断角的特性是负阻特性［参见图 1-2-8（b）］，即直流电压下降，直流电流上升；γ 增大，直流电压将下降。超前触发角 β 的减小，也减小了 γ 角的裕度，最后达到最小 γ 角限制。

由图 1-2-8 还可以看出，随着交流系统电压幅值的变化，定控制角的特性直线也将沿着垂直方向平行变化；但是，直流电压的变化与交流电压变化的关系是线性的。因此，当任一端交流电压变化时，直流系统的运行点将发生变化（图 1-2-8 各个直线间的交点）。运行点的变化使直流电压和电流跟随变化，像交流输电线路一样不能控制输送功率和保持输电的稳定。

3. 直流电流调节

两端直流输电系统，直流电流是相同的；为了保证直流系统的稳定，必须有一端控制直流电流。按照式（1-2-27），以给定值为参考，进行直流电流的闭环控制。在其他因素变化时，改变一端的控制角，可以使实际的直流电流在设定的电流值上运行。

从图 1-2-9（a）整流侧定电流与逆变侧定角度的运行特性可以看出，正常运行状态，逆变侧运行在额定直流电压对应的 β 角特性上，与整流侧的定电流特性（假定为 1.0p.u.）相交于 n 点。如果整流侧交流电压下降，运行点按着逆变侧定 β 角特性到 b 点，直流电压下降，直流电流下降；由于整流器电流调节器的作用，减小 α 角，使运行点回到 n 点，用 α 角变化对应于整流侧交流电压变化，保持直流电流不变，除非受到最小 α 角限制。同样，如果整流侧交流电压上升，运行点按照逆变侧定 β 角特性，使直流电压和电流上升；由于直流电流调节器的作用，增加 α 角，使运行点回到 n 点，用 α 角的增加对应于整流侧交流电压的上升，保持直流电流不变。而逆变侧交流电压下降，运行点将沿着整流器定电流特性，下降到相应交点 c，直流电压降低；同样，逆变侧交流电压上升，直流电压将上升到相应的值。因此，直流电压跟随逆变侧交流电压的变化，不能保持恒定。

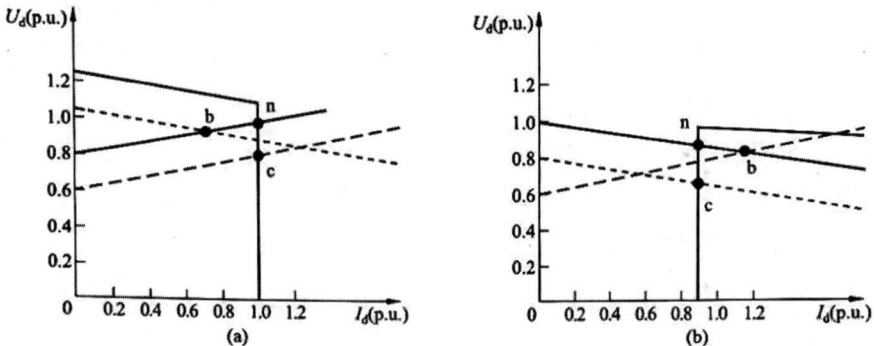

图 1-2-9 定电流与定角度的伏安特性
（a）定电流与定 β 运行特性；（b）定 α 与定电流运行特性

从图 1-2-9（b）整流侧定 α 角与逆变侧定电流的运行特性，可以看出正常运行时，整流侧的定 α 角特性与逆变侧定电流特性相交于 n 点。如果逆变侧交流电压下降，运行点按着整流侧定 α 角特性到 b 点，直流电压下降，直流电流上升；由于逆变器电流调节器的作用，减小 β 角，使运行点回到 n 点，用 β 角变化对应于逆变侧交流电压变化，保持直流电流不变；除非受到最大 α 角或最小 γ 角的限制。同样，如果逆变侧交流电压上升，运行点按着整流侧定 α 角特性变化，使直流电压上升，直流电流下降；由于逆变器电流调节器的作用，增加 β 角，使运行点回到 n 点，用 β 角增加对应于逆变侧交流电压上升，保持直流电流不变；除非受到逆变器最小 α 角限制。而整流侧交流电压下降，运行点将沿着逆变器定电流特性，下降到相应交点 c，直流电压降低；同样，整流侧交流电压上升，直流电压将上升到相应的值；因此，直流电压跟随整流侧交流电压变化，不能保持恒定。

4. 直流电压调节

在两端直流线路，一端定电流调节时，另一端定触发角控制，仅在一定程度上起到控制直流电压的作用；但是，它们不能完全保持直流电压稳定。同样，一端定电压，另一端定触发角控制，尽管可以保持直流系统电压稳定；但是，在定触发角侧交流电压变化时，直流电流将发生较大的波动。因此，只有一端为定电流控制，另一端利用式（1-2-3）或式（1-2-5），采用定直流电压闭环控制，才能在保持直流电压恒定同时，使直流系统稳定运行。

例如，图1-2-10（a）整流侧定电流和逆变侧定电压的运行特性，可以看出：逆变侧的定直流电压特性是平行于直流电流轴的直线。运行在额定工况的定直流电流与定直流电压特性垂直相交于 n 点。整流侧交流电压变化的调节过程同前面定电流调节叙述的一样，不再累述。如果逆变侧交流电压下降，运行点瞬间沿着整流器定 α 角特性达到 b 点；此时，直流电压下降，直流电流增加；因此，逆变器定电压调节器减小 β 角，提高电压，也起到减小电流的作用。同时，整流器定电流调节器加大 α 角，减小电流，与逆变器定电压调节器配合；如果电流调节器的响应速度较快；当电流达到设定值 c 点后，随着直流电压的上升，又需要减小 α 角。最终的结果是逆变器定电压调节器，改变 β 角弥补逆变侧交流电压的变化，使运行点回到 n 点，维持直流电压和电流不变；除非 β 角受到边界限制。

从图1-2-10（b）整流侧定电压与逆变侧定电流的特性，可以看出运行在额定工况的定直流电流与定直流电压特性垂直相交于 n 点。逆变侧交流电压变化的调节过程省略。整流侧交流电压下降，运行点瞬间按照逆变器定 β 角特性到 b 点，直流电压下降和直流电流上升；整流器电压调节器减小 α 角提高直流电压，实际首先提高了直流电流，回到 n 点。只有在逆变器电流调节器响应较快条件下，才用增加 β 角增加电流；同样，当电流达到设定值 c 点后，与直流电压升高配合，又将减小 β 角，使运行点回到 n 点。最终，用减小 α 角弥补整流侧交流电压变化，保持直流电流和直流电压不变；除非受到最小 α 角限制。同样，整流侧交流电压上升，整流侧定电压调节器，用增大 α 角弥补整流侧交流电压变化，将保持直流电压和电流不变。

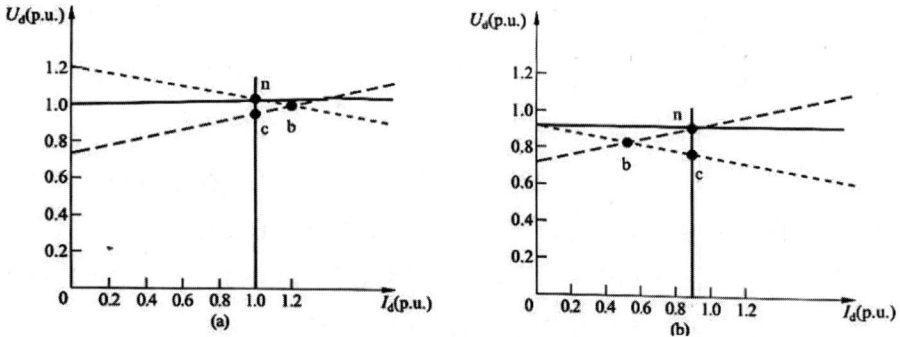

图 1−2−10 定电压与定电流的伏安特性

（a）整流器定电流运行特性；（b）逆变器定电流运行特性

逆变器采用定电压调节器，加上定 γ 角限制的调节方式适用于逆变侧交流系统为弱系统，即交流系统等值（短路）阻抗较大的场合，它有利于交流电压的稳定。例如，由于某种扰动使逆变站交流母线的电压下降时，为了保持直流电压，逆变器的电压调节器自动地减少，因此使逆变器的功率因数提高，消耗的无功功率减小，有利于防止交流电压进一步下降或阻尼电压振荡。如果逆变器采用定 γ 角调节，则当交流电压下降时，它将增大 β 角以保持 γ 角不变，因此逆变器功率因数下降，消耗的无功功率增大，致使交流电压进一步下降，在某种条件下甚至形成恶性循环，最终导致交流电压崩溃。定电压调节的另一个优点是，在轻载（直流电流小于额定值）运行时，由于 γ 角比额定运行时大，对防止换相失败更为有利。定电压调节的缺点是：在额定条件运行时，为了保证直流电压具有一定的调节范围，逆变器的 γ 角略大于给定值，亦即消耗的无功功率较多，换流器的利用率较低。

5. 直流系统的基本控制－电流裕度控制

根据实际直流工程的需要，可以选择上面叙述的不同运行特性，组合成直流系统的基本控制特性。自从 1954 年哥特兰岛直流输电工程投入运行至今，所有直流输电工程都无例外采用了电流裕度控制特性；这是维持直流输电系统稳定运行的一种通用的控制方法。

这种两端直流系统的基本控制性能，如图 1−2−11 所示：整流侧特性由定电流和最小触发角两段直线构成；逆变侧特性由定直流电流和定关断角或定直流电压两段特性构成。为了避免两端电流调节器同时工作，引起调节不稳定，逆变侧电流调节器的定值比整流侧一般小 0.1p.u.，这就是电流裕度。

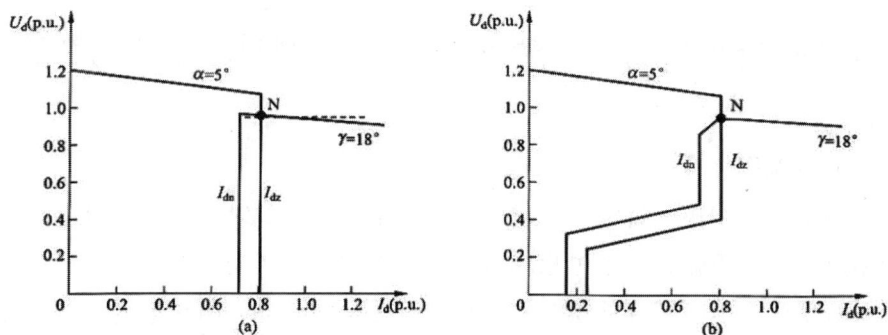

图 1-2-11　直流系统的基本控制特性

（a）电流裕度控制特性；（b）直流系统实用控制特性

正常运行时，以整流侧定电流，逆变侧定关断角或定直流电压运行特性工作。当整流侧交流电压降低或逆变侧交流电压升高很多，使整流器进入最小触发角限制时，直流电流小于稳态值 0.1p.u.，逆变器将自动转为定直流电流控制。这种整流器和逆变器控制特性的组合，就是电流裕度控制特性，使直流输电系统传输的直流电流不致因所连接的交流系统电压的变化而大幅度波动，从而保证了直流功率的稳定传输。

直流输电系统的其他控制功能，如定功率控制、频率控制、阻尼控制等高层控制，都是在此基础上增设的。

6. 直流系统基本控制性能的改善

实际使用的直流输电控制系统，为了控制调节和系统的动态稳定，在基本控制特性上还有一些改善措施，现举例如下：

（1）电流裕度平滑转换

如果逆变侧交流系统较小，图 1-2-11 的电流裕度特性中的逆变器定 γ 角特性的斜率将大于整流器的定 α 角特性，在电流裕度之间没有稳定运行点，裕度两端电流特性与最小 α 角和最小 γ 角特性的交点，随着交流电压的变化，将出现来回振荡不稳定。为了避免这种现象发生，在实际特性中都有这样的环节：当逆变器实际电流在逆变器电流定值与整流侧电流定值之间，即 $I_{d0} - \Delta I_d < I_d < I_{d0}$ 时，按电流差值增加 γ 角，即：

$$\gamma = [1 + k(I_{d0} - \Delta I_d) / I_{d0}] \gamma_0 \qquad (1-2-29)$$

式中的 k 值为常数，适当的选取数值，可以使这个特性是正斜率的直线，参见图 1－2－11（b）。

另外，逆变器采用定直流电压控制，不会产生如前所述的随交流电压变化的振荡问题。

（2）电流裕度补偿

使用电流裕度控制特性，当进入逆变器定电流控制时，由于直流电流减小一个裕度，使直流输送功率也相应减小。为了弥补直流功率的减少，一些直流输电工程采用了电流裕度补偿功能。它的原理是同时提高两端电流调节器的定值：当整流侧进入最小触发角限制时，将实际电流与原电流定值的差加到电流调节器最后使用的定值上，这个新值也将送到逆变侧，提高正在工作的电流调节器的定值，达到即补偿直流功率的损失，也不造成两端调节器来回切换不稳定。在基本控制特性上，相当于两个定电流直线同时右移，最大将原左侧的线移到原右侧线的位置上。

（3）低电压限制电流功能

直流输电控制系统都设有低压限流（VDCOL）功能：

当交、直流系统扰动或直流系统换相失败，按交流或直流电压下降的幅度，降低直流电流到预先设置的值，起到以下作用：

① 保护换流阀。因为正常运行的阀，仅三分之一时间导通。当换流器不能正常换相时，一些正常阀长期流过大电流，将影响换流器的运行寿命，甚至损坏。

② 避免逆变器换相失败。由于逆变侧交流系统故障或逆变器已经发生换相失败，造成直流电压下降、直流电流上升，使换相角加大、关断角减小，而发生换相失败或连续换相失败；因此，降低电流参考值可以减少发生换相失败机概率。

③ 有利于交流系统电压恢复。交流系统发生故障，当直流系统电流减少时，两端换流器少吸收无功功率，有利于交流电压恢复；如果，交流系统故障切除，直流系统功率恢复太快，换流器需要吸收较大的无功功率，将影响交流电压的恢复，所以对于逆变侧较弱时，需要等交流电压恢复后，再恢复直流。

对于不同的工程，此功能的动作方式和值有所不同。直流系统实用控制特性如图 1－2－11（b）所示。

第二篇

直流控制系统

第一章　控制系统分层

第一节　分　层　标　准

特高压控制保护逻辑分层方案遵循 GB/T 13498（IEC 60633）对直流控制系统的分层结构的定义，即直流控制系统功能上可分为：AC/DC 系统层，区域层，HVDC 双极控制层，HVDC 极控制层和换流器控制层。

较高层次的控制功能尽可能配置到较低的控制层次中。比如与双极功能有关的装置尽可能的分设到极控制和换流器控制层，使得与双极功能有关的装置减至最少，甚至完全取消，当发生任何单重电路故障时，不会使两个极都受到扰动。

图 2-1-1 中每一个换流器控制单元实现对一个 12 脉动换流器单元的控制。

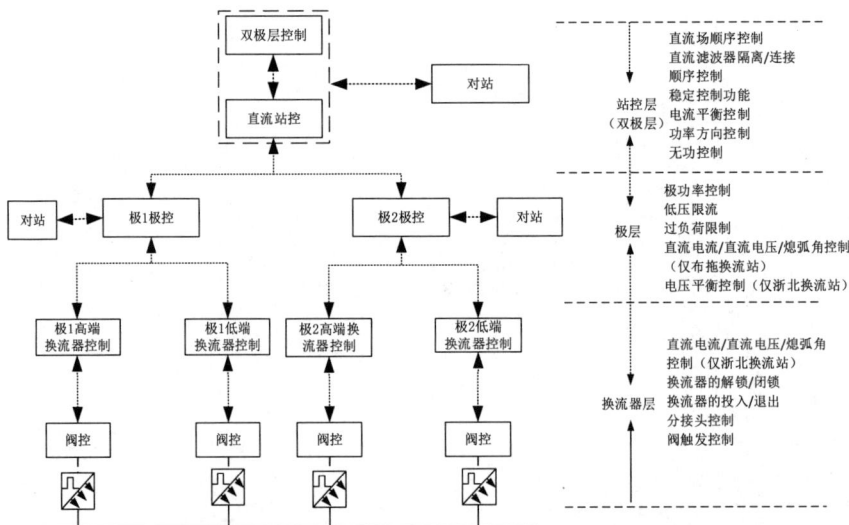

图 2-1-1　直流控制保护层次结构示意图

换流器控制级：直流输电系统一个换流器单元的控制层次。用于换流器的触发控制。换流阀控制级：对各个阀分别设置的等级最低的控制层次。由低电位阀控制单元（通常称为 VBE）和高电位控制单元（通常称为 TE）两个部分构成。

主要控制功能有：换流器触发控制、定电流控制；定关断角控制；直流电压控制、换流器电压控制、换流器电压平衡控制；触发角、直流电压、直流电流最大值和最小值限制控制以及换流器单元闭锁和解锁顺序控制等。

极控制级：直流输电系统一个极的控制层次。极控制级的主要功能有：① 经计算向换流器控制级提供电流整定值，控制直流输电系统的电流。主控制站的电流整定值由功率控制单元给定或人工设置，并通过通信设备传送到从控制站；② 直流输电功率控制；③ 极起动和停运控制；④ 故障处理控制，包括移相停运和自动再起动控制、低压限流控制等；⑤ 各换流站同一极之间的远动和通信，包括电流整定值和其他连续控制信息的传输、交直流设备运行状态信息和测量值的传输等。

双极控制级：双极直流输电系统中同时控制两个极的控制层次。与双极控制有关的功能都分设到了极控制层实现。主要功能有：① 设定双极的功率定值；② 两极电流平衡控制；③ 极间功率转移控制；④ 换流站各交流场无功功率和交流母线电压控制等。

站控制级：直流输电控制系统中级别最高的控制层次。

第二节　分　层　原　则

针对特高压工程每极双 12 脉动换流器串联结构的接线方式，为提高直流系统的可靠性和可用率，特高压直流控制保护系统设计满足以下原则要求：

（1）控制保护以每个 12 脉动换流器单元为基本单元进行配置，各 12 脉动换流器单元的控制功能的实现和保护配置相互独立，以利于可以单独退出单 12 脉动换流器单元而不影响其他设备的正常运行；同时各 12 脉动控制和保护系统间的物理连接尽量简化。

（2）控制保护系统单一元件的故障不能导致直流系统中任何 12 脉动换流器单元退出运行。

（3）较高层次控制单元故障时，12 脉动控制单元仍具备维持直流系统的当前运行状态继续运行或根据运行人员的指令退出运行的能力。

（4）任何一极/换流器的电路故障及测量装置故障，不会通过换流器间信号交换接口、与其他控制层次的信号交换接口，以及装置电源而影响到另一极或本极另一换流器。当一个极/换流器的装置检修（含退出运行、检修和再投入三个阶段）时，不会对继续运行的另一极或本极另一换流器的运行方式产生任何限制，也不会导致另一极或本极另一换流器任何控制模式或功能的失效，更不会引起另一极或本极另一换流器的停运。

第三节 分 层 方 案

按照标准对直流控制系统的分层结构的定义，一个换流站中的每一极配置一套极控系统。每套极控系统按功能分为双极控制层、极控制层和换流器控制层等三个层次。

对于双极/极控制层，与双极功能有关的装置尽可能地都下放到了极控制层，以保证当发生任何单重电路故障时，不会使两个极都受到扰动。

每个极采用了双 12 脉动换流器，每极的换流器控制层实现换流器控制/换流阀控制的功能。为提高直流系统运行的可靠性，对于每个串联的 12 脉动换流阀采用在物理上相互独立的换流器控制单元，即采用相互独立的装置实现。

对于极控制，由于每极双 12 脉动换流器串联，通过调节各 12 脉动换流器触发角来控制直流电流和直流电压。对于送端站，正常运行及故障处理中对各 12 脉动换流器触发角的控制应协调一致，以实现统一的控制目标，不对主设备带来过应力。在换流器投入/退出、单独检修等运行模式时可以按要求采用不同的触发角控制，满足直流系统的运行维护的各种要求。对于受端站，各 12 脉动换流器触发角各自独立控制，同时配置换流器电压平衡控制模块，以实现换流器电压平衡运行目标，不对主设备带来过应力。

过负荷限制功能按照每个极分别配置，根据计算得到两个换流站的过负荷能力和该极串联换流器的过负荷能力的最小值对极功率/电流指令进行限幅，即对该极允许流过的最大直流电流进行限制。当一个极的某个换流器因冷却系统或换流变的原因需要限制功率时，则过负荷限制功能会对该极的最大直流电流进行限制。

特高压直流控制系统的分层方案特点概括为：

极控主机完成双极/极控制层的功能，包括功率/电流指令的计算和分配、站间电流指令的协调、各交流场无功设备的投切控制、站极直流顺序控制功能等。极控主机将计算得到的电流指令送到下一层次的换流器控制主机。

换流器控制主机实现换流器运行所必需的控制功能和阀触发功能，主要包括对直流电流、直流电压、换流器电压、换流器电压平衡、关断角等的闭环控制，以及换流器的解锁、闭锁、触发控制等功能。对于换流器控制，由于每极双 12 脉动换流器串联，通过调节各 12 脉动换流器的触发角来控制直流电流和直流电压。正常运行及故障处理中，对送端各 12 脉动换流器触发角的控制协调一致，以实现统一的控制目标，不对主设备造成过应力；对受端接入不同电压等级交流电网的情况，应对两个换流器采用独立的触发角控制策略，实现各自的控制目标，不对主设备造成过应力。

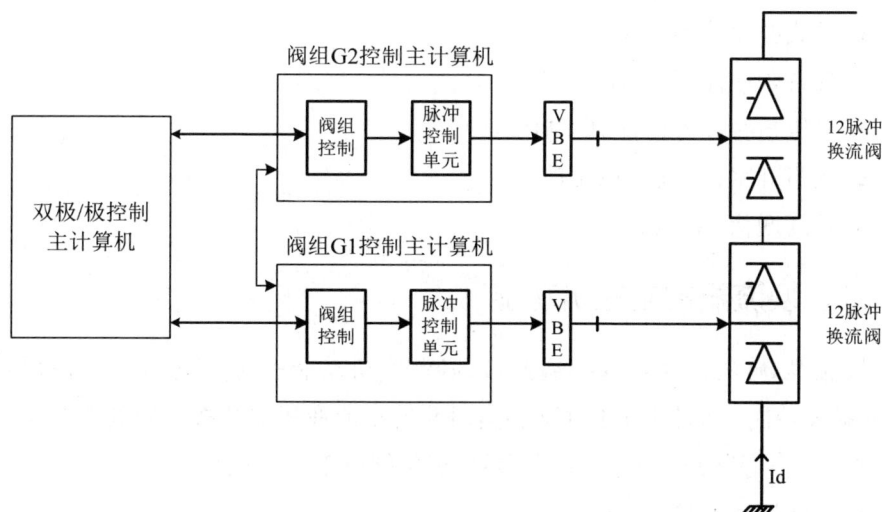

图 2-1-2　特高压直流控制分层与功能

第四节　控制系统实现方案和功能配置

极控系统是整个换流站控制系统的核心，极控系统的控制性能将直接影响直流系统的各种响应特性以及功率/电流稳定性。

极控系统采用独立的换流器控制主计算机方案，其主要由双极/极控制主机（PCP），换流器 1 控制主机（CCP1），换流器 2 控制主机（CCP2）组成。

一、极控主机功能

双极/极控制主机完成双极/极控制级的功能，包括功率/电流指令的计算和分配、站间电流指令的协调、站无功设备的投切控制、站极直流顺序控制功能等，主要包括以下功能模块：

- 极功率控制/电流控制 PPC。
- 过负荷限制 OLL。
- 直流功率调制 MODS。
- 无功功率控制 RPC。
- 开关顺序控制 SSQ。
- 模式顺序控制 MSQ。
- 准备顺序控制 RSQ。
- 电压角度参考值计算 VARC。
- 线路开路试验控制 OLT。
- 站间通信 TCOM。

二、换流器控制主机功能

换流器 G1 控制主机和换流器 G2 控制主机功能相同，分别用于换流器 G1、G2 的触发控制，换流器 G1、G2 各自对应的换流变压器分接头控制以及换流器 G1、G2 各自旁路开关的控制。主要分别包括以下功能模块：

- 换流器触发控制 CFC。
- 控制脉冲发生单元 CPG。
- 开关顺序控制 SSQ。

- 模式顺序控制 MSQ。
- 准备顺序控制 RSQ。
- 换流变压器分接头控制 TCC。

运行人员设定功率定值和各种直流功率调制后，功率定值经极功率控制/电流控制（PPC）单元计算得到电流定值，电流定值再送到换流器触发控制（CFC）单元计算得到相应的触发角，控制脉冲发生（CPG）单元产生触发脉冲送到阀基电子设备（VBE），CFC 还确保触发脉冲角度在允许限制范围内。

第二章　附加控制功能

一、概述

附加控制功能是利用所连接的交流系统某些运行参数的变化，对直流系统功率、直流电流、直流电压、换流站吸收的无功功率进行自动调整，充分发挥直流系统的快速可控性，用以改善交流系统运行特性，提高整个交流/直流联合系统性能的控制功能，也称为直流输电系统调制功能。

在直流输电系统设计中需要针对直流系统的自身特点及交流系统运行环境，提出直流输电工程需要具备的系统调制功能，以便在控制保护系统中留出相应附加控制所需的输入、输出通信接口。直流输电系统调制一般包括有功功率调制、交流系统频率控制、交流系统电压控制、功率提升/功率回降（紧急功率支援）、阻尼控制等。

二、功率调制功能

功率调制功能是指当一侧交流系统受到扰动后，直流系统通过跟踪交流系统某些运行参数变化，快速提升或降低直流系统输送功率和换流站吸收的无功功率的一种控制功能。功率调制功能主要用在与交流输电线路并联运行的直流系统中，可增加输电系统阻尼，抑制所连交流系统的次同步振荡、低频振荡等，也可在一定程度上提高系统的暂态稳定性。用于功率调制功能的交流系统信号包括某回或某几回交流线路的输送功率、某一节点的频率变化、两个节点（通常是两端换流站交流母线）的频率差、两端换流站交流电压相角差、某一节点的电压变化等诸多可能的变量，具体功率调制控制器的信号选择及结构参数应根据系统需要研究确定。

（一）功率回降

涉及整流侧交流系统损失发电功率或逆变侧交流系统甩负荷的事故，可能要求自动降低直流输送功率。功率回降功能可作用于功率指令或电流指令。无论在功率控制模式下还是在电流控制模式下，均应能使用功率回降功能。功率回降量以及功率回降的速率将由系统研究决定。

（二）功率提升

涉及逆变侧损失发电功率或整流侧甩负荷故障时，有可能要求迅速增大直流系统的功率，以便改善交流系统性能。最高的一级应为直流输电系统的短时过负荷定值。功率提升功能可作用于功率指令或电流指令。无论在功率控制模式下还是在电流控制模式下，均应能使用功率提升功能。功率提升量以及功率提升的速率将由系统研究决定。

（三）功率翻转

为了满足交流系统稳定的需要，直流输电控制系统提供快速功率翻转功能。该功能应由直流极控系统本身启动，而不需要由运行人员启动该功能。

该项控制功能的特性与运行人员启动的功率翻转功能有以下不同点：

（1）直流功率/电流的上升和下降速率由系统研究决定，不能由运行人员调整。

（2）直流电压的反转应该以不引起绝缘结构局部放电的最大速率进行。

（3）运行人员不能终止已经被启动的快速反转顺序。快速功率翻转的功率等级和功率升降速率将由系统研究决定。

（四）阻尼次同步振荡

发电机大轴被看作由若干弹性连接的集中质量块构成。次同步扭振的物理本质在于，受扰动的轴系中各质块在同步旋转时，还会产生相对的扭转振荡。直流输电亦可能引起次同步振荡。具有定电流（定功率）控制的直流输电系统所输送的功率与电网频率无关，因此直流输电系统对于发电机组的频率振荡不起阻尼作用，对发电机组的次同步振荡同样不起阻尼作用。当发电机组与交流大电网联系较薄弱且与直流输电整流侧电气距离较近时，同时发电机组的额定功率与直流输电输送的额定功率在同一个数量级上。此时，直流输电系统的输送功率大部分由附近的发电机组供给，则功率振荡就主要发生在直流输电整流侧和该发电机组之间。若直流输电系统与该发电机组的额定容量相近，情况就更为严重。由于定电流调节器的放大倍数随触发角 α 的增加而增加，因此发生次同步振荡的可能性也就相应增加，故对特殊的运行工况必须特别注意，例如当直流输电系统降压运行时应特别注意。次同步振荡是根据系统研究所得出的结论，在附加控制中应包括阻尼次同步振荡的功能，用以保证对直流系统与交流系统中的任何同步发电机之间可能发生的次同步振荡都产生正阻尼。

图 2-2-1 为阻尼次同步振荡的原理性功能概况图。图示仅表示阻尼次同步振荡的实现原理，图中各功能块中的参数仅为默认值，并非系统研究后确定的参数，仅作为示意。

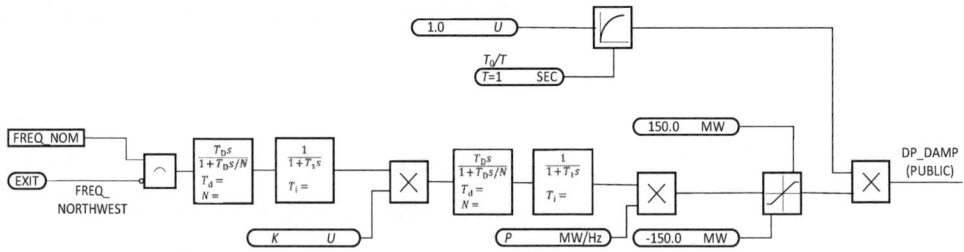

图 2-2-1　阻尼次同步振荡的功能概况图

对于阻尼次同步振荡，以及后面所述的异常交流电压和频率控制，交流系统故障后直流系统的恢复控制等附加控制功能，如果在工程设计阶段系统研究不能最终确定调制的方案或参数，应在直流极控系统中设置典型的软件模块，并预留接口。

三、频率控制功能

直流系统可通过直流输送功率的改变，控制或改善两侧交流系统的频率，称为直流系统的频率控制功能。频率控制的输入信号可以是一侧交流系统与参考频率之间的频率差，也可以是直流两侧交流系统的频率差；前者用以控制该侧交流系统的频率在一定范围内，多用在较弱的交流系统中，特别是对于孤岛运行的交流系统，一般都会利用频率控制功能来改善系统频率；后者用以控制直流两侧交流系统的频率差在一定范围内，多用在两端交流系统容量相差不大的情况下。

四、电压控制功能

直流系统可通过改变换流阀的触发角，甚至改变直流功率，对换流站近区交流电压，特别是换流站交流母线电压进行控制，称为电压控制功能，也可称为无功功率调制功能。电压控制的输入信号一般采用某一节点的电压与参考电压值之间的值，以使该点电压在给定的范围内，一般用以控制换流站交流母线电压效果较好。

五、异常交流电压和频率控制

直流输电控制系统通过调整直流功率、触发角以及投切滤波器组，有助于交流系统从以下状态恢复正常：

（1）交流系统频率偏移，高于或低于额定频率一定值，该值由系统研究决定。

（2）交流系统电压高于或低于额定电压一定值，该值由系统研究决定。

在设计频率控制时，不仅需考虑如何帮助故障侧交流系统从频率偏移状态下恢复正常，还应确保在实际运行中，不会出现非故障系统因对故障系统进行事故支援而影响本系统安全运行的情况。同时设计中应实现控制参数可调，既可以适应未来电网电能质量标准提高的要求（例如将非故障系统的频率限定在 $50Hz\pm0.1Hz$ 内），也便于在送受端达成事故支援协议的情况下，放宽频率限制要求（例如将非故障系统的频率限定在 $50Hz\pm0.5Hz$ 内），以充分利用直流频率控制的功能，发挥大电网互联的优势。图 2-2-2 所示为频率控制的功能概况图，图中各功能块中的参数仅为默认值，并非系统研究后确定的参数。

六、孤岛运行条件下的频率/功率调制

直流输电系统的送端常常连接于大型水电、火电基地，存在孤岛运行方式的可能，设计时需予以考虑。直流极控系统应考虑整流侧处于孤岛运行这一特殊交流系统接入条件下的功率/频率调制功能，避免孤岛运行时过大的频率偏差，以确保发电机等设备的安全稳定运行。图 2-2-3 为典型孤岛运行的功率/频率调制功能示意图。

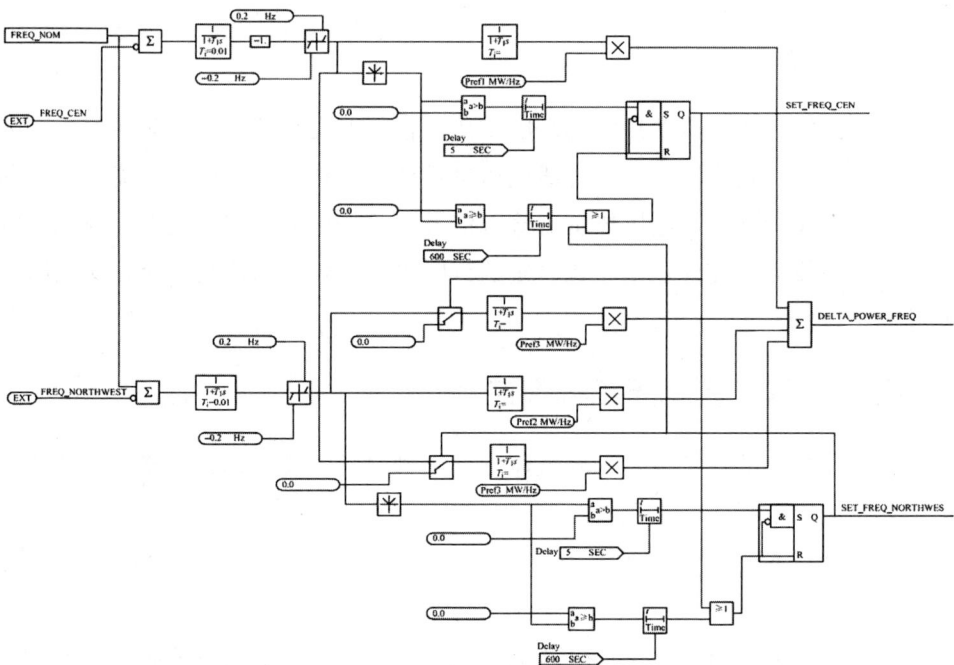

图 2-2-2　频率控制功能概况图

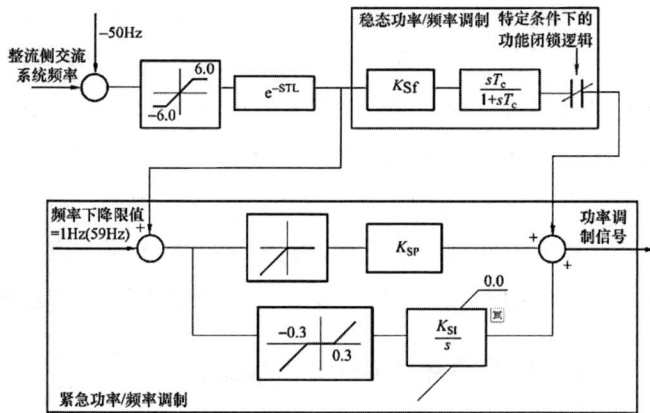

图 2-2-3　典型孤岛运行的功率/频率调制功能示意图

七、附加调制信号

目前工程中的直流附加阻尼控制器最常见的为单输入单输出超前—滞后补偿，直流附加阻尼控制器输入信号大多选择为并联交流联络线的有功功率等本地信号。仅仅基于本地信号的控制并未发挥出直流输电附加控制抑制振荡的最大潜力，并且实际超前滞后环节的参数选取比较困难。广域信号作为控制器的输入与其他信号相比能够直接反映系统功角低频振荡特性，利用广域信号对系统直接进行反馈控制，有利于抑制系统低频振荡。直流极控系统除了应包含以上附加控制功能外，还应能允许将来接收和增加其他的调制信号，以适应交流系统的变化以及与多重故障相关的运行方式。

第三章　控制系统功能实现

第一节　顺　序　控　制

直流顺控功能通过对直流开关场设备的顺序控制，完成直流运行接线方式的转换，为换流站开关以及相关辅助设备提供安全可靠的操作。

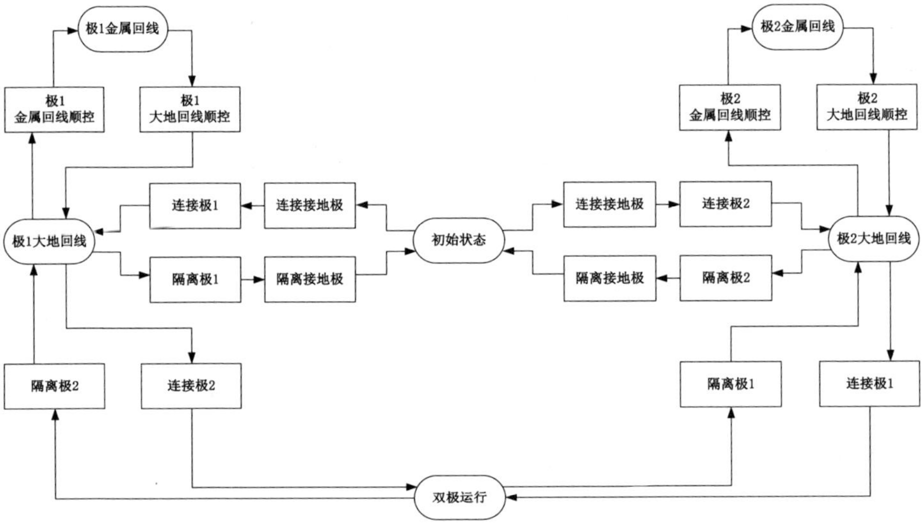

图 2-3-1　直流配置之间的允许转换过程

一、直流顺序控制模式

直流顺序控制提供了两种控制模式：自动模式、手动模式。

自动模式是指通过自动的顺控操作将被操作对象操作到指定的状态，以使目标状态到达，在自动模式时不需要进行设备的单独手工操作。在自动模式下，顺控操作需要满足相应的联锁条件，操作执行后，整个状态转换过程将自动执行。

手动模式是指通过运行人员对各设备进行逐个、单独的手工操作，使目标状态的条件到达，在手动模式下对设备的操作仍需要满足相关的联锁条件，以避免不安全的手动操作，保证设备和人身安全。

二、极连接/隔离

极的连接和隔离是一个自动顺序过程。极连接表示将直流母线连接到直流线路，将极中性母线连接到接地极或者金属回线。极隔离表示将极与直流线路和接地极或者金属回线断开。图 2−3−2 为双极直流系统典型直流场示意图。

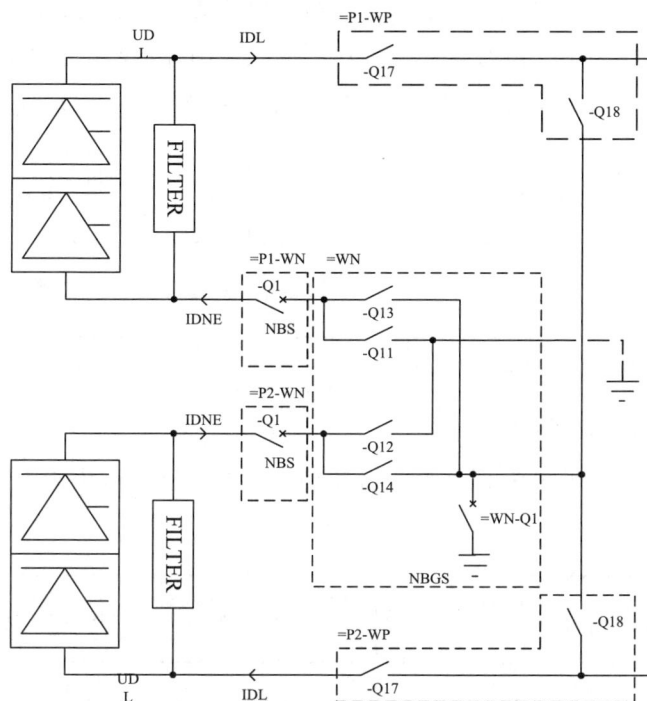

图 2−3−2　双极直流系统典型直流场示意

图中的编号为典型直流输电工程编号，以极 1（P1）为例，极连接和隔离的顺序操作如下：

（一）极连接

极连接顺序先将极连接到极中性母线，再连接到极线路。该顺序操作在极一层执行，只影响本站本极（P1 为极 1，P2 为极 2）。

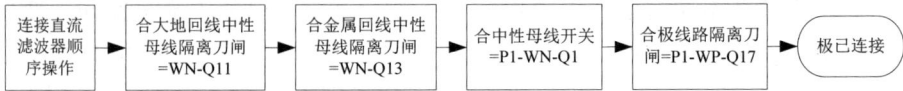

| 连接直流
滤波器顺
序操作 | → | 合大地回线中性
母线隔离刀闸
=WN-Q11 | → | 合金属回线中性
母线隔离刀闸
=WN-Q13 | → | 合中性母线开关
=P1-WN-Q1 | → | 合极线路隔离刀
闸=P1-WP-Q17 | → | 极已连接 |

（二）极隔离

极隔离顺序是将换流器从中性母线和极线路上断开。该顺序操作可以由运行人员手动发出命令或者由保护来启动。极隔离需要考虑的一个重要的问题是极线路隔离刀闸没有断流能力。如果换流器中还有直流电流流过，极隔离时必须首先分开中性母线开关。否则，需要先分开极线路隔离刀闸。注：当换流器差动保护动作或直流线路保护动作，需要重启非故障换流器时，极隔离顺序将不再操作金属回线中性母线隔离刀闸和大地回线中性母线隔离刀闸。

如果直流线路电流 IDL 低于预定值超过 5 秒时间，极隔离的顺序如下：

| 分极线路隔离刀闸
=P1-WP-Q17 | → | 当直流电压低，
分中性母线开关
=P1-WN-Q1 | → | 分金属回线中性母
线隔离刀闸
=WN-Q13 | → | 分大地回线中性母
线隔离刀闸
=WN-Q11 | → | 极已隔离 |

如果直流线路电流高（比如，直流线路出现故障），极隔离的顺序如下：

| 当直流电压低，发8秒脉冲
分中性母线开关
=P1-WN-Q1 | → | 分金属回线中性母
线隔离刀闸
=WN-Q13 | → | 分大地回线中性母
线隔离刀闸
=WN-Q11 | → | 当IDL低于预定值超过5秒
时间，分极线路隔离刀闸
=P1-WP-Q17 | → | 极已隔离 |

当直流线路电流 IDL 已经低于预定值，而极中性母线电流 IDNE 很高，则极隔离的顺序如下：

| 等待
500ms | → | 分中性母线开关
=P1-WN-Q1 | → | 分金属回线中性母
线隔离刀闸
=WN-Q13 | → | 分大地回线中性母
线隔离刀闸
=WN-Q11 | → | 当IDL低于预定值超过5秒
时间，分极线路隔离刀闸
=P1-WP-Q17 | → | 极已隔离 |

如果直流中性母线开关未能断开电流，则中性母线开关失灵保护会重合该开关，并合上中性母线接地开关，即图 2-3-2 中所示的（=WN-Q1）。

三、连接/隔离直流滤波器

直流滤波器的连接和隔离也是一个自动顺控过程，该顺控既可以在极闭锁时执行，也可以在极运行时执行。除由运行人员单独发出连接或隔离直流滤波器的命令外，还可由保护发出隔离命令。

（一）直流滤波器连接

连接直流滤波器的顺序操作将先分开滤波器的地刀（先分开高压侧地刀再分开低压侧地刀），地刀都处于分位后才允许合上中性母线侧刀闸和极母线侧刀闸，按照先连接中性母线侧刀闸再连接极母线侧刀闸的顺序执行。

（二）直流滤波器隔离

隔离直流滤波器的顺序操作先分开极母线侧的隔离刀闸，再分开中性母线侧的隔离刀闸。在隔离直流滤波器后，还会合上该组滤波器的接地刀闸；中性母线侧接地刀闸在滤波器隔离后会立刻合上，而高压母线侧接地刀闸会在一定时间后（由滤波器放电时间决定）合上，目的在于等滤波器放电结束。

四、金属/大地回线转换

为了避免大地中持续流过大电流，当双极运行中的某一极退出运行后，剩下的极可以利用未充电的另外一极的线路作为电流回流的路径，称为金属回线。大地回线和金属回线的转换可以在直流极运行或者未运行两种状态下进行。如果构成金属回线的对极没有被隔离，当金属回线顺序控制起动后，会首先发出极隔离命令。

在站间通信正常情况下，大地/金属转换操作命令由主控站发出，操作对象是两站所涉及的全部开关、刀闸和地刀，顺序控制将自动协调两站完成转换操作。在站间通信故障情况下，大地/金属转换操作命令由两站运行人员分别发出，两站运行人员根据顺控流程操作界面的提示进行分步顺序操作，并根据顺控流程提示进行对站设备状态的确认，两站运行人员配合完成整个转换流程。

图2-3-3中略去了部分接地刀闸，其控制遵循与其两侧刀闸的基本联锁原则。无论直流输电系统是否在运行中，金属回线和大地回线都可以相互转换。

（一）大地回线转金属回线

大地回线转换到金属回线分为三步：

（1）转换前向另一极发出极隔离命令；

（2）中性线区域建立并联金属回线路径，顺序控制程序通过检测两个路径中是否都有电流来判断新的路径是否建立完毕；

（3）分开站1的MRTB，断开原来路径的电流。

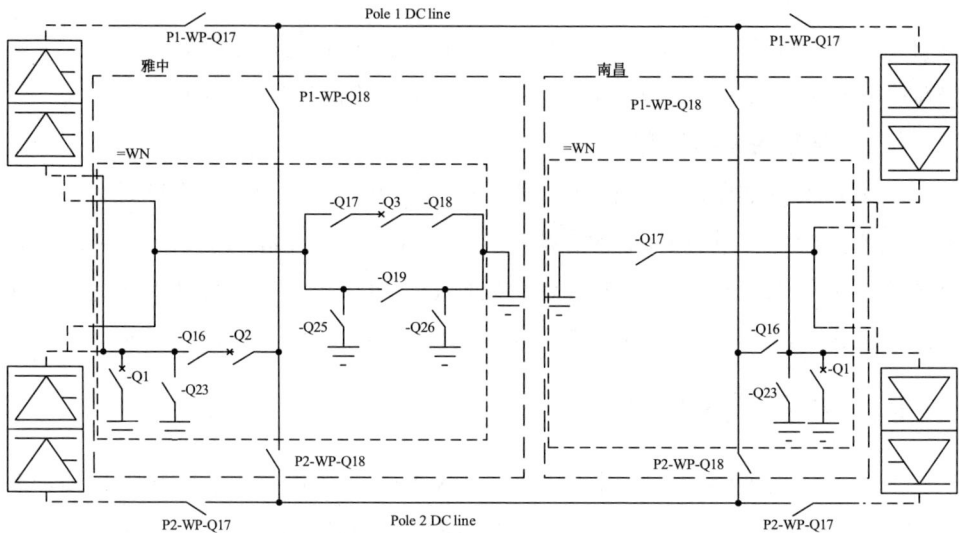

图 2-3-3 中性母线区域配置

如果经过一定的时间（由该操作过程需要的时间决定，一般为 3 分钟），大地回线转金属回线顺序操作没有能够完成，顺序操作将停止，并将报警事件送到运行人员工作站。

大地回线转金属回线时，将考虑以下条件（由直流极控程序自动判断）：

（1）为了使得 MRTB 承受的应力最小，在金属回线建立后，金属回线电流达到稳定值后再将其分开。

（2）如果 MRTB 没有能够断开大地回线电流，它会被重新合上，该重合由保护启动。

图 2-3-4 列出了极 1 单极大地回线转单极金属回线的顺序操作过程。两站的极 2 均认为处于极隔离状态。

（二）金属回线转大地回线

金属回线转换到大地回线分为两步：

（1）中性线区域建立并联路径，顺序控制程序通过检测两个路径中是否都有电流来判断新的路径是否建立完毕；

整流站

| 分WN_Q23和WN_Q24；分P2_WP_Q23 | → | 若极2未隔离，向极2发极隔离命令 | → | 合金性回线隔离刀闸 WN_Q16 | → | 合金性回线隔离刀闸 P2_WP_Q18 | → | 合隔离刀闸 WN_Q13 |

逆变站

| 分WN_Q23和WN_Q24；分P2_WP_Q23 | → | 若极2未隔离，向极2发极隔离命令 | → | 合金性回线隔离刀闸 WN_Q16 | → | 合金性回线隔离刀闸 P2_WP_Q18 | → | 合隔离刀闸 WN_Q13 |

整流站

| 金属回线 | → | 分WN_Q18、WN_Q19 | → | 分MRTB WN_Q3 | → | 合GRTS WN_Q2 |

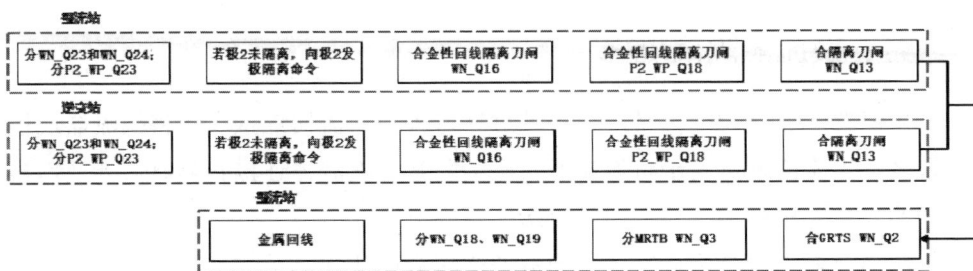

图 2－3－4　极 1 单极大地回线转单极金属回线顺序

（2）分开站 1 的 GRTS，断开原来路径的电流。

如果经过一定的时间（由该操作过程需要的时间决定，一般为 3 分钟），金属回线转大地回线顺序操作没有能够完成，顺序操作将停止，并将报警事件送到运行人员工作站。

金属回线转大地回线时，将考虑以下条件（由直流极控程序自动判断）：

（1）极直流电流不能大于大地回线转换开关（GRTS）的最大开断电流和低环境温度下的最大持续电流。

（2）大地回线必须在断开金属回线前建立，如果大地回线中测量到的直流电流小于预定值时要闭锁 GRTS 的操作。

（3）为了使得 GRTS 承受的应力最小，在大地回线建立后，大地回线中的电流达到稳定时才允许分开 GRTS。

图 2－3－5 列出了极 1 单极金属回线转单极大地回线的顺序操作过程。两站的极 2 均认为处于极隔离状态。

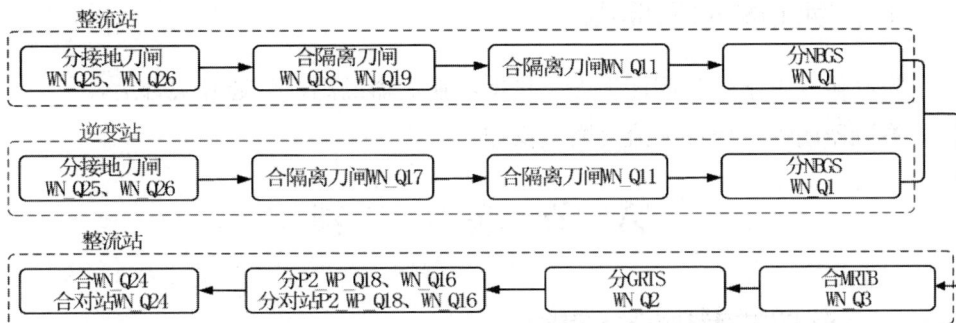

整流站

| 分接地刀闸 WN_Q25、WN_Q26 | → | 合隔离刀闸 WN_Q18、WN_Q19 | → | 合隔离刀闸WN_Q11 | → | 分NBGS WN_Q1 |

逆变站

| 分接地刀闸 WN_Q25、WN_Q26 | → | 合隔离刀闸WN_Q17 | → | 合隔离刀闸WN_Q11 | → | 分NBGS WN_Q1 |

整流站

| 合WN_Q24 合对站WN_Q24 | ← | 分P2_WP_Q18、WN_Q16 分对站P2_WP_Q18、WN_Q16 | ← | 分GRTS WN_Q2 | ← | 合MRTB WN_Q3 |

图 2－3－5　极 1 单极金属回线转单极大地回线顺序

五、换流器隔离/连接

换流器的连接和隔离是一个自动顺序过程。换流器连接表示将换流器连接到极区。换流器隔离表示将换流器与极区断开。换流器连接和隔离只涉及本换流器的操作，极和另一换流器是否运行不影响。

如换流器主设备示意所示，换流器连接顺序依次为：

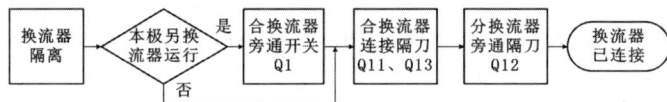

换流器隔离 → 本极另换流器运行（是）→ 合换流器旁通开关 Q1 → 合换流器连接隔刀 Q11、Q13 → 分换流器旁通隔刀 Q12 → 换流器已连接

（本极另换流器运行：否 → 合换流器连接隔刀 Q11、Q13）

换流器隔离顺序依次为：

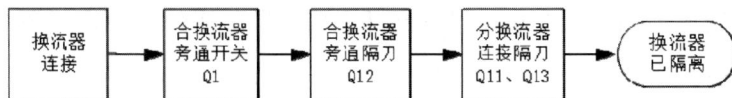

换流器连接 → 合换流器旁通开关 Q1 → 合换流器旁通隔刀 Q12 → 分换流器连接隔刀 Q11、Q13 → 换流器已隔离

六、阀厅接地/不接地

分开阀厅地刀条件是：阀厅大门关闭且阀厅钥匙锁定。

分开顺序为：当第一个阀厅接地刀闸被分开后，应紧接着依次分开第二个、第三个、第四个。

合上阀厅地刀条件是：换流器断电、换流器隔离。

合上顺序为：换流器未充电且隔离，可以合阀厅接地刀闸。当有指示显示第一个接地刀已经合上，接着依次合上第二个、第三个、第四个。

七、换流器充电/断电

换流器充电条件是阀厅地刀不接地，换流器隔离，旁通开关合上。

换流器闭锁后允许换流变断电操作。

第二节 联 锁

一、联锁范围和设计原则

直流极控系统的联锁包括主设备联锁和顺序操作联锁两大部分，直流极控系统会根据设备的具体位置和特性制定相应的联锁逻辑，对于不安全的操作进行闭锁，以保证设备和人身安全。

（一）主设备联锁

主设备联锁包括硬件联锁和软件联锁。硬件联锁包括机械联锁和电气联锁等，由一次设备来实现。软件联锁是在极控主机的控制软件中实现的，运行人员通过直流控制系统对开关设备进行操作时起作用。

主设备就地操作，分为手动和电动，其联锁由硬件联锁来实现。一般机械联锁由一次开关设备自身来实现。

（二）顺序操作联锁

为了保证各种顺序控制命令的安全、顺利执行，兼顾系统运行习惯，为顺序控制命令设置了一定的联锁条件。

联锁在各个控制位置均有效，包括远方调度中心、运行人员工作站（OWS）、就地控制接口及主设备就地。其优先级别依次为（从高到低）主设备就地、就地控制接口、运行人员工作站、远方调度中心。

直流极控系统的联锁范围主要是直流开关场，联锁功能在最低的控制层次完成，以保证即使就地控制接口操作时，联锁也能有效地执行。

图 2-3-6 是联锁系统的功能结构示意图。当联锁条件不满足时，运行人员通过远方控制设备是不被允许的，在操作时相应的控制界面会弹出禁止操作的提示窗口。如果设备处于就地控制位置，由于控制系统会将联锁信号合成 Enable-local-control（允许就地控制）信号通过空节点的形式串入一次设备操作回路，当联锁条件不满足时，同样也可以闭锁设备就地操作。

二、主设备联锁

（一）接地刀闸

一般接地刀闸的联锁条件如下：

（1）分开：始终允许。

（2）合上：接地刀闸两边所连线路上最近的隔离刀闸均分开。

从安全操作的角度考虑，部分接地刀闸在合上时需要考虑额外条件。例如直流滤波器高压侧地刀合上时需要判断直流滤波器两端的刀闸均处于分位，且分开后需要经过一定的延时（由滤波器放电时间决定，一般为 3~10 分钟），以

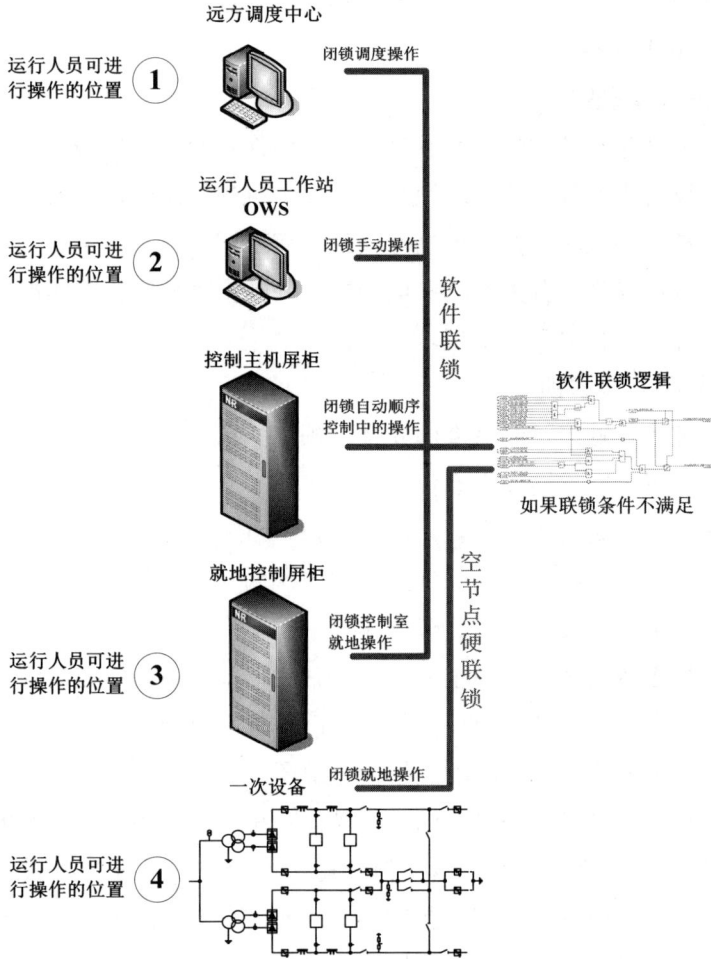

远方调度中心

运行人员可进行操作的位置 ① 闭锁调度操作

运行人员工作站 **OWS**

运行人员可进行操作的位置 ② 闭锁手动操作

控制主机屏柜

闭锁自动顺序控制中的操作

软件联锁

软件联锁逻辑

如果联锁条件不满足

就地控制屏柜

运行人员可进行操作的位置 ③ 闭锁控制室就地操作

空节点硬联锁

一次设备

运行人员可进行操作的位置 ④ 闭锁就地操作

图 2-3-6 联锁系统结构示意图

保证滤波器已放电。

（二）隔离刀闸

一般隔离刀闸操作时的联锁条件如下：

（1）分开：分开一个隔离刀闸的条件一般只需要与其相邻的开关分开即可。

（2）合上：合上隔离刀闸通常要满足以下几个条件：

1）最近的开关处于分位；

2）隔离刀闸两端的接地刀闸必须处于分位，且如果有开关的该隔离刀闸串联在一起，该开关两端的接地刀闸必须处于分位。

直流场的隔离刀闸还需考虑高压直流系统状态，例如换流器隔离刀闸和极线路隔离刀闸在允许分开时一般要判断相应换流器或者相应极是否处于闭锁状态。

（三）直流场开关

在极控软件中，必须从 I/O 收到开关已经切换到远方控制的位置时，运行人员才能在操作界面上对开关进行分合操作。

1. 分开

（1）断路器本体压力必须正常；

（2）开关的充电设备必须正常（部分开关要求）；

（3）从 I/O 上送的远方控制的指示信号必须为 TRUE；

（4）极闭锁（部分开关要求）；

（5）大地回线或者金属回线已建立；

（6）大地回线或者金属回线中的电流建立。

2. 合上

（1）从 I/O 上送的远方控制的指示信号必须为 TRUE；

（2）如果开关两侧都有隔离刀闸，在合上开关时同样必须遵循两侧的隔离刀闸同分或者同合的条件。除此外，合上开关时需要满足的其他条件一般都是运行接线方式的要求。

第三节　极 起 动 / 停 运

特高压直流系统的起动/停运顺序包括极单换流器起动/停运与双换流器起动/停运，两种方式的控制策略和顺序一致，且与常规直流工程的起动/停运顺序基本相同。

特高压直流系统起动包括联合控制下的起动和独立控制下的起动两种方式。

联合控制下，特高压直流起动的前提条件是两站的同一极处于 RFO 状态的换流器数量相等。PCP 主机处理运行人员输入的功率定值和变化率，在直流功率/电流指令等于最小功率限制值时，发出起动命令 order_start，送至 CCP 主机，并通过站间通信，协调两站起动过程。CCP 收到 order_start 命令后，逆变侧先解锁；整流侧 CCP 接收到 PCP 转来的逆变侧已解锁状态指示后，同逆变侧一样进行操作。

逆变侧首先解锁，以建立直流电流回路，可以避免一旦整流侧解锁可能由于逆变侧开路而引起的线路过电压。当解锁顺序控制正在进行过程中出现保护闭锁命令时，解锁顺序控制将复位进行闭锁顺序控制。

独立控制模式时，两站运行人员可以分别发出解锁命令，但是，两站运行人员必须通过电话进行协调，以保证逆变侧总是在整流侧之前先解锁。

停运顺序是起动顺序的逆过程，CCP 接收 PCP 传来的站间协调信号，确保整流侧先闭锁，逆变侧后闭锁。

一、正常解锁

解锁顺序逻辑将使得换流器自动而平滑的进入解锁状态。在解锁之前，换流器控制系统自动判断当前设备的状态是否允许解锁（RFO，Ready for Operation），以提供必要的联锁来保证设备安全稳定运行。

换流器 RFO 或极 RFO 条件满足后，PCP 发出起动命令给 CCP，并首先连接绝对最小滤波器（如果还没有连接的话）。当绝对最小滤波器连接后，CCP 解锁换流器。在解锁状态获得后，一定时间延迟后撤销移相命令。通过这样一个过程，直流输电系统平滑起动，避免了直流电压出现突变。

如果解锁过程中保护发出了保护性闭锁直流指令，解锁顺序将停止，停运顺序将使得系统恢复到闭锁状态。

解锁逻辑：当换流变压器交流断路器一合上，CCP 就开始发送触发脉冲到 VBE。阀基电子设备用这一触发脉冲预检可控硅，但是不产生触发脉冲触发阀。在这种情况下触发角在 164°，并且换流器还处在闭锁状态。

解锁换流器实质上是脉冲解锁，并且和对端站配合，准备传输直流电流和维持直流电压。最终触发阀，是送一个单独的信号给阀基电子设备。

正常的解锁时序如下：

逆变侧：首先解锁，连接交流滤波器，发令逆变侧移相 164° 解锁，解锁状态指示信号出现 200ms 后解除移相命令。

整流侧：接收到逆变侧已解锁状态指示后，投入交流滤波器，164° 解锁，200ms 后解除移相命令，触发角由 164° 开始减小，直流电压开始上升。

两站正常解锁后，功率升降开始，升降从最小功率开始，直到运行人员定义的功率参考值，运行人员也可以在升降过程中停止它。升降速率也由运行人员决定。

一旦换流器解锁，解锁状态就确定了，直到闭锁顺序复归解锁。

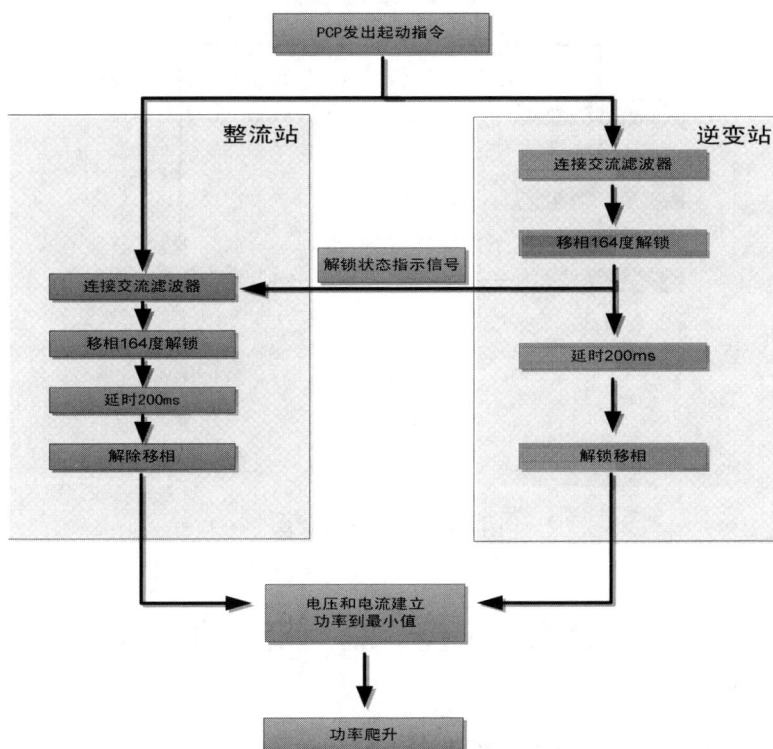

图 2-3-7　解锁时序图

二、正常闭锁

闭锁逻辑：换流器闭锁顺序总是保证整流站在逆变站之前闭锁。这意味着，如果在站间通信故障的情况下，两站要闭锁，运行人员只有通过电话协调，使整流站先于逆变站闭锁。

正常停极过程中的阀闭锁命令由运行人员在工作站手动发出。

正常的闭锁时序如下：

整流侧：正常停运时，立即发出移相命令（164°），并在一段延时 60ms 后，

51

不带旁通对闭锁；

逆变侧：在接收到整流侧的闭锁指示信号后移相闭锁。停运顺序将立即发出触发角为 90°的命令（ORD_ALPHA_90），200ms 后，投入旁通对闭锁。

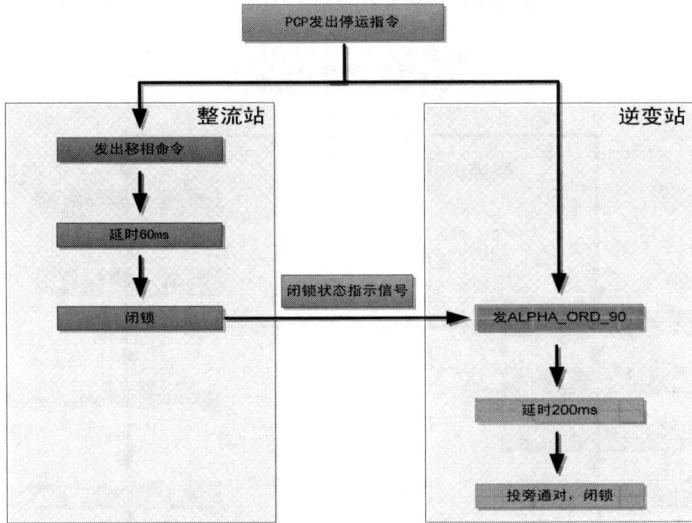

图 2-3-8　闭锁时序图

第四节　控　制　策　略

一、触发角闭环调节概述

换流器控制系统的核心任务是接收来自 PCP 主机的低压限流 VDCOL 环节处理后的电流指令，经过闭环调节器运算，产生触发角指令。

根据基本控制策略，触发角计算包括以下三个基本控制器：

● 闭环电流调节器；

● 电压调节器；

● 修正的 gamma 控制器。

此外，为了在各种工况下都确保直流系统安全运行，在换流器控制中还包括对触发角的限幅逻辑。

在换流器控制中对整流和逆变运行配置不同的参数，使得在实际运行中整流侧和逆变侧由不同的调节器起作用，从而实现希望的 Ud/Id 曲线。

三个基本控制器的协调配合按图 2-3-9 所示的方式实现。该方式采用限幅的方式在三个控制器之间进行协调配合。这种方式下，三个控制器有自己独立的 PI 调节器。gamma 控制器的输出作为电压调节器的最大值限幅，电压调压器的输出在逆变运行时作为电流调节器的最大值限幅，在整流运行时作为最小值限幅。随着运行模式（整流/逆变），运行状态（起动/停运）以及外部交流系统条件的变化，三个控制器之间依次限幅的配合方式使得在有效控制器的转换过程中输出值 alpha order 的变化是平滑的。

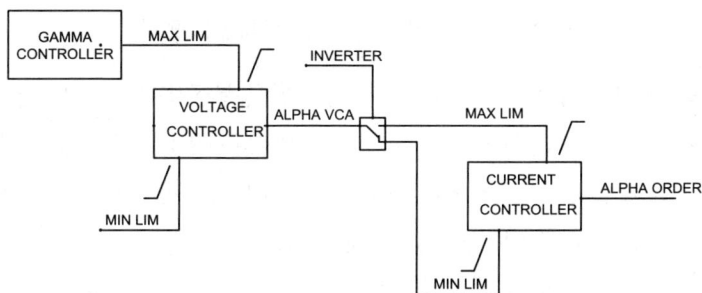

图 2-3-9　三个基本控制器的协调配合方式

二、闭环电流控制

整流侧和逆变侧配置完全一致的闭环电流调节器。通过在逆变侧的电流指令中减去一个电流裕度来实现整流侧控制电流，逆变侧控制电压。

闭环电流调节器的主要目标是保证电流控制环的性能：

● 快速阶跃响应；

● 稳态时零电流误差；

● 平稳电流控制；

● 快速抑制故障时的过电流。

闭环电流控制测量实际直流电流值，与电流指令相比较后，得到的电流差值经过一个比例积分环节，输出为 alpha 指令值到点火控制。闭环电流调节器具有较高的静态增益和适当的动态增益，这样闭环电流控制在稳态时的电流误差为零，动态时以具有适当的动态性能。图 2-3-10 所示为闭环电流调节器功能概况图：

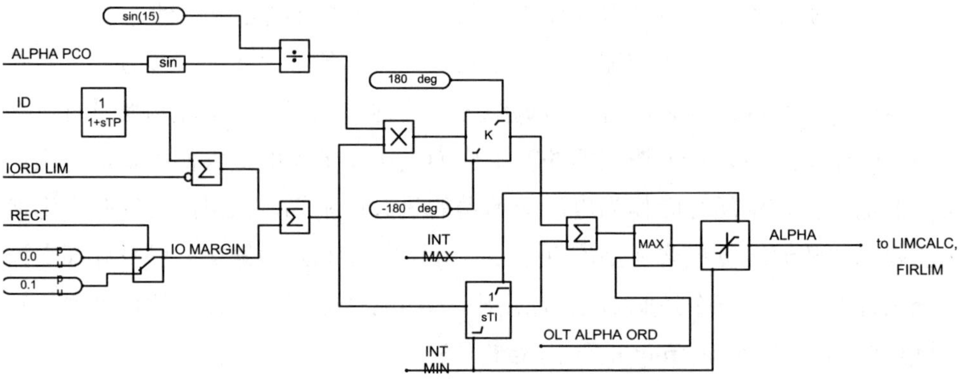

图 2-3-10　闭环电流调节器功能概况图

比例常数与积分常数应使得闭环电流控制具有适当的动态性能。

为了使两端的电流调节器协调工作，在逆变侧的电流指令上减去了 0.1p.u. 的电流裕度。这使得正常工况下，整流侧控制电流，逆变侧运行于最大触发角（Amax）或电压控制器输出触发角，控制直流电压。

在积分环节和闭环电流调节器最终的输出都设有上下限幅。这些限幅限制了闭环电流调节器在特殊运行环境下的输出范围。限幅可以强制使触发角在暂态下运行于预先设定的值。

三、电压调节器

一般地，电压控制器是按双向传送直流功率设计的，整流侧和逆变侧都配置相应的电压调节器。

电压调节器功能包括：

● 过电压限制（仅整流侧）；

● 直流电压调节器。

直流电压参考值由 PCP 主机的电压角度参考计算 VARC 功能进行计算并送至 CCP。站 1 直流电压采用 PCP 测得的电压，站 2 直流电压根据配置测点不同，由 PCP（不配置极中点电压测点）或 CCP（配置极中点电压测点）直接测量。

电压控制器是一个 PI 调节器，其输出将作为电流控制器的上限值或下限值。当处于逆变运行时，它将作为电流控制器的上限值，以限制电流调节器（CCA）的最大触发角输出；当处于整流运行时，它将作为电流控制器的下限值，以限制 CCA 的最小触发角输出。图 2-3-11 所示为电压调节器功能概况图：

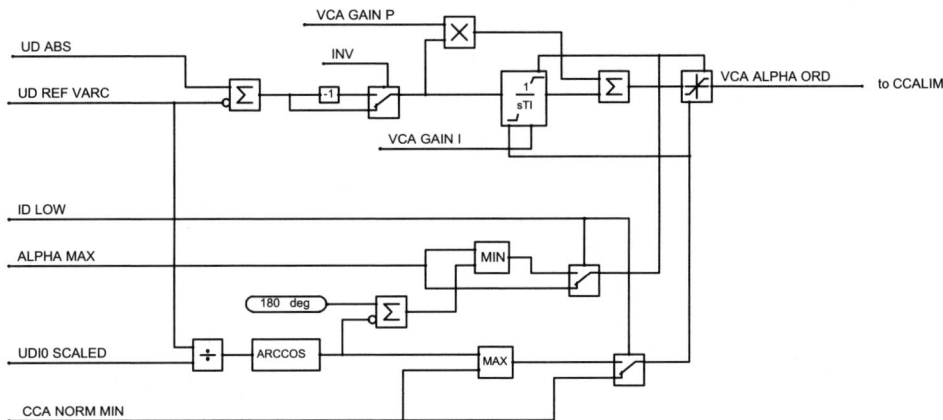

图 2-3-11　电压调节器功能概况图

UD REF VARC 为电压调节器的电压参考值，来自电压和角度参考值计算（VARC）。实际直流电压值与电压参考值之间的差值的极性是根据当前运行模式 RECT/INV 而切换的，以获得正确的电压调节器的行为。

四、逆变侧 A_{max} 控制

逆变站的直流电压为：

$$U_d = U_{di0}\left[\cos\gamma_o - (d_x - d_r)\frac{I_d}{I_{dN}} \times \frac{U_{di0N}}{U_{di0}}\right] \qquad (2-3-1)$$

从式（2-3-1）可以看出，对于恒定的 γ 角，当直流电流增大时，逆变侧的直流电压将降低。因此当逆变侧运行于定 γ 控制时，在低频下具有负阻特性。

引入式（2-3-2）所示的电流项对定 γ 控制进行修正，使得它在暂态情况下具有正斜率，有利于提高直流系统的稳定性。

$$\beta = \arccos\left[\cos\gamma_o - 2 \times d_x \times \frac{I_o}{I_{dN}} \times \frac{U_{di0N}}{U_{di0}} - K(I_o - I_d)\right] \qquad (2-3-2)$$

稳态情况下，I_d 等于 I_o，上式所确定的 β 可使逆变侧运行在定 γ 状态；暂态情况下，I_o 保持不变，I_d 因扰动而变大时，A_{max} 控制将减小 β 角使得逆变侧电压增大，直流电流 I_d 变小，从而回到稳态工作点；反之，I_d 因扰动变小时，A_{max}

控制将增大 β 角使得逆变侧电压减小，直流电流 I_d 增大。

A_{max} 控制的触发角可以由下式计算得到：

$$A_{max} = 180 - \beta \qquad (2-3-3)$$

由于存在电流裕度，逆变侧的闭环电流调节器将增大其触发角直至电压调节器的输出。图 2-3-12 所示为逆变侧 A_{max} 控制功能概况图：

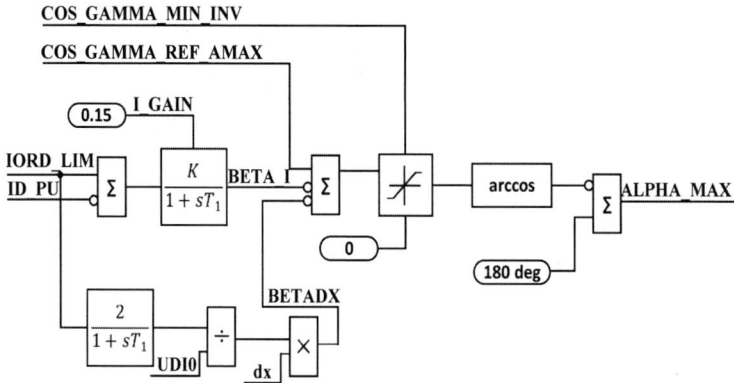

图 2-3-12　逆变侧 A_{max} 控制功能概况图

BETA I 为电流指令与电流响应之间的误差，作为 A_{max} 控制比例积分环的输入。增益 IGAIN 设定了 A_{max} 控制的正斜率。通过增益和时间常数的调节可以获得较好的动态性能。

第五节　无　功　控　制

无功控制的主要控制对象是全站的交流滤波器，其主要目的是根据当前直流的运行模式和工况计算全站的无功消耗，通过控制所有无功设备的投切，保证全站与交流系统的无功交换在允许范围之内或者交流母线电压在安全运行范围之内。交流滤波器设备的安全和对交流系统的谐波影响也是无功控制必须实现的功能。

通过搜集全站各极的运行参数，依据直流中各极总的输送功率以及各极总的无功消耗情况进行交流滤波器的投切，其中绝对最小滤波器和最小滤波器的各投切点依据交流滤波器研究报告确定。

一、无功控制功能

无功控制按优先级决定滤波器的投切，通过优先级协调由各子功能发出的投切滤波器组的指令。某项子功能发出的投切指令仅在不与更高优先级的限制条件冲突时才有效。

无功控制具有以下各项功能：

Over Voltage Control：交流过电压控制。当交流电压达到参考值时，快速切除交流滤波器至绝对最小滤波器。

Abs Min Filter：绝对最小滤波器控制，为了防止滤波设备过负荷所需投入的滤波器组。正常运行时，该条件必须满足。

U_{max}/U_{min}：最高/最低电压限制，用于监视和限制换流站稳态交流母线电压。

Q_{max}：最大无功交换限制，根据当前运行状况，限制投入滤波器组的数量，限制稳态过电压。

Min Filter：最小滤波器容量要求，为了满足滤除谐波的要求需投入的最少滤波器组。

$Q_{control}/U_{control}$：无功交换控制/电压控制，控制换流站和交流系统的无功交换量为设定的参考值/控制换流站的交流母线电压为设定的参考值。

其中，$Q_{control}$ 和 $U_{control}$ 不能同时有效，由运行人员选择当前运行在 $Q_{control}$ 还是 $U_{control}$。

此外，为了获得更好的控制效果，无功控制还包含以下辅助功能：

QPC：通过增大触发角/关断角来增大换流站对无功的消耗，避免换流站与交流系统的无功交换量超过限制值。

Gamma kick：通过在投/切滤波器组时瞬间增大/减小 alpha/gamma 角，使得电压变化率减小到规定的范围以内。

（一）交流过电压控制（Over Voltage Control）

当交流电压达到参考值时，快速切除交流滤波器至绝对最小滤波器。以雅砻江站为例，典型功能如下：

最高稳态电压$<U_{ac}\leqslant1.1$p.u.时，每隔 3s 切除 1 小组交流滤波器，直到当前功率下的绝对最小滤波器；

$U_{ac}>1.1$p.u.每隔 8s 切除 4 小组交流滤波器,达到当前功率的绝对最小滤波器后,如果过电压定值依然满足,每隔 8s 切除 4 小组交流滤波器直到最小功率下的绝对最小滤波器;

$U_{ac}>1.2$p.u.每隔 1s 切除 4 小组交流滤波器,达到当前功率的绝对最小滤波器后,如果过电压定值依然满足,每隔 1s 切除 4 小组交流滤波器直到最小功率下的绝对最小滤波器;

$U_{ac}>1.3$p.u.每隔 250ms 切除 4 小组交流滤波器,达到当前功率的绝对最小滤波器后,如果过电压定值依然满足,每隔 250ms 切除 4 小组交流滤波器直到最小功率下的绝对最小滤波器;

交流滤波器过电压控制切除滤波器的过程中,在达到绝对最小滤波器前,若某一轮次待切交流滤波器不足 4 小组时,则切除滤波器的小组数可根据实际投入的交流滤波器数量设为 3、2、1 组。

(二)绝对最小滤波器控制(Abs Min Filter)

Abs Min Filter 是为了防止部分交流滤波器组因故被切除后造成运行中的其他交流滤波器谐波过负荷所需投入的最少滤波器组。如果该条件不能满足,为了防止交流滤波器组损坏,直流系统将降低输送功率,以满足绝对最小滤波器组条件。如果降到最后一级功率还是无法满足绝对最小滤波器组要求,无功控制将在预先设定的时延后停运直流系统。该项功能具有最高的优先级,当与该功能的限制条件冲突时,禁止其他功能在交流滤波器组过负荷时切除交流滤波器组。

Abs Min Filter 要求投入的交流滤波器组是根据当前直流系统输送的功率以及运行模式,并考虑无功设备的容量后得到的。其设定值需事先通过系统研究得到,最终以各滤波器组对应的最大功率值形式存入无功控制程序中相关表格。

即使在手动控制模式,Abs Min Filter 也起作用,自动投入相应的滤波器组。它将在极起动时投入第一组交流滤波器。

只有在 Abs Min Filter 允许的情况下,$Q_{control}/U_{control}$ 发出的切除交流滤波器组的指令才有效。

(三)交流侧母线最高/最低电压控制(U_{max}/U_{min})

U_{max}/U_{min},最高/最低电压控制,用于监视和限制换流站稳态交流母线电压。

通过在电压超过最大限制时切除交流滤波器组和在电压低于最小限制时投入滤波器组来对交流电压的异常进行控制。其目的为维持稳态交流电压在过压保护动作的水平以下，避免保护动作，以及提供系统需要的无功支撑，避免电压崩溃。

如果电压超过最大限幅 U_MAX_LIMIT 一定时间，无功控制按次序切除滤波器组防止电压的继续升高。如果电压低于最低限幅 U_MIN_LIMIT 一段时间，无功控制将按次序投入滤波器组防止电压的继续降低。

如果再有一组滤波器的投入将引起电压超过 U_MAX_LIM_ENBL，那么该功能将禁止投入滤波器组的操作。同样，如果再有一组滤波器的切除将引起电压低于 U_MIN_LIM_ENBL，那么该功能将禁止切除滤波器组的操作。

只有在 U_{max}/U_{min} 允许的情况下，$Q_{control}$/$U_{control}$ 发出的投入/切除交流滤波器组的指令才有效。

（四）最大交换无功控制（Q_{max}）

Q_{max} 功能通过切除投入运行的交流滤波器组/并联电容器组，使得换流站流向交流系统的无功量不超过最高限幅值。

只有在 Q_{max} 允许的情况下，$Q_{control}$/$U_{control}$ 发出的投入交流滤波器组的指令才有效。

（五）最小滤波器控制（Min Filter）

该控制功能将确定满足谐波滤波要求所需要投入的最少交流滤波器组个数及其类型。当谐波滤波要求不能满足时，可利用该模块发出投入交流滤波器组指令，直到滤波要求满足。当该模块的要求不能满足时，将向操作人员发出报警信号。

只有在 Min Filter 允许的情况下，$Q_{control}$/$U_{control}$ 发出的切除交流滤波器组的指令才有效。

（六）无功控制（$Q_{control}$/$U_{control}$）

$Q_{control}$/$U_{control}$ 功能用于控制换流站与交流系统的无功交换量或换流站交流母线电压为设定的参考值。

采用 $Q_{control}$ 方式时，当交直流两侧的无功交换量超过以下限制时，将发出指令以控制滤波器/并联电容器组的投切。

$$\Delta Q > Q_{\text{ref}} + Q_{\text{dband}}, \quad \text{切滤波器/并联电容器组}$$
$$\Delta Q < Q_{\text{ref}} - Q_{\text{dband}}, \quad \text{投滤波器/并联电容器组} \tag{2-3-4}$$

$$Q_{\text{filter}} = \sum \left(\frac{U_{\text{ac}}}{U_{\text{acN}}} \right)^2 \times \frac{f_{\text{ac}}}{f_{\text{acN}}} \times Q_{\text{filterN}} \tag{2-3-5}$$

式中：

ΔQ——交直流两侧的无功交换量：$\Delta Q = Q_{\text{filter}} - Q_{\text{conv}}$；

Q_{filter}——滤波器/并联电容器组产生的无功。

Q_{conv}——整流器（12脉动）消耗的无功（对于逆变器，式中 α 应换为 γ）：

$$Q_{\text{conv}} = 2 \times I_{\text{d}} \times U_{\text{di0}} \times \frac{1}{4} \times \frac{2u + \sin 2\alpha - \sin 2(\alpha + u)}{\cos\alpha - \cos(\alpha + u)} \tag{2-3-6}$$

Q_{ref}——操作人员设定的参考值；

Q_{dband}——操作人员设定的动作死区：$Q_{\text{dband}} > Q_{\text{filter max}} / 2$。

采用 U_{control} 方式时，当交流母线电压超过以下限制时，将发出指令以控制滤波器/并联电容器组的投切。为防止交流滤波器的频繁投切，各工程定无功交换控制功能死区值通常设定为小组滤波器容量的 0.7～0.9p.u.，大多数工程为 0.8p.u.，均大于最大无功设备组的容量的一半。

定交流电压控制功能死区的设定可以由运行人员自行设定，根据交流系统的强弱和电压等级等因素综合考虑。目前针对在运工程，500kV/750kV 系统设定值一般为 5～8.5kV，1000kV 系统设定值一般为 10kV。

二、无功控制模式

无功控制功能具备投入模式和退出模式，其中投入模式下，分为手动模式、自动模式。

（一）投入模式

当无功控制选择投入模式时，默认进入手动模式。此时，运行人员可选择手动/自动模式。

1. 手动模式

当无功控制选择手动模式时，满足 Min Filter 和 $Q_{\text{control}}/U_{\text{control}}$ 的滤波器组投切操作由运行人员手动完成。而高优先级的滤波器投/切由无功控制自动完成。高优先级的滤波器投/切包括：

- Abs Min Filter
- U_{max}
- Q_{max}

当需要投入滤波器以满足 Min Filter 时，或需要投入/切除滤波器满足 $Q_{control}$/$U_{control}$ 时，无功控制发送信号至 SCADA 系统提醒运行人员投/切滤波器组，并显示下一组要被投/切的滤波器组。

2. 自动模式

当无功控制选择自动模式时，所有需要的滤波器投/切都由无功控制自动完成。运行人员仅需设定相关的参考值。

（二）退出模式

可手动选择退出模式。当无功控制选择退出模式时，无功控制不自动进行任何投/切滤波器的操作，也不会对运行人员给出任何提示，但运行人员可进行手动投/切操作。

三、其他要求

（一）投切滤波器的选择

无功控制能够根据当前运行工况以及滤波器组的状态确定哪一类型的滤波器以及该类型中哪一组滤波器将被投入/切除。同一类型的滤波器组循环投入。无功控制具有完善的逻辑保证所有可用的无功设备的投切任务尽可能相等。

（二）滤波器组的投切顺序

在直流功率上升和下降的过程中，投入和切除滤波器组遵循一定的顺序。

同种型号的交流滤波器投切是遵循"先投先退"的原则自动进行的，不同类型的交流滤波器投切是遵循"后投先退"的原则自动进行的。受端交流母线合母运行时，遵循两个交流母线下的交流滤波器"交替投退"的原则。

最终的投切顺序将根据无功控制研究报告确定。

（三）滤波器组的替换

滤波器组替换的原则为：当一组滤波器由保护跳闸后，根据 Abs Min Filter 或 Min Filter 的要求，该滤波器将由另一组滤波器来替代。如果被跳闸的滤波器组属于 Abs Min Filter，那么在 1 秒钟内投入另一组滤波器，如果属于 Min

Filter，在 5 秒钟内投入另一组滤波器。

（四）滤波器组的状态

为了完成相关的控制任务，无功控制从交流滤波器控制获得来自交流滤波器场的以下相关信息：

- 已经投入的滤波器组
- 被切除的滤波器组
- 可投入的滤波器组

可投入的滤波器小组的隔离开关必须在合位，地刀必须在分位，而且锁定继电器未被置 1。如果滤波器小组被保护跳闸，它的锁定继电器被置 1。只有在锁定继电器被手动清 0 后，滤波器组才有可能被再次投入。

滤波器组在被切除后，必须在一定的放电时间（由滤波器放电时间决定，一般为 3～10 分钟）后才能被再次投入运行。

当一组滤波器从不可用转为可用时，无功控制不改变已经投入的滤波器组的状态（如果谐波滤波特性未提出要求），但是在接下来的投切过程中该滤波器将参与投切滤波器的选择。

（五）防频繁投切措施

为了防止弱交流系统时滤波器组的反复投/切，无功控制具有防振荡功能。该功能可对预定时间内（一般设定为 1 分钟）的滤波器的投/切次数进行计数。如果投/切次数超过了一定值（一般设定为每分钟投切 3 次，投和切各算 1 次），RPC 将自动转入手动控制模式，防止更多的滤波器的投/切操作。

第六节　换流变压器分接头控制

换流器控制系统 CCP 中的分接头控制 TCC 承担单 12 脉动换流器的分接头控制和本极两个换流器分接头同步的任务。

一、控制模式

换流变分接头控制具有手动控制和自动控制两种模式，直流系统运行时，如果选择了手动模式，报警事件将送至 SCADA 系统。换流变分接头控制按以下方案调整逆变侧及整流侧换流变压器分接头位置：

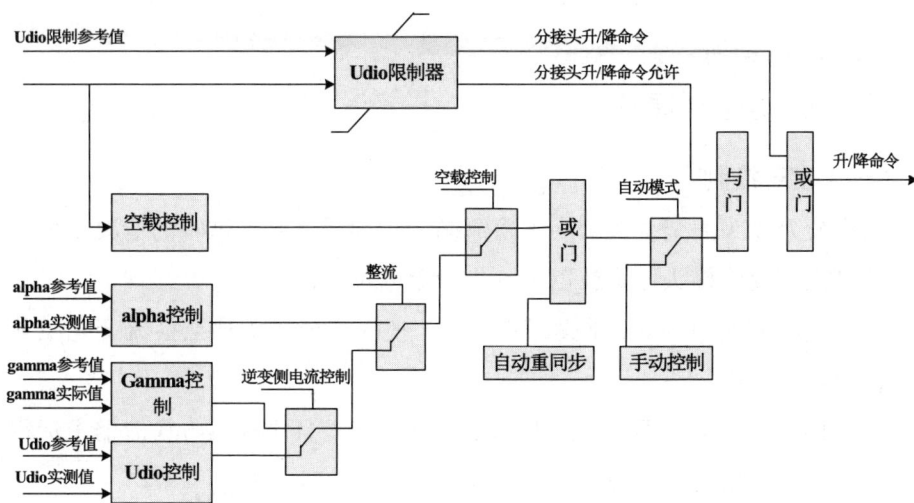

图 2-3-13 分接头控制策略

（一）手动模式

- 对单相换流变分接头的移动或对所有换流变分接头的同步移动
- 最大换流变阀侧理想空载直流电压 U_{di0} 的限制

（二）自动模式

- 空载控制
- 整流侧的分接头用来维持换流变阀侧的 U_{di0} 恒定或者触发角恒定
- 逆变侧的分接头用于维持换流变阀侧的 U_{di0} 恒定或者直流电压或者关断角恒定
- 最大换流变阀侧理想空载直流电压 U_{di0} 的限制
- 自动分接头同步

无论是在手动控制模式还是在自动控制模式，当分接头被升/降至最高/最低点时，CCP 将发出信号至 SCADA 系统，并禁止分接头继续升高/降低。

二、手动控制模式

手动控制被视为一种保留的控制模式。在自动控制模式失效的情况下，才被起用。当运行在手动控制模式时，可单独调节单个换流变的分接头分接头，也可同时调节一个 12 脉动换流器所有换流变的分接头。如果选择了单独调节分接头，那么在切换回自动控制前，必须对所有换流变的分接头进行手动同步操作。

三、自动控制模式

（一）空载控制

换流变分接头的空载控制用于换流站闭锁和线路开路试验的情况。空载控制将控制换流变分接头位置在以下预先设定的位置：

如果换流变失电（交流断路器断开），换流变分接头移至换流变充电前的设定档位。

如果换流变带电，不在线路开路试验状态下，且本极另一换流器未运行，换流变分接头根据允许的最小运行电流（0.1p.u.）建立 U_{di0}。

如果换流变带电并连接，且本极另一换流器已运行，则未运行的换流变分接头根据运行的换流器换流变分接头位置进行同步。

在线路开路试验时，换流变分接头的空载控制根据 OLT 需要的直流电压等级控制 U_{di0} 为参考值。

（二）U_{di0} 控制

换流变分接头控制器根据实际的换流变分接头位置和换流变交流侧电压计算换流变阀侧空载电压。将计算得到的换流变阀侧空载电压与设定的参考值进行比较，得到电压误差。换流变分接头控制器根据得到的电压误差来产生升/降换流变分接头的命令。当电压误差超过动作死区上限时，发出降分接头的命令；当电压误差超过动作死区下限时，发出升分接头的命令。执行分接头升降指令的时候有一定的延时，以避免分接头在交、直流电压扰动时发生升降。

（三）U_{di0} 限幅

U_{di0} 限幅的主要目的是防止设备承受过高的稳态电压应力。因此，U_{di0} 限幅优先级高于正常分接头控制。这样可以保证稳态时的 U_{di0} 不会大于 U_{di0L}。通过分接头控制换流变阀侧电压来达到此目的。与 U_{di0} 限幅相关的限幅值有两个：U_{di0G} 和 U_{di0L}。

U_{di0} 限幅在以下电压范围内起作用：

表 2-3-1　　　　　　　　　　　　　U_{di0}　限　幅

$U_{di0G} \leq U_{di0} \leq U_{di0L}$	当 U_{di0} 大于 U_{di0G} 但小于 U_{di0L} 时，U_{di0} 限幅闭锁任何将增大换流变阀侧电压的分接头动作指令
$U_{di0} \geq U_{di0L}$	当 U_{di0} 大于 U_{di0L} 时，U_{di0} 限幅发出降低换流变阀侧电压的抽头动作指令

注：表中，U_{di0G} 为换流变分接头控制中允许发出增大 U_{di0} 指令的上限。

U_{di0L} 被选的足够高，以避免分接头的来回振荡，例如在增大 U_{di0} 的指令后不能紧接着发出降低 U_{di0} 的指令。

在所有的控制模式下，包括在手动控制模式下，U_{di0} 的限幅功能都是有效的。它在分接头控制中具有最高的优先级。

（四）角度控制

角度控制用于正常运行工况下换流变压器分接头的控制，换流变分接头控制器将实测的换流器触发角（整流侧）或关断角（逆变侧）和设定的参考值进行比较得到角度差。当角度差超过动作死区上限时，发出降分接头的命令；当角度差超过动作死区下限时，发出升分接头的命令。执行换流变分接头升降指令的时候有一定的延时，以避免分接头在交、直流电压扰动时发生升降。

（五）电压控制

电压控制用于正常运行工况下换流变压器分接头的控制。整流侧确定本侧直流电压在设定值附近；逆变侧计算线路电压降，根据本侧直流电压确定整流侧直流电压在设定值附近。对于分层接入工程，不分层侧直流电压测量值和参考值均来自 PCP 主机；分层侧直流电压测量值为实际采样值，参考值来自 PCP 主机，利于逆变侧双换流器分接头同步。

（六）动态电压调控

为减少分接头频繁动作，部分工程中运用直流电压动态调控策略，即当整流站定电流控制，逆变站定关断角控制，逆变站分接头处于直流电压控制，在逆变侧增大分接头挡位调节死区的范围，将调节死区的下限值设置在全压运行模式下可能达到的最低直流运行电压以下。正常运行工况下，直流系统电压无法触及挡位调节死区的下限门槛值，分接头不会动作调挡。

当直流系统任一极进入降压运行方式时，两极均应自动退出直流电压动态调控策略；当直流系统两极均退出降压模式运行方式时，两极应自动投入该策略。也可通过后台软压板，在全压运行时手动投退该策略。

在动态电压策略投入时，整流侧直流电压将不再稳定在额定值。若直流输电系统最大功率运行，此时直流电流可能触发电流过负荷限制。依据工程运行经验，接近最大功率运行时，运行人员应手动退出动态电压策略。

（七）自动分接头同步

当 12 脉动换流器换流变的各分接头位置不一致时，产生报警信号至 SCADA 系统。此时，自动同步功能可以重新同步换流变分接头。自动同步功能仅在自动控制模式下有效。

自动同步功能用于同步换流变的分接头位置，如果同步功能不成功，将发出一个报警信号，并禁止自动控制。

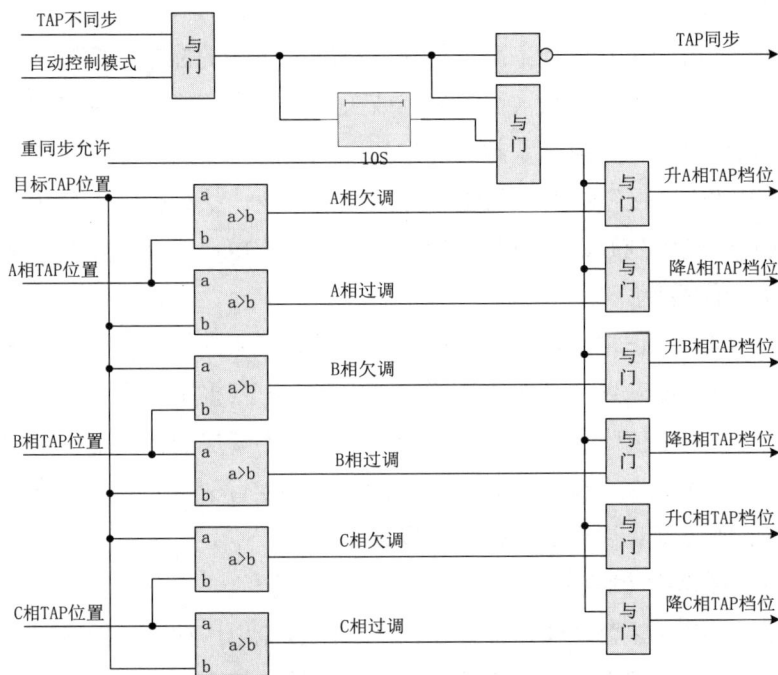

图 2-3-14 分接头自动重同步功能

四、送端分接头协调

实现两换流器平衡运行的协调对象之一为两换流器的分接头档位。

送端与常规特高压直流工程一致，每极的两个换流器及其换流变参数完全相同，为保证两个换流器的基本平衡运行，只需要保证两个换流器的触发角相同、换流变分接头档位基本一致（允许差一档分接头）即可。

正常每极双换流器同时解锁运行时，每个换流器的分接头控制以控制同一个触发角指令（整流侧）或者同一个关断角或直流电压指令（逆变侧）为控制目标，一般能够保证两个换流器对应换流变压器的分接头档位一致，实现两个换流器的平衡运行。

为防止特殊情况下，出现两个换流器对应的换流变的分接头档位不一致的情况，送端设置了换流器分接头档位同步功能。在两个换流器的分接头档位出现大于 1 档偏差时，自动将从控换流器的分接头档位向主控换流器的分接头档位靠拢。

五、受端分接头协调

受端每极的高压换流器和低压换流器分别连接到两个交流电网。为保证双换流器同时解锁运行时的平衡，需要保证两个换流器阀侧电压大小尽量一致。

受端处于逆变运行时，由两个换流器根据各自的关断角来控制各自的分接头，和对应的电压控制器配合，实现两个换流器的基本平衡运行。

受端处于整流运行时，两换流器的换流变分接头控制采用各自独立的定换流器触发角策略，两个换流器平衡运行控制由换流器电压平衡功能对换流器触发角调节来实现。

六、极间分接头同步

双极功率控制方式运行时，分层接入工程的送端与常规特高压直流工程一致，配置双极换流变分接头同步功能，保持对 4 个换流器平衡同步的功能；

分层接入工程受端接入不同电网，不能采用对 4 个换流器平衡同步的功能，需要按同一交流网同一特性换流变分别同步，即配置双极按高阀对高阀、低阀对低阀分别对分接头进行同步功能。

第七节　适应受端分层接入系统的控制策略

一、功率正送控制策略

功率正送时，送端作为整流侧运行，高压和低压换流器正常运行中都工作在定电流控制模式，其电流控制器控制对象都是极中性母线直流电流。高低压换流器中设置一个主控换流器，另外一个从控换流器的触发角通过跟随主控换流器，保持两换流器的触发角的高度一致。两换流器的换流变分接头控制采用定触发角策略，并配置高低压换流器间的分接头档位同步功能。由于本侧高压和低压换流器及对应的换流变压器参数一致，触发角和分接头档位的同步功能能够保证高低压换流器间的高度平衡运行。

功率正送时，受端作为逆变侧运行，高压和低压换流器正常运行中采用各自定电压控制模式，其电压控制器的控制目标均为本极两端的直流电压加上线路压降计算出的整流侧直流电压的二分之一。两换流器的换流变分接头控制采用定关断角策略，其控制对象维持关断角在（19.5±2）°范围内。通过上述控制器配置，一方面能够保证把整极的直流电压控制在额定直流电压，另一方面也能够保证两个换流器的平衡运行。

两侧协调控制的原则是电流裕度控制。即正常情况下，整流侧控制直流电流，逆变侧由于电流裕度的作用，退出电流控制，只控制直流电压。当某些特殊情况下，整流侧退出定电流控制，逆变侧两换流器退出各自的定电压控制，而进入各自的定直流电流控制，逆变侧两换流器电压会存在偏差，这时通过逆变侧配置的换流器电压平衡功能对分接头进行调节，能够保证两个换流器的平衡运行。

二、功率反送控制策略

考虑到受端站采用分层接入两个不同的交流电网，受端站功率反送和功率正送的控制策略不再相同。

功率反送模式下，原来的受端变为整流侧，高压和低压换流器都配置有换流器电压平衡控制模块。正常运行中设置一个主控换流器，主控换流器采用定电流控制，另外一个从控换流器采用触发延迟角跟随和电压平衡控制，电压平衡控制输入为两个换流器电压，经电压调节单元输出叠加到从主控换流器得到的触发角，共同作用于从控换流器，保持两换流器电压的高度一致，如图 2-3-15 所示。两换流器的换流变分接头控制采用定触发角策略。

功率反送模式下，原来的送端变为逆变侧。逆变侧高压和低压换流器正常运行中均采用定直流电压控制模式，每个换流器电压控制器的控制目标分别为

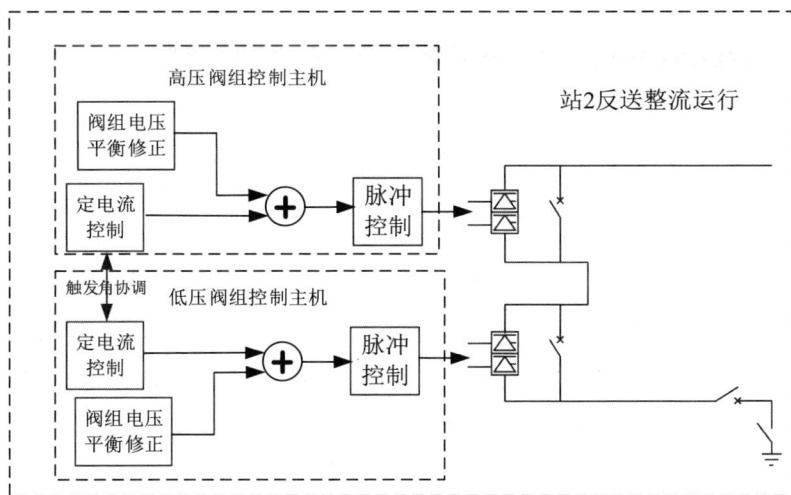

图 2-3-15 电压平衡示意图

本极两端的直流电压加上线路压降计算出的整流侧直流电压的二分之一。高低压换流器中设置一个主控换流器，另外一个从控换流器的触发角通过跟随主控换流器，保持两换流器的触发角的高度一致。两换流器的换流变分接头控制采用定关断角策略，其控制目标维持关断角在（19.5±2）°范围内，并配置高低压换流器间的分接头档位同步功能。由于本侧高压和低压换流器及对应的换流变压器参数一致，触发角和分接头档位的同步功能能够保证高低压换流器间的高度平衡运行。

三、直流极空载加压功能

特高压直流分层接入系统受端两极每极的高低压换流器分别两个不同电压等级的交流电网，相应的两个换流器对应换流变的分接头档位数目和每档的电压大小都存在差别；若采用上述常规特高压空载加压控制方式，则高低压换流器电压将不平衡。

对于分层接入系统受端极的空载加压试验功能，高、低压换流器分别采用各自的独立控制，高压换流器的空载加压控制器的目标分别为本极空载加压目标电压值，低压换流器的空载加压控制器的目标一方面同步高阀的触发角，另一方面通过配置电压平衡控制器输出的角度叠加到同步来自高阀的触发角上，保证两个换流器的平衡运行。

四、受端分层接入系统换相失败的预测控制

换相失败预测控制（CFPRED）用于防止由交流故障引起的换相失败。常规直流该功能包括两个并行的部分，一部分是基于零序检测法来检测单相故障，另一部分是基于交流电压 α/β 转换来检测三相故障。

当受端分层接入的两个交流电网耦合紧密时，一个电网交流故障时对另一个交流电网的影响很强，采用常规直流工程的零序电压法和 α/β 变换法换相失败预测控制功能，两个交流电网所连接的两个换流器能够同步检测到交流故障，能够同时启动换相失败预测控制，同时增大 γ 角以防止换相失败。

启动换相失败预测控制的换流器所接交流电网故障，造成换流器电压的跌落，引起直流电流的快速增大；而高低压换流器是串联在一起的，直流电流的快速增大造成另一换流器的换相时间变长，换相角增大，关断角快速减小，在该换流器未能及时启动换相失败预测控制的情况下，增大了该换流器换相失败的概率。

同时配置两个换相失败预测控制模块策略，将受端两个交流电网的电压信号同时接入高、低压换流器，受端高、低压换流器控制主机分别配置两个换相失败预测控制模块，同时检测两个交流电网的故障，当任一模块换相失败预测控制启动时，则立即增大关断角，以防止换相失败情况的发生，增大的角度取两个预测模块计算值中较大值。

五、换流器可选择退出

常规特高压直流控制保护系统，在送端换流器手动或故障退出时，默认受端高阀低阀与送端同步退出；而受端分层接入直流系统受端两换流器分别接入两个不同的交流电网，换流器退出对两电网功率影响不同，会引起受端两个交流电网的潮流变化。

根据上述受端分层接入系统的特性，直流控制系统设计提供允许用户根据电网运行的系统情况，设定接入某个电网的换流器有优先退出的功能；送端换流器手动或故障退出时，受端控制系统根据运行人员在 OWS 上设定的优先级自动选择退出受端设定的优先换流器。

六、安稳调制功能

受端每极的高低压换流器分别连接不同电压等级交流电网，一个电网的安稳调制指令会同时对另一电网的输送功率产生影响，以及考虑多种运行方式，逆变侧的安稳调制功能会比较复杂，建议尽量让安稳装置协调好后送统一命令给控制保护系统。

七、频率调制功能

根据系统研究成果，对系统研究确定的频率控制策略在控制系统上进行实现。

八、适应分层的无功控制

受端分母运行时，受端每极的高端换流器和低端换流器分别连接到两个交流电网，每个电网分别配置交流滤波器场，鉴于此特殊的主回路情况，系统为每个电网分别配置无功控制，无功控制功能在极控中实现，分为两个应用，分别控制两个交流电网的无功平衡。两个无功控制应用功能上类似，彼此独立，有各自的控制对象和控制逻辑。

两个相对独立的无功控制功能模块，实际运行中根据换流器接入不同电网的运行情况，分别计算直流对两个不同电网输送的有功量，按照各电网接收的有功量分别对不同电网内的交流滤波器，按各自设计的滤波性能要求进行投切；同时按照换流器运行的实时电压、电流、触发角、换相角计算换流器运行吸收的无功量，根据换流器接入不同电网的运行情况，计算得到直流从不同电网吸收的无功量，再根据电网的实测电压计算不同电网内交流滤波器提供的无功量，根据直流从各电网吸收的无功量按照 Q 控制要求分别对不同电网内的交流滤波器进行投切。

对于两交流电网需要协调部分，如绝对最小滤波器不满足启动功率回降功能，配置两电网无功协调控制模块，对两电网的控制进行协调。

直流运行时，任一电网内投入的交流滤波器不满足设计的绝对最小滤波器要求即启动功率回降，每一极串联的两换流器接入不同的交流电网，运行工况的不同导致投入运行的换流器不同，功率回降导致单极功率回降值或双极功率回降值需要经逻辑计算。

任一电网引起的功率回降值按实际接入电网的换流器电压分配计算出换流器电流限值，对应任一极的任一换流器若投入运行则取该换流器所接入电网的换流器电流限值，比较极内投入运行的换流器电流限值取其中的最小值作为极功率回降电流限值；极电流限值乘以极的直流电压得到单极回降功率值；若直流处于双极功率控制，将前述得到的两个单极功率回降值求和得到双极功率回降值。

九、适应分层的分接头控制

分层接入工程受端接入不同电网，不能采用对 4 个换流器平衡同步的功能，需要按同一交流网同一特性换流变分别同步，即配置双极按高阀对高阀、低阀对低阀分别对分接头进行同步功能。

第三篇

直流保护系统

第一章 保护系统功能与实现

第一节 直流保护系统配置

一、保护分区及测点配置

典型的特高压直流保护分区及测点配置如图 3-1-1。

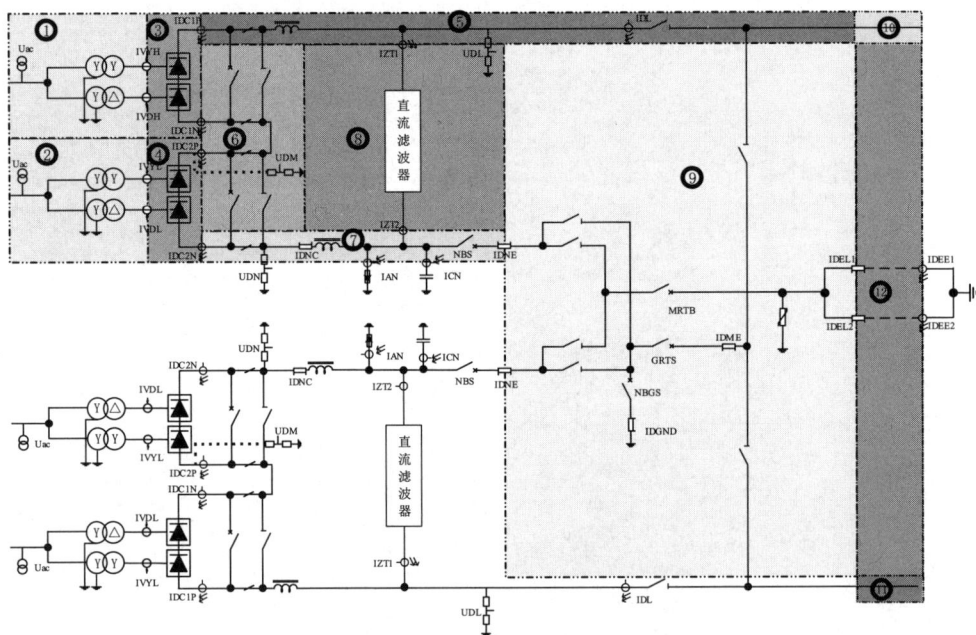

图 3-1-1 特高压直流保护分区及测点配置

划分的区域为：

● 换流变压器保护区：包括高端换流变压器保护区（1）、低端换流变压器保护区（2）

- 换流器保护区：包括高端换流器保护区（3）、低端换流器保护区（4）
- 极保护区：包括高压直流母线保护区（5）、换流器连接母线保护区（6）、低压直流母线保护区（7）
- 直流滤波器保护区（8）
- 双极保护区（9）
- 直流线路保护区（10）
- 金属回线保护区（11）
- 接地极引线保护区（12）

换流器保护区域的划分与常规直流输电相比必须考虑如下的问题：

换流变压器保护区包含有更多的设备，即包括高端换流变压器保护区（1）和低端换流变压器保护区（2），两个区域的保护配置是完全相同的，从保护原理和保护配置上，两个区域的保护必须能够严格的区分出本区域内的故障；

换流器保护区包含有更多的设备，即包括高端换流器保护区（3）和低端换流器保护区（4），两个区域的保护配置是完全相同的，从保护原理和保护配置上，两个区域的保护必须能够严格的区分出本区域内的故障；

极保护区增加了换流阀连接母线保护区（6），本区域内的保护要能够严格识别区域内的故障，还要对故障处理策略进行周全的考虑，降低此区域故障造成极停运的可能性。

以上保护区域的划分确保了对所有相关的直流设备进行保护，相邻保护区域之间重叠，不存在死区。

二、保护的设计原则

（一）基本设计原则

直流系统保护设计主要应遵照以下原则：

（1）覆盖全面、无保护死区。直流系统保护及其相关设备的配置应保证换流站中所有直流系统区域的设备都得到功能全面、正确的保护，故障均能得到正确检测并尽快切除。

（2）适用于直流系统的各种运行方式和控制模式。直流系统保护应既能用于整流运行，也能用于逆变运行；应能适用于单极大地回线运行、双极运行、金属回线运行等不同的运行方式；应能适用于全压、降压，以及不同的有功和无功控制模式。

（3）保护应具有其独立的、完整的硬件配置和软件配置。各套保护之间在物理上和电气上完全独立，即有各自独立的电源回路、测量互感器的二次绕组、信号输入、输出回路、通信回路、主机以及所有相关通道、装置和接口。任一保护因故障、检修或其他原因而完全退出时，不应影响其他保护正确动作和直流系统的正常运行。

（4）直流系统保护与控制系统相对独立，12脉动换流器、极/双极保护与控制系统不共用主机，各自为独立的主机。主机的负荷率满足要求。

（5）两个极的直流保护装置应当完全独立，也包括输入回路测量装置。每极保护中，中性母线和双极共用中性母线均应独立配置各自测量装置和输入回路的故障保护。直流保护的设计必须将双极停运率减至最小，尽最大可能避免双极停运。

（6）对于特高压直流输电工程，保护要以每个12脉动换流器为基本单元进行配置，各12脉动换流器的保护配置要保持最大程度的独立。单12脉动换流器故障时，保护应能与控制相配合退出故障换流器，不影响非故障换流器的继续运行，避免单极停运。

（7）在所有运行条件和运行方式下，直流控制、直流保护及交流保护之间必须正确地协调配合。直流保护的设计必须综合考虑交/直流系统运行要求及其设备配置和应力限制的各个方面，并结合直流控制系统进行最优设计，使系统在故障暂态性能上达到最佳平衡。直流保护与直流控制的功能和参数应正确地协调配合。在需要的前提下，保护应首先借助直流控制系统的能力去抑制故障的发展，改善直流系统的暂态性能，减少直流系统的停运。交流保护与直流保护应正确地协调配合，使故障的清除及故障清除后的恢复得到最优的处理。

（8）所有保护都配置有自检功能。当保护主机或板卡故障时，程序提前退出保护，防止保护误动。

（9）保护区别不同的故障状态，合理安排警告、报警、设备切除、再起动、停运等不同的保护等级；并根据故障的不同程度和发展趋势，分段执行动作。所有保护的警告、报警、跳闸等信号传送给站监控系统。

（二）冗余设计原则

多重化的冗余配置。为了提高直流保护的可靠性，直流保护应双重化或三重化配置。采用三重化配置的保护装置，应按照"三取二"的出口逻辑，即 A、B、C 冗余系统中至少同一保护的两套同时都有信号出口，即为保护出口信号；"三取二"出口判断逻辑装置及其电源应冗余配置。换流变压器本体作用于跳闸的非电量保护元件都应设置三副独立的跳闸触点，按照"三取二"原则出口，三个开入回路要独立，不允许多副跳闸触点并联上送。

采用三重化配置的直流保护，三套保护均投入时，出口采用"三取二"模式；当一套保护退出时，出口采用"二取一"模式，特高压工程双极中性母线差动保护、接地极引线差动保护出口采用"二取二"模式；当两套保护退出时，出口采用"一取一"模式，特高压工程接地极引线差动保护不出口。

根据不同技术路线的特点，直流保护三取二逻辑可在外部装置中，也可在控制系统中实现。任一个"三取二"模块故障，不应导致保护拒动和误动。

作用于跳闸的非电量保护元件都设置三副独立的跳闸接点，三个开入回路独立，不存在跳闸接点并联上送，三取二出口判断逻辑装置冗余配置。非电量保护跳闸接点和模拟量采样不经中间元件转接，直接接入非电量保护屏。

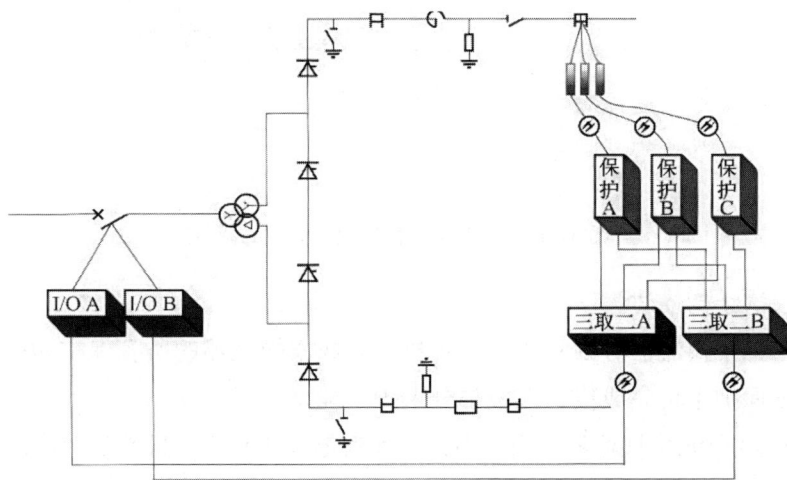

图 3-1-2　直流保护三取二逻辑示意图

采用双重化配置的直流保护，每套保护应采用"启动+动作"逻辑，启动和动作的元件应完全独立，不得有公共部分互相影响。电子式电流互感器的远端模块、全光纤式电流互感器测量光纤及电磁式电流互感器二次绕组至保护装置的回路应独立。

三、保护系统实现方案和功能配置

对于特高压工程双十二脉动换流器串联的接线方式，为避免单十二脉动换流器维护对运行换流器产生影响，提高整个系统的可靠性，需要保证换流器层保护的独立性，即每个十二脉动换流器采用单独的保护装置。因此，直流保护装置分极/双极保护、换流器保护两层布置，如图3-1-3所示。

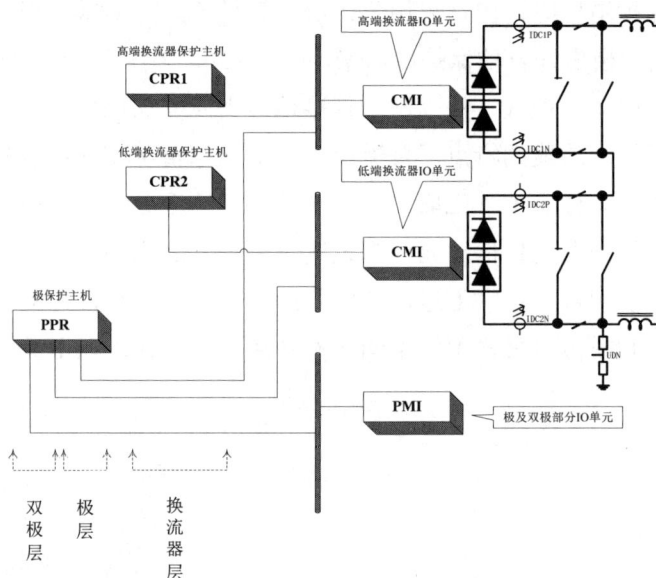

图3-1-3 特高压直流保护分层与功能

其层次结构描述为：

（1）每个换流器有独立的保护主机，完成本换流器的所有保护功能，另由独立的极保护主机完成极、双极部分保护功能。

（2）IO单元按换流器配置，当某一换流器退出运行，只需将对应的保护主机和 IO 设备操作至检修状态，就可以针对该换流器做任何操作，而不会对系统运行产生任何影响。

（3）双极保护设置在极一层，无需独立设置。这遵循了高一层次的功能尽量下放到低一层次的设备中实现的原则，提高系统的可靠性，不会因双极保护设备故障时而同时影响两个极的运行。

（4）保护主机、IO单元按均换流器配置，电缆连接少。

特高压直流保护功能按照区域划分为：换流器区保护、换流变区保护、极区保护、双极区保护、直流线路区保护和直流滤波器区保护。

按照上述原则，功能配置如下：换流器区保护和换流变区保护在换流器保护主机中实现；极区保护、双极区保护、直流线路区保护和直流滤波器区保护在极保护主机中实现。

第二节 直流保护原理

本部分描述了典型的特高压直流工程各保护分区内的保护配置和原理，背靠背和常规超高压工程可参照。

一、换流器区保护

换流器区的保护配置详见图 3-1-4。

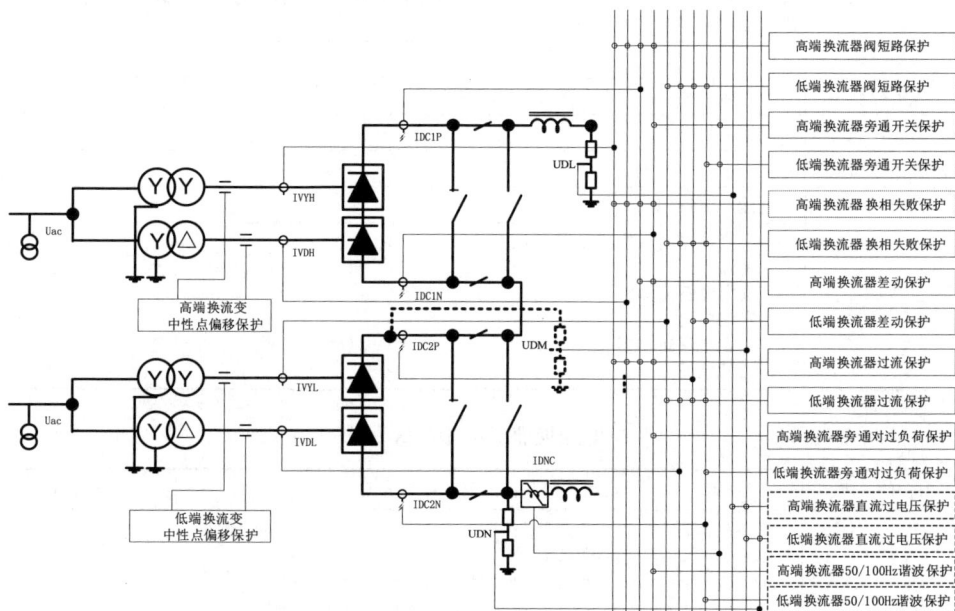

图 3-1-4 换流器区保护配置

高低端换流器区的保护配置完全相同，分布在不同的各自的装置里。有些保护性控制功能，存在于对应层次的控制系统中，可能包括如下：换相失败预测；晶闸管结温监测；大角度监视；晶闸管元件异常监视；电压过应力保护；阀组丢失脉冲保护。

下面对每一种保护的用途和原理、采用的测点、后备保护情况、保护的配合，以及保护的动作后果进行详细说明。

表 3-1-1 　　　　　　　　　　　　　　**高/低端换流器阀短路保护**

保护的故障	高、低端换流器的桥臂短路故障、相间短路故障	87SCH/L
保护原理	高端换流器： ID = max（IDC1P，IDC1N） IVYH−ID＞max（Isc_set，k_set* ID） IVDH−ID＞max（Isc_set，k_set* ID） 低端换流器： ID = max（IDC2P，IDC2N） IVYL−ID＞max（Isc_set，k_set* ID） IVDL−ID＞max（Isc_set，k_set* ID） 其中： IVY = max（|IVY1a|，|IVY1b|，|IVY1c|） IVD = max（|IVD1a−IVD2b|，|IVD1b−IVD2c|，|IVD1c−IVD2a|） 这里，IVY1a，IVY1b，IVY1c 分别为换流变阀星侧三相电流的瞬时值；IVD1a，IVD1b，IVD1c 分别为换流变阀角侧环内首端三相电流的瞬时值，IVD2a，IVD2b，IVD2c 换流变阀角侧环内尾端三相电流的瞬时值	
保护段数	1	
保护配合	动作时间要尽快以避免第三只阀导通	
后备保护	换流器过流保护	
是否依靠通信	否	
被录波的量	差流、制动电流、保护动作	
保护动作后果	−换流器退出（换流器层 X 闭锁） −阀隔离 −跳交流断路器 −启动失灵 −锁定交流断路器 −触发录波	

表 3-1-2 　　　　　　　　　　　　　　**高/低端换流器换相失败保护**

保护的故障	换相失败和换流器的触发异常	87CFPH/L
保护原理	高端换流器： ID = max（IDC1P，IDC1N） ID−IVYH＞max（Icfp_set，k_set* ID）& K_R*ID＞IVYH ID−IVDH＞max（Icfp_set，k_set* ID）& K_R*ID＞IVDH 低端换流器： ID = max（IDC2P，IDC2N） ID−IVYL＞max（Icfp_set，k_set* ID）& K_R*ID＞IVYL ID−IVDL＞max（Icfp_set，k_set* ID）& K_R*ID＞IVDL 换流器发生连续换相失败： 当换流器在一定时间窗口内，连续发生换相失败时换相失败加速段动作	

续表

保护段数	2
保护配合	1. 在交流系统故障最长切除时间后动作，与 50/100Hz 保护配合； 2. 换相失败加速段与交流电网抗冲击能力配合
后备保护	50/100Hz 保护
是否依靠通信	否
被录波的量	差流、制动电流、保护动作
保护动作后果	Ⅰ段： －报警 －增大关断角 －请求控制系统切换 －触发录波 Ⅱ段： －换流器退出（单桥：换流器层 X 闭锁；双桥：换流器层 Y 闭锁；加速段：换流器段 X 闭锁，单极段 X 闭锁，单层段 X 闭锁，双极段 Y 闭锁） －阀隔离 －跳交流断路器 －启动失灵 －锁定交流断路器 －触发录波

表 3−1−3　　　　　　　　　　　　高/低端换流器差动保护

保护的故障	保护区域内的接地故障	87DCH/L
保护原理	高端换流器： $IDiff\_v = |IDC1P − IDC1N|$ $IRes\_v = |IDC1P + IDC1N|/\ 2$ $IDiff\_v > max（Iv\_set，k\_set* IRes\_v）$ 低端换流器： $IDiff\_v = |IDC2P − IDC2N|$ $IRes\_v = |IDC2P + IDC2N|/\ 2$ $IDiff\_v > max（Iv\_set，k\_set* IRes\_v）$	
保护段数	2	
保护配合	与控制系统的调节特性配合	
后备保护	极差动保护、直流低电压保护	
是否依靠通信	否	
被录波的量	差流、制动电流、保护动作	
保护动作后果	－极闭锁（极层 X 闭锁） －极隔离 －跳交流断路器 －启动失灵 －锁定交流断路器 －重启非故障换流器（双换流器运行） －触发录波	

表 3-1-4 高/低端换流器过流保护

保护的故障	保护换流阀的短路故障，避免直流系统的过载运行	50/51H/L
保护原理	高端换流器： Max（IVYH，IVDH，IDC1N）>Iovc_set 低端换流器： Max（IVYL，IVDL，IDC2N）>Iovc_set	
保护段数	4	
保护配合	快速段避免在换相失败、直流线路故障时动作；慢速段与直流系统的过负载能力配合	
后备保护	控制系统中的过负荷限制	
是否依靠通信	否	
被录波的量	动作电流、保护动作	
保护动作后果	Ⅲ，Ⅳ段： －换流器退出（换流器层 Y 闭锁） －阀隔离 －跳交流断路器 －启动失灵 －锁定交流断路器 －触发录波 Ⅱ段： －请求控制系统切换 －请求降功率至额定 －换流器退出（换流器层 Y 闭锁） －阀隔离 －跳交流断路器 －启动失灵 －锁定交流断路器 －触发录波 Ⅰ段： －请求控制系统切换 －请求降功率至额定 －触发录波	

表 3-1-5 高/低端换流器旁通开关保护

保护的故障	在旁通开关无法断开电流时，保护旁通开关	PBPH/L
保护原理	IPBH =｜IDNC－IDC1N｜，IPBL =｜IDNC－IDC2N｜ IPBH/L>IPB_set 当以上条件满足，同时开关在"分"位，收到"分"命令，保护动作	
保护段数	1	
保护配合	单换流器运行时，通过电流判断状态，相应保护退出；与开关的时间特性、断流能力配合	
后备保护	控制系统中的联锁功能	
是否依靠通信	否	
被录波的量	IPB、开关位置，分命令，保护动作	

保护动作后果	– 闭锁换流器（换流器层 Y 闭锁） – 阀隔离 – 重合旁通断路器 – 锁定旁通断路器 – 触发录波

表 3-1-6　　　　　　　高/低端换流器电压过应力保护

保护的故障	保护由于交流电压的异常，或者分接头的错误调节造成的 加在阀上的电压应力超标	VSPH/L
保护原理	计算空载电压 UDIO UDIO＞VSPset	
保护段数	3	
保护配合	与控制系统分接头调节特性配合	
后备保护	控制系统中的分接头限制功能	
是否依靠通信	否	
被录波的量	计算空载电压、保护动作	
软压板设置	有独立软压板	
保护动作后果	Ⅰ段： – 禁止升接头 – 触发录波 Ⅱ段： – 降分接头 – 触发录波 Ⅲ段： – 换流器退出（换流器层 Y 闭锁） – 阀隔离 – 跳交流断路器 – 启动失灵 – 锁定交流断路器 – 触发录波	

表 3-1-7　　　　　　　高/低端换流变阀侧中性点偏移保护

保护的故障	未解锁前的阀侧单相接地故障	59VH/L
保护原理	|UVYa＋UVYb＋UVYc|＞U0_set & 一相电压降低，两相电压升高 |UVDa＋UVDb＋UVDc|＞U0_set & 一相电压降低，两相电压升高	
保护段数	1	
保护配合	保护在直流系统运行时需要退出；避免在 PT 断线时动作	
后备保护	自身为后备保护	
是否依靠通信	否	
被录波的量	电压、保护动作	

保护动作后果	－禁止阀解锁 －跳交流断路器 －锁定交流断路器 －触发录波

表 3－1－8　高/低端换流器旁通对过负荷保护

保护的故障	为防止换流器长期处于旁通运行状态损耗换流器	50/51BPH/L
保护原理	1.（IDC1N 或 IDC2N）>I_set，同时换流器处于闭锁状态 2. 无法合上旁通断路器或旁通刀闸，则当持续旁通时间超过定值时，执行极闭锁	
保护段数	1	
保护配合	与换流阀过负荷能力配合	
后备保护	晶闸管结温监测	
是否依靠通信	否	
被录波的量	电流、保护动作	
保护动作后果	－闭锁换流器（换流器层 Y 闭锁） －阀隔离 －重新发出合旁通断路器开关指令 －发出合旁通刀闸指令 －闭锁极 －触发录波	

表 3－1－9　高/低端换流器 50Hz 谐波保护

保护的故障	主要保护由于触发回路故障造成的阀不正常触发	81－50HzH/L
保护原理	高、低端换流器： IDCxN_50Hz>Iset，x=1 或 2 换流器层 50Hz 谐波保护为分层直流系统分层侧选配	
保护段数	3	
保护配合	与交流系统故障切除时间与阀的过应力能力配合。系统小负荷时防止电流断续，大负荷时与设备的谐波过负荷能力相配合。换流层 50Hz 谐波保护比极层 50Hz 谐波保护定值设置相对灵敏，这样无需取消原极层 50Hz 谐波保护，维持原程序逻辑不变	
后备保护	本身为后备保护	
是否依靠通信	否	
被录波的量	IDCxN_50Hz、保护动作	
保护动作后果	－请求控制系统切换 －换流器闭锁（换流器层 Y 闭锁） －阀隔离 －跳交流断路器 －启动失灵 －锁定交流断路器 －触发录波	

表 3-1-10　　　　　　　　高/低端换流器 100Hz 谐波保护

保护的故障	主要保护在交流系统不对称故障无法切除时，作为后备保护	83-100HzH/L
保护原理	高、低端换流器： IDCxN_100Hz＞Iset，x=1 或 2 换流器层 100Hz 谐波保护为分层直流系统分层侧选配	
保护段数	2	
保护配合	与交流系统故障切除时间与阀的过应力能力配合。系统小负荷时防止电流断续，大负荷时与设备的谐波过负荷能力相配合。换流器 100Hz 谐波保护比极层 100Hz 谐波保护定值设置相对灵敏，这样无需取消原极层 100Hz 谐波保护，维持原程序逻辑不变	
后备保护	本身为后备保护	
是否依靠通信	否	
被录波的量	IDCxN_100Hz、保护动作	
保护动作后果	－请求控制系统切换 －换流器闭锁（换流器层 Y 闭锁） －阀隔离 －跳交流断路器 －启动失灵 －锁定交流断路器 －触发录波	

表 3-1-11　　　　　　　　高/低端换流器触发异常保护

保护的故障	检测触发异常	VMFH/L
保护原理	比较点火信号和回报信号或者电流过零信号，来判断换流桥是否正常导通，是一项保护性控制功能，在控制系统中完成	
保护段数	2	
保护配合	无	
后备保护	换相失败保护、50/100Hz 保护	
是否依靠通信	否	
被录波的量	保护动作	
软压板设置	有独立软压板	
保护动作后果	Ⅰ段： －请求控制系统切换 －触发录波 Ⅱ段： －换流器退出（换流器层 X 闭锁） －阀隔离 －跳交流断路器 －启动失灵 －锁定交流断路器 －触发录波	

表 3-1-12　　　　　　　　　　　高/低端换流器晶闸管监视

保护的故障	检测晶闸管是否工作正常	THMH/L
保护原理	收集由 VCU 传送过来的有关晶闸管是否正常工作的信号，当无法正常工作的晶闸管达到一定数量时采取适当的措施，在控制系统中完成	
保护段数	3	
保护配合	无	
后备保护	BOD 保护	
是否依靠通信	否	
被录波的量	保护动作，其他由事件记录	
软压板设置	有独立软压板	
保护动作后果	Ⅰ段： -报警 Ⅱ段： -请求控制系统切换 -触发录波 Ⅲ段： -换流器退出（换流器层 X 闭锁） -阀隔离 -跳交流断路器 -启动失灵 -锁定交流断路器 -触发录波	

表 3-1-13　　　　　　　　　　　高/低端换流器晶闸管结温监视

保护的故障	由于过载或者冷却能力不够造成的晶闸管结温过高	THOTSH/L
保护原理	通过测量冷却水温度、流过可控硅阀的电流、换流变压器网侧电压、换流变压器分接头挡位、触发角和关断角，利用换流阀生产商提供的结温计算模型（模型中的参数至少包括晶闸管阀热阻抗、热时间常数、导通阻抗、开通损耗、关断损耗常数等），完成可控硅阀结温保护功能	
保护段数	3	
保护配合	与晶闸管过负荷能力配合	
后备保护	换流器过流保护、变压器过负荷保护	
是否依靠通信	否	
被录波的量	计算结温、保护动作	
软压板设置	有独立软压板	

保护动作后果	Ⅰ段： －报警 －请求控制系统切换 －触发录波 Ⅱ段： －功率回降 Ⅲ段： －换流器退出 －阀隔离 －跳交流断路器 －启动失灵 －锁定交流断路器 －触发录波

表 3-1-14　　　　　　　　　高/低端换流器大角度监视

保护的故障	在过大的触发角运行时检测并限制主回路设备上的应力	HASH/L
保护原理	建模计算三个部分的实际应力： 阀的阻尼回路：计算电阻的最大允许功率损耗，换流阀承包商应提供阀阻尼回路电阻的功率损耗模型以及相应的所有参数（包括电阻热时间常数等）。 阀的跨接避雷器：换流阀承包商应提供阀跨接避雷器在工频过电压时的最大允许能量 Emax_ref、避雷器参考电压、单位参考电压下的功率损耗等，参考水平应与阀和阀避雷器的技术参数相配合。 阀电抗：电抗铁芯的温度等于冷却系统水温与电抗的温升之和	
保护段数	3	
保护配合	应与阀阻尼回路、电抗的耐热特性以及避雷器特性相配合	
后备保护	直流过电压、交流限压	
是否依靠通信	否	
被录波的量	计算结温值、保护动作	
软压板设置	有独立软压板	
保护动作后果	Ⅰ段： －禁止升接头 －触发录波 Ⅱ段： －降分接头 －触发录波 Ⅲ段： －换流器退出（换流器层 Y 闭锁） －阀隔离 －跳交流断路器 －启动失灵 －锁定交流断路器 －触发录波	

表 3−1−15　　　　　　　　　　高/低端换流器直流过电压保护

保护的故障	保护由于交流电压的异常，或者分接头的错误调节或者其他原因造成的加在阀上的直流电压超标	
保护原理	高端换流器：$\|UDL-UDM\|>Ud\_set$ 低端换流器：$\|UDM-UDN\|>Ud\_set$ 此保护功能在分层侧全换流器运行时起作用	
保护段数	3	
保护配合	与一次设备的绝缘配合	
后备保护	控制系统中的电压控制功能	
是否依靠通信	否	
被录波的量	相关模拟量、保护动作	
软压板设置	有独立软压板	
保护动作后果	−请求控制系统切换 −换流器退出（Ⅰ段换流器层 Y 闭锁，Ⅱ段换流器层 X 闭锁） −阀隔离 −跳交流断路器 −启动失灵 −锁定交流断路器 −触发录波	

二、换流变区保护

换流变保护分为换流变电量和换流变非电量保护。高端换流变保护配置和低端换流变保护配置完全一样，在此不分开介绍。另外，换流器和换流变一般不单独运行，因此将换流变电量保护集成到换流器保护中，不配置单独的换流变电量保护装置。

换流变电量保护配置如图 3−1−5 所示。

下面对每一种保护的用途和原理、采用的测点、后备保护情况、保护的配合，以及保护的动作后果进行详细说明。

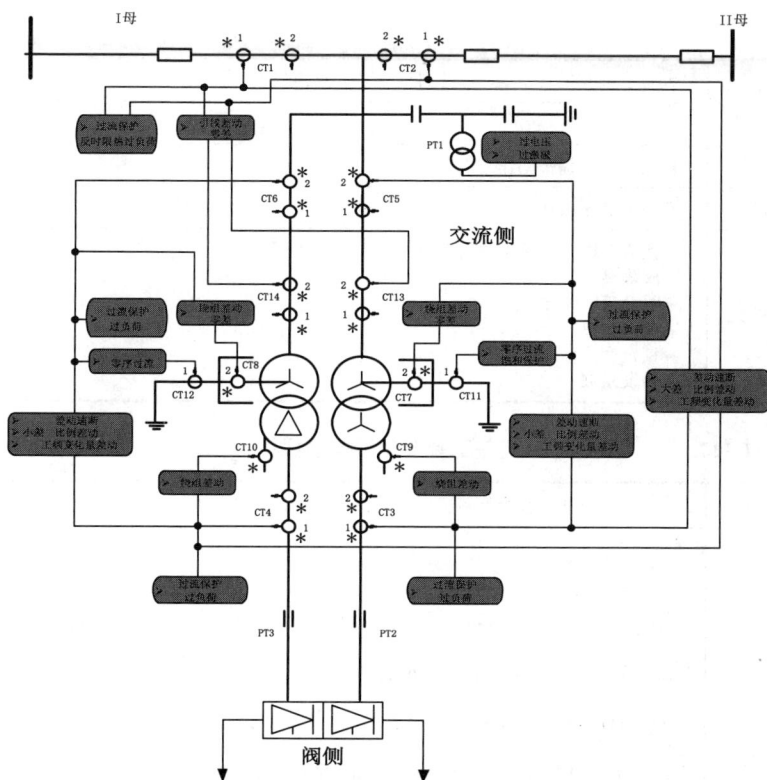

图 3-1-5 换流变区保护配置

表 3-1-16 大 差 差 动 保 护

保护的故障	母线和整个换流变区域内的各种接地故障	ACBTDP_DIF
保护原理	1. 大差比例差动 $$\begin{cases} I_d > 0.2I_r + I_{cdqd} & I_r \leqslant 0.5I_e \\ I_d > K_{b1}[I_r - 0.5I_e] + 0.1I_e + I_{cdqd} & 0.5I_e \leqslant I_r \leqslant 6I_e \\ I_d > 0.75[I_r - 6I_e] + K_{b1}[5.5I_e] + 0.1I_e + I_{cdqd} & I_r > 6I_e \end{cases}$$ $$\begin{cases} I_r = \dfrac{1}{2}\sum_{i=1}^{m}|I_i| \\ I_d = \left|\sum_{i=1}^{m}I_i\right| \end{cases}$$ $$\begin{cases} I_d > 0.6[I_r - 0.8I_e] + 1.2I_e \\ I_r > 0.8I_e \end{cases}$$ 2. 差动速断 $$I_d \geqslant I_{cdsd}$$	
保护段数	3	
保护配合	无	

后备保护	大差工频变化量差动、零序过流保护、过流保护
是否依靠通信	否
被录波的量	差动电流、保护动作
软压板设置	有独立软压板
保护动作后果	–换流器退出（换流器层 Y 闭锁） –阀隔离 –跳交流断路器 –启动失灵 –锁定交流断路器 –触发录波

表 3－1－17　　　　　　　　　　大差工频变化量差动保护

保护的故障	母线和整个换流变区域内的各种接地故障	ACBTDP_DPFC
保护原理	$\begin{cases}\Delta I_{\mathrm{d}}>1.25\times\Delta I_{\mathrm{dt}}+I_{\mathrm{dth}}\\ \Delta I_{\mathrm{d}}>0.6\times\Delta I_{\mathrm{r}} \qquad \Delta I_{\mathrm{r}}<2I_{\mathrm{e}}\\ \Delta I_{\mathrm{d}}>0.75\times\Delta I_{\mathrm{r}}-0.3\times I_{\mathrm{e}} \quad \Delta I_{\mathrm{r}}>2I_{\mathrm{e}}\end{cases}$ $\Delta I_{\mathrm{r}}=\max\{\left\|\Delta I_{1\varphi}\right\|+\left\|\Delta I_{2\varphi}\right\|+\cdots+\left\|\Delta I_{m\varphi}\right\|\}$ $\Delta I_{\mathrm{d}}=\left\|\Delta \dot{I}_{1}+\Delta \dot{I}_{2}+\cdots+\Delta \dot{I}_{\mathrm{m}}\right\|$ ΔI_{dt} 为浮动门槛，随着变化量输出增大而逐步自动提高。取 1.25 倍可保证门槛电流始终略高于不平衡输出，保证在系统振荡或频率偏移情况下，保护不误动。 $\Delta \dot{I}_{1\cdots m}$ 分别为变压器各侧电流的工频变化量。 ΔI_{d} 为差动电流的工频变化量。 I_{dth} 为固定门槛。 ΔI_{r} 为制动电流的工频变化量，取最大侧最大相制动	
保护段数	1	
保护配合	无	
后备保护	大差差动保护、零序过流保护、过流保护	
是否依靠通信	否	
被录波的量	差流工频变化量、保护动作	
软压板设置	有独立软压板	
保护动作后果	–换流器退出（换流器层 Y 闭锁） –阀隔离 –跳交流断路器 –启动失灵 –锁定交流断路器 –触发录波	

表 3-1-18   **星接/角接小差差动保护**

保护的故障	YY/YD 单个换流变区域内的各种接地故障	TDP_DPFC
保护原理	1. 小差比例差动 $\begin{cases} I_d > 0.2I_r + I_{cdqd} & I_r \leq 0.5I_e \\ I_d > K_{b1}[I_r - 0.5I_e] + 0.1I_e + I_{cdqd} & 0.5I_e \leq I_r \leq 6I_e \\ I_d > 0.75[I_r - 6I_e] + K_{b1}[5.5I_e] + 0.1I_e + I_{cdqd} & I_r > 6I_e \end{cases}$ $\begin{cases} I_r = \dfrac{1}{2}\sum\limits_{i=1}^{m}\left|I_i\right| \\ I_d = \left|\sum\limits_{i=1}^{m} I_i\right| \end{cases}$ $\begin{cases} I_d > 0.6[I_r - 0.8I_e] + 1.2I_e \\ I_r > 0.8I_e \end{cases}$ 2. 差动速断 $I_d \geq I_{cdsd}$	
保护段数	3	
保护配合	无	
后备保护	小差工频变化量差动、零序过流保护、过流保护	
是否依靠通信	否	
被录波的量	差动电流、保护动作	
软压板设置	有独立软压板	
保护动作后果	– 换流器退出（换流器层 Y 闭锁） – 阀隔离 – 跳交流断路器 – 启动失灵 – 锁定交流断路器 – 触发录波	

表 3-1-19   **星接/角接小差工频变化量差动保护**

保护的故障	YY/YD 单个换流变区域内的各种接地故障	TDP_DPFC
保护原理	$\begin{cases} \Delta I_d > 1.25 \times \Delta I_{dt} + I_{dth} \\ \Delta I_d > 0.6 \times \Delta I_r & \Delta I_r < 2I_e \\ \Delta I_d > 0.75 \times \Delta I_r - 0.3 \times I_e & \Delta I_r > 2I_e \end{cases}$ $\Delta I_r = \max\left\{\left|\Delta I_{1\varphi}\right| + \left|\Delta I_{2\varphi}\right| + \ldots + \left|\Delta I_{m\varphi}\right|\right\}$ $\Delta I_d = \left|\Delta \dot{i}_1 + \Delta \dot{i}_2 + \cdots + \Delta \dot{i}_m\right|$ ΔI_{dt} 为浮动门槛，随着变化量输出增大而逐步自动提高。取 1.25 倍可保证门槛电流始终略高于不平衡输出，保证在系统振荡或频率偏移情况下，保护不误动。 $\Delta \dot{i}_{1\ldots m}$ 分别为变压器各侧电流的工频变化量。 ΔI_d 为差动电流的工频变化量。 I_{dth} 为固定门槛。 ΔI_r 为制动电流的工频变化量，取最大侧最大相制动	

保护段数	1
保护配合	无
后备保护	星接/角接小差差动保护、零序过流保护、过流保护
是否依靠通信	否
被录波的量	差流工频变化量、保护动作
软压板设置	有独立软压板
保护动作后果	−换流器退出（换流器层 Y 闭锁） −阀隔离 −跳交流断路器 −启动失灵 −锁定交流断路器 −触发录波

表 3−1−20　　　　　　　**绕组（引线）差零差动保护**

保护的故障	换流变单一绕组（引线）区域内的接地故障	TWDP_ZERO
保护原理	$$\begin{cases} I_{0d} > I_{0cdqd} & I_{0r} \leq 0.5I_n \\ I_{0d} > K_{0b1}[I_{0r} - 0.5I_n] + I_{0cdqd} \\ I_{0r} = \max\{|I_{01}|, |I_{02}|\} \\ I_{0d} = |\dot{I}_{01} + \dot{I}_{02}| \end{cases}$$ 其中 I_{01}、I_{02} 分别为网侧，中性点侧零序电流，I_{0cdqd} 为零序比率差动启动定值，I_{0d} 为零序差动电流，I_{0r} 为零序差动制动电流，K_{0b1} 为零序差动比率制动系数整定值，I_n 为 CT 二次额定电流。K_{0b1} 固定整定为 0.5。 当满足以上条件时，零序比率差动作。零差各侧零序电流通过装置自产得到，保护启动 $I_0 > \beta_0 \times I_1$。 其中 I_0 为某侧的零序电流，I_1 为对应侧的正序电流，β_0 是某一比例常数	
保护段数	1	
保护配合	无	
后备保护	绕组差分差保护、网侧/阀侧过流保护	
是否依靠通信	否	
被录波的量	零序差动电流、保护动作	
软压板设置	有独立软压板	
保护动作后果	−换流器退出（换流器层 Y 闭锁） −阀隔离 −跳交流断路器 −启动失灵 −锁定交流断路器 −触发录波	

表 3-1-21　　　　　　　　绕组（引线）差分差动保护

保护的故障	换流变单一绕组（引线）区域内的接地故障	TWDP_ACPH
保护原理	$\begin{cases} I_d > I_{fcdqd} & I_r \leqslant 0.5I_n \\ I_d > K_{fb1}[I_r - 0.5I_n] + I_{fcdqd} \\ I_r = \max\{|\dot{I}_1|, |\dot{I}_2|\} \\ I_d = |\dot{I}_1 + \dot{I}_2| \end{cases}$ 其中 I_1、I_2 分别为网侧（阀侧），中性点侧电流，I_{fcdqd} 为绕组差动启动定值，I_d 为绕组差动电流，I_r 为绕组差动制动电流，K_{fb1} 为绕组差动比率制动系数整定值，I_n 为 CT 二次额定电流。K_{0b1} 固定整定为 0.5	
保护段数	1	
保护配合	无	
后备保护	绕组差零差保护、网侧/阀侧过流保护	
是否依靠通信	否	
被录波的量	差动电流、制动电流、保护动作	
软压板设置	有独立软压板	
保护动作后果	－换流器退出（换流器层 Y 闭锁） －阀隔离 －跳交流断路器 －启动失灵 －锁定交流断路器 －触发录波	

表 3-1-22　　　　　　　　过 励 磁 保 护

保护的故障	过电压和低频率对变压器造成的损坏	TOP_DEF
保护原理	1. 定时限过励磁 $n = U_* / f_*$ U_*、f_* 分别为电压与频率的标幺值。 $n > n\_set$ 2. 反时限过励磁 　其中由于变压器在不同的过励磁情况下允许运行相应的时间，因此装置还设有反时限过励磁元件。反时限动作特性曲线由输入的 10 组定值确定，因此能够适应不同的变压器过励磁要求。 $$n = \sqrt{\frac{1}{T}\int_0^T n^2(t)\mathrm{d}t}$$ T 为过励磁开始到计算时刻的时间；$n(t)$ 为过励磁测量倍数，它为随时间变化的函数。这样过励磁测量倍数中既含有当前时刻的过励磁信息，同时也含有过励磁开始后各时间段的累积过励磁信息。 　$n > n\_set$（t）	
保护段数	2+1	
保护配合	过励磁保护启动会闭锁差动保护	

续表

后备保护	无
是否依靠通信	否
被录波的量	过励磁倍数、保护动作
软压板设置	有独立软压板
保护动作后果	−换流器退出（换流器层 Y 闭锁） −阀隔离 −跳交流断路器 −启动失灵 −锁定交流断路器 −触发录波

表 3-1-23 换流变过压保护

保护的故障	换流变由于各种原因造成的过电压	ACBOVP
保护原理	过压保护主要作为变压器过电压的后备保护。计算使用相电压，可选"单相模式"或"三相模式"。过压保护固定考虑 1～7 次谐波的综合幅值。 $\|UPT1\|>Uac\_set$	
保护段数	2	
保护配合	变压器过电压	
后备保护	无	
是否依靠通信	否	
被录波的量	交流电压有效值、保护动作	
软压板设置	有独立软压板	
保护动作后果	−换流器退出（换流器层 Y 闭锁） −阀隔离 −跳交流断路器 −启动失灵 −锁定交流断路器 −触发录波	

表 3-1-24 换流变饱和保护

保护的故障	防止换流变压器流过直流电流可能对变压器造成的损坏	TSP
保护原理	装置中检测接地支路的零序电流峰值来进行饱和保护判断，只要变压器生产厂家提供换流变压器流过的直流电流、零序电流和运行时间的对应表，装置根据这些数据分段线性化成为一条反时限动作曲线，并根据实时的外接零序电流进行反时限累计判断（与反时限过励磁保护类似）。 　差动保护或零序过流启动后，保护停止累计。 　由于变压器饱和保护动作时间较长，并且可能由于直流控制系统的不恰当控制导致较大直流电流过换流变压器，在反时限累计达到定值的 70%时装置将告警并输出控制系统切换信号以切换控制系统。 　在换流变压器的直流偏磁情况下外接零序电流中含有较大的三次谐波和五次谐波分量，装置中还设有外接零序电流的三次谐波报警和五次谐波报警功能	

续表

保护段数	2
保护配合	无
后备保护	无
是否依靠通信	否
被录波的量	零序电流、保护动作
软压板设置	有独立软压板
保护动作后果	报警段： －报警 －触发录波 动作段： －换流器退出（换流器层 Y 闭锁） －阀隔离 －跳交流断路器 －启动失灵 －锁定交流断路器 －触发录波

表 3－1－25　　　　　　　　网 侧 过 流 保 护

保护的故障	变压器相间故障	TOCP_AC
保护原理	YY 换流变： |ICT5|＞Iocp_set YD 换流变： |ICT6|＞Iocp_set	
保护段数	2	
保护配合	无	
后备保护	变压器相间故障的后备保护	
是否依靠通信	否	
被录波的量	网侧电流、保护动作	
软压板设置	有独立软压板	
保护动作后果	－换流器退出（换流器层 Y 闭锁） －阀隔离 －跳交流断路器 －启动失灵 －锁定交流断路器 －触发录波	

表 3－1－26　　　　　　　　阀 侧 过 流 保 护

保护的故障	变压器相间故障	TOCP_V
保护原理	YY 换流变： |ICT3|＞Iocp_set YD 换流变： |ICT4|＞Iocp_set	

续表

保护段数	2
保护配合	无
后备保护	变压器相间故障的后备保护
是否依靠通信	否
被录波的量	阀侧电流、保护动作
软压板设置	有独立软压板
保护动作后果	—换流器退出（换流器层 Y 闭锁） —阀隔离 —跳交流断路器 —启动失灵 —锁定交流断路器 —触发录波

表 3−1−27　　　　　　开　关　过　流　保　护

保护的故障	变压器相间故障	ACBTOP
保护原理	BUS1 开关： $|ICT1|>Iocp\_set$ BUS2 开关： $|ICT2|>Iocp\_set$	
保护段数	2	
保护配合	无	
后备保护	变压器相间故障的后备保护	
是否依靠通信	否	
被录波的量	开关电流、保护动作	
软压板设置	有独立软压板	
保护动作后果	—换流器退出（换流器层 Y 闭锁） —阀隔离 —跳交流断路器 —启动失灵 —锁定交流断路器 —触发录波	

表 3−1−28　　　　　　换流变零序过流保护

保护的故障	变压器中性点接地运行时接地故障	TZSCP
保护原理	YY 换流变： $|ICT11|>Izscp\_set$ YD 换流变： $|ICT12|>Izscp\_set$	
保护段数	2	

续表

保护配合	无
后备保护	变压器中性点接地运行时接地故障的后备保护
是否依靠通信	否
被录波的量	零序电流、保护动作
软压板设置	有独立软压板
保护动作后果	－换流器退出（换流器层 Y 闭锁） －阀隔离 －跳交流断路器 －启动失灵 －锁定交流断路器 －触发录波

表 3-1-29　　　　　　　　　　　　反时限热过负荷保护

保护的故障	监测换流变的过负荷，防止换流变过应力	TTOP
保护原理	动作时间： $$T = \tau \cdot \ln \frac{I^2 - I_p^2}{I^2 - (k \cdot I_B)^2}$$ τ 为变压器绕组的散热时间常数，对应定值"过负荷时间定值"； I_B 为基准电流，对应定值"过负荷基准电流"定值； k 为过负荷系数，k_2 即为按百分比表示的过负荷热容量阈值，对应于定值"过负荷定值"； I 为继电器实时测量电流； I_p 为过负荷发生前某个稳定的负荷电流；当 I_p 等于零时即为冷起动特性； ln 为自然对数	
保护段数	1	
保护配合	无	
后备保护	无	
是否依靠通信	否	
被录波的量	保护动作	
软压板设置	有独立软压板	
保护动作后果	－换流器退出（换流器层 Y 闭锁） －阀隔离 －跳交流断路器 －启动失灵 －锁定交流断路器 －触发录波	

换流变非电量保护出口示意图如图 3-1-6 所示。

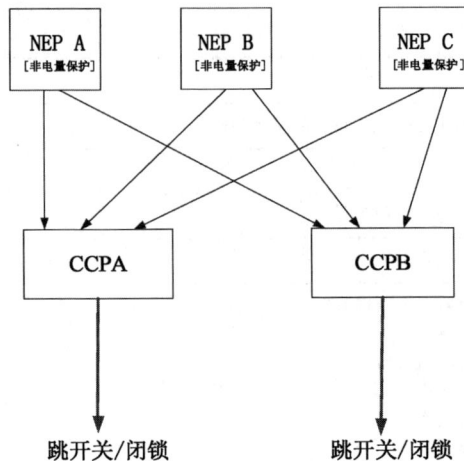

图3-1-6 换流变非电量保护出口示意图

对于全部非电量保护，每套保护的单个非电量保护（如重瓦斯）可设置投退控制字，可方便在后台进行投退，并且在后台显示非电量保护当前投入状态。

换流变压器、油浸式平波电抗器油温及绕组温度保护、本体速动压力继电器、压力释放阀动作信号、油位越限、冷却器全停信号应投报警，新建工程本体轻瓦斯、重瓦斯保护信号应投跳闸。

使用 SF_6 作为绝缘介质的穿墙套管、直流分压器，其 SF_6 压力或密度继电器应分级设置报警和跳闸。

阀厅消防跳闸逻辑如下：

一是阀厅内所有极早期烟雾探测器有一个检测到烟雾报警，且同时阀厅内所有紫外探头中有一个检测到弧光，跳闸逻辑出口；

二是当空调进风口处极早期探测器监测到烟雾时，闭锁极早期系统的跳闸出口回路（避免因阀厅外环境因素引起火灾报警系统误动），此时若有 2 个及以上紫外探测器同时检测到弧光，跳闸逻辑出口。

三、极区保护

极区的保护配置如图3-1-7所示。

极区的保护与常规直流输电的保护配置基本相同，但是增加了换流器连接区的母线保护。由于运行方式较常规直流增加，各保护需要考虑对运行方式的适应性。有些保护性控制功能，存在于对应层次的控制系统中，可能包括如下：

换流器不平衡运行保护；开路试验保护。

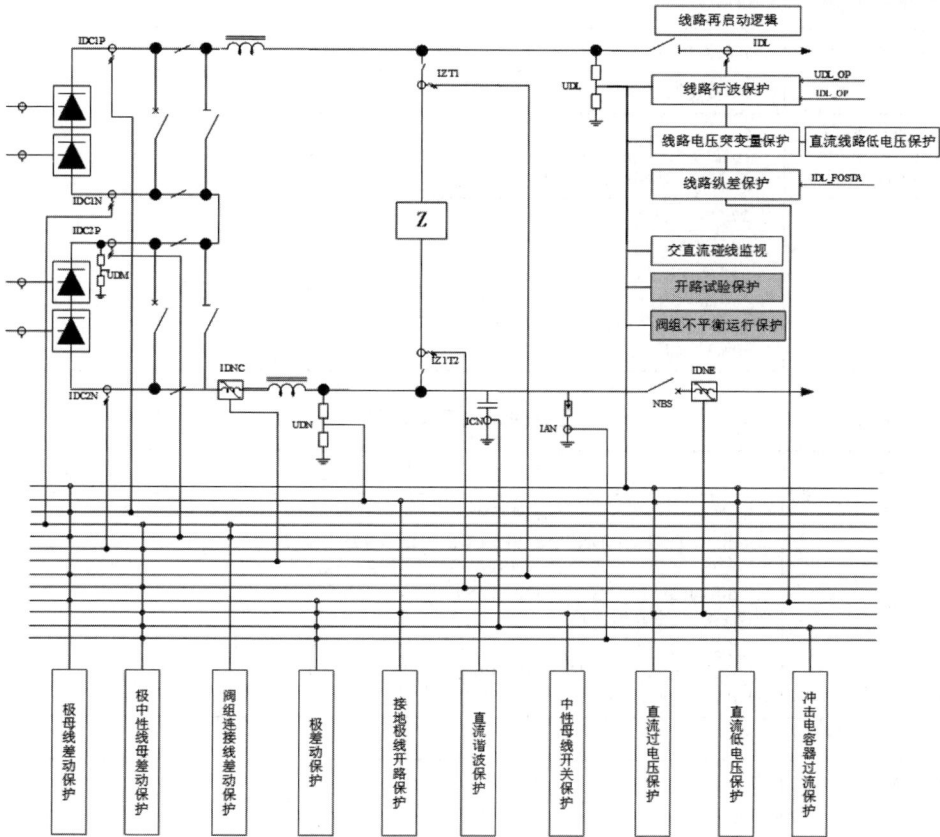

图 3-1-7　极区保护配置

下面对每一种保护的用途和原理、采用的测点、后备保护情况、保护的配合，以及保护的动作后果进行详细说明。

表 3-1-30　　　　　　　　　极 母 线 差 动 保 护

保护的故障	整个高压母线区域内的各种接地故障	87HB
保护原理	正常运行、仅高压阀组运行时： $I\_dif = \|IDC1P - IDL \pm IZT1\|$ $I\_RES = \max(\|IDC1P\|, \|IDL\|, \|IZT1\|)$ $I\_dif > \max(I\_set, k\_set* I\_RES)$ 仅低压阀组运行时： $I\_dif = \|IDC2P - IDL \pm IZT1\|$ $I\_RES = \max(IDC2P, IDL, IZT1)$ $I\_dif > \max(I\_set, k\_set* I\_RES)$ 快速段有直流电压闭锁判据	

保护段数	2
保护配合	不需要配合
后备保护	极差保护、直流欠压保护
是否依靠通信	否
被录波的量	差电流、制动电流、保护动作
保护动作后果	– 极层 Z 闭锁 – 极隔离 – 跳交流断路器 – 启动失灵 – 锁定交流断路器 – 触发录波

表 3-1-31　　　　　　　　极中性母线差动保护

保护的故障	整个中性母线区域内的各种接地故障	87LB
保护原理	正常运行、仅低压换流器运行时： I_dif＝|IDC2N－IDNE±IZ1T2±IZ2T2±IAN±ICN| I_RES＝max（|IDC2N|，|IDNE|，|IZ1T2|，|IZ2T2|） I_dif＞max（I_set，k_set* I_RES） 仅高压换流器运行时： I_dif＝|IDC1N－IDNE±IZ1T2±IZ2T2±IAN±ICN| I_RES＝max（|IDC1N|，|IDNE|，|IZ1T2|，|IZ2T2|） I_dif＞max（I_set，k_set* I_RES）	
保护段数	2	
保护配合	不需要配合	
后备保护	极差动保护	
是否依靠通信	否	
被录波的量	差动电流、制动电流、保护动作	
保护动作后果	– 极层 Z 闭锁 – 极隔离 – 跳交流断路器 – 启动失灵 – 锁定交流断路器 – 触发录波	

表 3-1-32　　　　　　　　换流器连接线差动保护

保护的故障	高、低压换流器连接母线区域内的接地故障	87VL
保护原理	两换流器都运行时保护投入： I_dif＝|IDC1N－IDC2P| I_RES＝|IDC1N＋IDC2P|/2 I_dif＞max（I_set，k_set* I_RES）	
保护段数	2	

保护配合	与高、低压换流器投入、退出操作时序配合
后备保护	极差动保护、直流低电压保护
是否依靠通信	否
被录波的量	差动电流、制动电流、保护动作
保护动作后果	− 极层 Z 闭锁 − 极隔离 − 跳交流断路器 − 启动失灵 − 锁定交流断路器 − 触发录波

表 3−1−33　　　　　　极 差 动 保 护

保护的故障	整个极区的接地故障	87DCB
保护原理	$I\_dif = |IDL − IDNE \pm ICN \pm IAN|$ $I\_RES = |IDL + IDNE|/2$ $I\_dif > max（I\_set，k\_set* I\_RES）$	
保护段数	2	
保护配合	与换流器差动保护、极母线差动保护、中性母线差动保护配合	
后备保护	本身为后备保护	
是否依靠通信	否	
被录波的量	差动电流、制动电流、保护动作	
保护动作后果	− 极层 Z 闭锁 − 极隔离 − 跳交流断路器 − 启动失灵 − 锁定交流断路器 − 触发录波	

表 3−1−34　　　　　接 地 极 线 开 路 保 护

保护的故障	防止整个系统受接地极开路造成的过电压的危害	59/37DC
保护原理	$I\_ELOC = IDNE$ Ⅰ：$UDN > Udn\_set1$，t11 合 NBGS，t12 停运； Ⅱ：$UDN > Udn\_set2$，t21 合 NBGS，t22 停运； Ⅲ：$UDN > Udn\_set3$ & $I\_ELOC < Iset$，停运	
保护段数	3	
保护配合	与设备的绝缘能力配合	
后备保护	无	
是否依靠通信	否	
被录波的量	电压、保护动作	

保护动作后果	Ⅰ段、Ⅱ段 t1： －合 NBGS －触发录波 Ⅰ段、Ⅱ段 t2、Ⅲ段： －闭锁（Ⅰ、Ⅱ段极层 Z 闭锁，Ⅲ段极层 X 闭锁） －极隔离 －跳交流断路器 －启动失灵 －锁定交流断路器 －触发录波

表 3－1－35　　　　　　　　　　**50/100Hz 保 护**

保护的故障	主要保护由于触发回路故障造成的阀不正常触发，也作为系统性的后备保护，在交流系统不对称故障无法切除时，作为后备保护	81－50/100Hz
保护原理	IDNC_50Hz＞Iset1 IDNC_100Hz＞Iset1 50Hz 谐波电流采集带宽为 40～60Hz，100Hz 谐波电流采集带宽为 80～120Hz	
保护段数	2	
保护配合	与交流系统故障切除时间与阀的过应力能力配合。 分层侧配置于极层的谐波保护通过保护功能定值退出	
后备保护	本身为后备保护	
是否依靠通信	否	
被录波的量	IDNC_50Hz、IDNC_100Hz、保护动作	
保护动作后果	－请求控制系统切换 －极层 Y 闭锁 －极隔离 －跳交流断路器 －启动失灵 －锁定交流断路器 －触发录波	

表 3－1－36　　　　　　　　**中 性 线 开 关 保 护**

保护的故障	在 NBS 无法断弧的情况下，重合开关以保护设备	82—NBS
保护原理	I_NBS＞I_set1 或 IDNE＞I_set2 NBS_OPEN_IND＝1 经过一定的时间，保护动作	
保护段数	2	
保护配合	与开关的特性配合	
后备保护	无	
是否依靠通信	否	

被录波的量	IDNE、NBS_OPEN_IND、保护动作
软压板设置	有独立软压板
保护动作后果	−重合 NBS −触发录波

表 3−1−37　　直流过电压保护

保护的故障	保护整个极区的所有设备避免由于各种原因造成的过电压的危害	59DC
保护原理	$\|UDL\|>UD\_set1$ $\|UDL-UDN\|>UD\_set2$ 且 $\|IDNE\|<I\_set$	
保护段数	2	
保护配合	与一次设备的绝缘配合	
后备保护	控制系统中的电压控制功能	
是否依靠通信	否	
被录波的量	所有电压、保护动作	
保护动作后果	−请求控制系统切换 −极闭锁（Ⅰ段极层 Z 闭锁，Ⅱ段极层 X 闭锁） −极隔离 −跳交流断路器 −启动失灵 −锁定交流断路器 −触发录波	

表 3−1−38　　直流低电压保护

保护的故障	保护整个极区的所有设备的后备保护，检测各种原因 造成的接地短路故障	27DC
保护原理	$\|UDL\|<UD\_set1$	
保护段数	1	
保护配合	与正常操作或者非直流系统原因造成的低电压配合，例如换流器退出操作、直流线路 故障、换相失败、交流系统故障等	
后备保护	本身为后备保护	
是否依靠通信	否	
被录波的量	所有电压、保护动作	
保护动作后果	−请求控制系统切换 −极层 Z 闭锁 −两站极隔离 −触发录波	

表 3-1-39   开 路 试 验 保 护

保护的故障	保护在开路试验情况下的接地或者绝缘不足的情况	OLTP
保护原理	Ud_cal 为根据触发角、空载电压计算出的直流电压： $\|Ud\_cal - Ud\| > \triangle Ud\_set$ 或 $\|IDNC\| > Id\_set$ 或 $MAX（IVYH，IVDH）- IDNC\| > Idd\_set$ 或 $MAX（IVYL，IVDL）- IDNC\| > Idd\_set$ 换流器电压偏差判据，仅在双换流器同时进行 OLT 时投入： $\|\|UDL - UDM\| - \|UDM - UDN\|\| > Ud\_set$ 报警	
保护段数	1	
保护配合	与设备的绝缘水平、泄漏电流配合	
后备保护	本身为后备保护	
是否依靠通信	否	
被录波的量	差动电流、计算电压、直流电压、相关电流、保护动作	
保护动作后果	－极层 X 闭锁 －极隔离	
保护动作后果	－跳交流断路器 －启动失灵 －锁定交流断路器 －触发录波	

表 3-1-40   交 直 流 碰 线 保 护

保护的故障	检测交直流线路碰接造成的故障	AC-DCLT
保护原理	UDL_ost_50Hz 为对站直流电压中的 50Hz 分量。 $UDL\_50Hz > UDL\_50Hzset \& UDL\_ost\_50Hz > UDL\_ost\_50Hzset$	
保护段数	1	
保护配合	能够检测出跨越的交流线路的电压等级造成的 50Hz 成分	
后备保护	无	
是否依靠通信	是	
被录波的量	UDL_50Hz、保护动作	
保护动作后果	－报警 －触发录波 －闭锁线路重启逻辑	

表 3-1-41   换流器不平衡运行保护

保护的故障	检测整流站和逆变站投入运行的换流器个数是否相同， 确保两站运行在电压平衡状态下	60/61V
保护原理	$UDL\_set1 < UdL < UDL\_set2$	
保护段数	1	

续表

保护配合	无通信情况下投入
后备保护	无
是否依靠通信	否
被录波的量	直流电源、保护动作
保护动作后果	－退出低端换流器 －触发录波

表 3－1－42   中性线冲击电容器过流保护

保护的故障	冲击电容器击穿过流	
保护原理	$|ICN|>ICOCP\_set1$	
保护段数	1	
保护配合	无	
后备保护	无	
是否依靠通信	否	
被录波的量	保护告警、保护动作	
保护动作后果	－极层 Y 闭锁 －极隔离 －跳交流断路器 －启动失灵 －锁定交流断路器 －触发录波	

表 3－1－43   线 路 行 波 保 护

保护的故障	检测直流线路上的金属性接地故障	WFPDL
保护原理	当直流线路发生故障时，相当于在故障点叠加了一个反向电源，这个反向电源造成的影响以行波的方式向两站传播。保护通过检测行波的特征来检出线路的故障。 $da_{(t)}=Z*\Delta IDL（t）-\Delta UDL（t）$，（反向行波，经过差模与共模分解得到差模量和共模量，下标分别为 dif 与 com） $da_{com}/dt>dadt\_set$ $da_{com}>da_{com}\_set$ $da_{dif}>da_{dif}\_set$ a_{dif} 与 a_{com} 极性相同。 通过选取合理的定值，可以确保保护在区外故障、换相失败、交流系统故障时不会动作	
保护段数	1	
保护配合	避免在起停操作、换相失败、交流系统故障、另一极故障时保护动作	
后备保护	线路低电压保护、线路纵差保护	
是否依靠通信	否	

被录波的量	a_{com}、a_{dif}、保护动作
保护动作后果	−启动线路重起逻辑 −触发录波

表 3−1−44   线 路 突 变 量 保 护

保护的故障	检测直流线路上的金属性接地故障	27du/dt
保护原理	当直流线路发生故障时，会造成直流电压的跌落。故障位置的不同，电压跌落的速度也不同。通过对电压跌落的速度进行判断，可以检测出直流线路上的故障 dUDL/dt<dUDL_set |UDL|<UDL_set 通过选取合理的定值，可以确保保护在区外故障、换相失败、交流系统故障时不会动作	
保护段数	1	
保护配合	避免在起停操作、换相失败、交流系统故障、另一极故障时保护动作	
后备保护	线路低电压保护、线路纵差保护	
是否依靠通信	否	
被录波的量	dUDL/dt、直流电压、保护动作	
保护动作后果	−启动线路再启动逻辑 −触发录波	

表 3−1−45   线 路 低 电 压 保 护

保护的故障	检测直流线路上的金属性和高阻接地故障	27DCL
保护原理	当直流线路发生故障时，会造成直流电压无法维持。通过对直流电压的检测，如果发现直流电压变低并持续一定的时间，同时没有发生交流系统故障、也没有发生换相失败，判断为直流线路故障。 |UDL|<UDL_set 在通信正常时，接收对站是否有交流系统故障和换相失败的信号。当通信中断后，如果是单极运行方式，保护动作延时加长，与对站交流故障切除时间配合；如果是双极运行方式，则同时检测另一极直流电压，如果也低说明是对站交流系统故障	
保护段数	1	
保护配合	避免在起停操作、换相失败、交流系统故障时保护动作，延时与直流低电压保护配合，要短于此保护	
后备保护	线路纵差保护	
是否依靠通信	在通信正常时，接收对站是否有交流系统故障信号。当通信中断后，保护动作延时加长，与对站交流故障切除时间配合	
被录波的量	直流电压、交流系统故障指示、保护动作	
保护动作后果	−启动线路重起逻辑 −触发录波	

表 3-1-46 线 路 纵 差 保 护

保护的故障	检测直流线路上的金属性和高阻接地故障	87DCLL
保护原理	当直流线路发生故障时，必然造成直流线路两端的电流大小不等。 $I\_dif = |IDL - IDL\_OST|$（IDL_OST 为对站电流） $I\_RES = |IDL + IDL\_OST|/2$ $I\_dif > max(I\_set, k\_set* I\_RES)$	
保护段数	1	
保护配合	避免在起停操作、换相失败、功率升降时保护动作	
后备保护	本身为后备保护	
是否依靠通信	站间通信中断时保护将被闭锁	
被录波的量	差流、制动电流、IDL_OST、保护动作	
保护动作后果	-启动线路重起逻辑 -触发录波	

表 3-1-47 线 路 再 启 动 逻 辑

保护的故障	直流线路瞬时性故障的恢复措施，当无法恢复成功时将系统停运	RL
保护原理	当直流线路发生故障时，线路保护动作，要求执行线路故障恢复时序。线路再启动逻辑通过要求移相操作，迅速将直流电压降到 0，等待故障点去游离时间后，撤销移相命令，系统重新建立到故障前的电流、电压，恢复运行。重起时间、重起后的电压、重起次数可设定。设定值允许为零次（不进行重起操作，直接停运）、一或两次全压再起动，一次降压再起动。每次再启动的去游离时间可以单独设定，但不能超出一个合适的范围（过短造成的无法完成去游离，或者过长导致对系统产生影响）。 　　如果全压再起动次数已达到整定次数，但因绝缘恢复时无法在设定的时间内达到全压水平而未能成功，再起动逻辑会按预先设置的降压参考值进行一次降压再起动。 　　根据需要，在某些情况下再起动功能会退出一段时间（在此期间内不再进行重起），比如在一个极事故闭锁后。该时间可调整。 　　双极的再启动功能会根据系统的需要相互进行协调，如在一个极直流线路故障再启动期间，会禁止另一极的直流线路故障再启动功能，一个极直流线路故障再启动成功后，再经过一定时间延迟（该延时可设定），等电网扰动平息后，才允许另一极的直流线路故障再启动功能投入。故障前双极都处在双极功率控制运行时，满足一定条件情况下，线路故障闭锁后会重新解锁单换流器（高低端可选）。 　　以上描述中提到的可以设定的部分，均可以在运行人员工作站上根据权限方便的进行设置。本功能在控制系统中实现	
保护段数	—	
保护配合	与故障点的去游离时间配合	
后备保护	—	
是否依靠通信	通信中断时降压重起功能无法实现	
被录波的量	请求移相、重起、保护动作	
保护动作后果	-请求移相 -重起 -闭锁（极层 Y 闭锁） -两站极隔离 -启动失灵 -锁定交流断路器 -触发录波 -再启动失败闭锁后自动重启单换流器	

四、直流滤波器区保护

直流滤波器区的保护配置如图 3-1-8 所示。

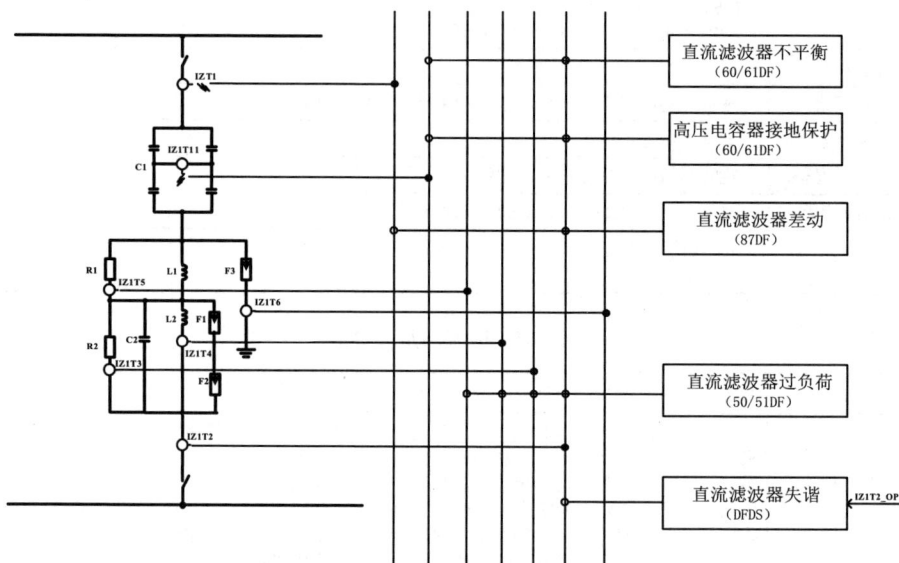

图 3-1-8 直流滤波器区保护配置

下面对每一种保护的用途和原理、采用的测点、后备保护情况、保护的配合，以及保护的动作后果进行详细说明。

表 3-1-48 直流滤波器差动保护

保护的故障	检测直流滤波器内部的接地故障	87DF
保护原理	比率差动保护||IZT1|-|IZ1T2||>I_qd ||IZT1|-|IZ1T2||>k *|IZT1|	
保护段数	1	
保护配合	避免线路故障期间由于 CT 配合误动	
后备保护	极差动保护	
是否依靠通信	否	
被录波的量	差流、保护动作	
保护动作后果	-分直流滤波器高压侧刀闸（滤波器电流小） -极层 Z 闭锁（直流滤波器电流大于刀闸拉断电流）、极隔离 -跳交流断路器 -启动失灵 -锁定交流断路器 -触发录波	

表 3-1-49　　　　　　　　　　直流滤波器不平衡报警

保护的故障	检测直流滤波器高压电容器组的故障	60/61DF
保护原理	（IZ1T11/IZ1T2）＞K_set & IZ1T11＞Iunb	
保护段数	1	
保护配合	与直流滤波器的电容结构配合	
后备保护	无	
是否依靠通信	否	
被录波的量	不平衡电流、保护动作	
保护动作后果	－报警	

表 3-1-50　　　　　　　　　直流滤波器高压电容器接地保护

保护的故障	检测直流滤波器高压电容器组的故障	60/61DF
保护原理	（IZ1T11/IZ1T2）＞K_set1　&　IZ1T11＞Iunb，报警； （IZ1T11/IZ1T2）＞K_set1　&　IZ1T11＞Iunb，Idcf_diff_qd＞Iset_qd 动作	
保护段数	2	
保护配合	与直流滤波器的电容结构配合	
后备保护	无	
是否依靠通信	否	
被录波的量	不平衡电流、比值、保护动作	
保护动作后果	－分直流滤波器高压侧刀闸（滤波器电流小） －极层 Z 闭锁（直流滤波器电流大于刀闸拉断电流）、极隔离 －跳交流断路器 －启动失灵 －锁定交流断路器 －触发录波	

表 3-1-51　　　　　　　　　　直流滤波器电抗热过负荷保护

保护的故障	监测直流滤波器电抗的过负荷，避免直流滤波器电抗过应力	50/51DFL
保护原理	$T = \tau \cdot \ln \dfrac{I^2}{I^2 - (k \cdot I_B)^2}$ I 为实时测量的 1～39 次、考虑了集肤效应系数的电流有效值； 即，$I = \sqrt{\sum_{i=1}^{36} m_i I_i^2}$，$m_i$ 为第 i 次谐波集肤效应系数	
保护段数	1	
保护配合	与滤波器器件的热承受能力配合	
后备保护	无	
是否依靠通信	否	
被录波的量	电抗电流、保护动作	

保护动作后果	−分直流滤波器高压侧刀闸（滤波器电流小）； −极层 Z 闭锁（直流滤波器电流大于刀闸拉断电流）、极隔离
保护动作后果	−跳交流断路器 −启动失灵 −锁定交流断路器 −触发录波

表 3-1-52　　　　　　　　直流滤波器电阻热过负荷保护

保护的故障	监测直流滤波器电阻的过负荷，避免直流滤波器电阻过应力	50/51DFR
保护原理	$T = \tau \cdot \ln \dfrac{I^2}{I^2 - (k \cdot I_B)^2}$ I 为实时测量的 1～39 次、不考虑集肤效应系数的电流有效值	
保护段数	1	
保护配合	与滤波器器件的热承受能力配合	
后备保护	无	
是否依靠通信	否	
被录波的量	电阻电流、保护动作	
保护动作后果	−分直流滤波器高压侧刀闸（滤波器电流小） −极层 Z 闭锁（直流滤波器电流大于刀闸拉断电流）、极隔离 −跳交流断路器 −启动失灵 −锁定交流断路器 −触发录波	

表 3-1-53　　　　　　　　　直流滤波器失谐监视

保护的故障	检测直流滤波器内部细小元件变化	DFDS
保护原理	失谐监视，也称失谐报警，通过比较相邻的两个极上的尾端 CT 中的 12 次谐波幅值来甄别直流滤波器的细小变化，在异常时发出失谐报警信号。该保护仅在双极平衡运行情况下投入。 　　IZ1T2_OP$_{-12H}$＞k * IZ1T2$_{12H}$　　　　＆ IZ1T2$_{12H}$＞Iset 其中： k 为失谐监视系数； IZ1T2$_{12H}$ 是本极直流滤波器尾端电流的 12 次谐波幅值； IZ1T2_OP$_{-12H}$ 是相邻的他极直流滤波器尾端电流的 12 次谐波幅值	
保护段数	1	
保护配合	仅在双极功率控制，且平衡模式下有效	
后备保护	无	
是否依靠通信	依靠极间通信	
被录波的量	对极电流、本极的保护动作	
保护动作后果	−报警	

五、双极区保护

双极区的保护配置如图 3-1-9 所示。

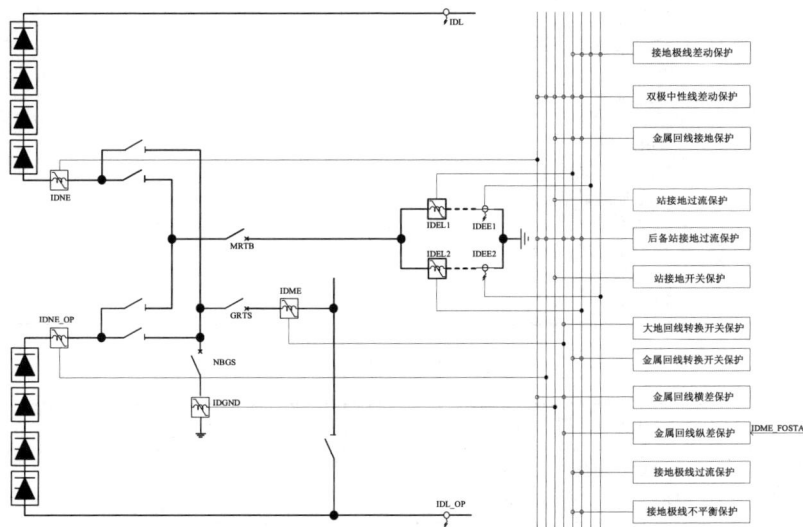

图 3-1-9 双极区保护配置

下面对每一种保护的用途和原理、采用的测点、后备保护情况、保护的配合，以及保护的动作后果进行详细说明。

表 3-1-54 双极中性母线差动保护

保护的故障	保护双极中性母线的接地故障，位置由每个极的 IDNE 测量到接地极线的测量	87EB
保护原理	IBNB_DIFF = |±IDNE −（±IDNE_OP）− IDME − IDGND − IDEL1 − IDEL2| IRES = |±IDNE −（±IDNE_OP）| IBNB_DIFF＞Ibdif_alm 报警 IBNB_DIFF＞I_set＋k_set* IRES 保护动作	
保护段数	2	
保护配合	与运行方式相配合，控制极的保护系统投入运行	
后备保护		
是否依靠通信	否	
被录波的量	差动电流、制动电流、保护动作	
保护动作后果	报警段： −报警 −触发录波	

保护动作后果	双极运行时： －请求极平衡 －极层 Y 闭锁 －跳交流断路器 －启动失灵 －锁定交流断路器 －极隔离 －触发录波 单极运行时： －移相重起 －极层 Y 闭锁 －跳交流断路器 －启动失灵 －锁定交流断路器 －极隔离 －触发录波

表 3-1-55　　　　　站 接 地 过 流 保 护

保护的故障	保护站接地网，防止过大的接地电流对站接地网造成的破坏	76SG
保护原理	$|IDGND|>IDGND\_almset$ $|IDGND|>IDGND\_set$	
保护段数	2	
保护配合	与站接地网的过载能力配合	
后备保护	后备站地过流保护	
是否依靠通信	否	
被录波的量	有关电流、保护动作	
保护动作后果	报警段： －报警 －触发录波 双极运行时： －请求极平衡 －极层 Y 闭锁 －跳交流断路器 －启动失灵 －锁定交流断路器 －极隔离 －触发录波 单极运行时： －极层 Y 闭锁 －跳交流断路器 －启动失灵 －锁定交流断路器 －极隔离 －触发录波	

表 3-1-56　　　　　　　　后备站接地过流保护

保护的故障	保护站接地网，防止过大的接地电流对站接地网造成的破坏	76SGB
保护原理	$IDGND\_SW = |\pm IDNE - (\pm IDNE\_OP) - IDEL1 - IDEL2 - IDME|$ $IDGND\_SW > IDGND\_almset$ $IDGND\_SW > IDGND\_set$	
保护段数	2	
保护配合	与站接地网的过载能力配合，金属回线运行时保护退出	
后备保护	本身为后备保护	
是否依靠通信	否	
被录波的量	有关电流、保护动作	
保护动作后果	报警段： －报警 －触发录波 双极运行时： －请求极平衡 －极层 Y 闭锁 －跳交流断路器 －启动失灵 －锁定交流断路器 －极隔离 －触发录波 单极运行时： －极层 Y 闭锁 －跳交流断路器 －启动失灵 －锁定交流断路器 －极隔离 －触发录波	

表 3-1-57　　　　　　　站 接 地 开 关 保 护

保护的故障	如果开关无法断弧，重合开关以保证开关不被损坏	82-NBGS
保护原理	$I\_NBGS > IDGND\_set1$ 或 $IDGND > IDGND\_set2$ $NBGS\_OPEN\_IND = 1$ 经过一定的时间，保护动作	
保护段数	2	
保护配合	与开关的特性配合	
后备保护	－	
是否依靠通信	否	
被录波的量	I_NBGS、IDGND、NBGS_OPEN_IND、保护动作	
保护动作后果	－重合 NBGS －触发录波	

表 3-1-58   大地回线转换开关保护

保护的故障	如果开关无法断弧，重合开关以保证开关不被损坏	82-GRTS
保护原理	I_GRTS＞IDME_set1 或|IDME|＞IDME_set2 GRTS_OPEN_IND＝1 经过一定的时间，保护动作，保护动作信号会发送给极控系统的顺控功能，禁止继续进行下一步操作，保持最终的状态	
保护段数	2	
保护配合	与开关的特性配合	
后备保护	－	
是否依靠通信	否	
被录波的量	I_GRTS、IDME、GRTS_OPEN_IND、保护动作	
保护动作后果	－重合 GRTS －触发录波	

表 3-1-59   金属回线转换开关保护

保护的故障	如果开关无法断弧，重合开关以保证开关不被损坏	82-MRTB
保护原理	I_MRTB＞MRTB_set1 或|IDEL|＞MRTB_set2 MRTB_OPEN_IND＝1 经过一定的时间，保护动作，保护动作信号会发送给极控系统的顺控功能，禁止继续进行下一步操作，保持最终的状态	
保护段数	2	
保护配合	与开关的特性配合	
后备保护	－	
是否依靠通信	否	
被录波的量	I_MRTB、IDEL、MRTB_OPEN_IND、保护动作	
保护动作后果	－重合 MRTB －触发录波	

表 3-1-60   金 属 回 线 接 地 保 护

保护的故障	保护金属回线情况下所有的接地故障	87G-MR
保护原理	IDGND_MR＝|IDGND＋IDEL1＋IDEL2| IDGND_MR＞IDGND_MR_almset IDGND_MR＞IDGND_MR_set	
保护段数	2	
保护配合	与其他金属回线情况下检测接地的保护配合，作为主保护。金属回线运行时在接地站保护投入	

后备保护	本身为后备保护
是否依靠通信	否
被录波的量	相关电流、保护动作
保护动作后果	Ⅰ段： －报警 －触发录波 Ⅱ段： －移相重启 －极层 Y 闭锁 －跳交流断路器 －启动失灵 －锁定交流断路器 －极隔离 －触发录波

表 3-1-61　　　　　　　　金 属 回 线 横 差 保 护

保护的故障	保护金属回线运行时的接地故障	60MR
保护原理	I_dif＝|IDNE－IDME| I_res＝|IDME| I_dif＞max（I_difset，k_set * I_res）	
保护段数	3	
保护配合	与金属回线接地保护、金属回线纵差保护配合。金属回线运行时在接地站保护投入	
后备保护	本身为后备保护	
是否依靠通信	否	
被录波的量	差动电流、制动电流、保护动作	
保护动作后果	报警段： －报警 －触发录波 Ⅰ、Ⅱ段： －极层 Y 闭锁 －跳交流断路器 －启动失灵 －锁定交流断路器 －极隔离 －触发录波	

表 3-1-62　　　　　　　　金 属 回 线 纵 差 保 护

保护的故障	保护金属回线运行时金属回线的接地故障	87MRL
保护原理	IDME 为本站金属回线的电流，IDME_OSTA 为对站金属回线的电流（通过控制系统站间通道传送） I_dif＝|IDME－IDME_OSTA| I_RES＝|IDME＋IDME_OSTA|/2 I_dif＞max（I_difset，k_set * I_RES）	

保护段数	1
保护配合	避免在起停操作、换相失败、功率升降时保护动作
后备保护	本身为后备保护
是否依靠通信	通信中断时保护将被闭锁
被录波的量	差流、制动电流、IDME、IDME_OSTA、保护动作
保护动作后果	−移相重启 −极层 Y 闭锁 −跳交流断路器 −启动失灵 −锁定交流断路器 −极隔离 −触发录波

表 3−1−63   接 地 极 线 过 流 保 护

保护的故障	保护接地极线，避免接地极线过载	76EL
保护原理	|IDEL1|>I_alm |IDEL2|>I_alm |IDEL1|>I_set |IDEL2|>I_set	
保护段数	2	
保护配合	与接地极线的过载能力配合	
后备保护	无	
是否依靠通信	否	
被录波的量	相关电流、保护动作	
保护动作后果	报警段： −报警 −触发录波 （单极运行）： −功率回降 −触发录波 （双极运行）： −请求极平衡 −功率回降 −触发录波	

表 3−1−64   接地极线不平衡保护

保护的故障	保护接地极线，检测接地极线的断线与接地故障	60EL
保护原理	I_dif=|IDEL1−IDEL2| |IDEL1|>I_SET，|IDEL2|>I_SET 同时满足并且 I_dif>Itdel_set	
保护段数	1	

保护配合	无
后备保护	无
是否依靠通信	否
被录波的量	差动电流、制动电流、保护动作
保护动作后果	−报警 （单极运行）： −移相重启 −极层 Y 闭锁 −跳交流断路器 −启动失灵 −极隔离 −触发录波 （双极运行）： −请求极平衡 −触发录波

表 3－1－65　　　　　　　接 地 极 线 差 动 保 护

保护的故障	保护接地极线，检测接地极线断线和接地故障	87EL
保护原理	|IDEL1 − IDEE1|＞max（50A，0.1*|IDEE1|），或者 |IDEL2 − IDEE2|＞max（50A，0.1*|IDEE2|）	
保护段数	1	
保护配合	接地极线不平衡保护	
后备保护	无	
是否依靠通信	否	
被录波的量	差动电流、制动电流、保护动作	
保护动作后果	−报警 （单极运行）： −移相重启 −极层 Y 闭锁 −跳交流断路器 −启动失灵 −极隔离 −触发录波 （双极运行）： −请求极平衡 −触发录波	

六、保护动作后果

对于直流系统的保护，保护清除故障的主要操作有以下几种：

（一）请求控制系统切换

有一些故障是由于控制系统自身的问题造成的，控制系统切换后，故障消失，可以保持继续输送功率。因此有些保护启动后第一动作是请求控制系统切换。如果切换后故障消失，保护会返回，否则保护执行下一步操作。

（二）移相降压

为使控制系统移相降压，保护会发出 Order Down 命令。控制系统收到 Order Down 命令后进行移相操作（Retard）。移相操作就是触发脉冲以一定的速率增大触发角到最大触发角。这个操作会使整流侧转移到逆变状态运行，释放直流系统的能量，从而消除故障点的直流电流。Order Down 命令取消后，系统会自动恢复到收到命令前的状态。

移相降压操作主要用来消除线路的瞬时性故障。

（三）保护性闭锁

保护性闭锁顺序是以最安全的方式将换流器或极停运的一系列操作。这一系列操作根据不同工况有不同的时序。保护性闭锁操作包括移相，投入旁通对，闭锁触发脉冲，合旁通开关，跳/锁定交流开关，换流器隔离等。

为提高特高压直流输电系统的可靠性，结合特高压工程中两个串联的十二脉动换流器的特点，特高压直流不仅需要具备常规直流输电系统的闭锁方式，还具备隔离故障换流器的故障处理策略，双换流器串联运行时，如果保护检测到某一个换流器故障，将向控制系统发出退出该换流器的命令。根据执行结果不同，特高压直流保护性闭锁分为换流器层闭锁和极层闭锁两类。

1. 换流器层闭锁

换流器层闭锁分为阀换流器层 X 闭锁（U 闭锁）和换流器层 Y 闭锁（V 闭锁）两类，主要区别在于闭锁退出时是否投旁通对。

（1）换流器层 X 闭锁

整流侧故障：

整流侧立即停发故障换流器的触发脉冲，跳换流变开关，合 BPS，非故障换流器移相，逆变侧对应移相 90 度；

逆变侧在触发角度和直流电压合适时投入旁通对，合旁通开关 BPS；

整流侧恢复非故障换流器的角度，整流侧 BPS 合闸到位时合上 BPI，整流侧分 BPS，S1、S2，故障换流器隔离。

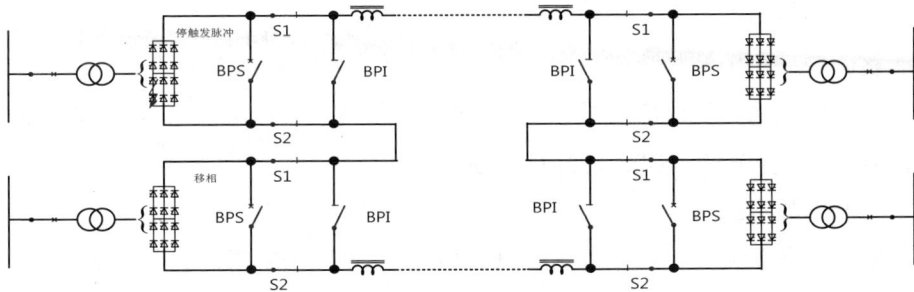

图 3-1-10　换流器旁通区示意图

逆变侧故障：

逆变侧交流开关跳开后投入旁通对，合 BPS，整流侧对应换流器移相 90；

整流侧在触发角和电压合适时投旁通对，合 BPS；

逆变侧的 BPS 合闸到位时合上 BPI，逆变侧分 BPS，S1，S2，故障换流器隔离。

（2）换流器层 Y 闭锁

整流侧故障：

整流侧故障投旁通对，合旁通开关 BPS，同时跳换流变开关，逆变侧对应换流器移相 90 度；

逆变侧在触发角和直流电压合适时投入旁通对，合旁通开关 BPS；

整流侧的 BPS 合闸到位时合上 BPI，整流侧分 BPS，S1，S2。

逆变侧故障：

逆变侧故障换流器投旁通对，合旁通开关 BPS，同时跳换流变开关，整流侧对应换流器移相 90 度；

整流侧在触发角和直流电压合适时投旁通对，合旁通开关 BPS；

逆变侧 BPS 合闸到位时合上 BPI，逆变侧分 BPS，S1，S2。

无站间通信时，故障侧的闭锁方式与有站间通信一致，非故障侧通过换流器不平衡运行保护动作退出低压换流器。

2. 极层闭锁

极闭锁分为极层 X、Y、Z 闭锁类型。极单换流器运行时，换流器层 X 闭锁将执行极层 X 闭锁顺序，换流器层 Y 闭锁将执行极层 Y 闭锁顺序。

（1）极层 X 闭锁

整流侧故障：

整流侧立即闭锁换流阀，跳交流进线开关，不允许投入旁通对。

收到对站的保护动作信号以后，逆变侧执行 Y-STOP：执行 alpha90；200ms 后投 BPPO，合 BPS，BPS 合位时闭锁。

逆变侧故障：

逆变侧立即跳交流进线开关，开关跳开时或收到 X 闭锁命令 70ms 后投入旁通对，合 BPS，BPS 合位时闭锁换流阀。

收到对站的保护动作信号以后，整流侧立即移相，60ms 后执行 Y-BLOCK，当满足 I_LOW 条件时，20ms 后闭锁；当不满足 I_LOW 条件时，20ms 后投入旁通对，合 BPS，BPS 合位时闭锁换流阀。

（2）极层 Y 闭锁

整流侧故障：

整流侧立即跳交流进线开关，移相，20ms 后满足 I_LOW 条件直接闭锁触发脉冲；I_LOW 条件不满足投入旁通对，合 BPS，BPS 合位时闭锁换流阀；

收到对站的保护动作信号以后，逆变侧执行 Y-STOP：执行 alpha90；200ms 后投 BPPO，合 BPS，BPS 合位时闭锁。

逆变侧故障：

逆变侧立即跳交流进线开关；投入旁通对，合 BPS，BPS 合上后闭锁换流阀。

收到对站的保护动作信号以后，整流侧立即移相，60ms 后执行 Y-BLOCK，当满足 I_LOW 条件时，20ms 后闭锁；当不满足 I_LOW 条件时，20ms 后投入旁通对，合 BPS，BPS 合上后闭锁换流阀。

（3）极层 Z 闭锁

整流侧故障：

整流侧立即跳交流进线开关，投入旁通对，合 BPS，BPS 合上后闭锁换流阀；

收到对站动作信号以后，逆变侧执行 alpha90，投入旁通对，合 BPS，BPS 合上以后闭锁换流阀。

逆变侧故障：

逆变侧立即跳交流进线开关，投入旁通对，合 BPS，BPS 合上后闭锁换流阀；

收到对站的保护动作信号以后，整流侧立即移相，60ms 后执行 Y-BLOCK，当满足 I_LOW 条件时，20ms 后闭锁；当不满足 I_LOW 条件时，20ms 后投入旁通对，合 BPS，BPS 合上后闭锁换流阀。

　　如果站间通信故障，一站闭锁后，对站控制系统通过检测直流电压、电流等判断对侧进入闭锁状态，启动本侧的闭锁顺序以闭锁换流器，对于上述极闭锁方式，当整流侧发生极闭锁，逆变侧由低电流闭锁逻辑 15min 后闭锁本站相关换流器；逆变侧发生极闭锁，整流侧由线路重启动逻辑闭锁本站相关换流器。

（四）跳交流断路器

　　切断交直流之间的连接，避免交流电源对设备造成更大的应力。

（五）启动失灵

　　防止换流变开关无法断开，启动失灵保护。

（六）锁定交流断路器

　　禁止合开关，确保开关不会在跳开原因未确认前合闸造成二次故障。

（七）功率回降

　　主要是过载保护的操作。操作按预定的定值（包括两次降功率时间间隔），一级一级降功率，直至输出命令的保护返回；或者直至功率降至预先设定值为止。

（八）极/换流器隔离

　　将直流场设备与直流线路、接地极线部分断开。

（九）极平衡

　　当双极运行时，如果存在接地故障，或接地极线电流过大，进行此操作，以平衡两极的电流，减小入地电流。

（十）重合直流场转换开关

　　当各转换开关不能断弧时，保护转换开关。

（十一）合中性母线站地开关

　　主要由接地极线开路保护触发，防止开路产生的高压对设备造成损坏。

（十二）禁止升分接头

　　由于分接头调节不当，将要造成直流侧过应力时，禁止升分接头，避免此情况出现。

（十三）降分接头

　　由于分接头调节不当，已经造成直流侧过应力时，下调接头，降低或消除过应力。

（十四）告警和启动故障录波

使用灯光、音响等方式，提醒运行人员，注意相关设备的运行状况，采取相应的措施，自动启动故障录波和事件记录，便于识别故障设备和分析故障原因。

（十五）直流系统再启动

为了减少直流系统停运次数，在直流线路发生闪络故障时，直流线路保护动作，启动再启动程序，将整流器控制角迅速增大到 120°～150°，变为逆变运行，使直流系统储存的能量很快向交流系统释放，直流电流迅速下降到零。等待一段时间，待短路弧道去游离后，再将整流器的触发角按一定速率逐渐减小，使直流系统恢复正常运行。

第二章 故障类别及故障特征

第一节 故 障 类 别

直流输电系统故障分析是直流保护配置的基础。只有了解各种故障下直流侧、交流侧电压电流量的变化趋势，才能有针对性的配置保护。以高岭背靠背直流系统为例，直流系统故障点示意图如图 3-2-1 所示，主要包括：

（1）阀短路（整流侧、逆变侧）。

（2）换相失败（整流侧、逆变侧）。

（3）换流器直流侧出口短路、对地短路（整流侧、逆变侧）。

（4）换流器交流侧单相接地、相间短路、三相短路（整流侧、逆变侧）。

（5）控制系统故障（整流侧、逆变侧）。

（6）直流线路故障。

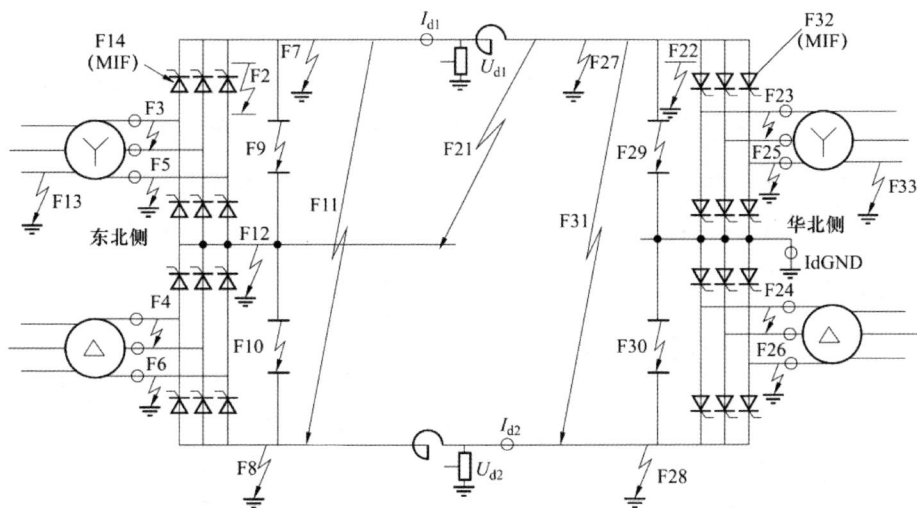

图 3-2-1 直流系统故障点示意图

第二节 故 障 特 征

一、整流侧阀短路

阀短路是换流器阀内部或外部绝缘损坏或被短接造成的故障，这是换流器最为严重的一种故障。当发生阀短路故障时，与故障阀处于同一半桥的健全阀在换相导通后会流过很高的短路电流。

阀短路的特征：① 交流侧交替地发生两相短路和三相短路；② 通过故障阀的电流反向，并剧烈增大；③ 交流侧电流激增，使换流阀和换流变压器承受比正常运行时大得多的电流；④ 换流桥直流母线电压下降；⑤ 换流桥直流侧电流下降。

12 脉动整流器是由两个 6 脉动整流器串联组成，当一个 6 脉动整流器发生阀短路时，交流侧短路电流将使换相电压减小，从而影响到另一个 6 脉动整流器，因此 12 脉动整流器电流将减小，导致直流输送功率的降低。因仅一个换流阀短路，交流侧短路电流与 6 脉动整流器相似。

二、逆变侧阀短路

逆变器的阀在阻断状态，大部分时间是承受着正向电压，当电压过高或电压上升率太快时，容易因阀绝缘损坏而发生短路。例如，当逆变器的阀 V1 关断，加上正向电压后发生短路，相当于阀 V1 重新开通，同样与阀 V3 发生倒换相，而在阀 V4 导通时，V1 与 V4 形成直流侧短路，与换相失败过程相同。不同的是，由于阀 V1 短路，双向导通，换相失败将周期性地发生。另外，在直流电流被控制后，阀 V1 与阀 V3 换相时的交流两相短路电流将大于直流电流。

三、逆变侧换相失败

换相失败是逆变器常见的故障，它是由逆变器多种故障所造成的结果，如逆变器换流阀短路、逆变器丢失触发脉冲、逆变侧交流系统故障等均会引起换相失败。当逆变器两个阀进行换相时，因换相过程未能进行完毕，或者预计关断的阀关断后，在反向电压期间未能恢复阻断能力，当加在该阀上的电压为正时，立即重新导通，则发生了倒换相，使预计开通的阀重新关断，这种现象称之为换相失败。

换相失败的特征是：① 关断角小于换流阀恢复阻断能力的时间（大功率晶闸管约 0.4ms）；② 6 脉动逆变器的直流电压在一定时间下降到零；③ 直流电流短时增大；④ 交流侧短时开路，电流减小；⑤ 基波分量进入直流系统。

对于 12 脉动逆变器，一个 6 脉动逆变器发生换相失败，由于换相失败反向电压减小一半，直流电流又增大，使得串联的另一个 6 脉动逆变器的换相角增大，也可能发生换相失败。其故障过程直流电压和电流的变化趋势与 6 脉动逆变器换相失败时故障时相同。

四、整流器直流侧出口短路

整流器直流侧出口短路与阀短路的最大不同是换流器的阀仍可保持单向导通的特性，以 6 脉动换流器为例，如果在整流器两个阀正常工作期间，发生直流出口短路，相当于发生了交流两相短路；当下一个阀开通换相时，将形成交流三相短路。如果在换流阀进行换相期间，发生直流出口短路，就相当于发生了交流三相短路。

整流器直流出口短路的特征：① 交流侧通过换流器形成交替发生的两相短路和三相短路；② 导通的阀电流和交流侧电流激增，比正常值大许多倍；③ 因短路直流线路侧电流下降；④ 换流阀保持正向导通状态。

对于 12 脉动整流器，两个相差 30° 的 6 脉动整流器串联，直流侧出口短路，短路通过两个 6 脉动整流器形成，其故障过程与 6 脉动整流器故障时相似。

五、逆变器直流侧出口短路

逆变器直流侧出口短路，直流线路电流增大，与直流线路末端短路类似，但是由于直流平波电抗器的作用，其故障电流上升速度较慢，短路电流较小。当逆变器发生直流侧短路时，流经逆变器阀的电流将很快降到零，对逆变器和换流变压器均不构成威胁。实际上，在逆变器触发脉冲的作用下，当每个阀触发时，仍有瞬时充电电流存在。通常在整流站电流调节器的作用下，故障电流可以得到控制，但是短路不能被清除。

对于 12 脉动逆变器，两个相差 30° 的 6 脉动逆变器串联，直流侧出口短路，换流器直流侧电流增大，交流侧电流减小的现象与 6 脉动逆变器故障时相同。

六、整流器交流侧相间短路

整流器交流侧相间短路，交流侧形成两相短路电流，使整流器失去两相换相电压，其直流电流和电压以及输送功率将迅速下降。对于 12 脉动整流器，非故障的 6 脉动换流器尽管由于换流变压器电抗的作用，交流电压下降较少，但其直流电压和电流也下降。

七、逆变器交流侧相间短路

逆变器交流侧相间短路，由于逆变器失去两相换相电压，以及相位的不正常，使逆变器发生换相失败，其直流回路电流升高，交流侧电流降低。另一方面，对于受端交流系统相当于发生了两相短路故障，将产生两相短路电流。在直流故障电流被整流侧电流调节器控制后，每周波瞬间交流侧两相短路电流将大于直流侧电流。对于 12 脉动逆变器，非故障的 6 脉动逆变器受到换相电压下降和故障的 6 脉动换流器发生换相失败使直流电流增加的影响，使其换相角增大，因而也发生换相失败。

八、整流器交流侧相对地短路

整流器交流侧相对地短路，通过站接地网及直流接地极（在站内接地开关合上时不通过接地极），到达直流中性端，形成相应的阀短路。因此，短路回路电阻相应增加，其短路电流比阀短路略有减小。此时，直流中性端电流基本与交流端相同，但直流另一端电流基本不变。

对于 12 脉动整流器，无论哪个 6 脉动换流器发生单相对地短路，直流中性母线都是短路回路的一部分。由于高压端 6 脉动换流器的交流短路回路需要通过低压端 6 脉动换流器构成，因此交流侧短路电流相对较小。

值得注意的是，在整流器交流侧发生相对地短路期间，二次谐波分量将进入直流侧，如果直流回路的固有频率接近此频率，则可能会引起直流回路的谐振。

九、逆变器交流侧相对地短路

逆变器交流侧相对地短路，通过站接地网及直流接地极（在站内接地开关合上时不通过接地极），到达直流中性端，形成相应的阀短路。其故障过程与阀短路类似，使逆变器发生换相失败。在故障初期，直流电流增加，交流电流减小。当直流电流被整流侧电流调节器所控制、逆变站换相解除直流短路时，反向电压突然建立，使换流器高压端的直流电流瞬间减小（甚至为零），通过对地短路回路形成的两相短路的交流侧电流和直流中性端电流增加。最后，由相应的保护动作，闭锁换流器，跳开交流侧断路器。

对于 12 脉动逆变器，由于故障的 6 脉动逆变器发生换相失败，直流电流增加，可能使非故障的 6 脉动换流器也发生换相失败。同样，无论哪个 6 脉动换流器发生单相对地短路，通过大地回路形成的两相短路使交流侧电流和直流中性端电流增加，而换流器另一端的直流电流瞬间由大变小，然后由整流侧电流调节器控制在其整定值上。

十、整流器直流侧对地短路

12 脉动整流器直流高压端对地短路，通过站接地网及直流接地极（在站内接地开关合上时不通过接地极），到达直流中性端，形成 12 脉动换流器直流端短路。短路使直流回路电阻减小，阀及交流侧电流增加；而直流侧极线电流很快下降到零。

12 脉动整流器直流侧中点对地短路，使低压端 6 脉动换流器通过站接地网及直流接地极（在站内接地开关合上时不通过接地极），到达直流中性点形成低压端 6 脉动换流器直洲端短路。短路使直流回路电阻减小，低压端 6 脉动换流器阀电流及交流侧电流、直流中性点电流增加，直流极线电流下降。

12 脉动整流器直流中性端对地短路，因中性端一般处于地电位，对换流器正常运行影响不大。但是，短路电阻与接地极电阻并联，重新分配通过中性点的直流电流。

十一、逆变器直流侧对地短路

12 脉动逆变器直流高压端对地短路，直流端直接接地，通过站接地网及直流接地极，形成逆变器直流端短路，其故障过程与逆变器直流侧出口短路类似。故障使直流侧电流增加，而流经逆变器的电流很快下降到零，中性端电流也下降。

12 脉动逆变器直流侧中点对地短路，将低压端 6 脉动换流器短路，使直流极线电流增加，可能引起高压端 6 脉动换流器换相失败。同样，中性端电流下降。

12 脉动逆变器直流中性端对地短路，因中性端一般处于地电位，对逆变器正常运行影响不大。但是，由于短路电阻与接地极电阻并联，会重新分配通过的直流电流。

十二、控制系统故障

直流输电换流器由控制系统的触发脉冲控制，保证直流系统的正常运行。控制系统故障体现在触发脉冲不正常，从而使换流器工作不正常，其主要有误开通故障和不开通故障两种。

（一）误开通故障

整流器阀关断期间，大部分时间承受着反向电压，发生误开通的机会较少，即使发生误开通也仅相当于提早开通，这对于正常运行扰动不大。逆变器的阀在阻断期间的大部分时间内承受着正向电压，若此时受到过大的正向电压作用，或阀的控制极触发回路发生故障，都有可能造成桥阀的误开通故障。逆变器的误开通故障发展过程与一次换相失败相似，只要加以控制，能够使其恢复正常。

误开通的特征是：① 整流侧发生误开通时，因直流电压稍有上升，使直流电流也稍上扬；② 逆变侧发生误开通时直流电压下降或发生换相失败，使直流电流增加。

（二）不开通故障

阀不开通故障是由于触发脉冲丢失或门极控制回路的故障所引起。整流器发生不开通时，如阀 V3 发生不开通故障，使阀 V1 继续导通，整流器直流电压下降；当阀 V4 导通后，由于 V4 和 V1 形成整流器旁路，而使直流电压下降为零，一直到阀 V5 开通，直流电压才逐步恢复，若采取控制措施，直流电压将提早恢复；直流电压的变化，使直流系统的电流也跟随变化；直流电压中将出现工频分量，当直流回路的自振频率接近工频时，则可能会引起工频谐振。逆变器发生不开通时，使先前导通的阀继续导通，与换相失败相似，差别在于不存在倒换相，同理采用控制的方法可使其恢复正常。

不开通的特征是：① 整流侧发生不开通故障时，直流电压和电流下降；② 逆变侧发生不开通故障时，直流电压下降，直流电流上升。

十三、直流极母线故障

直流极母线故障主要指接在母线上的直流场设备发生对地闪络故障。其故障机理是，在整流站表现为换流器直流出口对地短路，在逆变站表现为直流线路末端对地短路。在换流站直流开关场中，通常极母线两端设置有直流电流检测装置，其中的极母线对地短路，将反映在两端测量的电流差值中。极母线上连接的各种装置，一般都有自己的专门保护，对于一些对直流系统运行没有直接影响的辅助设备，如发生非接地性故障时，其直流电压和电流基本不变，如何保护需要具体研究。

十四、中性母线故障

直流中性母线故障主要指接在中性线上的直流设备发生的对地短路，其故障机理表现为换流器直流中性点对地短路，双极中性母线故障表现为接地极引线对地短路。

同样，在换流站直流开关场中，所有中性母线两端都应设置有直流电流检测装置，根据这些电流可以判断出中性母线设备是否发生对地短路故障。另外，中性母线的电压，根据不同的直流接线方式，应在一定的范围内变化。例如，单极金属回线，直流系统唯一的接地点，一般设在逆变站，此时，整流站中性母线的电压等于金属回线上的压降。如果接地设备发生开路，中性线电压将发生异常现象。

由于中性母线处于地电位，短路支路与原接地线并联来分配直流电流，如果直流电流较小或短路阻抗较大，那么故障前后电流差值可能很小。中性母线上连接的重要装置，一般都有自己的专门保护，对于一些直流系统运行没有直接影响的辅助设备，发生非接地性故障时，直流电压和电流基本不变，因此如何保护将需要具体研究。

十五、换流站交流侧单相短路故障

单相故障是交流系统常见故障，一般形式为对地闪络。单相故障是不对称性故障，可以分离出正序、负序、零序分量。对于不同的换流变压器接线方式，对换相电压的影响也有所不同，其中零序分量通过换流变压器中性点，需要考虑换相线电压过零点相位变化的影响。例如，换流母线单相接地故障，换流变压器网侧故障相电压为零，对于 Yy 接线，阀侧换相电压与网侧一致；对于 Yd 接线，阀侧两相电压下降到基准值的 0.577，三相都有换相电压。如果交流线路一相断路，由于换流变压器存在三角接线，有互感作用，因此使换流变压器不同接线的换流器都有三相换相电压，仅相位发生变化。

（一）整流侧交流系统单相故障

整流侧交流系统发生单相故障，由于不平衡换相电压的影响，在直流系统将产生 2 次谐波。在故障期间，直流系统除了出现 2 次谐波外，与三相故障一样，直流电流和电压也相对减小，但直流输送功率下降比三相故障小。在交流系统单相故障清除后，直流输送功率将快速恢复。

（二）逆变侧交流系统单相故障

以变压器为 Yy 接线的逆变器为例，在一相（如 U 相）换相电压为零的极端情况下，如果触发脉冲相位不变（即不考虑控制作用），随着 U 相电压幅值的下降，线电压过零点将发生变化。线电压过零点的变化使应开通的阀没有开通条件，应关断的阀没有足够的关断角，逆变器则发生连续换相失败。

在考虑关断角调节器作用的情况下，为保证足够的关断角，触发角被立即减小，换相失败在几十毫秒内就能恢复正常换相。在失去一相换相电压时，减小触发角（增大关断角），可以使逆变器所有关断角都大于 15°，以正常顺序换相，不会再发生换相失败，此时逆变器的直流电压平均值将低于正常值，并且出现较大的 100Hz 分量。触发角的减小将受到逆变器最小触发角的限制。

十六、直流线路故障

直流线路故障，一般是以遭受雷击、污秽或树枝等环境因素所造成线路绝缘水平降低而产生的对地闪络为主。直流线路对地短路瞬间，从整流侧检测到直流电压下降和直流电流上升；从逆变侧检测到直流电压和直流电流均下降。

第三节　常见故障特性及录波分析

前两节，我们对直流输电系统的故障类别与故障特征进行介绍，本节我们根据区域划分挑选其中比较典型且造成直流闭锁较多的换流器区域故障、直流场故障、直流线路故障进行介绍。

一、换流器区域

换流器区域最常见的故障类型为换流器高、低压端 CT 之间区域的接地故障、阀短路故障和换相失败。

（一）换流器差动保护动作

换流器差动保护的目的是保护换流器高、低压端 CT 之间区域的接地故障。保护测量换流器高、低压端的直流电流，如果差值超过预设值时保护动作。

1. 测量故障引起的换流器差动保护动作

2010 年 8 月 7 日 20:36，某特高压换流站极 2 高端换流器检修过程中，高端换流器差动保护 A、C 套动作（B 套因缺陷处理安措要求退出），导致极 2 低端换流器闭锁，极 2 转至隔离状态。

极 2 高端换流器检修过程中，检修人员打开极 2 高端阀厅高端光 CT 本体的顶盖进行 B 系统模块检查时，该光 CT 的 A、C 系统模块检测到干扰电流，其中干扰电流最大达 290A，导致极 2 高端换流器差动保护 A、C 套动作而发出闭锁直流信号。经现场分析和电磁干扰试验确认，极 2 高端换流器高压侧光 CT 测量异常是由于在光 CT 开盖后内部模块受到外部电磁干扰所致。

由图 3-2-2 的故障录波可以看出：极 2 高端换流器低压侧光 CT 测量电流一直为零，高压侧光 CT 检测到直流电流（电流最大值达到 290A），致使检修状态下的极 2 高端换流器高低压侧形成差流，大于换流器直流差动保护 I 段定值，延时 200ms 后，换流器差动保护动作，发出 S 闭锁。

2. 一次设备故障引起的换流器差动保护动作

2018 年 7 月 4 日 16:44:03，某特高压整流站极 1 高端换流器差动保护 II 段、直流极差保护 II 段动作，极 1 闭锁，故障导致功率损失 2200MW，11 秒后极 1 高端阀厅 800kV 直流穿墙套管 SF_6 压力低跳闸信号出现，1 分 54 秒后极 1 低端换流器自动重启成功,现场检查发现极 1 高端 800kV 直流穿墙套管防爆膜破裂,SF_6 气体压力降至 0.1MPa。

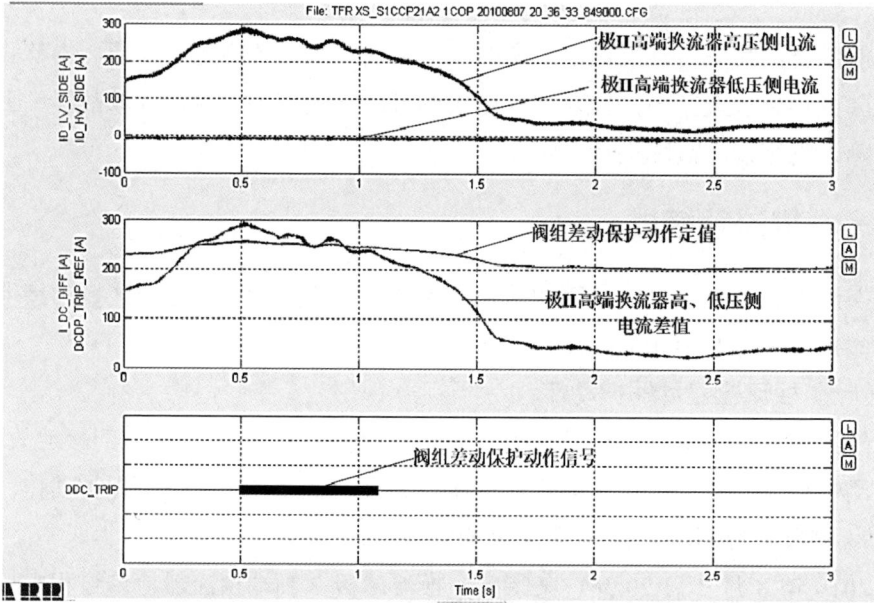

图 3-2-2 极 2 高端换流器差动保护动作时故障录波

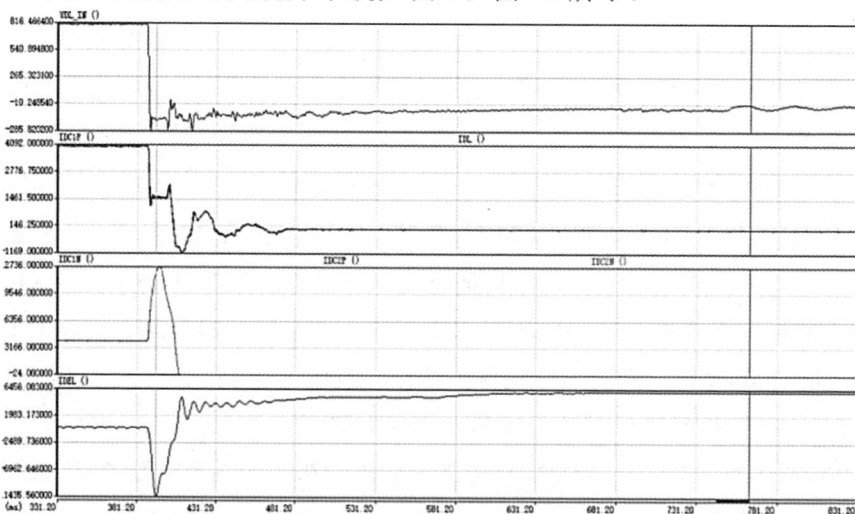

图 3-2-3 极 1 高端换流器差动保护动作波形(一)

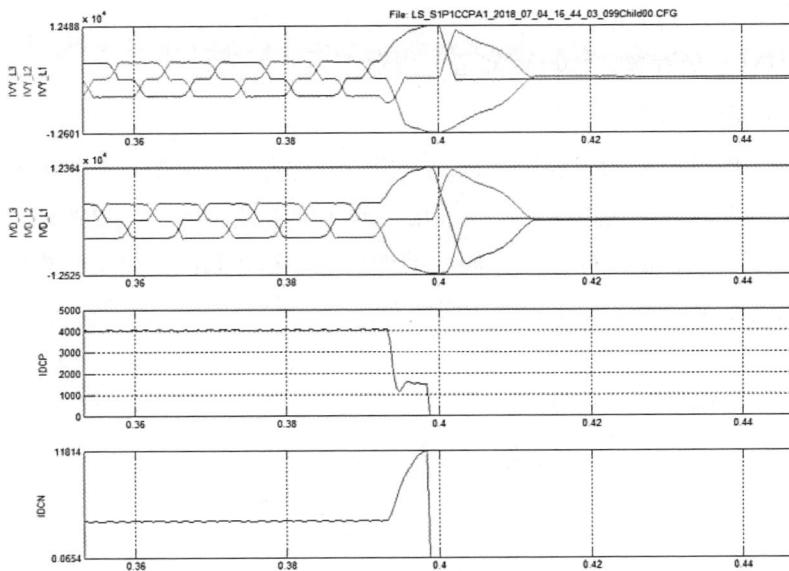

图 3-2-3　极 1 高端换流器差动保护动作波形（二）

根据图 3-2-3 可以判断，故障后极 1 高端换流器高压侧电流 IDC1P 与极 1 线路电流 IDL 基本一致；极 1 低端换流器高/低压侧电流 IDC2P、IDC2N 和极 1 高端换流器低压侧电流 IDC1N 升至 12700A 左右。

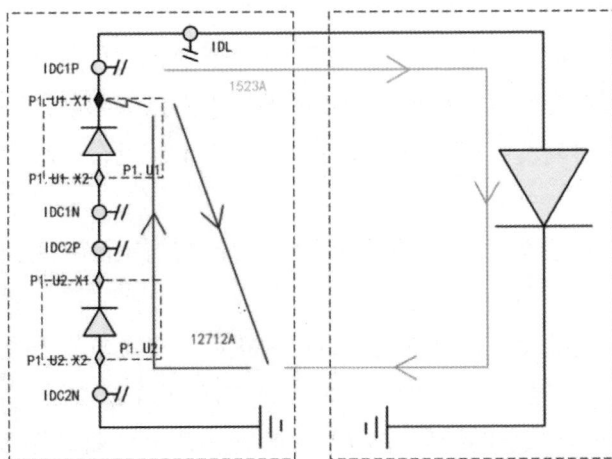

图 3-2-4　故障电流回路

根据上述电流特征判断，故障点位于极 1 高端换流器高、低压端 CT 之间。故障期间，极 1 高端换流器通过故障点、接地极、极 1 低端形成短路回路，致使极 1 高端换流器 IDC1N 及极 1 低端换流器电流达到 12000A 以上，符合高端阀厅 800kV 穿墙套管故障接地的电流特征。

（二）换相失败

换相失败是换流阀不能正确依次换相的一种现象。例如，故障前阀 1、阀 2 导通，当阀 1 换相到阀 3 时，可能由于阀 1 的关断角太小，导致阀 1 电流过零后承受反向电压的时间过短，阀 1 继续导通，阀 3 和阀 1 发生倒换相；当阀 2 换相到阀 4 时，阀 1 和阀 4 形成旁通对。

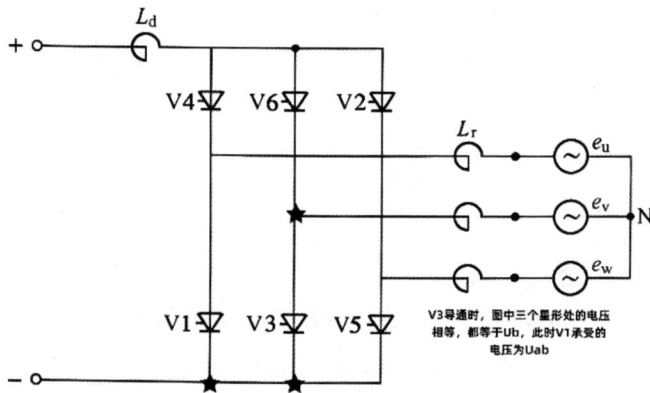

图 3-2-5　逆变器示意图

换相失败是直流系统运行期间逆变侧换流器换相过程中一种现象，通常会在暂态过程之后自动恢复，导致换相失败的原因有以下四种：

（1）交流电压畸变：交流电压畸变引起交流电压反转时间提前，从而引发换相失败；

（2）丢脉冲：丢失触发脉冲，导致应该导通的阀未导通，从而引发换相失败；

（3）关断角突然变小：当直流系统出现扰动，直流电流出现短时升高，由于换相角 μ 随着直流电流增大而增大，超前触发角 β 来不及响应变化，而 $\gamma = \beta - \mu$，关断角 γ 将迅速减小，晶闸管将会出现刚刚关断时立即重燃的现象，从而引起换相失败；

（4）误触发：在某一时刻多发一个触发脉冲，不应导通的阀出现导通，从而引发换相失败。

1. 误触发导致的换相失败

2014 年 4 月 3 日 02:53:12，某特高压换流站极 2 低端换流阀发生换相失败。换相失败的原因是 Y 侧 B 相阀 3 误触发。

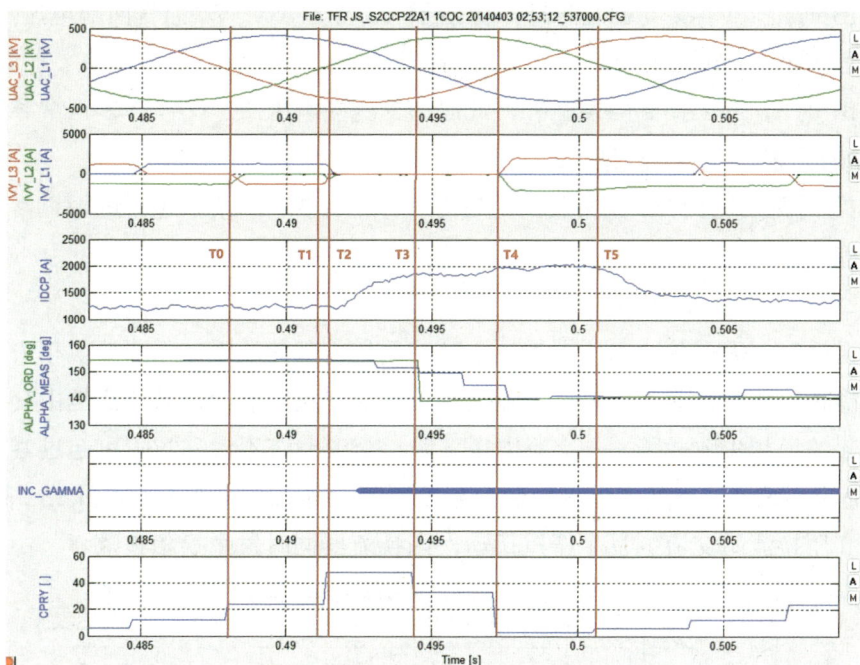

图 3-2-6　某特高压换流站误触发录波

如图 3-2-6 所示：UAC 为交流侧三相电压，IVY 为 Y/Y 阀侧三相交流电流，ALPHA_ORD 和 ALPHA_MEAS 分别为触发角的控制命令值和实际测量值，IDCP 为阀厅光 CT 测得的直流侧电流。INC_GAMMA 为换相失败预测动作时发出的动作信号，CPRY 为 Y 侧的触发脉冲录波，CPRY 的电平以二进制的方式表征当前触发阀的编号，如 T0 时刻，CPRY 电平为 24，换算成二进制位 24=011000，V4 和 V5 导通。

T0 时刻，换流阀 V5 收到触发脉冲，V5 两端电压 $U_c > U_b$，V5 开始导通，V3 开始向 V5 换流，V3 电流逐渐减小直至关断。

T1 时刻，V3 收到误触发脉冲，此时 V3 两端电压 $U_b > U_c$，V3 导通，V5 开始向 V3 换流，V5 逐渐关断。

T2 时刻，V6 收到触发脉冲开始导通，V3 和 V6 构成 B 相旁通对将换流阀短路。由图中还可以看出，T2 时刻之后，由于检测到直流电流 IDCP 开始上升，同时由于换流阀短路 Y 侧电流为 0，IDCP＞Max_IVY。控制系统判断阀发生换相失败，发出 INC_GAMMA 命令，开始调节触发角 ALPHA_ORD 下降 15°。

T3 时刻，V1 接到触发脉冲，但由于 V3 导通，对 V1 而言两端电压 U_a＜U_b，不满足 V1 导通条件，所以 V1 未能开通。

T4 时刻，V2 接到触发脉冲，此时 V2 两端电压 U_b＞U_c，V2 正常导通。V6 开始关断。换相失败结束。

T5 时刻，轮到 V3 正常收到触发脉冲，此时 V3 继续导通，进入正常的换相流程。

2. 交流扰动引发的换相失败

误触发、丢失脉冲本质上都属于控制系统内部的故障，无法被换相失败预测功能预检测到。而真正对直流输电系统造成严重影响的，通常都是由交流扰动引起的换相失败故障——交流电压下降，交流系统不对称故障引起过零点前移，交流系统谐波或暂态过程引起换相电压畸变等。2014 年 4 月 4 日 15:33:04，某特高压换流站交流侧发生严重扰动，四换流器同时发生换相失败。

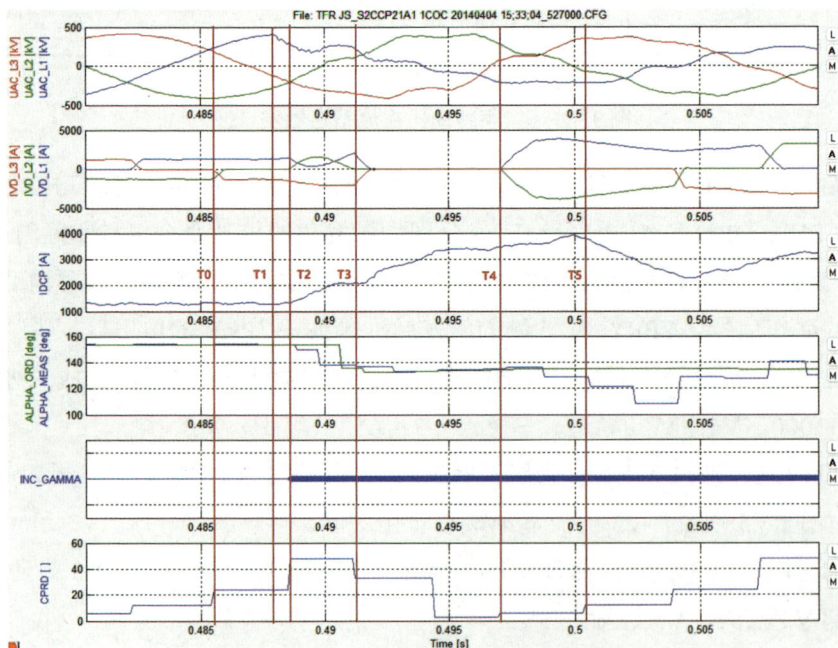

图 3-2-7　某特高压换流站交流扰动

如图 3-2-7 所示。

T0 时刻，V3 正常向 V4 换相，V4 和 V5 导通。

T1 时刻，三相交流电压发生严重畸变，在 T2 时刻前，换相失败预测已经动作。

T2 时刻，V4 向 V6 换相，但由于交流电压出现严重畸变，U_{ab} 过零点前移，D 侧电流超前 $30°$，V4 电流还未完全降到 0，两端电压 $U_b > U_a$，V4 重燃，V6 开始关断。依然是 V4 和 V5 导通。注意由于换相失败预测动作，在 T3 时刻到来前，α 角已经开始调节。

T3 时刻，V1 收到触发脉冲。V1 和 V4 形成旁通短将换流阀短路。

T4 时刻，V3 收到触发脉冲，V3 两端电压 $U_b > U_a$，V3 开始导通，V1 逐渐关断。

T5 时刻，轮到 V4 正常触发，此时进入 V3 和 V4 导通时段，换相过程恢复正常。

可以看出交流扰动引发的换相失败和控制系统内部故障造成的换相失败并不相同：

（1）交流扰动引发的换相失败伴随着交流电压的明显畸变。

（2）交流扰动引发的换相失败，在换相失败发生之前，换相失败预测就会开始调节 α 角。

（3）严重的交流扰动有可能引起持续的换相失败。

二、直流场区域故障

直流场故障包括极母线区域的接地故障，极中性母线区域接地故障，双极中性线区域接地故障，接地极引线接地短路、开路、过负荷故障，直流线路过电压、低电压，直流开关开断时不能灭弧等故障。

极母线接地故障。直流场故障中最常见的故障为极母线接地故障，极母线是指从平波电抗器到直流线路出口的一段区域。在极线平波电抗器的平滑作用下，极母线接地故障和换流阀出口接地故障时的直流电压变化特性存在明显的区别，极母线发生线路故障时直流电压下降的速率比换流阀出口接地故障时直流电压下降的速率快。

2016 年 6 月 14 日 03:00，某特高压逆变站极 1 三套直流保护装置极母线差动 II 段保护均动作，极 1 直流系统闭锁，损失直流功率 1200MW。故障发生时现场为雷雨天气。现场组织开展故障分析处理，判断故障原因为极 1 极母线直流分压器外绝缘闪络。

极母线差动保护，保护范围为从换流器高压侧阀厅光 CT（IDC1P）到直流线路光 CT（IDL）的直流极母线，检测保护区域内的接地故障。保护测量直流线路电流（IDL）、极电流（IDC1/2P）和直流滤波器电流（IZ1），并以适当极性进行相加，如果差值超过预设值则保护动作。

从图 3-2-8 分析，故障发生时，某特高压逆变站极 1 直流线路电流 IDL 由 2650A 突增至 5050A；极 1 高端阀出口电流 IDC1P 由 2746A 突降至 0A；极 1 直流电压 Udl 由 777kV 突降 0kV，保护范围内接地故障特征明显。极母线差动电流 I_PBDP_DIFF（最大 6226A）大于制动电流 PBDP_RES2（1750A）约 6ms 后跳闸，与极母线差动保护 II 段逻辑相符，三套保护动作正确。判断为极母线差动保护范围内出现接地故障。

故障发生时刻 UDL 有 200μs 的上升过程，最大 901kV，反映了直流分压器有遭受雷击的故障特征。由于故障录波的采样间隔为 100μs，可能错失雷电波形的最高电压，避雷器实际动作电压可能大于 901kV。

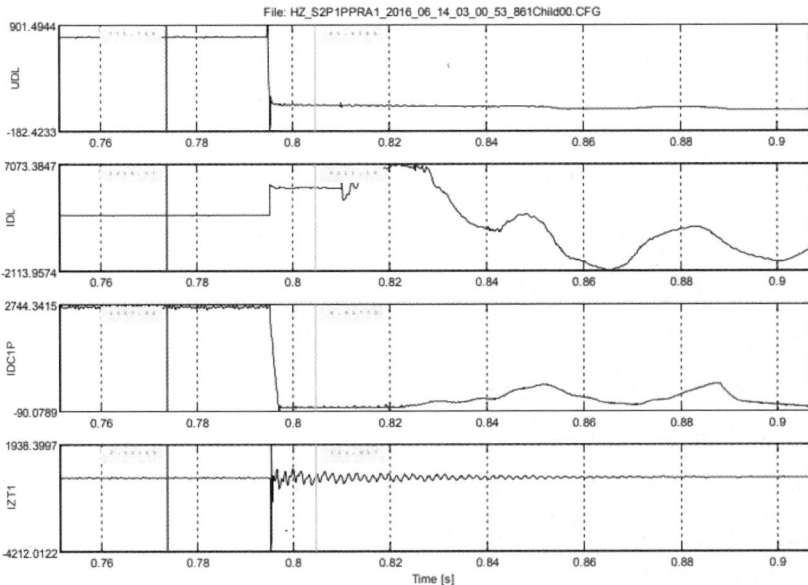

图 3-2-8　极母线差动保护动作波形（一）

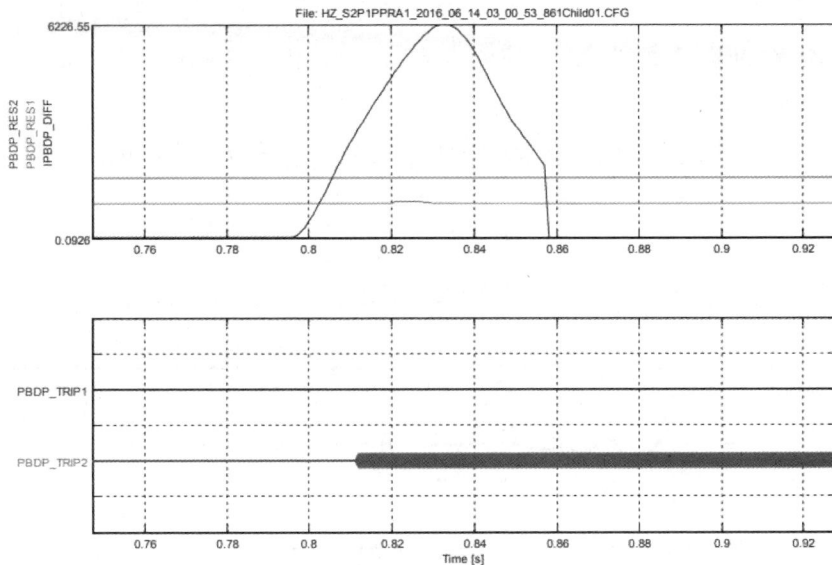

图 3-2-8　极母线差动保护动作波形（二）

三、直流线路故障特性及录波分析

直流线路故障中最常见的是直流线路接地故障。在实际直流输电工程中，易发生由于雷电闪络而导致的直流线路接地故障。发生接地故障时，整流侧的线路电流增大，逆变侧的线路电流由于直流滤波器和线路回路的放电作用，经过一段时间的振荡后逐渐降为零，逆变侧换流阀电流迅速降为零。

故障期间，直流线路电压降低，中性母线电压发生振荡，在线路的不同地点故障，如线路首端、中点、末端接地故障，直流线路电压下降的幅值和陡度不同，整流侧直流线路电流增大的幅度也不同。对于直流系统来说，整流侧可以看做是一个电源，故障点离线路首端，即电源端越近，直流线路电压下降的幅值和陡度越大，直流线路电流增大得越多。但如果故障是通过高阻接地，则直流线路电压下降的幅值和陡度均不明显。

直流线路高阻接地。2012 年 3 月 27 日 15 时 18 分 20 秒，某特高压整流站极Ⅱ直流线路低电压保护 A/B/C 三套动作，全压再启动一次成功；15 时 18 分 25 秒，极Ⅱ直流线路低电压保护 A/B/C 三套再次动作，极Ⅱ直流线路再启动逻辑跳闸，极Ⅱ直流负荷转移至极Ⅰ，直流功率未损失。

查看"15 时 18 分 20 秒"时刻极Ⅱ直流故障录波，发现直流电压在 80ms 内缓慢从 400kV 下降到 0kV，直流电流在 40ms 内从 400A 升至 2367A，电压与电流同时变化；三套直流线路低电压保护均动作，行波保护、电压突变量保护未动作，极Ⅱ经 150ms 去游离时间后再启动一次成功，直流电压、电流恢复正常。

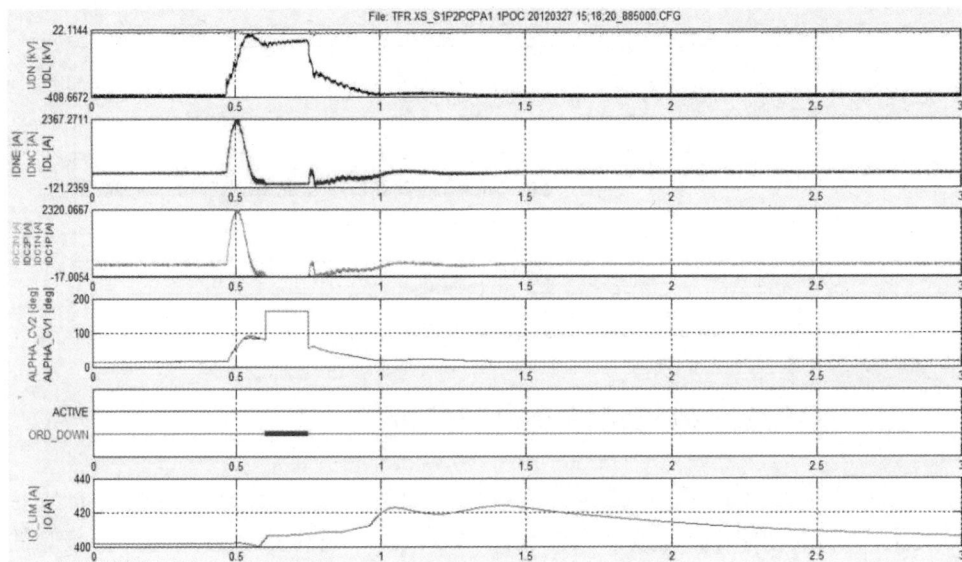

图 3-2-9　直流线路再启动动作波形

在第一次直流线路低电压保护动作 5s 后（15 时 18 分 25 秒），直流线路低电压保护 A/B/C 三套再次动作，由于该特高压直流线路当时在该工况下的再启动次数设置为 30s 内 1 次，而两次低电压保护动作间隔时间仅为 5s，所以直流线路再启动逻辑跳闸。

由于某特高压换流站"15 时 18 分 20 秒"图 3-2-10 显示，极Ⅱ低端换流器阳极电流 IDC2P，极Ⅱ低端换流器阴极电流 IDC2N，线路电流 IDL 三者基本相同，电压与电流初始变化的时间也保持一致。说明某特高压换流站极母线及阀厅区域无瞬时接地故障。

故障过程中电压变化平缓，且线路行波保护、电压突变量保护均未动作，由此可判断极Ⅱ发生了瞬时性高阻接地故障。

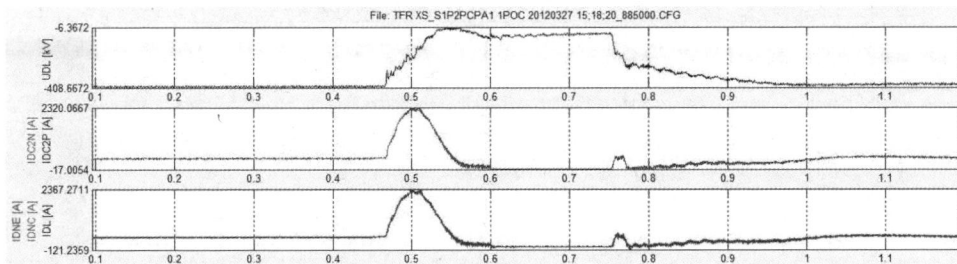

图 3-2-10　再启动时电流波形

四、换流变压器及交流系统故障

与常规交流变压器相同，换流变压器故障包括换流变压器的内部短路、绕组短路、接地故障、过负荷、引线过电压、励磁涌流以及换流变压器本体的非电气量故障。

交流系统故障。在直流系统故障分析中，交流系统故障主要考虑的是直接影响到换流系统正常运行的故障，主要包括交流线路和换流母线的接地故障、相间短路，所有交流进线均失去等故障。

（一）极1高端换流变充电跳闸

2012 年 3 月 5 日某特高压换流站极Ⅰ高端换流变充电时换流变大差保护动作，导致换流变进线开关 5023 跳开，5023 及 5022 开关被锁定。

交流进线及换流变差动保护，又称换流变大差保护，目的是检测换流器交流母线和换流变区域内故障，保护取量为交流进线开关串上两个 CT（T3、T6）以及换流变阀侧 CT（IVY1、IVD1、IVD0），保护原理为差值大于定值时，则保护动作。

本次充电时电流波形为典型的励磁涌流波形，包含以下特点：

（1）包含有很大成分的非周期分量，往往使涌流偏于一侧；

（2）包含有大量的高次谐波分量，并以二次谐波为主；

（3）励磁涌流波形之间出现间断。

励磁涌流大约持续了四个周波 80ms，其中 Y/D A 相励磁涌流最大达到 7684A，在此期间母线电压波形很正常（除了合闸与分闸期间波形有畸变），说明一次设备无接地故障。

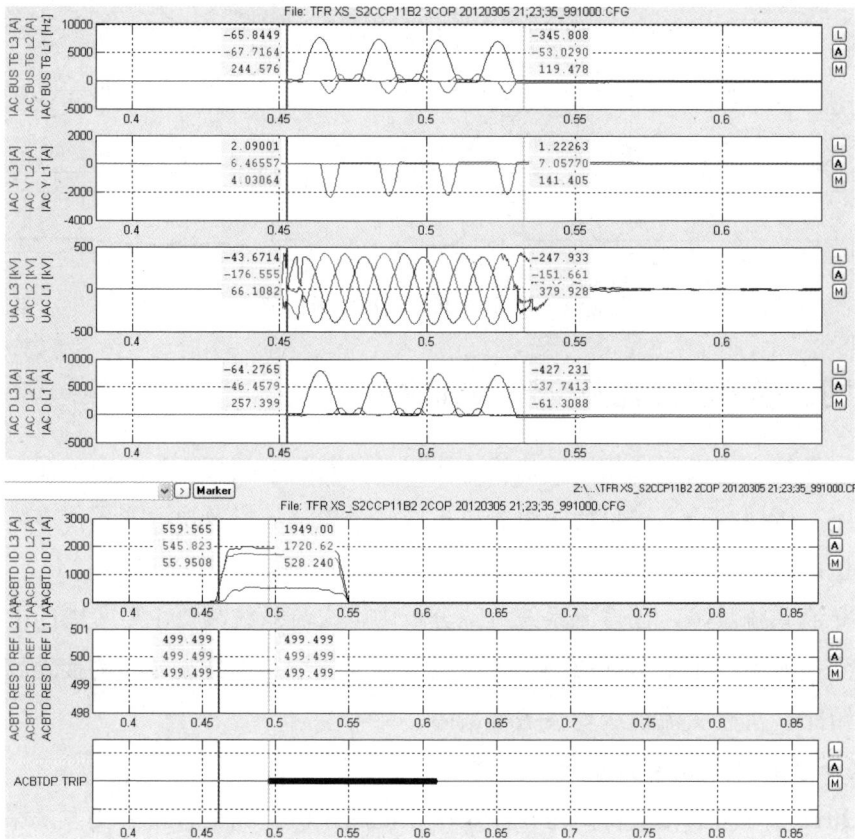

图 3-2-11　换流变大差保护动作波形

当时换流变大差保护Ⅱ段动作定值为 499.499A，差动电流值最大达 1949A 且持续时间超过 20ms，超过Ⅱ段定值，动作正确。

大差保护的差流 ACBTDP_DIFF_L1 的谐波分析如图 3-2-12 所示，二次谐波和五次谐波的含量分别为基波分量的 14.4% 和 2.7%，二次谐波和五次谐波分别低于 0.15 倍和 0.2 倍基波电流，所以没有闭锁保护，保护正确动作。

（二）交流刀闸气室内部故障引起换流变差动保护动作

2015 年 7 月 9 日，某特高压换流站执行国调倒闸操作令：5072 开关转冷备用。拉开 5072 开关正常，拉开 50721 刀闸正常，拉开 50722 刀闸时，极 2 高端交流进线及换流变差动保护、极 2 高端交流进线差动保护、极 2 高端交流进线及换流变过流保护均动作，极 2 高端换流器闭锁。现场检查初步判断故障原因为 GIS 50722 刀闸 A 相气室内部故障接地。

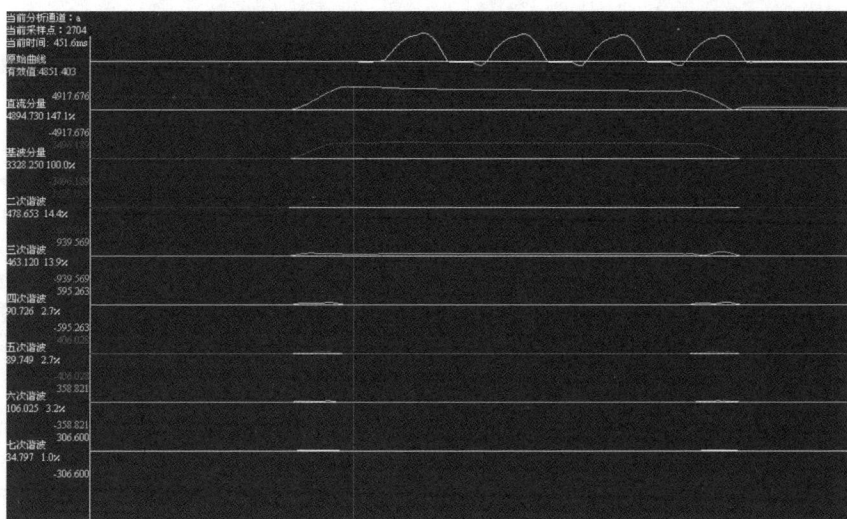

图 3-2-12 差动电流谐波分析

现场查看故障录波如图 3-2-13 所示，极 2 高端换流变交流进线 CT T6-A 相电流值异常，峰值电流最高达到 104929A。

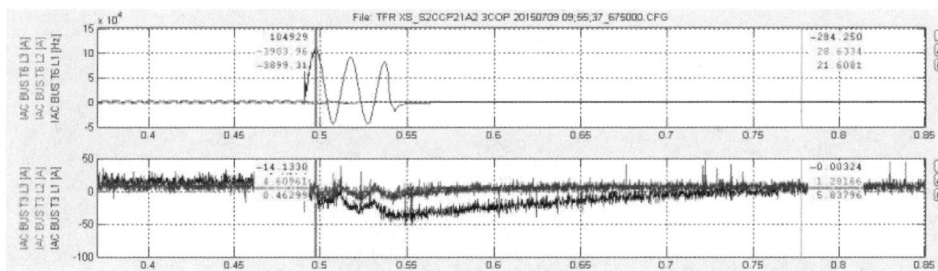

图 3-2-13 极 2 高端换流变交流进线 CT 故障电流

检查发现三套保护动作一致，交流进线及换流变差动保护（ACBTDP）、交流进线差动保护（ACBDP）、交流进线及换流变过流保护（ACBTOCP）启动直流闭锁，保护动作正确。

交流进线差动保护（ACBDP）：极 2 高端交流进线差动保护（ACBDP）保护换流器交流母线的接地故障，采交流母线 CT：T3、T6 及换流变网侧的 IAC_Y_TRAFO 及 IAC_D_TRAFO，四个量计算得电流差值 ACBDP_DIFF_L1，该电流差值与定值对比。差值大于定值时，保护动作。查看录波如图 3-2-14 所示，A 相差值最高值达到 51870A，远大于定值。交流进线母线差动保护动作正确。此外交流进线差动保护（ACBDP）、交流进线及换流变过流保护（ACBTOCP）均取了极 2 高端换流变交流进线 CT T6，保护动作正确。

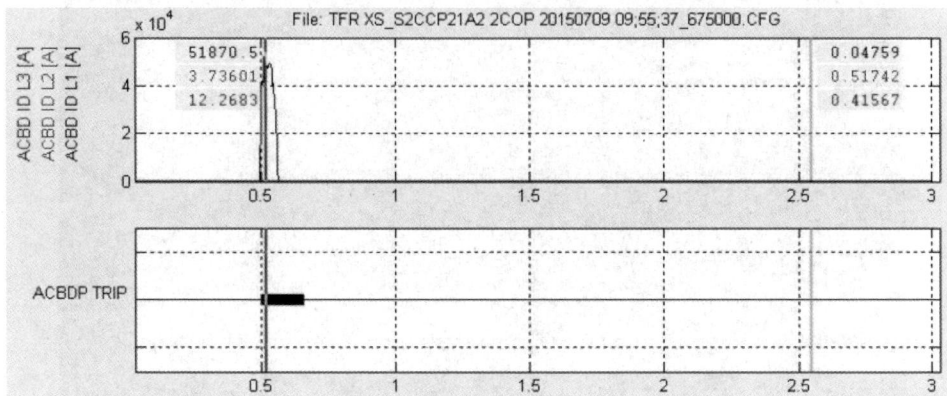

图 3-2-14　交流进线母线差动保护动作波形

第四篇

PCS-9550 控制保护系统

第一章 理 论 知 识

第一节 控制保护系统总体结构

一、概述

PCS-9550 直流控制保护系统基于南瑞继保 UAPC 平台研制,是南瑞继保在完成技术转让,开发完成 PCS-9000 直流控制保护系统并投入工程实际应用后,开发完成的具有完全自主知识产权的、国际先进水平的直流控制保护系统。

PCS-9550 直流控制保护平台整体为嵌入式分散分布式系统。PCS-9550 的核心控制保护功能与辅助功能软、硬件分离,核心控制保护功能采用无操作系统的架构,具有更为先进的系统自监视结构,系统切换可以在 $300\mu s$ 内完成。系统提供灵活方便的软件开发接口,支持分布式并行计算,便于应用功能开发及合理组织;系统可支持 Unix/Linux/Windows 多平台的 SCADA,满足直流工程对可靠性和安全性的要求;系统采用了自主研发的专用高速数据总线实现机箱内板卡间数据通信,保证数据通信安全可靠;系统具有较好的扩展性、互通性,具有较长生命周期。

基于 UAPC3.0 平台的 PCS-9550 直流控制保护,于 2019 年 12 月通过鉴定。与前代平台相比,UAPC3.0 平台在计算能力、通信能力、系统安全等方面实现了飞跃,能够有效提升特高压直流输电、常规直流输电、柔性直流输电和混合直流输电等复杂控制领域的整体性能,已应用于白鹤滩—江苏±800 千伏特高压直流、龙泉—政平±500 千伏直流改造、白鹤滩—浙江±800 千伏特高压直流等工程。

基于 UAPC 自主可控平台的 PCS-9550 是 PCS-9550 基于全自主可控元器件自主研发的新一代直流控制保护平台,于 2021 年 11 月通过鉴定。目前采用自主可控平台的 PCS-9550 系统的葛南直流改造工程已于 2023 年 6 月投运，江城直流改造工程已于 2024 年 2 月投运。

二、总体架构

特高压直流控制保护系统的总体架构和功能配置，与常规直流控制保护系统类似，本文整体上以特高压直流控制保护系统为例。

典型的特高压（双 12 脉动换流器）直流控制保护系统总体架构如图 4-1-1 所示。

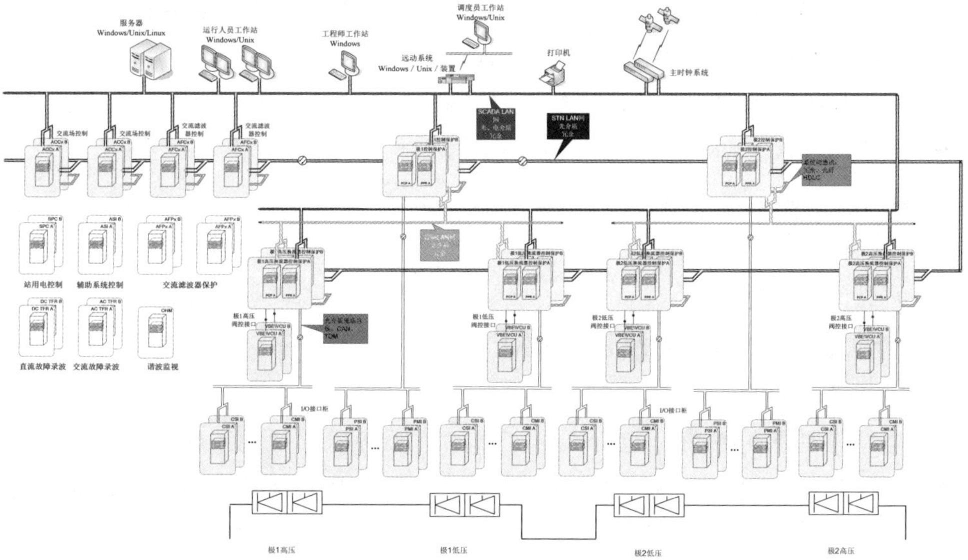

图 4-1-1　直流控制保护系统总体架构图

各部分名称和功能配置如下：

（1）远方调度控制层。

与远方调度/监视中心通信的接口装置实现换流站与国调中心、国调备调、各网省调等远方调度通信中心的通信接口，主要包括：远动工作站、告警图形网关工作站、计划工作站、检修工作站、远动 LAN 网相关设备等。

（2）换流站运行人员控制系统层。

换流站运行人员控制系统主要包括 SCADA LAN 网、运行人员工作站、工程师工作站、站长工作站、服务器等。该子系统是换流站正常运行时运行人员的主人机界面和站监控数据采集系统的重要部分。

（3）换流站控制层，设备包含：站层控制保护设备；极层控制保护设备；换流器层控制保护设备。

（4）现场测控接口（I/O 单元）层，采集数据，执行控制层指令，完成对应设备的操作控制。

三、现场总线和网络

整个换流站控制保护系统通过系统总线与网络相互连接，完成换流站内主机与主机之间，主机与 IO 之间数据传输，系统总线与网络类型有：

- SCADA 站 LAN 网/就地控制 LAN 网。
- 现场控制 LAN 网/站层控制 LAN 网。
- 实时控制 LAN 网。
- IEC 60044－8 总线。
- CAN 总线。
- 站间极间通信。

（一）站 LAN 网/就地控制 LAN 网

1. 站 LAN 网

全站控制保护系统、运行人员工作站、服务器、远动工作站都采用冗余网口连接到站 LAN 网（SCADA LAN），它们都可以 10/100/1000Mbps 可靠运行。

站 LAN 网采用星型结构连接，为提高系统可靠性，站 LAN 网设计为完全冗余的 A、B 双重化系统，LAN 网络与交换机均为冗余，单网线或单硬件故障都不会导致系统故障。两底层 OSI 层通过以太网（IEEE 802.3）实现，而传输层协议则采用 TCP/IP。

SCADA 服务器通过站 LAN 网接收控制保护装置发送的换流站监视数据及事件/报警信息，同时通过站 LAN 网下发运行人员工作站发出的控制指令到相应的控制保护主机。SCADA 功能模块将对接收到的数据进行处理并同步到 SCADA 服务器和各 OWS 上的实时数据库。

各控制保护装置之间并不通过站 LAN 网交换信息。即使在站 LAN 网发生故障时，所有控制、保护系统也可以脱离 SCADA 系统而运行。

2. 就地控制 LAN 网

在主控楼设备间和各个继电小室内配置分布式就地控制系统，本室内的控制系统通过独立于站 LAN 的网络接口接入就地控制 LAN 网，与就地控制工作站进行通信。就地工作站与运行人员控制系统的人机操作界面基本一致，就地控制 LAN 网与站 LAN 网完全相互独立。

图 4-1-2　站 LAN 网示意图

该分布式就地控制系统既能满足小室内就地监视和控制操作的需求，也可以作为站 LAN 网瘫痪时直流控制保护系统的备用控制。同时就地控制系统提供一种硬切换的方法来实现运行人员控制系统与就地控制系统之间控制位置的转移。

（二）控制 LAN 网

1. 现场控制 LAN 网

现场控制 LAN 网采用星型结构连接；星型网络具有结构简单，组网容易，方便管理与控制，网络延迟短，传输误码率低等优点。

现场控制 LAN 网的物理层采用光纤以太网，相比 CAN 总线而言数据抗干扰性能更强，通信速率大幅提升。

现场控制 LAN 网的数据链路层基于以太网（IEEE 802.3）实现，支持 IEC 802.1Q VLAN 通信协议，简化通信方案设计，机制上保证了重要报文优先实时、可靠传输。

现场控制 LAN 网的传输应用层协议则采用私有协议，实时高效，有严格数据校验机制保证数据的可靠性。

板卡内通信通道独立，一个通信口软硬件故障不会对其他通信口产生不良影响。通信板卡具有网络风暴抑制功能。

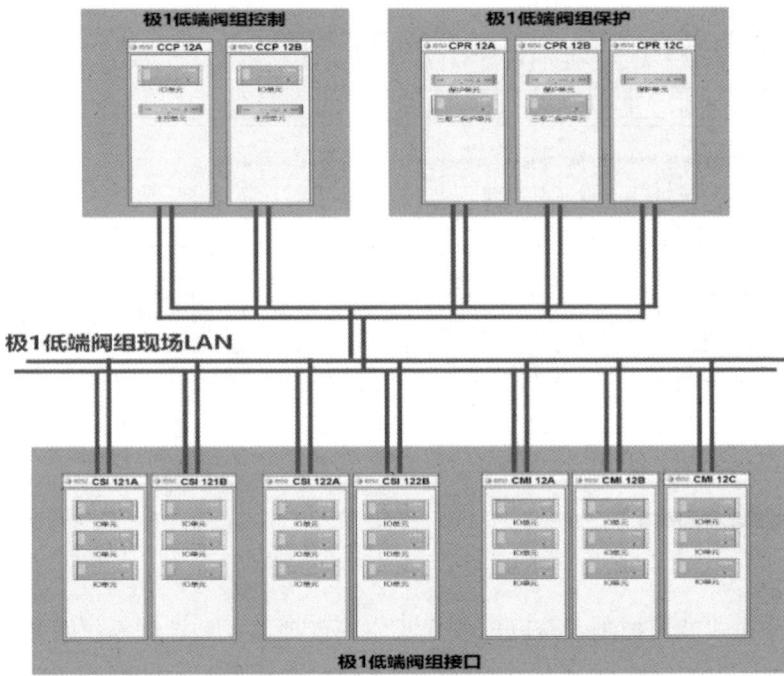

图 4-1-3　现场 LAN 网示意图

极控系统、换流器控制系统、交流站控系统等均由主控单元与分布式 IO 组成，主控单元与分布式 IO 之间通过光纤介质的现场控制 LAN 网实现实时通信，传递状态、信号以及操作命令等信息。

2. 站层控制 LAN 网

站层控制 LAN 网用于主控单元之间的实时通信，它独立于各主控单元与各自 IO 之间的现场控制 LAN 网。

站层控制 LAN 网采用星型结构连接；星型网络具有结构简单，组网容易，方便管理与控制，网络延迟短，传输误码率低等优点。

站层控制 LAN 网的物理层采用光纤以太网，相比 CAN 总线而言数据抗干扰性能更强，通信速率大幅提升。

站层控制 LAN 网的数据链路层基于以太网（IEEE 802.3）实现，支持 IEC 802.1Q VLAN 通信协议，简化通信方案设计，机制上保证了重要报文优先实时、可靠传输。

站层控制 LAN 网的传输应用层协议则采用私有协议，实时高效，有严格数据校验机制保证数据的可靠性。

板卡内通信通道独立，一个通信口软硬件故障不会对其他通信口产生不良影响。通信板卡具有网络风暴抑制功能。

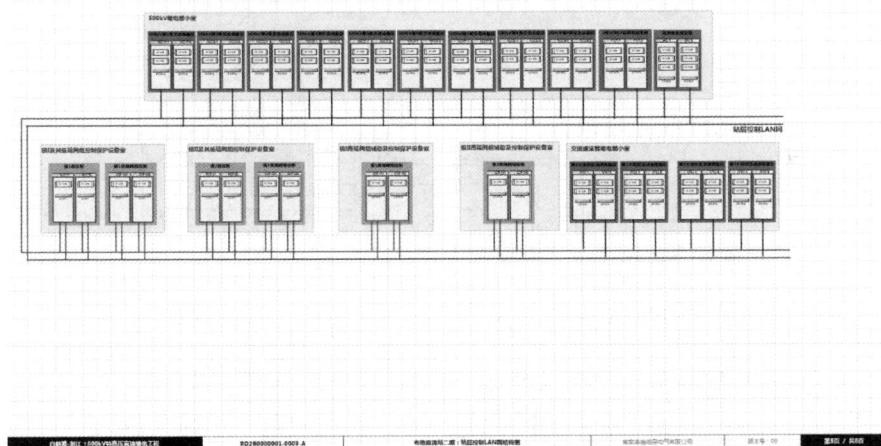

图 4-1-4　站层控制 LAN 网示意图

（三）实时控制 LAN

PCS-9550 控制保护系统中，通过光纤实时 LAN 网高速连接控制与保护主机。

实时控制 LAN 是冗余和实时的。极层和换流器层控制保护主机有各自的冗余实时控制 LAN 网；实时控制 LAN 网结构简单清晰，小室之间连接方便，并能够保证通信的实时性和可靠性。

实时控制 LAN 网采用星型结构连接；星型网络具有结构简单，组网容易，方便管理与控制，网络延迟短，传输误码率低等优点。

实时控制 LAN 网的物理层采用光纤以太网，相比 CAN 总线而言数据抗干扰性能更强，通信速率大幅提升。

实时控制 LAN 网的数据链路层基于以太网（IEEE 802.3）实现，支持 IEC 802.1Q VLAN 通信协议，简化通信方案设计，机制上保证了重要报文优先实时、可靠传输。

实时控制 LAN 网的传输应用层协议则采用私有协议，实时高效，有严格数据校验机制保证数据的可靠性。

板卡内通信通道独立，一个通信口软硬件故障不会对其他通信口产生不良影响。通信板卡具有网络风暴抑制功能。

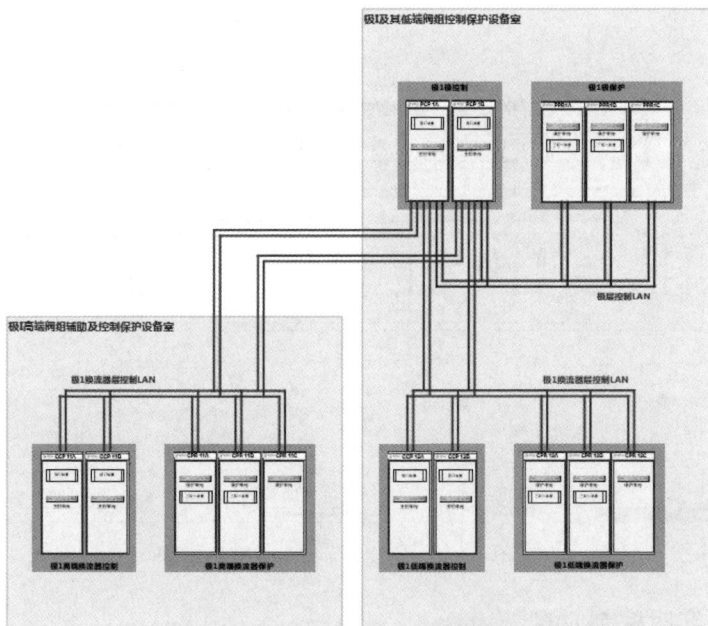

图 4－1－5　实时光纤 LAN 网示意图

（四）IEC 60044－8 总线

PCS-9550 直流控制保护使用 IEC 60044－8 总线传输模拟量测量信号，为点对点通信，如图 4－1－6 所示。

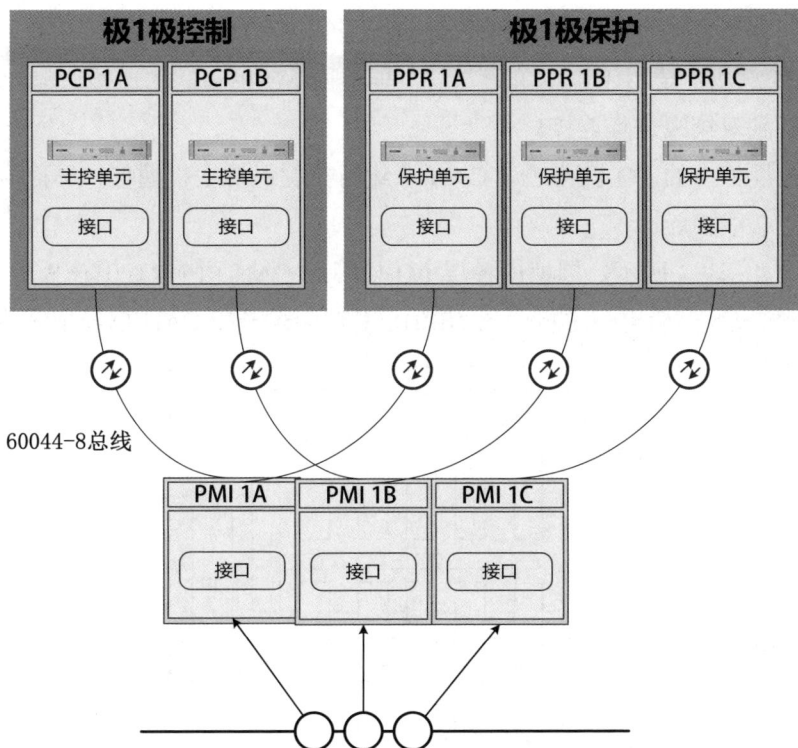

图 4−1−6　测量总线示意图

对于与电子式互感器的接口，在实际应用中 PCS-9550 系统可以采用如下接口方式中的任意一种：

- IEC 标准协议（IEC 60044−8 或 IEC 61850）的数字式接口方式
- TDM 协议的数字接口方式
- 模拟式接口方式

IEC 60044−8 是目前广泛应用的点对点通信协议，采用 IEC 标准协议，具有单光纤传输、传输数据量大、延时短和无偏差的特点。

在 PCS-9550 系统中，模拟量 IO 进行模数转换后，通过 IEC 60044−8 总线将采样数据传送到直流控制保护设备。IEC 60044−8 总线为单向总线类型，用于高速传输测量信号。两侧数字处理器的端口按点对点的方式连接，是点对点通信，不进行分层架构。

（五）CAN 总线

CAN 总线（Controller Area Network）是现场总线的一种，用于传递系统状态与控制命令，如开关位置、开关分合命令等。CAN 总线是国际标准总线。

CAN 总线主要用于主机单元与同一屏柜内 I/O 机箱间的连接通信，它们之间通过屏蔽双绞线进行连接。

同一屏柜内的 I/O 机箱通过 CAN 总线与控制保护主机通信，屏柜内各 I/O 机箱用十芯线相连。

如图 4-1-7 所示，屏柜内各层 I/O 机箱的 CAN 由 NR1201B 板卡经十芯线串接到一起，之后再与主机中的 NR0185EXT4 板卡的 CAN 口经十芯线连接。

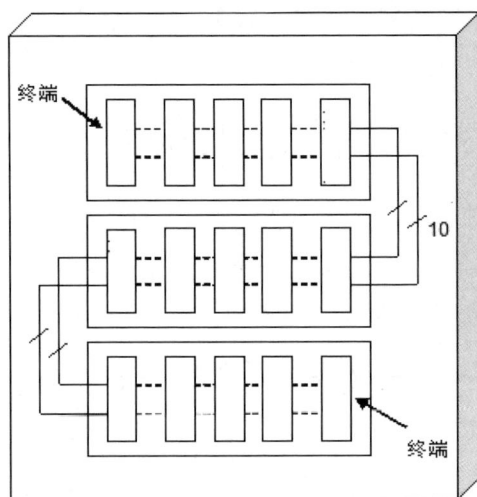

图 4-1-7 CAN 总线示意图

（六）站间和极间通信

站间通信是为了实现直流输电系统中整流换流站与逆变换流站之间的协调配合而进行通信，主要传输的有功率电压指令，起停命令及闭锁跳闸命令等。

极间通信是为了实现直流输电系统中同一换流站的两个极之间的协调配合而进行的通信，主要传输的有功率电压指令，起停命令及闭锁跳闸命令等。

极间通信与站间通信均采用百兆以太网通信，其中极间通信切换模块与控制主机之间采用 LC 百兆以太网通信；极控主机发送以太网报文到极间通信切换模块，极间通信切换模块的 FPGA 根据指定位置的 ACTIVE 报文状态选择 A、B 口收到的一路报文从 COMM 口（暂定名，可更改）输出；COMM 口收到对极发送来的报文后极间通信切换模块的 FPGA 同时通过 A、B 口给极控主机转发报文。

站间通信切换模块与控制主机之间采用 LC 百兆以太网通信；极控主机发送以太网报文到切换模块，切换模块的 FPGA 根据指定位置的 ACTIVE 报文状态选择 A、B 口收到的一路报文并转为 HDLC 报文从 COMM 口输出；COMM 口收到对站发送来的报文后切换模块的 FPGA 同时通过 A、B 口给极控主机转发。

极控主机给站间通信切换模块发送报文时按照外部回路带宽限制帧长。

极间通信的一个通道的结构如图 4-1-8 所示，极控主机 PCP 通过 NR0185EXT6A 光口板与切换装置 PCS-9518A 相连，实现只有值班主机的信号才会传给对极。

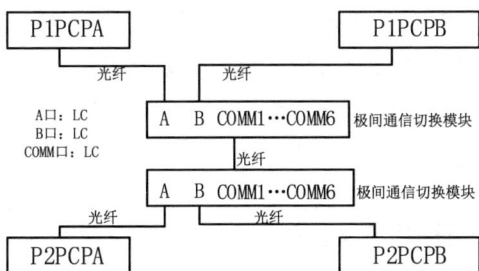

图 4-1-8 极间通信连接图

站间通信的一个通道的结构如图 4-1-9 所示，极控主机 PCP 通过 NR0185EXT6A 光口板与切换装置 PCS-9518A 相连，实现只有值班主机的信号才会传给对站。

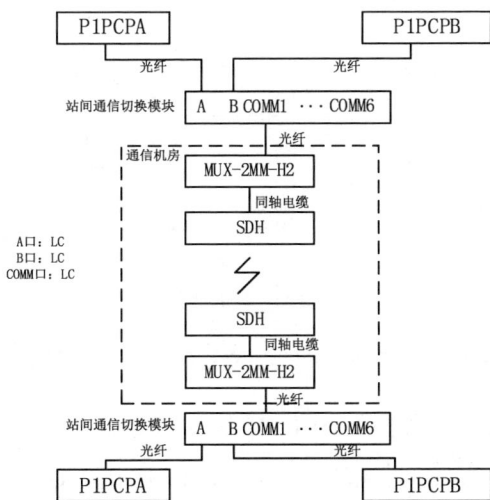

图 4-1-9 站间通信连接图

第二节 控制保护系统冗余实现

一、概述

直流控制保护系统冗余是保证直流输电系统具有100%可用性的重要环节，从设计原理上避免单一故障导致直流中断运行，冗余的方法是双重化或三取二配置，冗余的范围覆盖直流控制保护系统整体，包含主机、分布式IO以及总线。

直流控制保护系统按功能划分主要包含极控制系统（PCP）、换流器控制（CCP）、极保护系统（PPR）、换流器保护系统（CPR）、交流站控系统（ACC）、交流滤波器控制系统（AFC）等子系统，其中直流保护系统一般采用三取二配置，其余采用双重化配置。

二、直流控制主机的冗余

直流控制主机（PCP、CCP）采用完全冗余的两套系统。每一套系统对自身进行监视，发现故障后及时进行冗余系统间的切换，确保始终由较完好的一套系统处于运行状态。

基于PCS-9550的直流极控主机的冗余结构示意如图4-1-10所示。

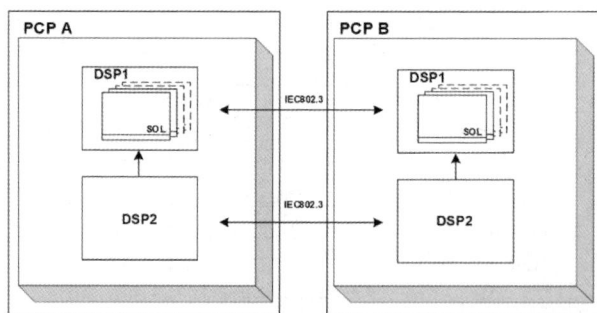

图4-1-10 PCS-9550平台下的直流极控主设备冗余示意图

切换逻辑（SOL）功能位于主CPU板SOL应用中。通过使用系统间的光纤以太网连接通道，实现了非常可靠的冗余系统间的通信，在某个系统故障时，系统不经第三方硬件直接切换，确保了切换的快速可靠。

换流器控制和交流站控等设备的冗余结构与直流极控一致。

三、直流保护主机的冗余

直流保护主机目前一般采用三取二配置方案。

整个直流保护由三套独立的系统构成。通过三取二逻辑确保每套保护单一元件损坏时保护不误动，保证安全性；三套保护同时运行，其中两套动作可出口，保证可靠性。

保护主机仅有运行和试验两种状态。保护的各系统是相互独立的，即一个系统的故障和状态不会对其他系统的状态切换产生影响。每一重直流保护具有全部的保护功能，同时每重保护具有其独立的、完整的硬件配置和软件配置，并与其他重保护之间在输入上实现物理上和电气上完全独立。

保护的故障级别有轻微和紧急。出现轻微故障后，处于运行的系统会继续运行；出现紧急故障后，处于运行的系统会闭锁部分或者全部保护出口。

直流换流器保护的冗余结构和直流极保护的冗余结构相仿。

采用三取二逻辑实现的保护有换流器保护（包括换流器区保护和换流变区电量保护）、极保护（包括极区、直流滤波器区和双极区保护）和非电量保护（可选配）。

换流变非电量保护跳闸信号通过 NEP 接口装置采集，对于每种类型的跳闸节点（重瓦斯、油流继电器等）独立采集，每个跳闸信号均按照三取二逻辑实现。

换流器保护（包括换流器区保护、换流变区电量保护）配置独立换流器层三取二装置，换流变非电量保护使用换流器控制装置中的三取二逻辑，高低压换流器分别配置独立的三取二装置。

极层配置独立的三取二装置，供极保护、直流滤波器以及双极保护使用。

三取二装置采用双重化配置。

交流滤波器小组和大组母线保护采用集成装置，按照完全双重化配置，针对滤波器高压端采用电子式互感器配置，为防止小组交流滤波器检修时，小组 CT 信号进入大组母差，设置软压板，隔离检修小组的信号。

四、分布式 I/O 系统的冗余

开关量和模拟量采集装置属于分布式 I/O 系统。

冗余的 PCP、CCP、PPR、CPR、ACC、AFC 系统的 I/O 接口是指放在独立的屏柜内的分布式 I/O 系统，这些屏柜按距离远近和设计要求放在靠近相关的主回路设备附近或放在中央控制室里。为了避免任何可能的干扰，设备的不同层之间的总线连接采用光缆。

分布式 I/O 系统完全冗余，两套或三套 I/O 系统可以通过各自独立的现场总线连接到上一层的控制保护主机。

每个 I/O 系统从独立的互感器线圈引入测量量。如果现场只配置一个线圈，则将它连接到两个系统中，确保运行时一个 I/O 系统的输入回路出现问题时，不影响其他 I/O 系统的工作。

五、光纤以太网现场总线的冗余

（1）控制保护主机间的实时通信

控制保护主机间的实时通信实现控制保护主机间的高速数据交换。根据系统分层原则，主机间实时通信网络也分为极层通信网和换流器层通信网，PCP 主机既连接极层通信网，又连接本极的两个换流器层通信网，实现极层与换流器层的信息交换。极层通信网和换流器层通信网均双重化配置，保护主机与本层三取二装置采用点对点的冗余直连光纤通信。主机间交叉通信实现完整的控制功能；对于双重化冗余控制系统来说，只有当前处于运行状态（Active）的系统送至其他系统的通信数据才是真正有效的。

（2）控制保护主机与 I/O 系统间的光纤以太网现场总线通信

控制保护主机采用光纤以太网现场总线实现与开关量 I/O 的通信，这种通信方式传输延时短，抗干扰性能强，具备完善的数据校验功能，网络结构灵活简单，可以满足开关量传递的需求。

主机采用通信板作为光纤以太网现场总线的连结点，每个开关量 IO 屏通过 NR1150 板卡连接到光纤以太网现场总线。冗余的现场总线彼此间完全隔离。这种配置中，分布式 I/O 系统的 A、B、C 套通过现场总线被分别连接到各自系统对应控制保护主机屏柜。这样可以实现任何保护动作的双重跳闸通道。因此，在完成保护启动的切换后，双跳闸通道总是有效。切换只在主机层产生，分布式 I/O 系统总处于运行状态。

在以太网现场总线连接的控制保护系统中，任一主机都能方便地与该系统对应的 IO 中的任一板卡通信，程序中只要简单使用信号发送和接收软件功能块即可实现。

现场总线的运行情况也属于故障监测系统的监视范围，通过连续地读写系统中单独的节点来发现故障。发现故障时，产生报警并进行系统切换。

（3）站层控制 LAN

站层控制 LAN 实现交流站控与直流控制间的数据交换。双重化的站层控制 LAN 网络连接所有的 ACC、AFC 和 PCP、CCP 系统。这个网络主要用于无功控制、主机间的辅助监视和慢速的状态信息交换，比如交流线路断路器的状态。

六、IEC 60044-8 总线的冗余

PCS-9550 系统中，模拟量采样后通过 IEC 60044-8 光纤总线传送到直流控制保护设备中。控制保护系统中的 IEC 60044-8 总线是单向总线类型，用于高速传输测量信号。两个数字处理器的端口按点对点的方式连接（DSP-DSP连接）。该总线采用双重化以实现冗余，见图 4-1-11。这里远方或分布式 I/O 的 A 和 B 相应连接到 A 和 B 柜。

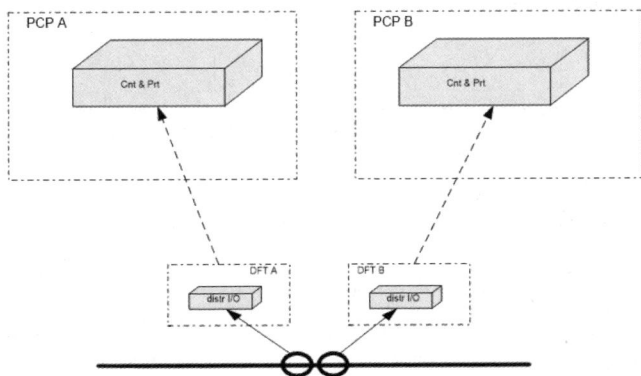

图 4-1-11 IEC 60044-8 网络配置

IEC 60044-8 标准总线具有传输数据量大、延时短和无偏差的特点。这对于利用大量实时数据来实现特高压直流控制保护功能来说是必须的。IEC 60044-8 总线的典型传输速率是 10MHz。

第三节　控制保护系统自检功能

一、系统监视

（一）主机内部监视

基于 PCS-9550 平台的极控系统的装置由多核组成，其各个核间可以实时监视各核自身的硬件、软件模块工作情况，也可以实时监视同一主机内部其他核硬件，软件模块的工作情况，直流主机内部监视采用平行监视，通过平行监视可以实现两大目标：

（1）实现直流主机真正的核间平行监视，即每个核使用平行监视功能块即可实现对其他所有核的监视。

（2）实现直流主机本核运行监视，所有运行异常都可上报。

直流主机平行监视主机内任意核都能监视其他核，功能块使用方便。实现原理：直流系统软件底层已经实现本核的运行监视，并将监视结果和运行状态输出到核间总线上供其他核平行监视使用，同时将监视结果通过本核监视功能块提供给本核直流应用程序使用。

表 4-1-1　　　　　　　　　功能块输出信号

No	名称	类型	说明
1	Htm0_fault	bit	直流主机 htm0_stall 信号输出（0---->1）
2	Htm1_fault	bit	直流主机 htm1_stall 信号输出（0---->1）
3	Timer_fault	bit	直流主机 timer_stall 信号输出（0---->1）
4	alarm_on	bit	直流主机总异常信号输出（0---->1）
5	htm0_fault_info	Uint32	直流主机 htm0_stall 板卡统计信息
6	htm1_fault_info	Uint32	直流主机 htm1_stall 板卡统计信息
7	timer_fault_info	Uint32	直流主机 timer_stall 板卡统计信息
8	alarm_info	Uint32	直流主机异常板卡统计信息

根据状态字判断故障形态，并形成"严重故障""紧急故障"等不同级别的故障信息，通过人机界面报出并送到切换逻辑中。一般的，Htm0_fault，

Html1_fault，Timer_fault 汇总形成"紧急故障""alarm_on"形成"严重故障"。

（二）光纤以太网总线监视

如果由于物理故障，总线发生断开，接收端收到的信息将保持为最后断开前的值。此时如果发送端的系统的运行状态发生变化，接收端无从知道。可以通过对 ALIVE 信号的判断可以判断总线是否出现故障，"ALIVE"信号是一个周期变化的信号，一旦总线故障，接收端收到的"ALIVE"信号将不再变化，因此可采用"ALIVE"信号作为接收使能。

主机监视到现场总线通信故障之后，会向监控系统上传总线监视故障信息，运行人员根据 SER 信号可以快速地定位故障范围，以便后续处理。

1. 实时控制 LAN 网

控制保护主机通过板卡实现主机间高速光纤以太网通信及监视。

对于极层，极控制主机单网判断出与单套、双套或三套保护主机失去通信均为轻微故障。

极控制主机双网与单套、两套保护主机失去通信为轻微故障，双网均判断出与三套保护失去通信为紧急故障，如果同时另一套系统也双网判断出与三套保护失去通信，在有换流器解锁的情况下执行 ESOF 命令。

极控制主机单网判断出与单套换流器控制主机失去通信，只报事件，不作故障处理；单网判断出与双套冗余换流器控制主机失去通信为轻微故障。

极控制主机双网判断出与单套换流器控制主机失去通信，只报事件，不作故障处理；双网判断出与双套冗余换流器控制主机失去通信为严重故障。

极保护主机单网判断出与单套或双套控制主机失去通信均为轻微故障。

极保护主机双网判断出与值班控制主机失去通信为紧急故障，与备用控制主机失去通信为轻微故障。

对于换流器层，换流器控制主机单网判断出与单套、双套或三套保护主机失去通信均为轻微故障。

换流器控制主机双网均判断出与三套保护失去通信为严重故障，如果同时另一套系统也双网判断出与三套保护失去通信，本换流器闭锁。

换流器控制主机单网判断出与单套极控主机失去通信，只报事件，不作故障处理；单网判断出与双套冗余极控主机失去通信为轻微故障。

换流器控制主机双网判断出与单套极控主机失去通信，只报事件，不作故障处理；双套冗余极控主机失去通信为严重故障，判断出与对换流器两套控制系统失去联系也为严重故障，如果同时双网与双套极控以及与两套对换流器控制系统失去联系则报紧急故障。

换流器保护主机单网判断出与单套或双套控制主机失去通信均为轻微故障；双网判断出与双套控制主机失去通信为紧急故障。

2. 现场控制 LAN 网

控制主机通过 IO 接口板卡的光纤以太网口连接现场 IO 屏，完成对 IO 屏内各节点的信号采集和监视。

现场总线上的 IO 板卡如发生故障一般作为严重故障处理，对控制保护功能不产生影响、重要性较低的板卡如发生故障可作为轻微故障处理。

3. 站层控制 LAN 网

站层控制 LAN 网连接全站的 PCP、CCP、ACC、AFC 等主机，实现控制主机对 ACC、AFC 等主机节点的控制和监视。

站层控制 LAN 网上的主机节点如发生故障一般作为轻微故障处理。

（三）CAN 总线监视

控制主机通过 NR0185EXT4 板的两个 CAN 接口与屏内 I/O 机箱相连，完成对屏内各节点的信号采集和监视。

CAN 总线上的 I/O 板卡如发生故障一般作为严重故障处理，对控制保护功能不产生影响、重要性较低的板卡如发生故障可作为轻微故障处理。

（四）IEC 60044-8 总线监视

在 PCS-9550 硬件平台系统中，IEC 60044-8 主要用于传输采样到的模拟量，其监视方式主要由接收端对总线进行监视。

一般的 IEC 60044-8 总线故障作为紧急故障来处理。

（五）电源模块监视

所有 IO 机箱的 NR1301 和 NR1303 型电源板的电源 OK 状态由本屏的 NR1150E 板通过以太网现场总线发至相应的控制保护主机进行监视。

冗余配置中的一个电源故障属于轻微故障，一层机箱中两个冗余电源同时故障属于严重故障。

主机机箱的电源板卡的电源 OK 状态由主机自身监视，一个电源故障属于轻微故障。

二、自诊断系统

自诊断系统 ACS 是内部故障监测系统的一部分,它的目的是提高系统的可靠性和减少对系统的维护。

ACS 主要的目的是监视主回路的测量设备,以便尽可能快地发现和识别故障设备。这个功能主要依靠比较以下信号来实现:

- 三相系统的三个相的测量信号
- 冗余的 A 和 B 系统的测量信号
- 来自不同测量设备对同一一次量的测量信号
- 直接测量值和间接计算值

在大多数应用中,三个测量到的信号用来相互比较,这样便于程序找出出错的信号。获得三个信号的中间值后,该值将被认为是相应测量量的正确值。其他值以该值作为参考,进行比较,偏差较大的被认为是错误测量值。

A 和 B 系统中都有 ACS 系统;发现故障后,ACS 将产生轻微故障或严重故障,送到切换逻辑后进行处理。

另外,当只能从两个测量设备得到测量信号,ACS 将只对两信号的偏差报警,不会指出故障点。当需要对本系统和来自另一系统的信号进行比较来判断故障,而另一系统退出运行时,该诊断功能将被闭锁。所有交流信号发生直流偏移也被认为是故障。

(一)直流电压

交流母线电压测量用于确定参数 U_{di0},用于计算 UDCalc、UDMCalc(主电路计算)。UDCalc、UDMCalc 由 UDCalc_V1、UDCalc_V2、UDNCalc 计算得出,将与(A)UD 和(B)UD、(A)UDM 和(B)UDM 进行比较。

该部分出现故障时,将产生严重故障。如果故障元件位于当前有效系统中,将切换到备用系统。如果备用系统不可用,则当前运行系统将继续运行。

(二)直流电流

直流电流如 IDNC,IDNE,IDME,IDGND,IDEL1,IDEL2 等分别与其他系统的采样值及同一回路的其他电流量相比较,该部分监视出故障后,IDNC 会产生严重故障,其余将产生轻微故障,同时自动切换到备用系统。

三、系统冗余与切换

（一）概述

在换流站控制系统中，直流控制系统为完全双重化的冗余系统，系统之间可以在故障状态下进行自动系统切换或由运行人员进行手动系统切换。系统切换遵循如下原则：在任何时候运行的有效系统应是双重化系统中较为完好的那一重系统。

对控制设备状态的定义包括 ACTIVE，STANDBY，SERVICE，TEST 四种状态。

ACTIVE 为当前有效系统，STANDBY 为当前热备用系统，SERVICE 为当前处于服务状态的系统（当前处于 ACTIVE 或者 STANDBY 状态时，系统也一定处于服务状态），TEST 为当前处于测试状态的系统。双重化的控制系统只能有一个系统是 ACTIVE 状态。只有 ACTIVE 系统发出的命令是有效的，处于 STANDBY 的系统时刻跟随 ACTIVE 系统的运行状态。发生系统切换时，只能切换至正处于 STANDBY 状态的系统，不能切换至处于其他状态的系统。当系统需要检修时，一般从备用系统开始，将其切换至 TEST 状态，检修完毕后重新投入到 SERVICE 状态。

控制设备故障等级定义为轻微故障，严重故障和紧急故障。其中，轻微故障是指不会对正常功率输送产生危害的故障，因此轻微故障不会引起任何控制功能的不可用；发生严重故障的系统在另一系统可用（处于 ACTIVE 或者 STANDBY 状态）的情况下应退出运行，若另一系统不可用（不是处于 ACTIVE 或者 STANDBY 状态），则该系统还可以继续维持直流系统的运行；发生紧急故障的系统将无法继续控制直流系统的正常运行。当两个系统处于相同故障等级的情况下，系统不发生切换。

保护系统为三套独立运行，分为测试和值班两种状态，运行人员工作站（含工程师工作站）可以进行测试/值班两种状态的转换（权限管理）。直流保护故障等级分为轻微故障和紧急故障，轻微故障保护装置可正常出口，紧急故障保护闭锁出口。当三套保护系统仅剩一套值班系统时，这套值班系统不允许转换到测试状态。

（二）故障响应

1. 轻微故障

当 ACTIVE 系统发生轻微故障，而另一系统处于 STANDBY 状态，并且无轻微故障，则系统切换。切换后，原 ACTIVE 的系统将处于 STANDBY 状态。当新的 ACTIVE 系统发生更为严重的故障时，而原系统处于轻微故障，那么原系统切换为 ACTIVE 状态。

当 STANDBY 系统发生轻微故障时，系统不切换。

典型的轻微故障有：

- I/O 中的单个电源故障。
- 自动监测系统报警。

2. 严重故障

当 ACTIVE 系统发生严重故障时，如果另一系统处于 STANDBY 状态，则系统切换，先前 ACTIVE 的系统退出 ACTIVE 状态，进入 SERVICE 状态。如果系统故障消失，则系统可以恢复到 STANDBY 状态。如果要对该系统作必要的检修，可以将系统切换至 TEST 状态后进行，检修完毕后再重新投入到 SERVICE 状态。

当 ACTIVE 系统发生严重故障，而另一系统不可用时，则当前 ACTIVE 系统继续运行。

当 STANDBY 系统发生严重故障时，STANDBY 系统应退出 STANDBY 状态，进入 SERVICE 状态，如果系统故障消失，则系统可以恢复到 STANDBY 状态，如果要对该系统作必要的检修，可以将系统切换至 TEST 状态后进行，检修完毕后再重新投入到 SERVICE 状态。

典型的严重故障有：

- 板卡节点故障。
- I/O 中双电源故障。

3. 紧急故障

当 ACTIVE 系统发生紧急故障时，如果另一系统处于 STANDBY 状态，则系统切换，先前 ACTIVE 的系统进入 SERVICE 状态，如果系统故障消失，则系统可以恢复到 STANDBY 状态，如果要对该系统作必要的检修，可以将系统切换至 TEST 状态后进行，检修完毕后再重新投入到 SERVICE 状态。

当 ACTIVE 系统发生紧急故障时，如果另一系统不可用，则闭锁两端换流阀，跳换流变网侧断路器。

当 STANDBY 系统发生紧急故障时，STANDBY 系统应退出 STANDBY 状态，进入 SERVICE 状态，如果系统故障消失，则系统可以恢复到 STANDBY 状态，如果要对该系统作必要的检修，可以将系统切换至 TEST 状态后进行，检修完毕后再重新投入到 SERVICE 状态。

典型的紧急故障有：

- 控制系统装置上的 CPU 或者 DSP 停止运行。
- VBE 非 READY。

（三）系统切换

系统切换逻辑禁止以任何方式将有效系统切换至不可用系统。

可通过以下方式进行冗余系统之间的切换：

- 运行人员手动发出系统切换指令（通过后台遥控操作或主机面板切换按钮操作），可进行冗余系统之间的切换。
- 自诊断系统在检测到当前有效系统故障时，发出系统切换命令。

当前处于 ACTIVE 状态系统的保护发出的系统切换命令，可进行冗余系统之间的切换，并只引起一次切换，切换后当前 ACTIVE 系统将进入 SERVICE 状态，而不能进入 STANDBY 状态，在延时 60s，保护动作以后，系统自动恢复至 STANDBY，同时在保护动作期间屏蔽人工切换指令。如果另一系统处于不可用系统时，产生报警信号，送运行人员监视系统。

系统切换总是从当前有效的系统来发出。这个切换原则可避免在备用系统中的不当的操作或故障造成不希望的切换。另外，当另一系统不可用时，系统切换逻辑将禁止该切换指令的执行。

在发生控制系统切换时，控制系统及相关的 I/O 单元应作为一个整体，同时从 A 系统切换至 B 系统，或从 B 系统切换至 A 系统。

第四节　南瑞控保设备演进过程

一、PCS-9500 控制保护系统

国内早期工程如龙政、江城、宜华直流，采用了 ABB 公司的 MACH2 控

制保护系统。通过完全消化吸收直流控制保护系统的转让技术，南瑞继保开发了 PCS-9500 直流控制保护系统，实现了控制保护系统的完全自主研发和生产，并独立实现了工程化应用。根据工程经验和反馈，以及相关技术的发展，南瑞继保持续对 PCS-9500 控制保护系统进行改进。

第一代、第二代 PCS-9500 控制保护系统主要应用于葛南（2023 年综合改造前）、灵宝、黑河、德宝、伊穆等直流工程。

二、PCS-9550 控制保护系统

随着需求的提高及特高压直流工程对控制保护系统更高的可靠性要求，南瑞继保通过继承 PCS-9500 系统的经验与长处，研发了新一代业界领先的直流控制保护平台 PCS-9550 高压/特高压直流控制保护系统。

PCS-9550 直流控制保护系统基于南瑞继保 UAPC 平台研制，是南瑞继保在完成技术转让，开发完成 PCS-9500 直流控制保护系统并投入工程实用后，依托国家电网有限公司科技项目，开发完成的具有完全自主知识产权的、国际先进水平的直流控制保护系统。作为 PCS-9550 软硬件支撑平台的 UAPC 平台，于 2010 年 10 月通过国家能源局组织的鉴定。

最新研制的 UAPC 3.0 平台，于 2019 年 12 月通过了中国电机工程学会组织的科技成果鉴定。与前几代平台相比，UAPC3.0 平台在计算能力、通信能力、系统安全等方面实现了飞跃，能够有效提升特高压直流输电、常规直流输电、柔性直流输电和混合直流输电等复杂控制领域的整体性能。目前已在建苏、龙政改造、金塘等多个工程中使用。

基于自主可控平台的 PCS-9550 是在 PCS-9550 基础上新一代基于全自主可控元器件自主研发的直流控制保护平台，于 2021 年 11 月通过了中国电机工程学会组织的科技成果鉴定，采用全国产化软硬件，实现了特高压直流输电控制保护及测量全套功能，性能、可靠性满足要求，攻克了"卡脖子"技术，部分核心性能指标达到国际领先水平。目前基于该系统的葛南、江城直流改造工程已投运。

第二章 技 能 实 践

第一节 常 用 软 件 使 用

一、ACCEL 工具

（一）软件概述

Accel 工具采用了模块化设计思想，通过可视化、图形化的方式显示、借助于符号库进行可视化编程，能够显著降低应用人员编程开发的难度、提高编程效率。此外，Accel 工具还具备更强的准确性、灵活性和更好的交互能力。

目前有 ACCEL1、ACCEL2、ACCEL3 和 ACCEL4 等软件版本，功能和使用方法基本一致，广泛用于换流站直流控制保护程序开发和调试，集成有直流极控制程序 PCP、换流器控制程序 CCP、极保护程序 PPR、换流器保护程序 CPR、极三取二程序 P2F、换流器三取二程序 C2F、交流场控制程序 ACC、交流滤波器控制程序 AFC、站用电控制程序 SPC、辅助系统控制程序 ASC 等。

（二）软件功能与特点

ACCEL 是一个图形化功能块的编程工具，具有以下特点：

（1）采用功能图及符号库作为用户的编程工具，应用开发人员专注于应用逻辑，不用关心底层编程语言和底层逻辑接口。

（2）应用程序的整体结构清晰，程序可视化，采用树形列表的形式，将整个装置的程序结构清晰地展示出来，如图 4-2-1 所示。

（3）应用程序的数据流清晰，数据流可视化，通过交叉链接，将元件内部，元件之间，板卡之间的数据流向清晰地显示出来，页面内部直接使用连接线表示数据的流向，数据的处理逻辑清晰可见，如图 4-2-2 所示。

（4）自动生成代码，应用开发人员无需编写和修改任何源代码，通过工具

168

可直接生成 config.txt（用于描述装置的配置信息），device.cid（用于 IEC 61850 通信的装置描述）等代码文件和装置应用程序文件，如图 4-2-3 所示。

图 4-2-1　ACCEL 工具界面

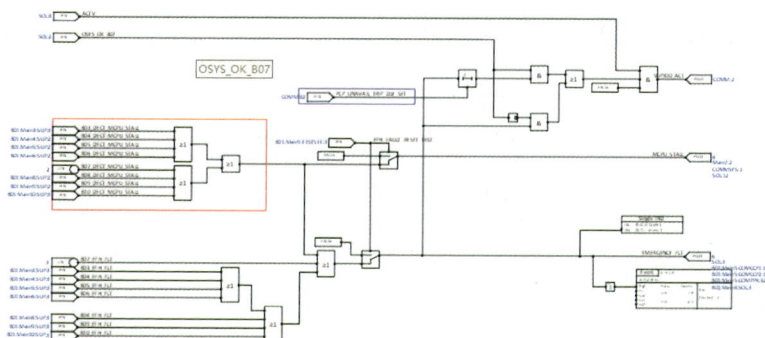

图 4-2-2　数据流界面

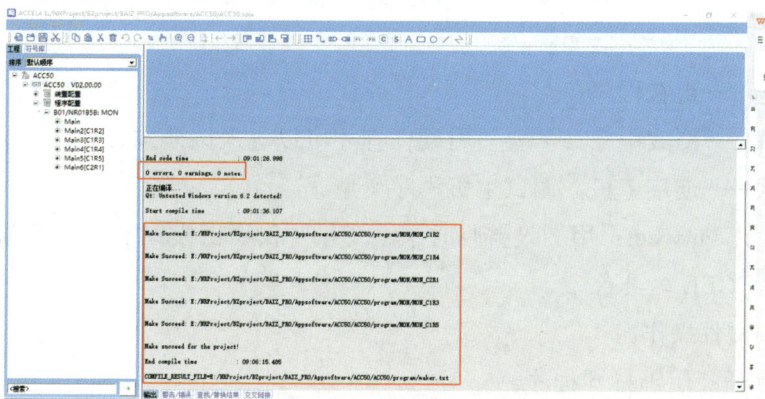

图 4-2-3　生成代码和编译

（5）方便的程序调试和下载。在调试模式下，直接点击数据连接线，将显示该连接线的数据变量值，便于故障分析，同时，在调试模式下，可以对可置数变量进行置数。程序下载直接通过工具右键菜单，连接相应的装置进行下载。

（三）画面布局

1. 画面总体布局

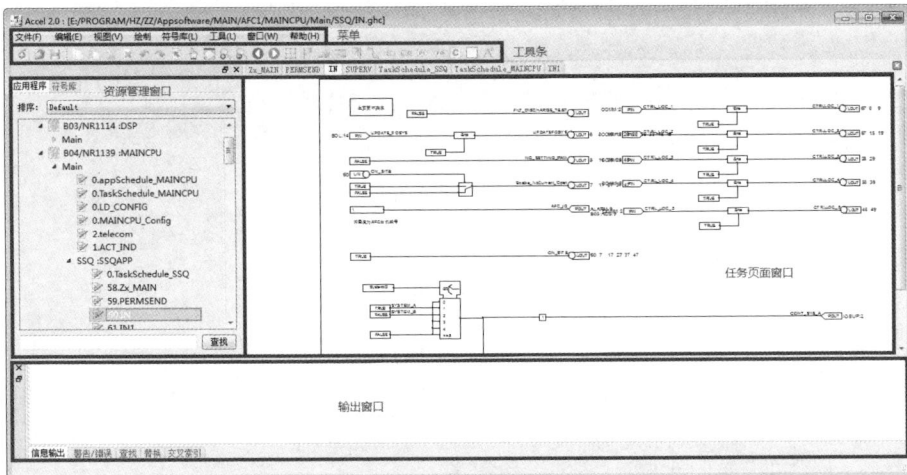

图 4-2-4　画面总体布局

2. ACCEL 菜单

常用菜单：

● 文件-打开：用于打开程序。

● 文件-模式（浏览模式、编辑模式、调试模式）：用于切换 ACCEL 运行模式。

浏览——查看程序；

编辑——修改程序（需要使用硬件狗才可以进入该模式）；

调试——连接主机，调试主机程序变量。

● 工具-Inspect：用于设置临时录波变量（仅调试模式下可以使用）。

3. ACCEL 工具条

（1）文件操作。

● 打开：用于打开程序。

（2）缩放工具条。

- 最大化：将程序页完整显示在窗口中。
- 缩小：缩小显示程序页。
- 放大：放大显示程序页。
- 前页：回到上一次查看的程序页。
- 后页：返回点击前页之前的程序页。

4. ACCEL 资源管理窗口

装置程序部分提供数据文件操作的统一接口和右键菜单，实现层次化的数据管理，减少页面编辑的耦合操作。该部分采用分层结构，包含多种节点。其节点类型有：

- 装置节点：管理装置程序，包含若干插件程序和配置信息。
- 插件节点：管理插件程序，包含 Main 程序。
- Main 节点：管理顶层元件程序和页面程序。
- 元件节点：管理页面程序和子元件实例程序。
- 程序任务节点：管理页面程序。
- 配置信息节点：插件间信号连接配置页面。

（1）装置节点

装置工程节点：管理装置程序，包含若干插件程序和配置信息，如图 4-2-5 所示。

常用右键菜单：

- 查找：用于查找程序中变量名的位置。

- 主机下载：用于下载主机程序。
- IO 下载：用于下载 IO 程序。

（2）插件节点

插件节点：管理插件程序，包含 Main 程序，如图 4-2-6 所示。

常用右键菜单：

- 查找：用于查找程序中变量名的位置。
- 打印：打印出该插件所有程序页。
- 主机下载：用于下载主机程序。

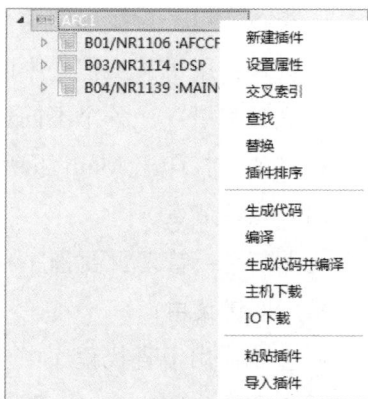

图 4-2-5　装置节点右键菜单

● IO 下载：用于下载 IO 程序。

（3）Main 节点

Main 节点：管理顶层元件程序和页面程序，如图 4-2-7 所示。

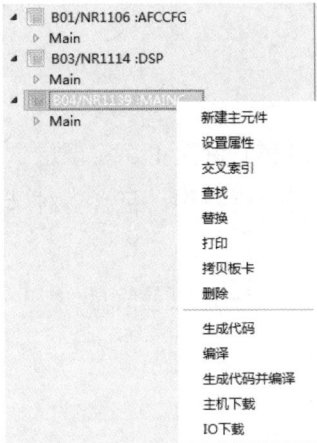

图 4-2-6　插件节点右键菜单　　　　图 4-2-7　Main 节点右键菜单

常用右键菜单：

● 查找：用于查找程序中变量名的位置。

● 替换：用于替换程序中的各种变量。

● 交叉索引：让各个不同页面的变量名进行交叉链接，形成数据流。

● 打印：打印出 Main 下所有程序页。

（4）元件节点

元件节点：管理页面程序和子元件实例程序，如图 4-2-8 所示。

常用右键菜单：

● 查找：用于查找程序中变量名的位置。

● 打印：打印出 Main 下所有程序页。

（5）程序页面节点

程序页面节点：管理页面程序，左键单击节点，显示程序绘制页面，如图 4-2-9 所示。

右键菜单：

● 查找：用于查找程序中变量名的位置。

● 打印：打印出本程序页。

图 4-2-8　元件节点右键菜单　　　　图 4-2-9　程序页面节点右键菜单

5. ACCEL 任务页面窗口

利用库中已有功能块及连线进行图形化组态，如图 4-2-10 所示。

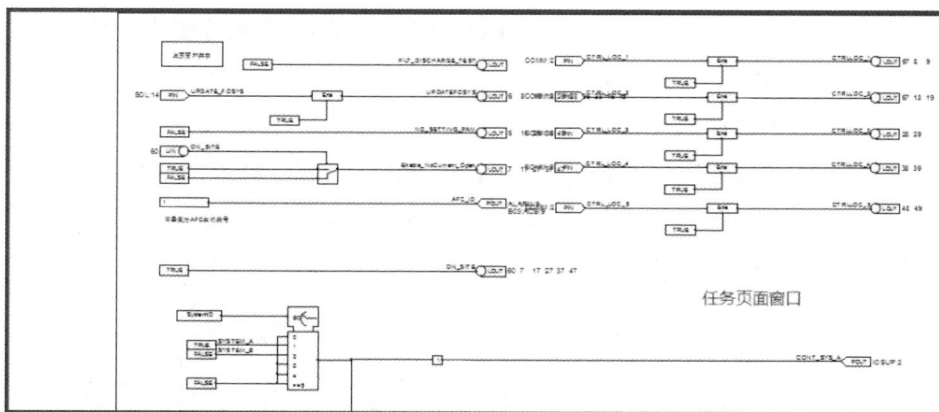

图 4-2-10　任务页面窗口

6. ACCEL 输出窗口

信息输出：各种常规操作的提示信息输出，如图 4-2-11 所示。

图 4-2-11　输出窗口

可以点击"警告/错误""查找""替换""交叉索引"分类查看输出信息。

(四) ACCEL 调试

ACCEL 提供 3 种模式：编辑模式、浏览模式、调试模式。

1）编辑模式。

● 编辑模式是权限最大的一种模式。

● 提供各种编辑功能，参看 Accel 中各个菜单与工具条提供的各项编辑功能。

2）浏览模式。

● 只能查看应用程序，不能编辑修改应用程序。

3）调试模式：分主机调试和 IO 调试。可以查看并修改变量值，参数值，保护定值，修改需要硬件狗。

● 对于连接线上的变量值，鼠标左键点击连接线，变量值显示在连接线上，并实时刷新，右键可以修改变量值和显示属性。

● 对于参数组，双击参数组符号，参数组中所有的参数的整定值和运行值以表格的形式显示出来，并能方便地修改运行值。

● 对于保护矩阵符号，保护定值以矩阵的形式显示，并能方便地修改运行值。

1. 查看变量

（1）查看主机中的变量

已知位置的变量可以直接通过 ACCEL 软件"文件-打开"或工具条的"打开按钮"打开所需的主机程序，主机程序一般存放在工程师工作站 EWS 的 Appsoftware 目录下，如图 4-2-12 所示。

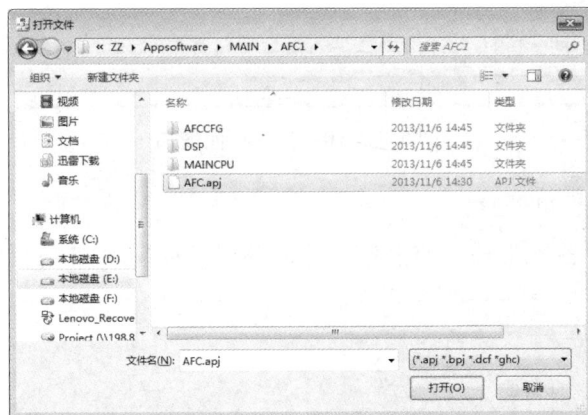

图 4-2-12　打开主机程序

找到变量所在页面。在"文件-模式"中选择主机调试，或使用快捷键 ctrl+d 进入调试模式，如图 4-2-13 所示。

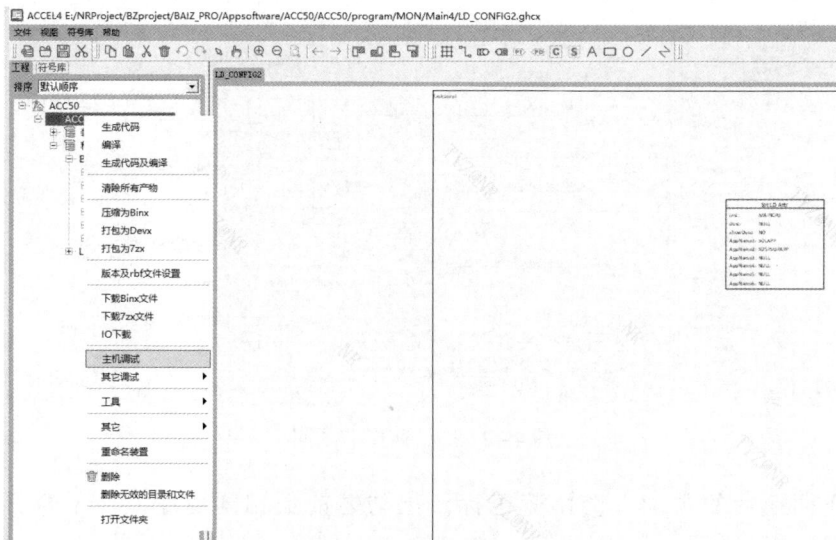

图 4-2-13　进入调试模式

会弹出输入装置 IP 的窗口，将需要连接的主机 IP 键入，点 OK 即可连接主机，注意 IP 地址不能输入错误，如图 4-2-14 所示。

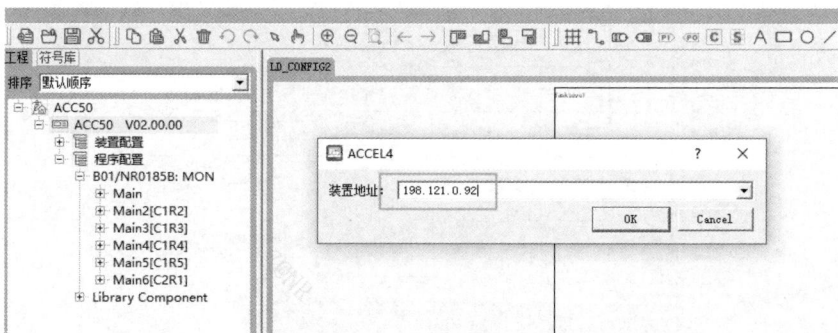

图 4-2-14　连接相应的主机

此时已进入调试模式，双击需要查看的变量所在的连接线，会显示该变量当前的值，在发生变化时及时刷新。

如果需要观察某一变量的流向，可以通过双击页面中交叉链接产生的页码，找到该变量在其他页面的位置，从而可以达到查看该变量设计到什么功能、出现什么结果，或者查看由什么原因产生。

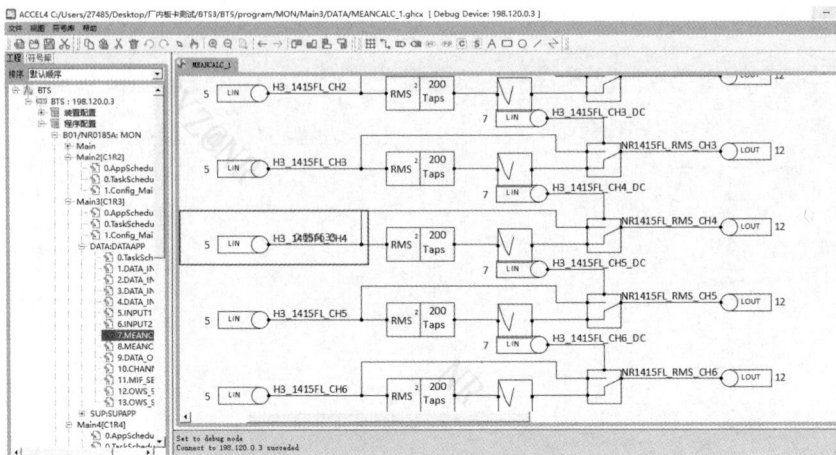

图 4-2-15　切换前画面

在切换后的页面，会由蓝色标示出与之前页相同变量，便于查看，如图 4-2-16 所示。

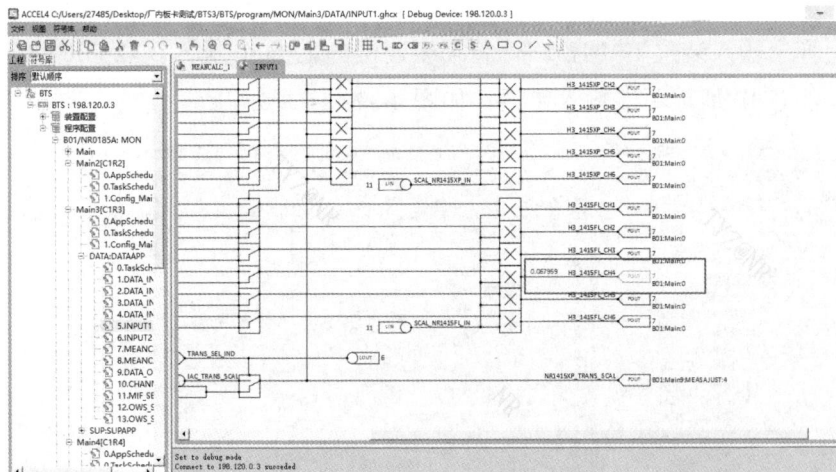

图 4-2-16　切换后画面

（2）查看 IO 程序中的变量

1）通过光纤以太网调试。

部分控制保护主机与 IO 接口柜通信采用 LAN 网通信模式，如换流器控制主机 CCP 和换流变接口柜 CSI 等，它们一般通过主机的光纤接口和各 IO 接口柜的光纤通信接口组成 LAN 网进行数据交互，这种 IO 插件调试需要通过光纤以太网进行调试。

打开 IO 程序，和打开主机程序类似，通过 ACCEL 软件"文件-打开"或工具条的"打开按钮"打开所需的 IO 程序。

打开所需要调试的程序界面后，选中"IO 调试"点击确定，如图 4-2-17 所示。

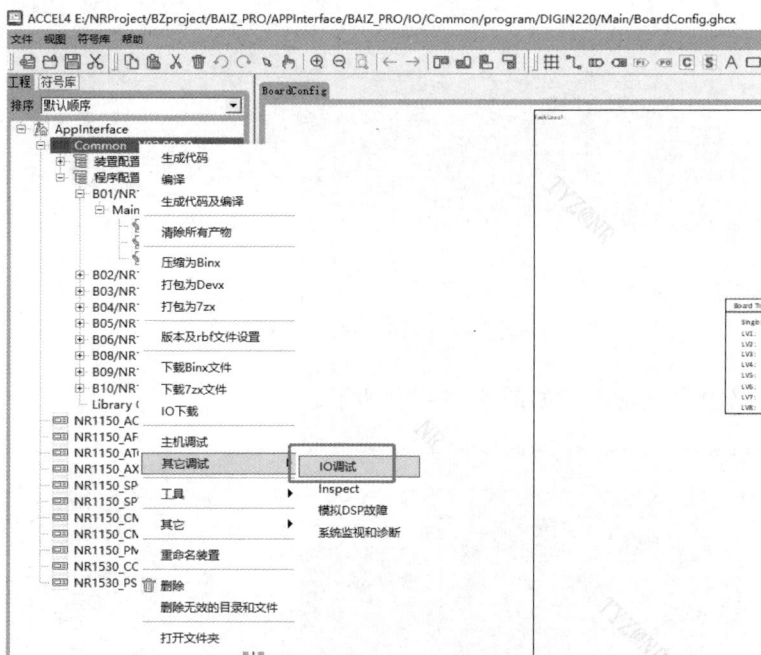

图 4-2-17　进入 IO 调试

在弹出窗口中，"TCP/IP"键入 IO 板卡所在主机的 IP 地址，如图 4-2-18 所示。

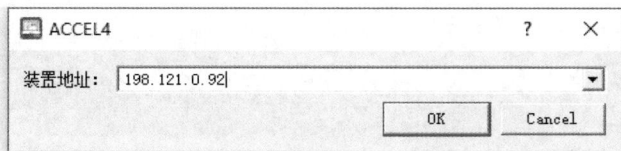

图 4-2-18　连接对应的主机

连上主机后，在需要调试的程序页面栏，右键选择路由设置，如图 4-2-19 所示。

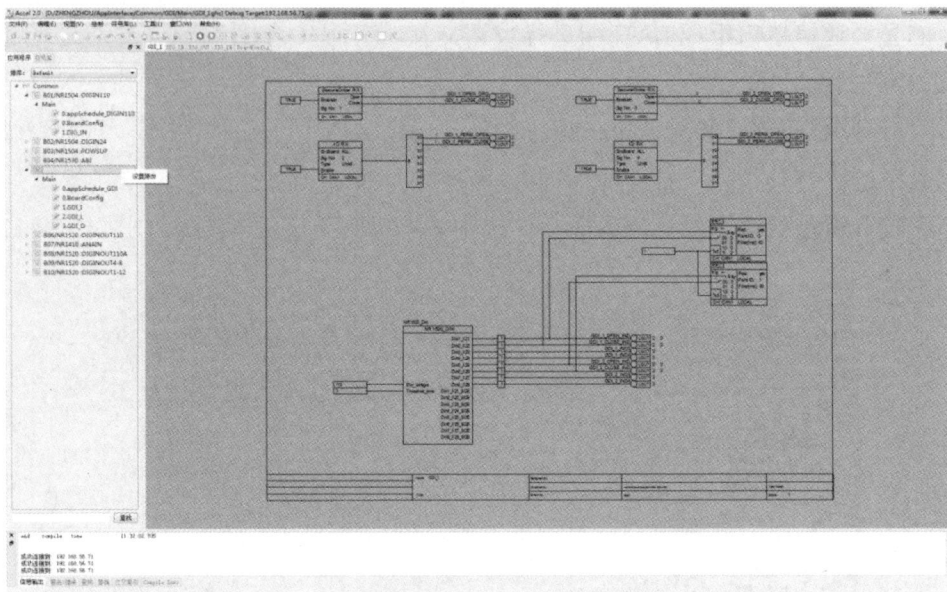

图 4-2-19　路由设置

弹出路由设置窗口，如图 4-2-20 所示。

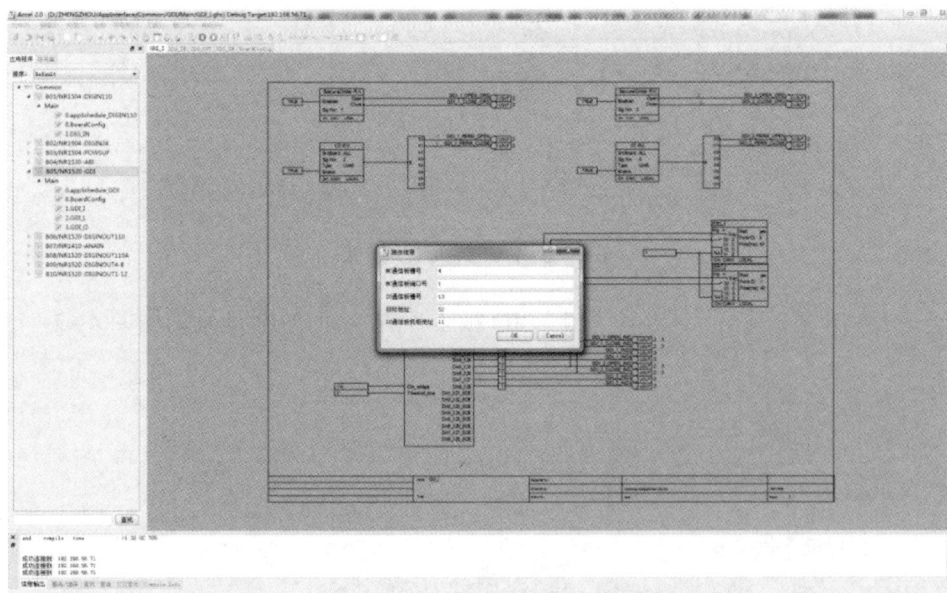

图 4-2-20　路由设置参数

MC 通信板槽号：表示主机中与 IO 通信插件（NR1139 等）槽号；

MC 通信板端口：表示主机中与 IO 通信插件（NR1139 等）连接 IO 机柜的网络端口号；

IO 通信板槽号：表示 IO 柜与主机通信插件（NR1136 或者 NR1150）所在槽号；

目标地址：表示目标板卡地址；

IO 通信板机柜地址：表示 IO 机柜 MAC 地址。

如中州换流站 CSI11A 屏 H4.4 的 1520A 板卡，由图纸查出，它是通过本屏 H1.13 的 1136D 与 CCP11A 通过 FIELD LAN 通信的，即与 CCP11A 的 H3.4 的 1139A 第一个光纤口通信。MC 通信板槽号，即为 1139A 槽号 4。MC 通信板端口，即为 1139A 通信口号 1。

IO 通信板槽号，即为 1136D 所在槽号 13。

目标地址，是 1520A 板卡机箱中的板卡地址（4-1）*16+4=52，算法是（IO 机箱前面板上显示的机箱层号-1）*16+板卡在 IO 机箱的槽号。

IO 通信板机柜地址，是通过查看\ACCEL 安装目录\UAPC\project\HVDC_IO_MAC_ADDR 文件中定义的 IO 机柜 MAC 地址，CSI11A 为 11。

设定完成后，点击确定就可以对需要查看的变量进行在线查看了，如图 4-2-21 所示。

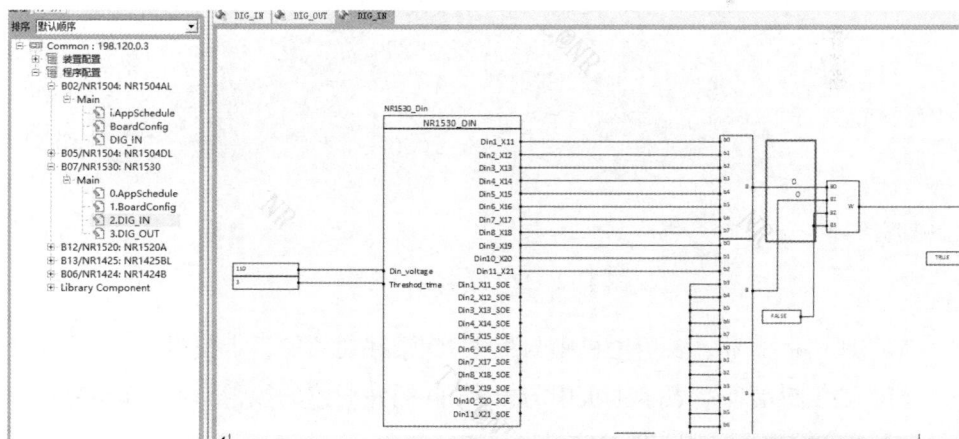

图 4-2-21　在线查看 IO 变量

2）通过 CAN 总线调试。

部分控制保护主机与 IO 插件通信通过柜内 CAN 线直连通信，如交流场控制主机 ACC 等,它们与 IO 插件数据查看直接通过 CAN 总线调试即可。

打开 IO 程序,和打开主机程序类似,通过 ACCEL 软件"文件–打开"或工具条的"打开按钮"打开所需的 IO 程序。

打开所需要调试的程序界面后,选中"IO 调试"点击确定,如图 4–2–17 所示。

在弹出窗口中,"TCP/IP"键入 IO 板卡所在主机的 IP 地址,如图 4–2–18 所示。

连上主机后,在需要调试的程序页面栏,右键选择路由设置,如图 4–2–19 所示。

弹出路由设置窗口,如图 4–2–22 所示。

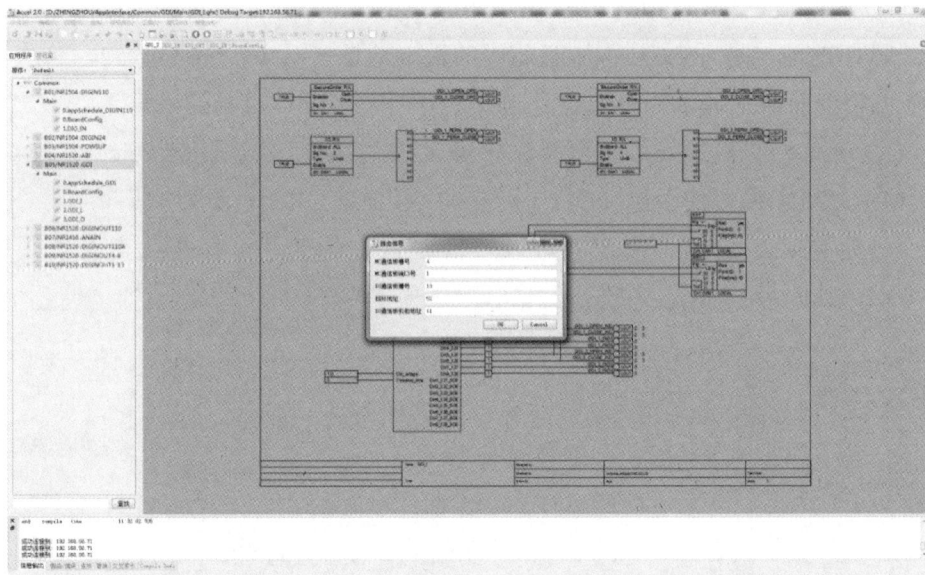

图 4–2–22 路由窗口设置

MC 通信板槽号:表示主机中与柜内 IO 插件通信的板卡槽号;

MC 通信板端口:表示主机中与柜内 IO 插件通信的板卡 CAN 端口号;

IO 通信板槽号:固定为 255;

目标地址:表示目标板卡地址;

IO 通信板机柜地址:固定为 255。

如中州换流站 CCP12A 屏 H1.2 的 1530E 板卡。MC 通信板槽号,即为与

IO 机箱相连的 CCP12A 主机的 1139A 槽号 4。

MC 通信板端口，即为 1139A 通信 CAN 端口号 1。

IO 通信板槽号，采用 CAN 通信时固定为 255。

目标地址，是 1530E 板卡机箱中的板卡地址（1−1）*16+2=2，算法是（IO 机箱前面板上显示的机箱层号−1）*16+板卡在 IO 机箱的槽号。

IO 通信板机柜地址，采用 CAN 通信时固定为 255。

设定完成后，点击确定就可以对需要查看的变量进行在线查看了，如图 4−2−23 所示。

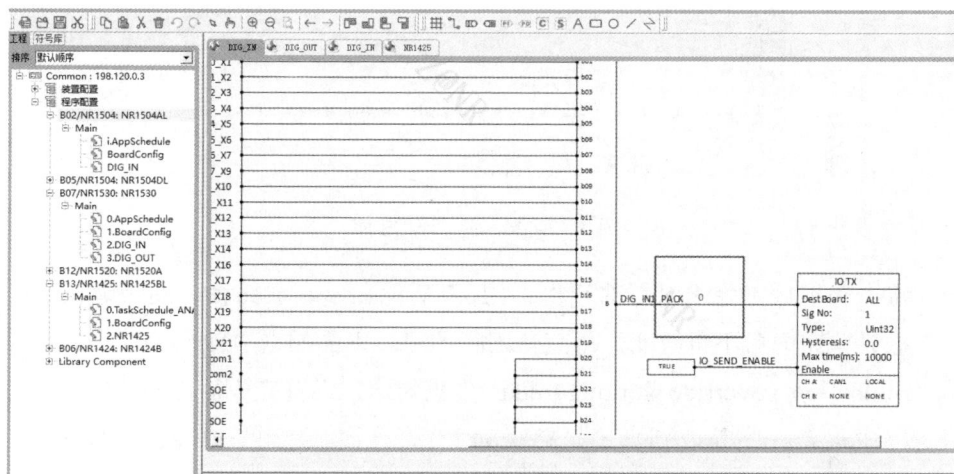

图 4−2−23　在线查看 CAN 通信变量

（五）程序下载

1. 主机程序下载

直流控制保护主机程序每年都会发生变更，通常在换流站重要数据存储库（大多数直流工程为 VSS 库，少数为 SVN 库或者 CloudAccel 库）中存放的为现场最新版本程序，在给主机下程序前，为确保本地程序为最新版本，需要从存储库中获取最新版本程序。

以下以中州换流站 CCP11A 主机说明下载过程。

桌面双击 Dynamsoft SourceAnywhere for VSS，打开 VSS 应用程序，填入 server 和 port 后，点击"connect"连接服务器。

在服务器中，找到"ZHENGZHOU"−"Appsoftware"−"CCP"，右键点

击"CCP",选择"Get Latest Version…",弹出获取最新版本的对话框,如图 4-2-24 所示。

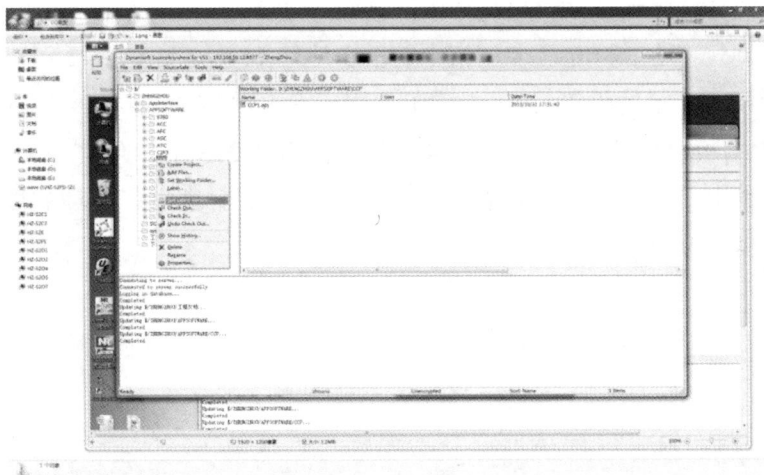

图 4-2-24 打开 VSS 库

点击确定后,弹出设置对话框,"To"后面显示存放路径,通常调试期间第一次设置完成后不再改变,用默认路径即可。下面勾选"Recursive"后,显示"Build Tree(override working folder)"也勾选,设置完成后点击"OK",将服务器中最新程序获取到本地,路径为"To"后面显示的 D:\ZHENGZHOU\APPSOFTWARE\CCP,如图 4-2-25 所示。

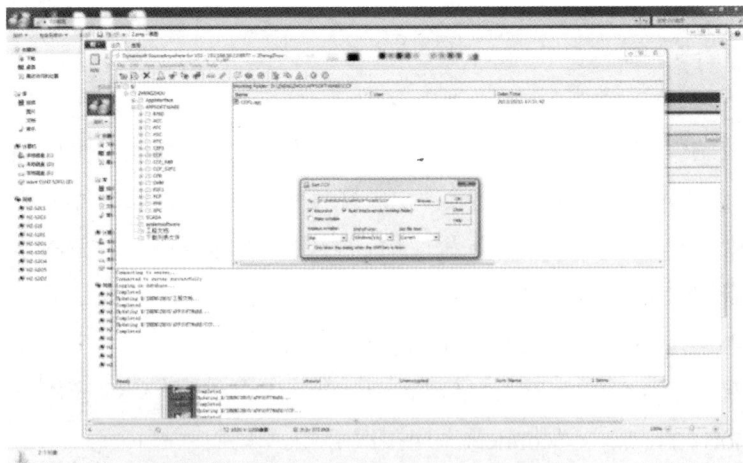

图 4-2-25 VSS 库获取最新版本

注：如果工程用的其他存储库，如 SVN 或者 CloudAccel 则采用其他方法获取最新版本程序。

打开 ACCEL，点击"打开"，找到 CCP 路径下 .apj 文件，打开。

在有硬件狗的情况下，点击"模式"–"编辑"，切换到编辑模式，如图 4-2-26 所示。

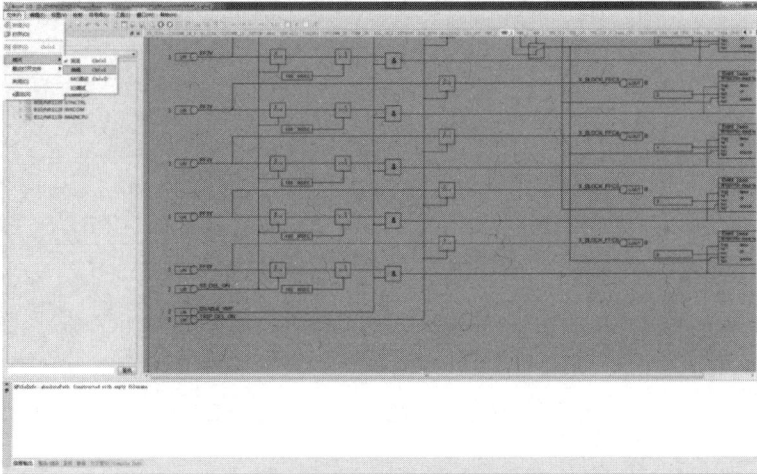

图 4-2-26　进入编辑模式

右键点击装置节点，选择"生成代码"，开始进行生成代码的过程，如图 4-2-27 所示。

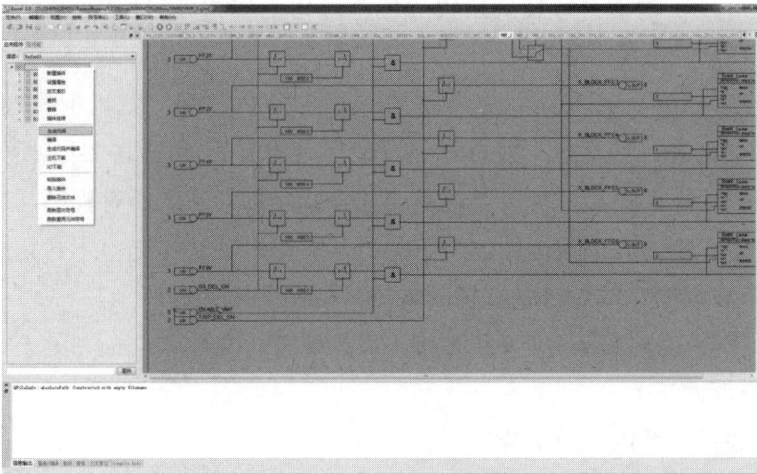

图 4-2-27　生成代码

完成后，在输出窗口中看到"0 error；0 warning"，即通过生成代码。

右键再次点击装置节点，选择"编译"，开始对已生成的代码进行编译，如图 4-2-28 所示。

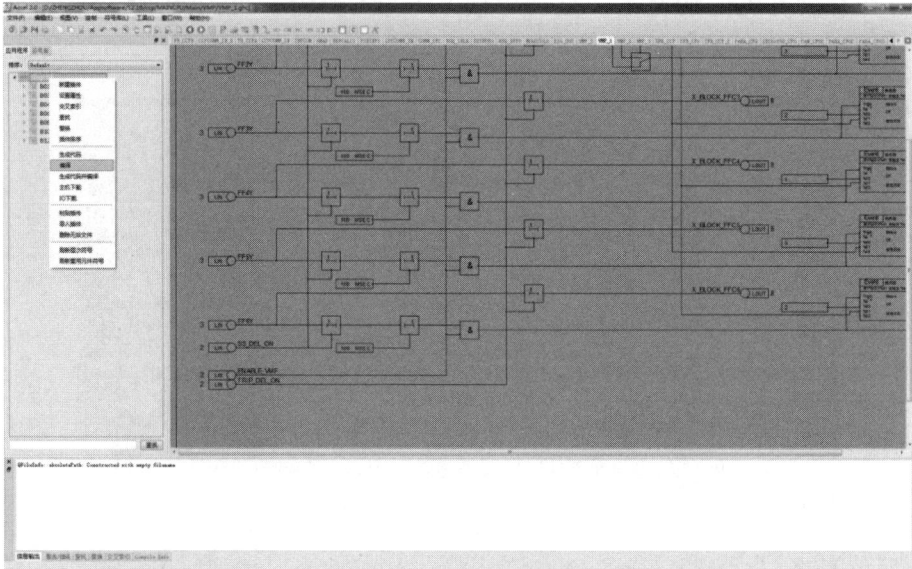

图 4-2-28　编译程序

注：换流站一般情况下固定目录下的程序都为最新的，可以省去生成代码和编译步骤。

完成后，在输出窗口看到装置的各个应用生成相应的程序文件并无 error 出现，即成功完成编译。

生成代码和编译成功后，再次点击装置节点，选择"主机下载"，在弹出窗口输入主机 IP，或通过下拉选择最近使用过的 IP，如图 4-2-29 所示。

弹出程序下载窗口，可以通过点击"下载全部"下载所有程序，或者勾选部分程序后，点击"下载选中的"下载所选程序。默认勾选"下载完成后重启装置"，下载程序完成后，装置自动重启，如图 4-2-30 所示。

注：部分工程主机程序下载直接下载 7zx 打包文件。

2. IO 程序下载

（1）通过光纤以太网下载

如果主机通过光纤以太网连接 IO 机柜时，下载 IO 程序可以通过光纤以太网下载，下面以中州换流站为例详细介绍下载步骤。

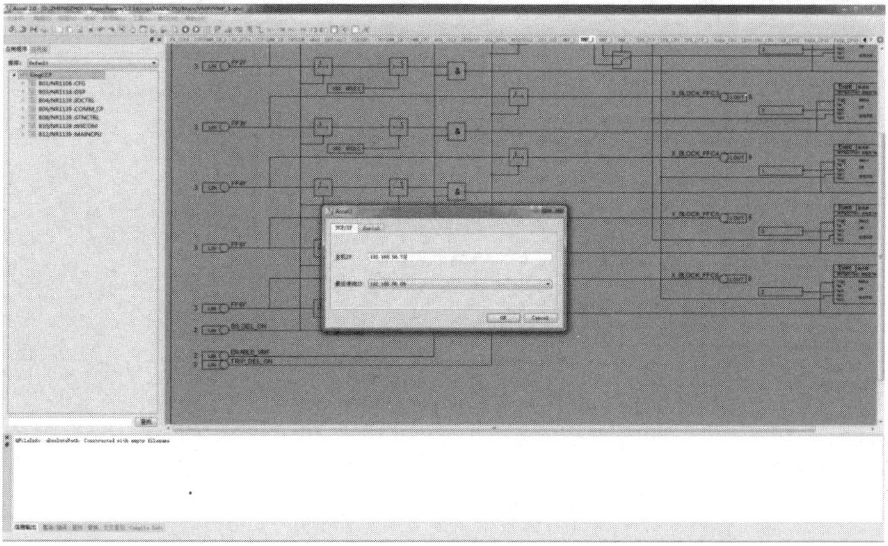

图 4-2-29 连接下载主机

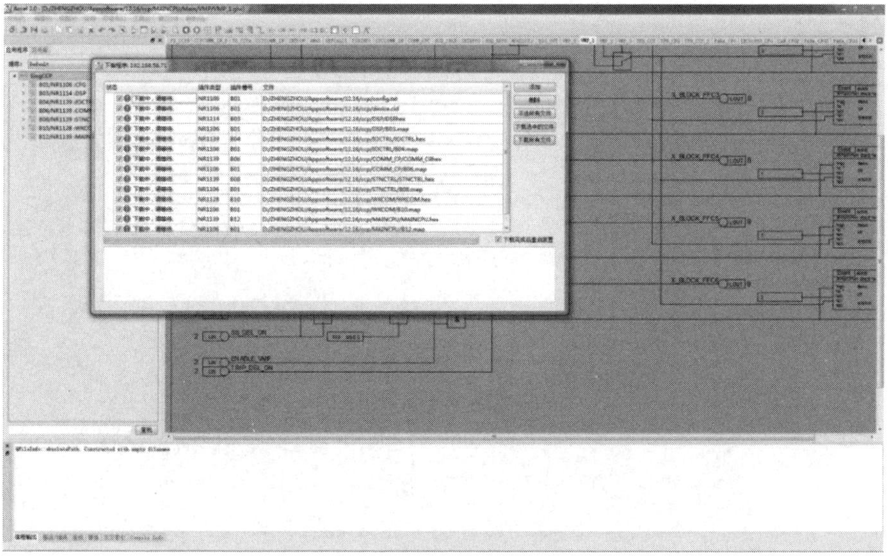

图 4-2-30 下载程序并自动重启主机

当需要通过主机下载 IO 板卡时，右键点击装置节点，点击"IO 下载"项。IO 下载所用的程序与当前打开的页面没有直接联系，当前页为任何页面都可以进行 IO 程序下载，如图 4-2-31 所示。

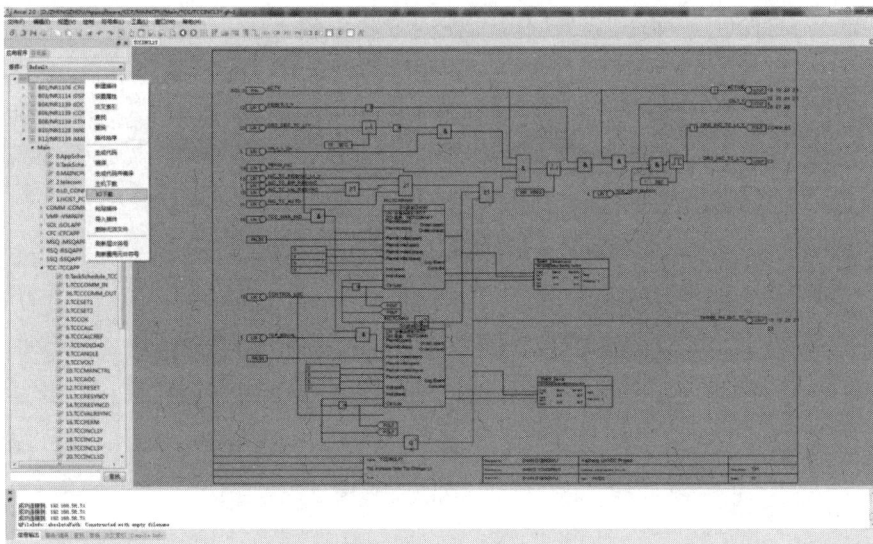

图 4-2-31　进入 IO 下载

　　输入 IO 机柜所连接主机的 IP 地址，点击"OK"连接主机，如图 4-2-32 所示。

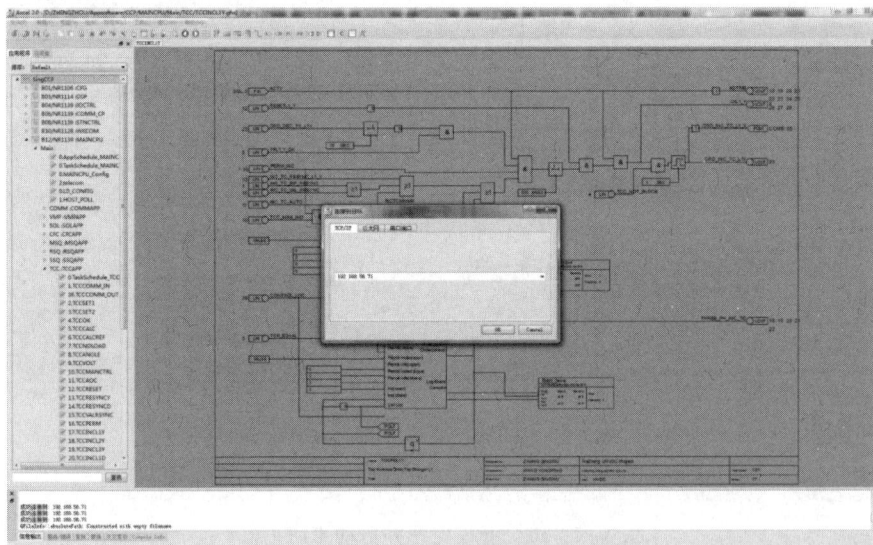

图 4-2-32　连接主机

　　点击确定按钮后，弹出下载列表对话框，点击"添加文件"按钮，选择下载文件列表。IO 程序下载文件通常以 IO 机柜为单位，文件路径为

D:\ZHENGZHOU\下载列表文件，如图 4-2-33 所示。

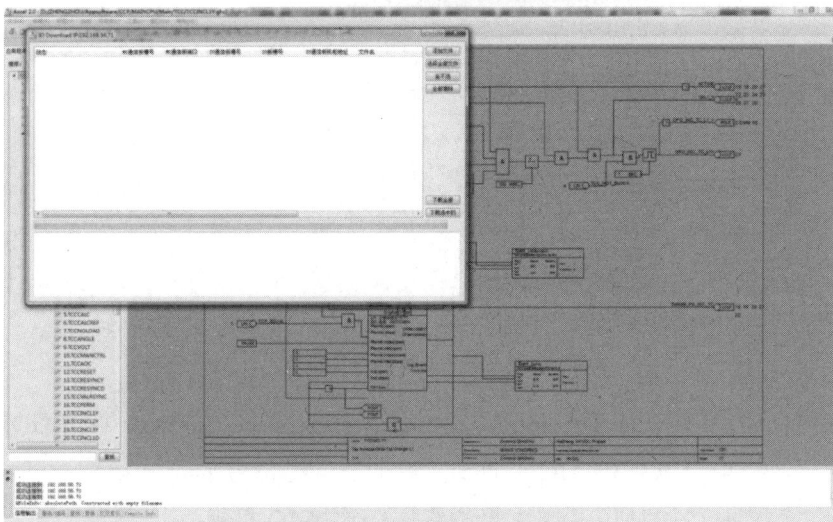

图 4-2-33　下载文件列表

选择需要下载的 IO 列表，例如：选择 IO_CSI1A.txt，如图 4-2-34 所示。

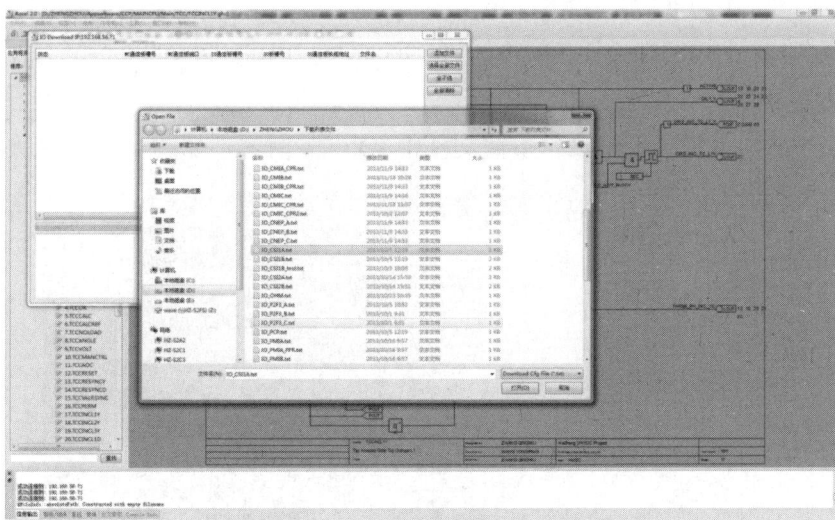

图 4-2-34　选择相应下载文件

注：各个工程存储路径类似，选择正确的路径打开即可。

IO_CSI1A.txt 文本中的内容如图 4-2-35 所示。

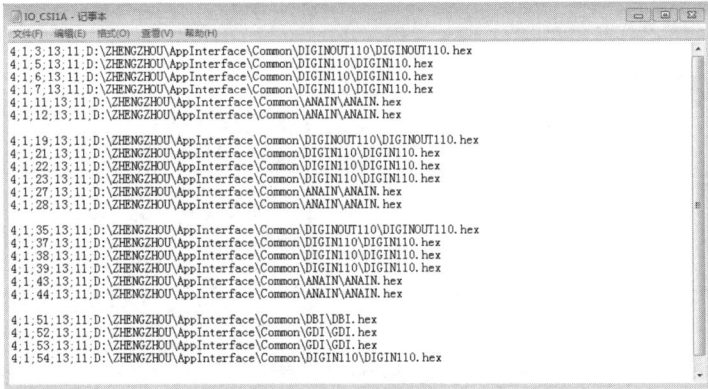

图 4-2-35　下载文本内容

4；1；52；13；11；D:\ZHENGZHOU\AppInterface\Common\GDI\GDI.hex。

第一列：4［NR1139（IO_CTRL）板卡在 4 号槽号］；

第二列：1（NR1139 板卡 1 号网络端口连接 IO 机柜）；

第三列：52（目标 IO 板卡在 IO 机柜中的背板槽号）；

第四列：13（NR1136 板卡槽号）；

第五列：11（IO 机柜 NR1136 MAC 地址）；

第六列：D:\ZHENGZHOU\AppInterface\Common\GDI\GDI.hex（待下载文件名及路径）。

打开后，下载列表中显示下载文件中 IO 下载内容，如图 4-2-36 所示。

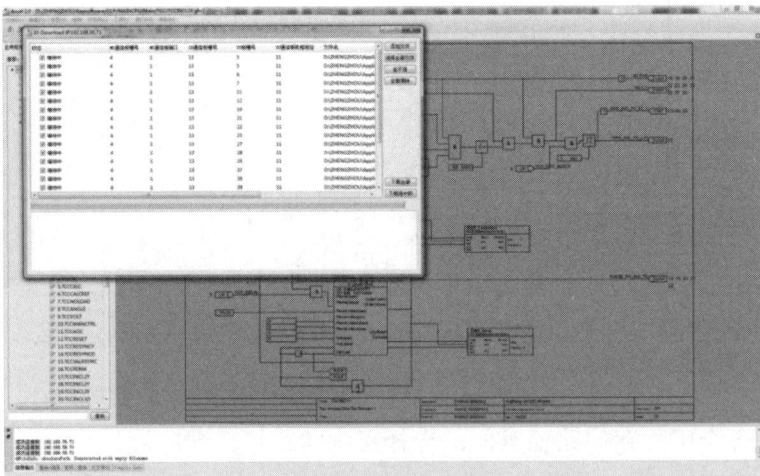

图 4-2-36　选择 IO 进行下载

点击"下载全部"按键可以下载列表中所有 IO 程序，点击"下载选中的"可以下载被勾选的板卡程序，开始下载。下载完成后，程序前状态显示"成功"，便可以关闭下载窗口。显示"下载失败"可重新下载，若依旧失败，请检查原因，板卡设置是否正确。

（2）通过 CAN 总线进行下载

对于主机 CAN 直连的 IO 机柜，其下载和调试过程与光纤以太网下载方法相同，只是下载文本中的配置不一样，如中州换流站的 IO_CCP2.txt。

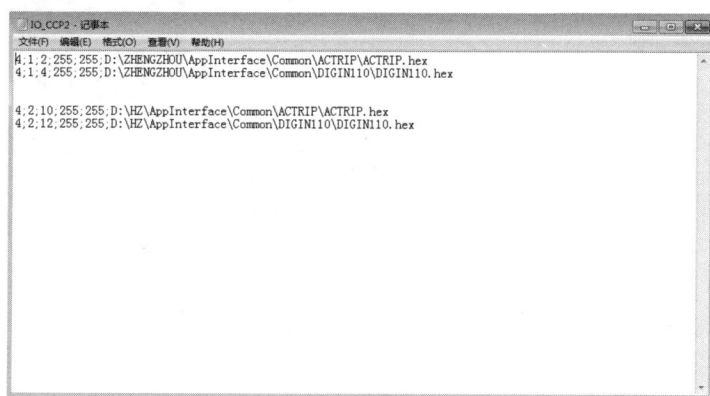

图 4-2-37　下载文本内容

4；1；2；255；255；D:\ZHENGZHOU\AppInterface\Common\ACTRIP\ACTRIP.hex。

第一列：4 ［NR1139（IO_CTRL）板卡在 4 号槽号］；

第二列：1（NR1139 板卡 1 号 CAN 通信端口连接 IO 机柜）；

第三列：2（目标 IO 板卡在 IO 机柜中的背板槽号）；

第四列：255（NR1136 板卡槽号，采用 CAN 通信为 255）；

第五列：255（IO 机柜 NR1136 MAC 地址，采用 CAN 通信为 255）；

第六列：D:\ZHENGZHOU\AppInterface\Common\ACTRIP\ACTRIP.hex（待下载文件名及路径）。

打开后，下载列表中显示下载文件中 IO 下载内容，如图 4-2-38 所示。

点击"下载全部"按键可以下载列表中所有 IO 程序，点击"下载选中的"可以下载被勾选的板卡程序，开始下载。下载完成后，程序前状态显示"成功"，便可以关闭下载窗口。显示"下载失败"可重新下载，若依旧失败，请检查相关设置是否正确。

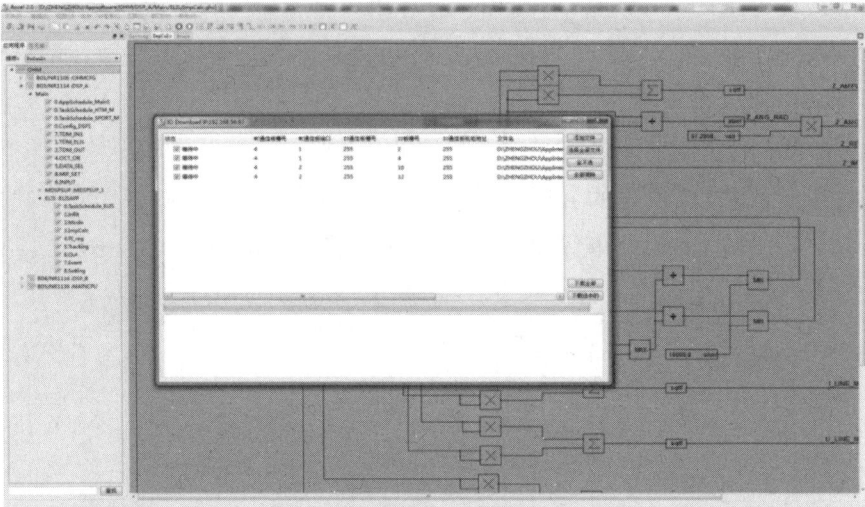

图 4-2-38 选择下载

（六）Inspect 录波设置

在分析某些故障情况下，无法通过调试程序看清楚变量的变化情况的时候，可以通过录波的形式查看变量，ACCEL 工具的 Inspcet 提供了这一功能。

Inspect 录波只有在进入调试模式后才能使用。

进入调试模式后，在 ACCEL 中打开 Inspect 设置窗口，如图 4-2-39 所示。

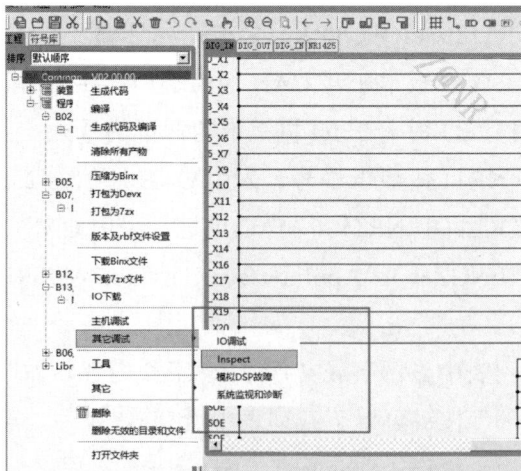

图 4-2-39 打开 Inspect 设置串口

输入主机 IP 地址，点击确定进入录波变量设置窗口，窗口左侧"Digital Signals"输入开关量，右侧"Analog Signals"输入模拟量，如图 4-2-40 所示。

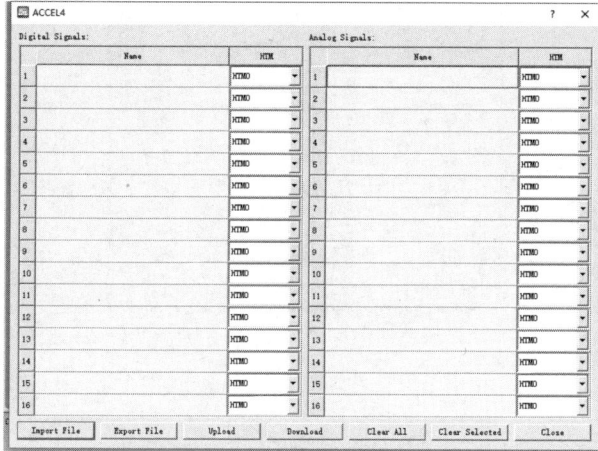

图 4-2-40　设置窗口

打开后，可以通过左下角"导入文件"导入已经定制好的录波变量，也可以在窗口中输入自己想要录波的变量，如图 4-2-41 所示导入变量列表。

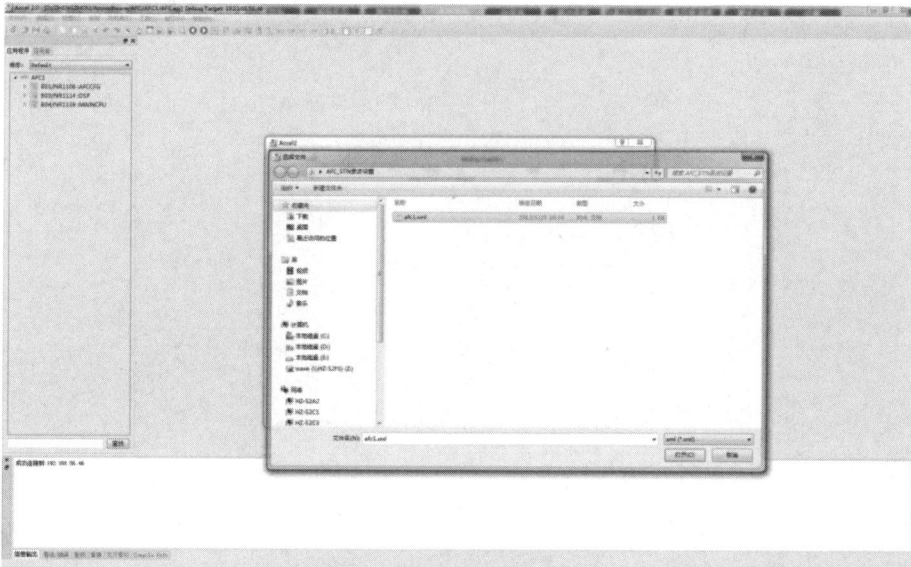

图 4-2-41　导入设置列表

在窗口可以看到文件中已设置好的录波变量，如图 4-2-42 所示。

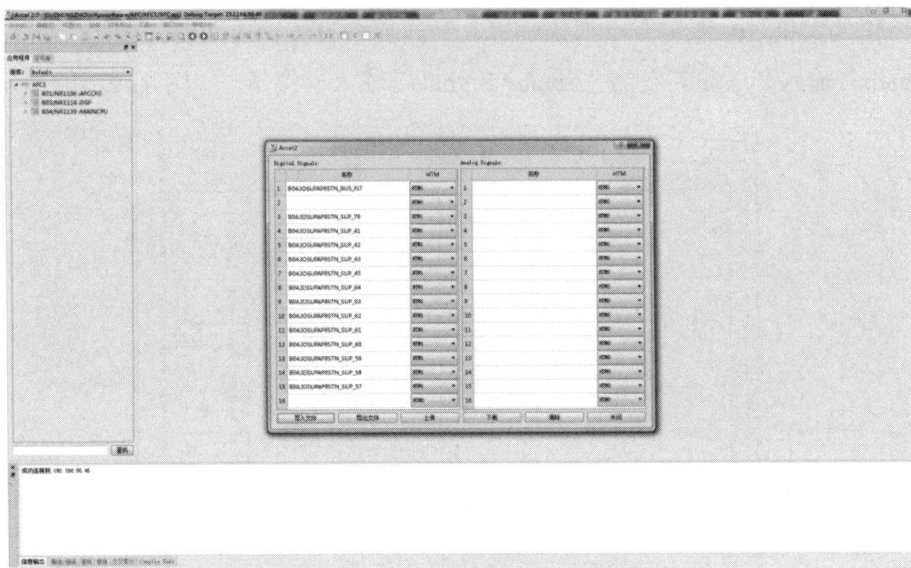

图 4-2-42　导入录波变量

点击"下载",设置的变量下载到连接的装置中。下载成功的变量蓝色显示,如图 4-2-43 所示。

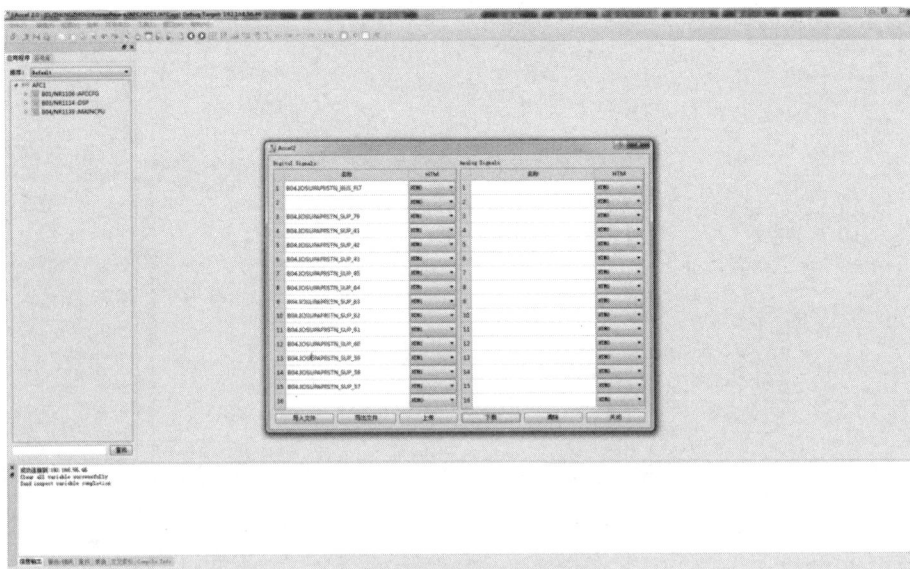

图 4-2-43　录波变量列表

如果设置有问题或变量名不存在,下载时会提示"在 signal_out_db 中未找到变量",点击"OK"后,错误变量会以红色显示,需重新确认修改,修改后需要再次下载到主机中。

通过点击"上装",可以查看目前装置中设有的录波变量。点击"清除",清空界面中显示的录波变量,主机中设置的不受影响。

问题排查完成后,需要清空主机中之前设置的录波变量,方法是将清空后的变量列表下载到主机中,则清空之前的设置。

录波变量可以手动敲入,如第一行信号 B04.IOSUPAPP.STN_BUS_FLT,它在程序中的位置如图 4-2-44 所示。

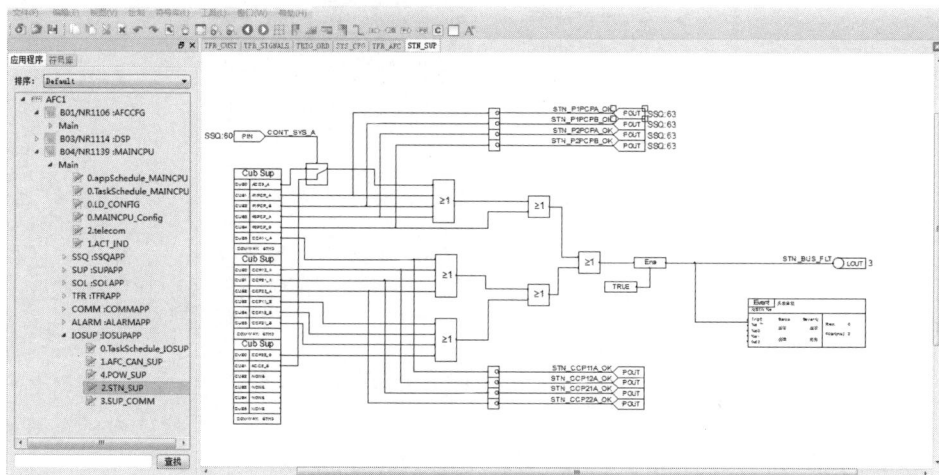

图 4-2-44　手动输入录波变量

"B04"代表需要录波变量的板卡位置,"IOSUPAPP"代表录波变量所处的元件位置,"STN_BUS_FLT"代表所需要录波的变量,组合即可得到录波使用的变量名 B04.IOSUPAPP.STN_BUS_FLT,其他变量类似。

"Digital Signals"开关型变量的前两个作为触发变量使用,一个为正触发、一个为负触发,填入的变量发生相应的变化时会触发其他变量的录波。

(七)ACCEL 其他集成工具操作

ACCEL 作为换流站程序管理软件,它集成了一些换流站调试经常需要用到的工具,主要为 UAPC 调试下载工具、虚拟液晶等。

1. UAPC 调试下载工具

UAPC 调试下载工具作为 ACCEL 主机调试配套工具,经常用于查询主机调试变量，如查询主机负载率，也可以用于主机相关文件上召。

（1）查询调试变量

首先任意打开一个 ACCEL 程序，在程序元件处右键，找到工具栏，选中"UAPC 调试下载工具"，单击即可打开，如图 4-2-45 所示。

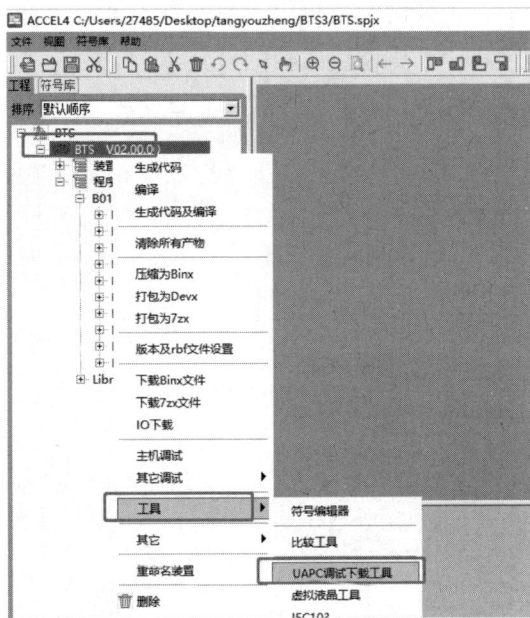

图 4-2-45　打开 UAPC 调试下载工具

打开后，如图 4-2-46 所示，可以看到 UAPC-Debug 工具栏，在工作区下，NewDevice 右键选择连接，然后单击：

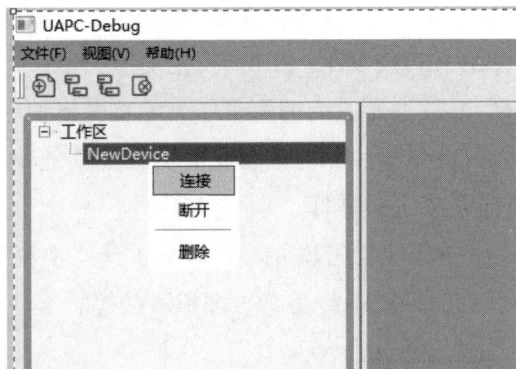

图 4-2-46　UAPC 调试下载工具连接

选择连接后，弹出主机名和 IP 地址输入串口，主机名根据实际设置，如"CCP12A"，IP地址根据主机实际地址设置（必须设置正确），如图4-2-47所示。

图4-2-47　UAPC 调试下载工具参数设置

点击"OK"，弹出主机连接成功窗口，如图4-2-48所示。

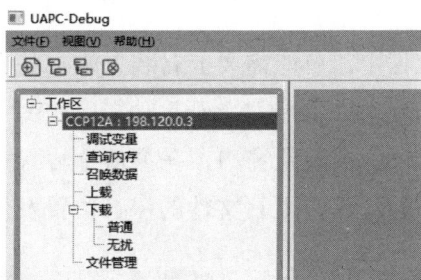

图4-2-48　UAPC 调试下载工具连接

如果要查询调试变量，选择左侧菜单栏"调试变量"，点击"添加"，弹出变量设置窗口，根据查询需求设置变量名称，注意变量名称一定要设置正确，设置错误可能导致主机死机，如图4-2-49所示。

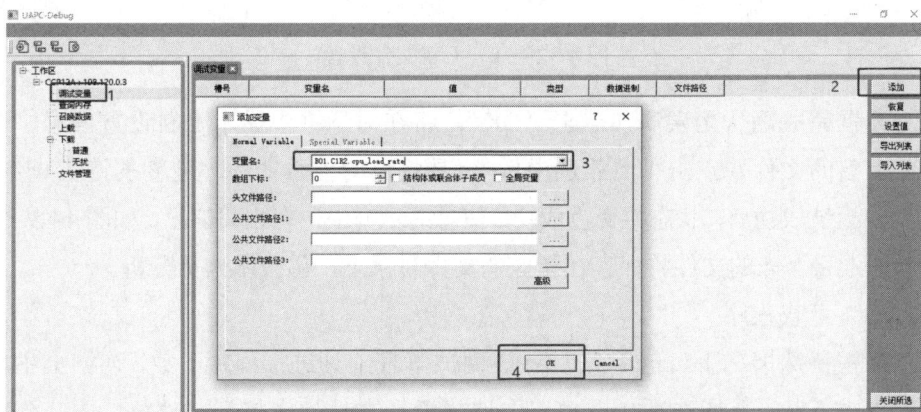

图4-2-49　UAPC 调试下载工具设置查询变量

查询变量名确认无误后，如图中设置查询 B01 板卡第二块核 C1R2 的负载率，点击"OK"按钮即可查询变量值，如图 4-2-50 所示，得到负载率为 5.56%，其他变量查询方法类似。

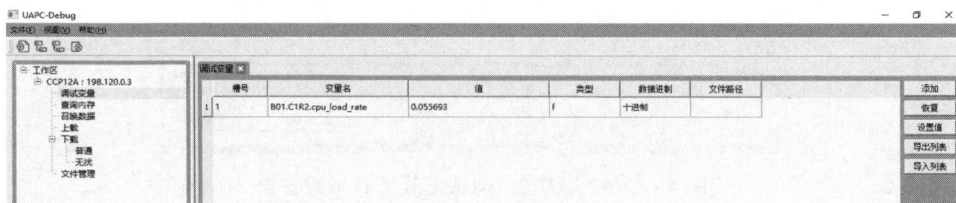

图 4-2-50　查询变量值

（2）上召主机文件

在一些故障排查过程中，可能需要上召装置中一些文件进行故障分析，此时需要用到 UAPC 调试下载工具的"上载"功能，如图 4-2-51 所示，点击上载选项，选择添加文件，弹出设置窗口，在窗口中输入需要上召文件位于的插件槽号，上召文件的名称，设置上召文件的保存位置及保存名称。

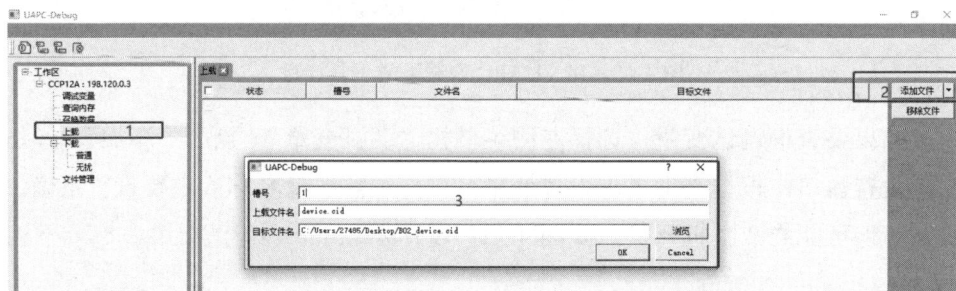

图 4-2-51　上召文件设置

设置完成确认无误后，点击"OK"，将在对话框中显示上召设置信息，选中要上召的文件，点击"上载选中"，工具将自动上召文件，进度条将从 0%～100%，上装成功后，状态将变为成功，信息提示框中也有相关信息，如图 4-2-52 所示，上召上来的文件将保存在指定的文件目录下，供技术人员分析。

（3）下载程序

某些特殊情况下可能用到 UAPC 调试下载工具进行程序下载，连接上主机后，点击下载–普通选项，在窗口中选择添加文件，在打开文件窗口中找到需要下载的文件，选中点击打开按钮，如图 4-2-53 所示。

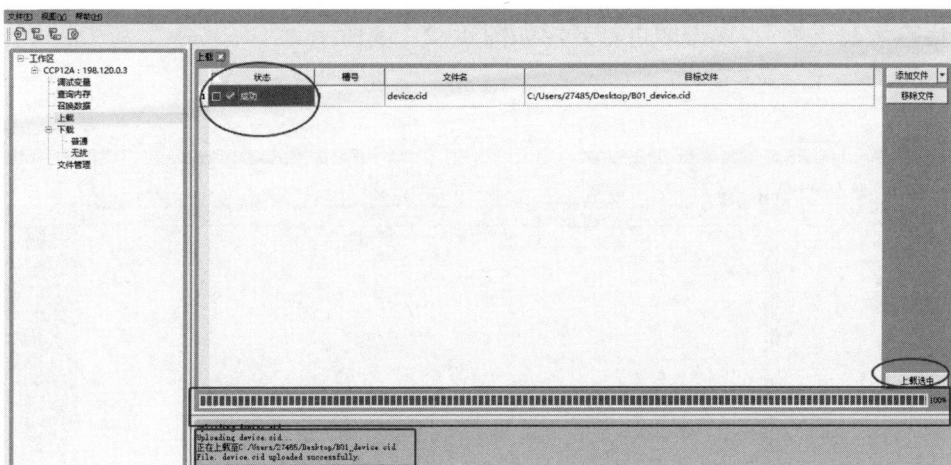

图4-2-52 上召完成示意图

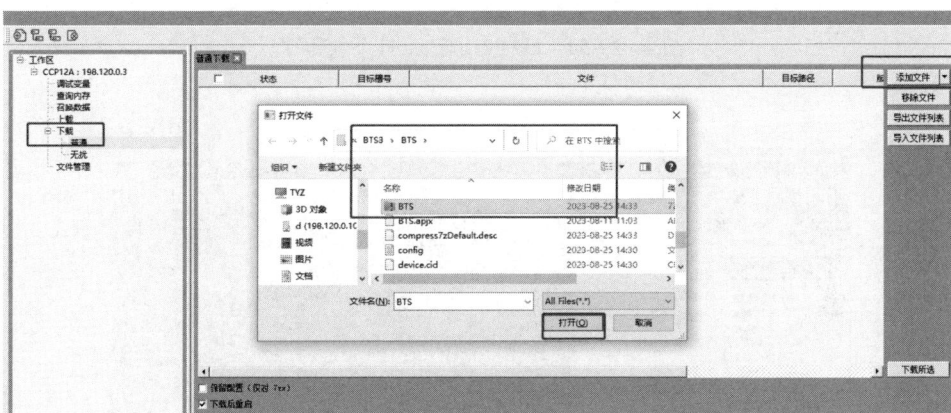

图4-2-53 UAPC调试工具下载设置

添加成功下载文件后，设置下载文件槽号（根据实际进行设置），确认无误后，点击下载所选，将自动进行程序下载，进度条将读条，下载完成后将提示下载成功，并且默认自动重启，如图4-2-54所示。

2. 虚拟液晶

由于南瑞继保PCS-9550直流控制保护系统主机不带液晶，所以ACCEL工具集成了虚拟液晶功能，可以通过虚拟液晶查看装置信息，装置定值等内容。

首先任意打开一个ACCEL程序，在程序元件处右键，找到工具栏，选中

"虚拟液晶工具"，单击即可打开，如图4-2-55所示。

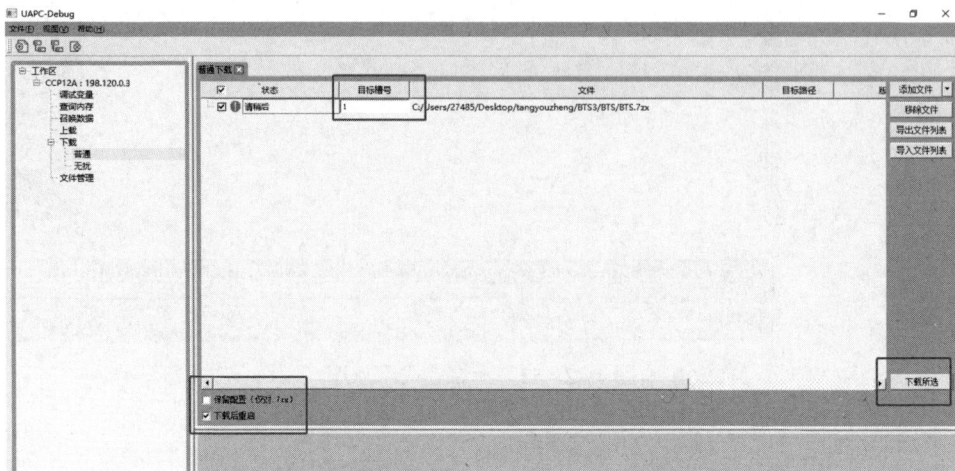

图4-2-54　UAPC调试工具下载程序

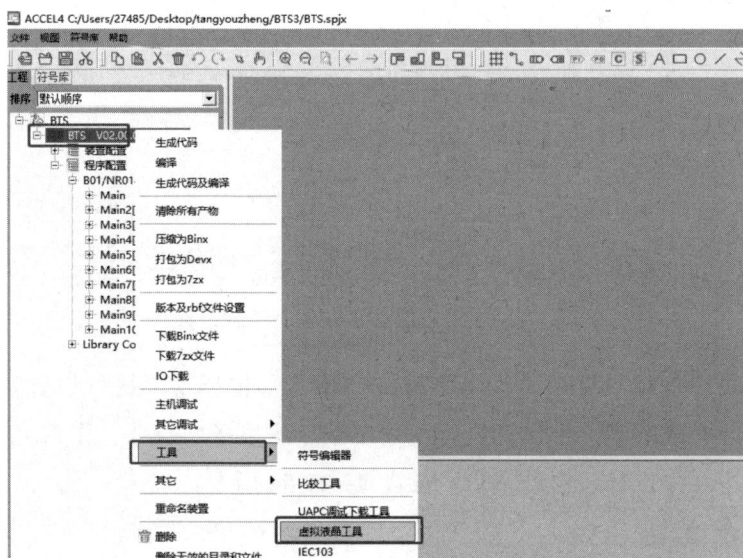

图4-2-55　打开虚拟液晶工具

打开工具后，将弹出装置信息设置框，按照实际输入装置名称，装置地址，应用选择普通，点击"OK"按钮，如图4-2-56所示，虚拟液晶将连接上直流控制保护装置并读取装置信息。

虚拟液晶读取信息成功后，可以在对话窗口中看到主机运行状态，装置"运行""告警"，主机"运行""备用""服务"和"试验"将根据实际进行点亮，对话窗口菜单栏将提示各种信息，可以根据需求进行查看，如图4-2-57所示。

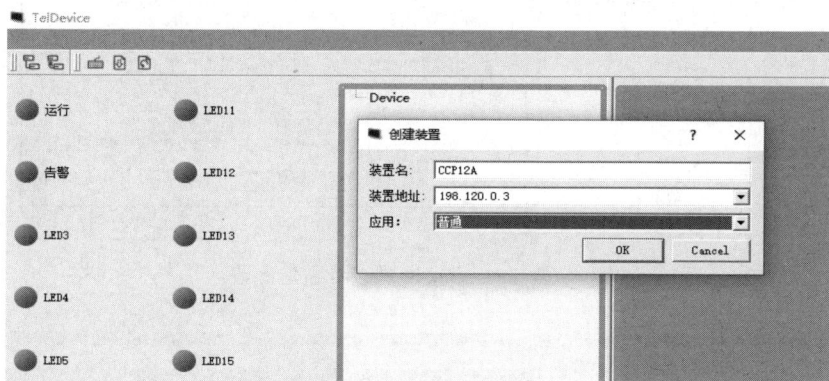

图4-2-56　虚拟液晶连接设置

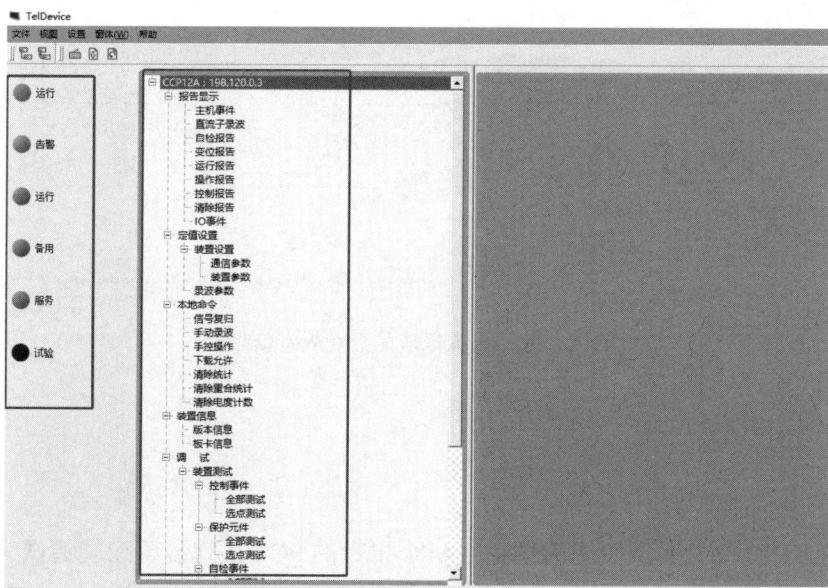

图4-2-57　虚拟液晶连接成功

常用到的是查看通信参数和版本信息，点击相应的菜单栏将在对话框中显示，如图4-2-58和图4-2-59所示。

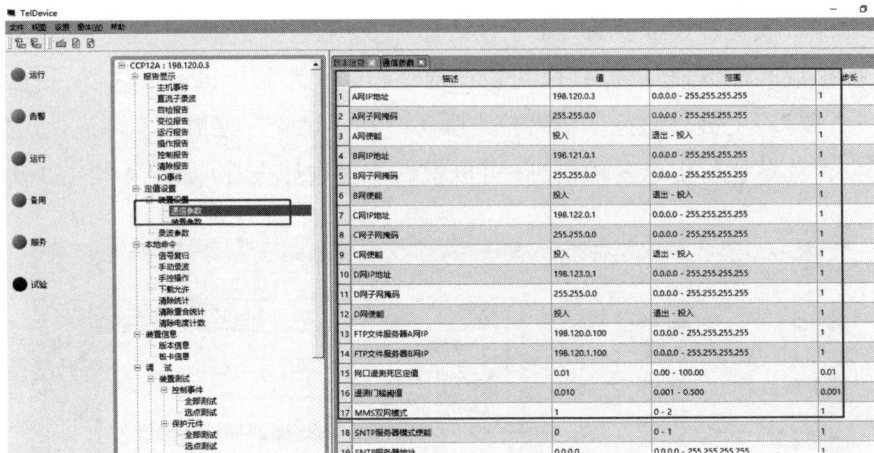

图 4-2-58　虚拟液晶查看通信参数

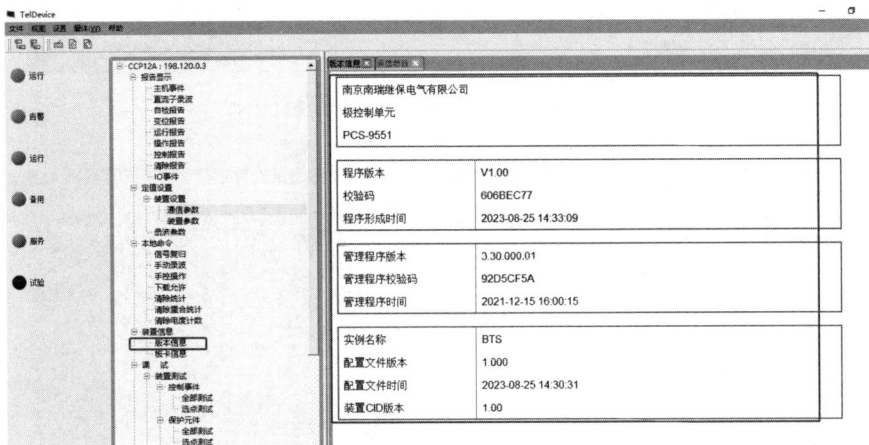

图 4-2-59　虚拟液晶查看版本信息

二、PCS-PC 工具

（一）工具简介

PCS-PC 工具是基于南瑞继保 UAPC 平台的 PCS 系列装置配套调试工具软件。该软件可提供 PCS 系列装置的在线调试下载和离线定值整定、LCD 液晶组态及整个厂站装置的批量归档功能。

PCS-PC 工具采用"容器化"设计理念，将目前的调试工具整合在一起，能够显著提高工程调试效率，减少独立工具的个数，并具备更强的准确性、灵活性和更好的交互能力，是面向研发和国内工程的调试工具。

PCS-PC 工具具有如下一些功能：

1）有效管理全站需要待调试装置。完整的 PCS-PC 工程能够有效地对厂站内需要调试的 PCS 系列装置进行管理，您可以方便地对站内装置进行调试并可对厂站内的装置进行批量归档。

2）离线配置功能。可以通过 PCS-PC 软件中离线定值整定子工具对装置定值进行整定、LCD 液晶组态子工具对装置的 LCD 画面进行编辑配置并下载到装置中，以满足现场的需求。支持以驱动包为输入源，可以不需要PCS-Explorer 工具也可进行 LCD 画面编辑和离线定值整定，也支持以 bin 文件为输入源，兼容 3.x 版本的功能。

3）在线调试及下载功能。PCS-PC 工具还集成了在线装置状态查看子工具、文件下载及变量调试子工具、装置诊断信息收集子工具及网络 PTS 打印机功能子工具等。可以将驱动包或装置相关文件通过文件下载及调试子工具直接下载到相对应的 PCS 系列装置中对装置进行调试，也可以通过集成的状态查看子工具查看装置状态。工具还支持在线形成 103INFO 点表文件，并自动转换为6 种常用的文本，提高工程实施效率。

在直流换流站主要 PCS-PC 工具主要用于集成式保护装置（如 PCS-976A交流滤波器保护）程序下载，在线状态查看和文件上召等功能。

（二）工具使用

1. 打开和连接装置

首先，点击安装好的软件后的上面的图标 进入到主界面，进入后点击左上角 Demo 右键新建一个装置，如图 4-2-60 所示。

图 4-2-60　打开 PCS-PC 工具

点击新建装置后，弹出对话框，选择在线装置，通信模式选择以太网，然后点击下一步，然后根据实际设置装置名称，设置装置的 IP 地址，然后点击完成，如图 4-2-61 所示。

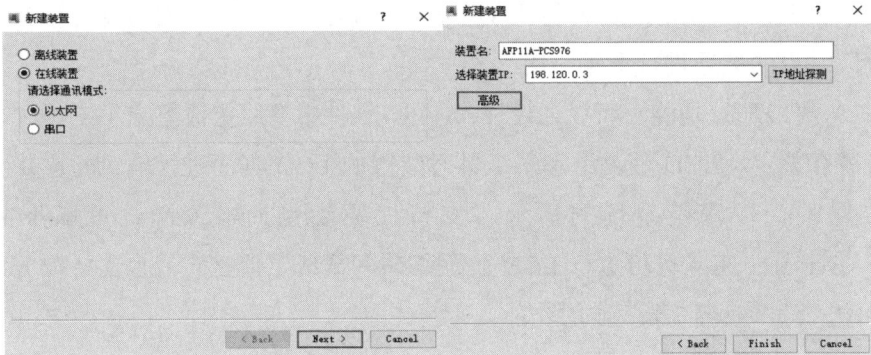

图 4-2-61　PCS-PC 工具设置

连接成功后，显示连接成功菜单栏，经常用到的有"调试工具""IEC 103 工具"和"在线状态查看"，调试工具主要用于下载文件、上装文件、调试变量、查询内存和召唤数据等功能，IEC 103 工具主要用于定值整定和录波查看，在线状态查看工具用来查看装置模拟量、状态量、定值和报告等信息，也可以在线对装置进行定值整定，如图 4-2-62 所示。

图 4-2-62　PCS-PC 工具连接装置

2. 调试工具

点击图 4-2-62 中调试工具，弹出如图 4-2-63 窗口，可以进行程序下载，文件上召和调试变量查询，方法同 UAPC 调试下载工具。

图 4-2-63 PCS-PC 调试工具

3. 在线状态查看

点击图 4-2-62 中在线状态查看，弹出如图 4-2-64 窗口，可以进行在线相关状态查看，方法同虚拟液晶工具。

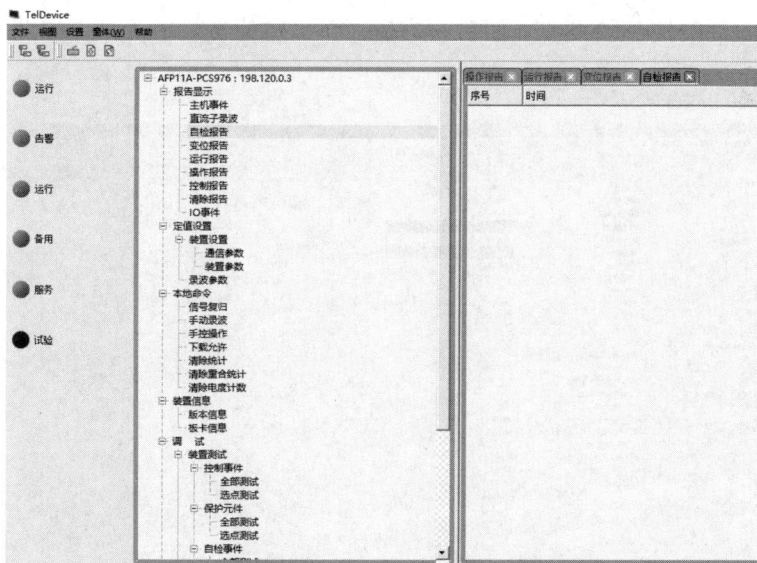

图 4-2-64 在线状态查看

4. IEC 103 工具

点击图 4-2-62 中 IEC 103 工具，弹出如图 4-2-65 窗口，可以进行定值整定和波形查看。

图 4-2-65 IEC 103 工具

如果要修改定值，在左侧找到需要修改的定值组，单击进入后在右侧进行修改，修改后的定值会变红，然后再右键下载，定值便修改完成，如图 4-2-66 所示。

图 4-2-66 修改定值

图4-2-67　下载定值

如果要导出定值，在定值处点击导出，可以选择当前定值区的定值导出或者所有区的定值导出，点击导出后即到定值保存的界面，可以选择定值保存的位置和名称，如图4-2-68所示。

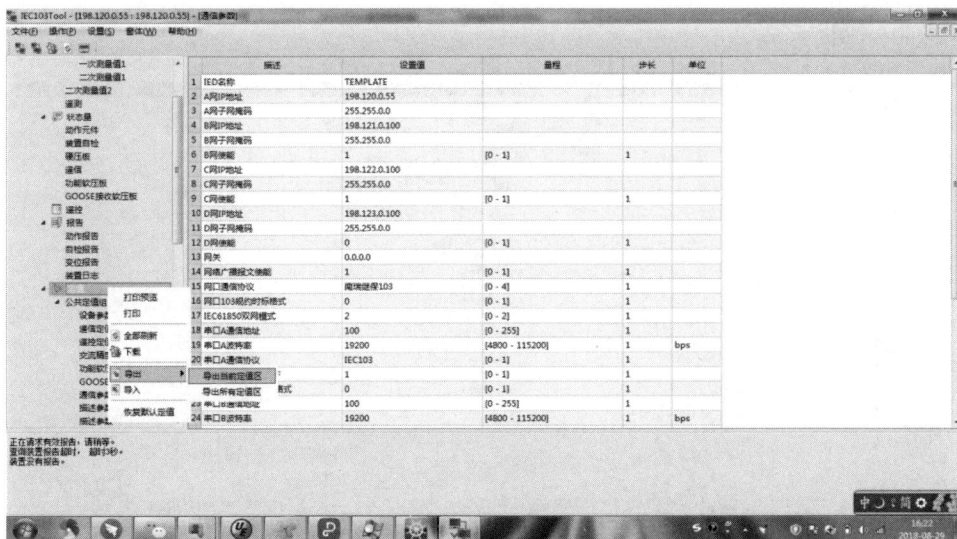

图4-2-68　保存定值（一）

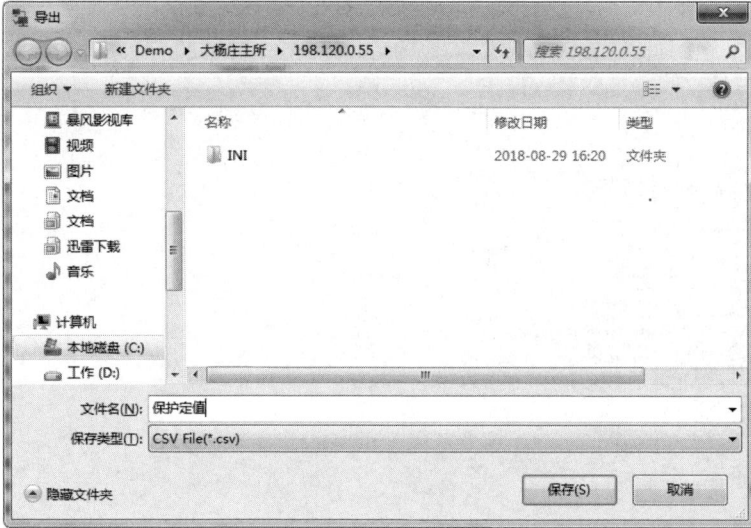

图 4-2-68　保存定值（二）

如果要进行波形召唤和查看，在动作报告中选中想要召唤波形的那条动作报告，然后右键点击快速录波，如图 4-2-69 所示。通过 Wave 软件打开所召唤的波形，波形保存路径一般在安装的 PCS-PC 的文件夹下面的所新建的场站以及装置下面，打开波形如图 4-2-70 所示。

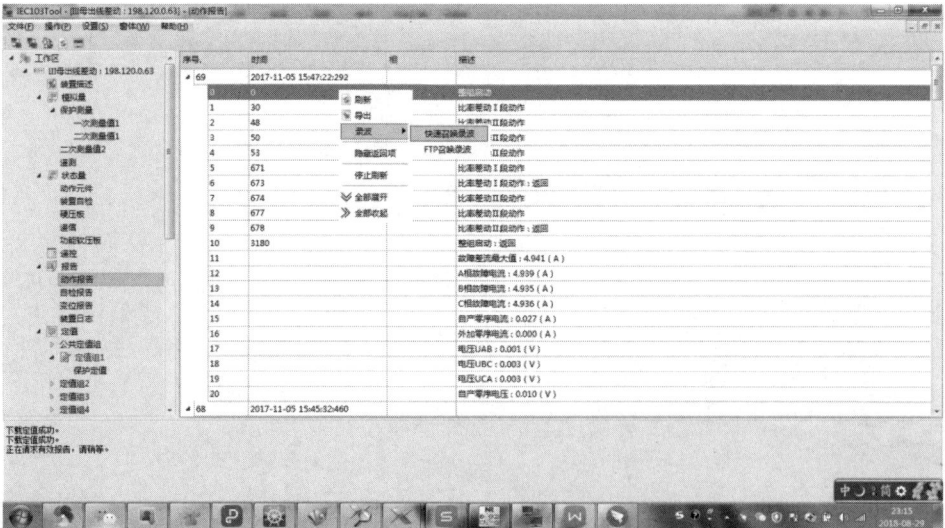

图 4-2-69　快速录波

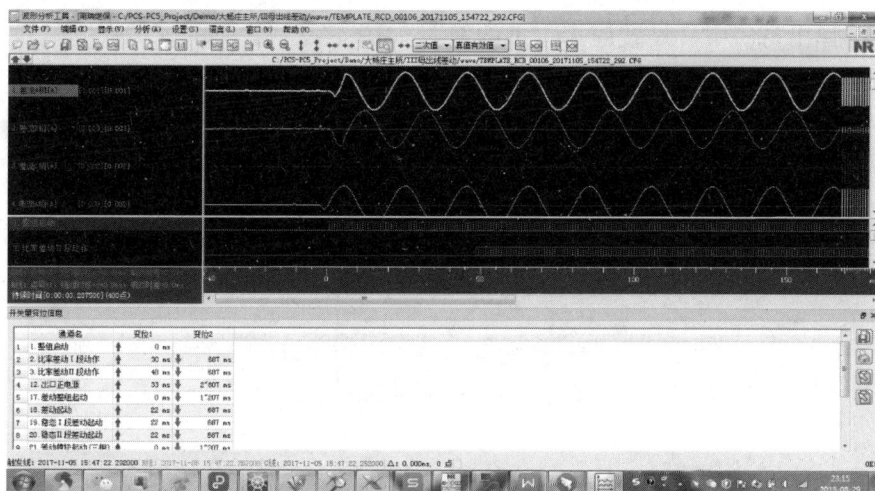

图 4-2-70　查看波形

三、UAPCDBG 工具

有些工程可能需要用到 UAPCDBG 工具进行主机管理板卡程序下载和调试变量查询，如锦苏直流、哈郑直流、灵绍直流等。

1. 主机负载率查看

打开 UAPCDBG 软件，点击"连接"-"连接端口"-"连接 UAPC 端口"，如图 4-2-71 所示。

图 4-2-71　连接主机

在弹出窗口中，设置连接主机的 IP，如图 4-2-72 所示。

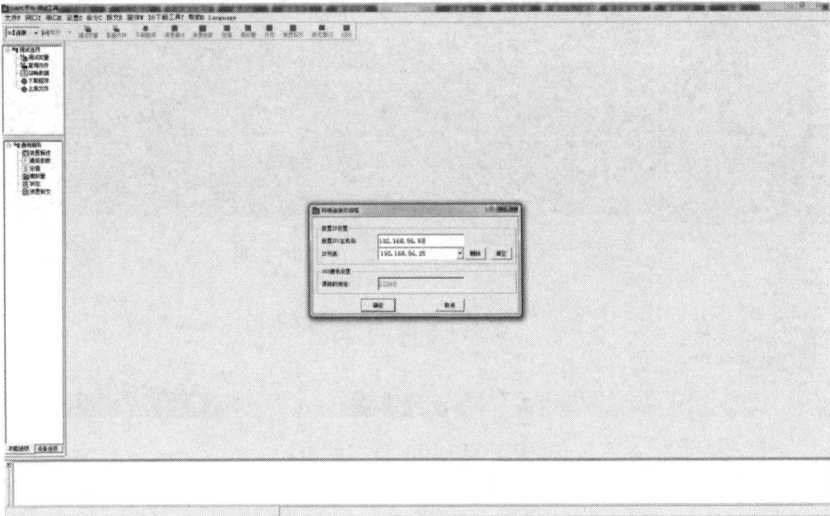

图 4-2-72　设置主机 IP

连接后，工具栏原先灰色"调试变量"按钮变亮可用，如图 4-2-73 所示。

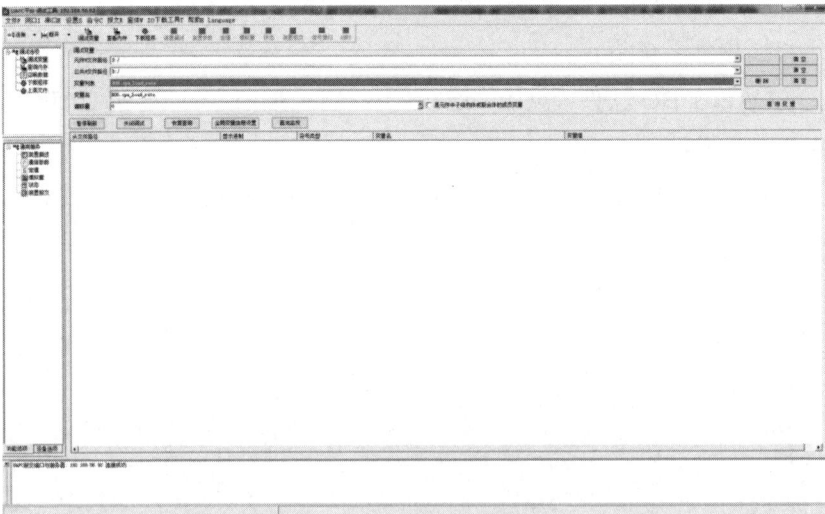

图 4-2-73　调试变量窗口

点击调试窗口或者工具栏中的"调试变量"，进入调试变量模式，如图 4-2-74 所示。

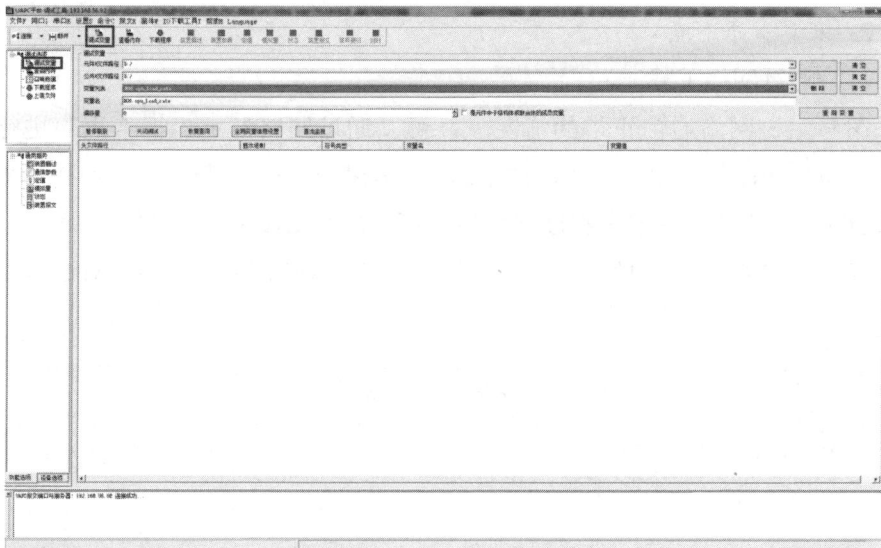

图 4-2-74 调试变量

在变量名栏中输入需要查看的 CPU 负载率变量 BXX.cpu_load_rate，即第 XX 号板卡的负载率。再点击"查看变量"，可以在主窗口中显示变量及它的值，也就是该板卡的负载率。已查看过的变量可以在变量列表中选择，如图 4-2-75 所示。

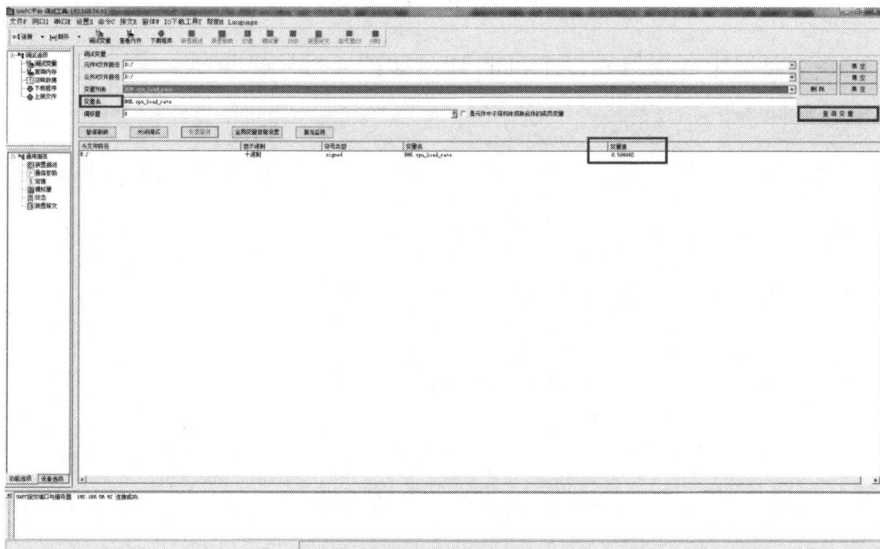

图 4-2-75 查看变量

2. 板卡程序下载

（1）通过网络下载

在与主机网络通信正常的情况下，可以通过网络对主机板卡程序进行下载，与 ACCEL 下载效果一致，通常由于主机板卡程序下载前需要编译，最好在 ACCEL 上完成。在已知程序文件后，可以通过 UAPCDBG 进行下载。

打开 UAPCDBG 软件，点击"连接"–"连接端口"–"连接 UAPC 端口"，如图 4-2-76 所示。

图 4-2-76　连接主机

在弹出窗口中，设置连接主机的 IP，如图 4-2-77 所示。

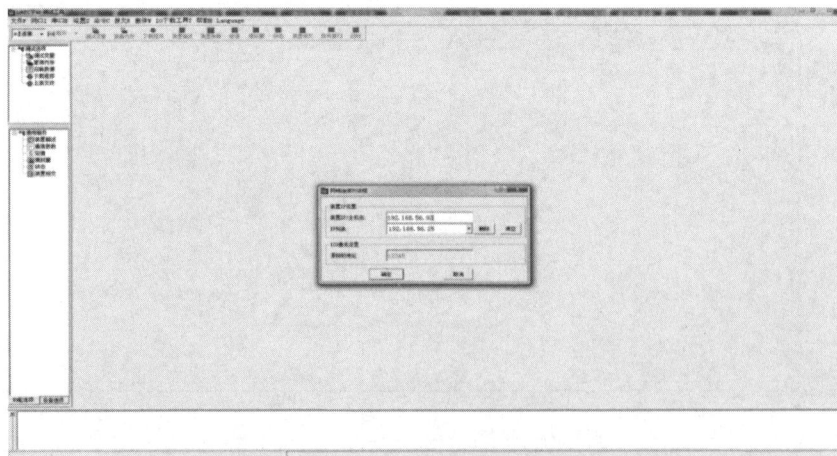

图 4-2-77　设置主机 IP

连接后，工具条原先灰色"下载程序"按钮变亮可用，如图4-2-78所示。

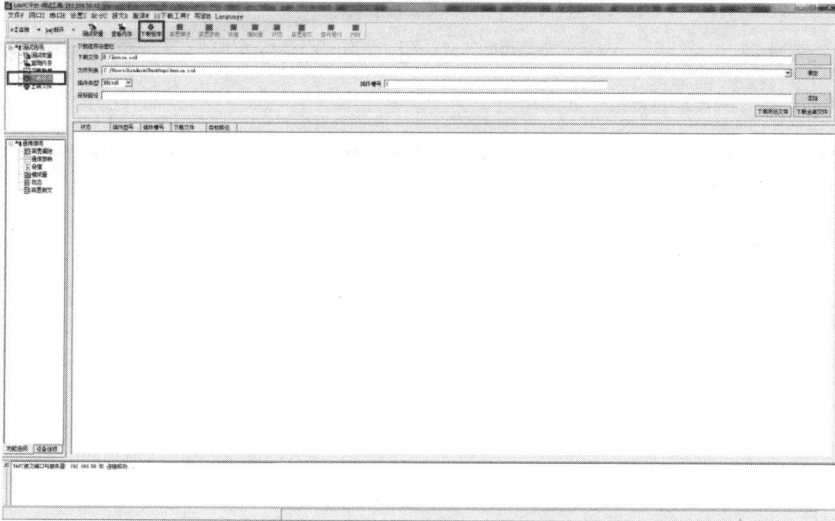

图4-2-78　进入下载程序

　　点击调试选项或者工具栏中的"下载程序"，进入下载程序模式。点击下载文件后面的"…"，弹出选择文件的窗口，找到需要下载的程序打开，下载文件的属性变为选择的文件名称，如图4-2-79所示。

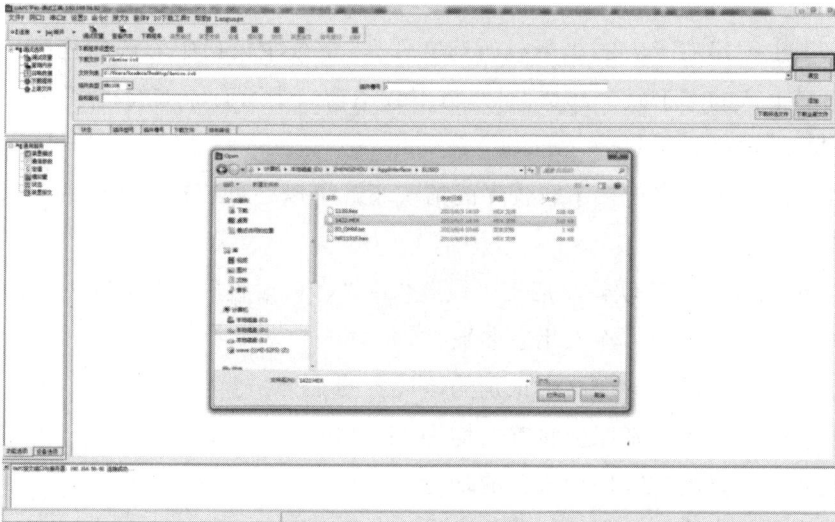

图4-2-79　选择下载程序窗口

文件选择完成后,在"插件类型"中通过下拉选择需要下载的插件类型,下拉中未提供的,可以手动填写。在"插件槽号"中填入,插件处于机箱中的槽号。都设置完成后,点击"添加"按钮,将设置好的文件下载添加到主窗口中,如图 4-2-80 所示。

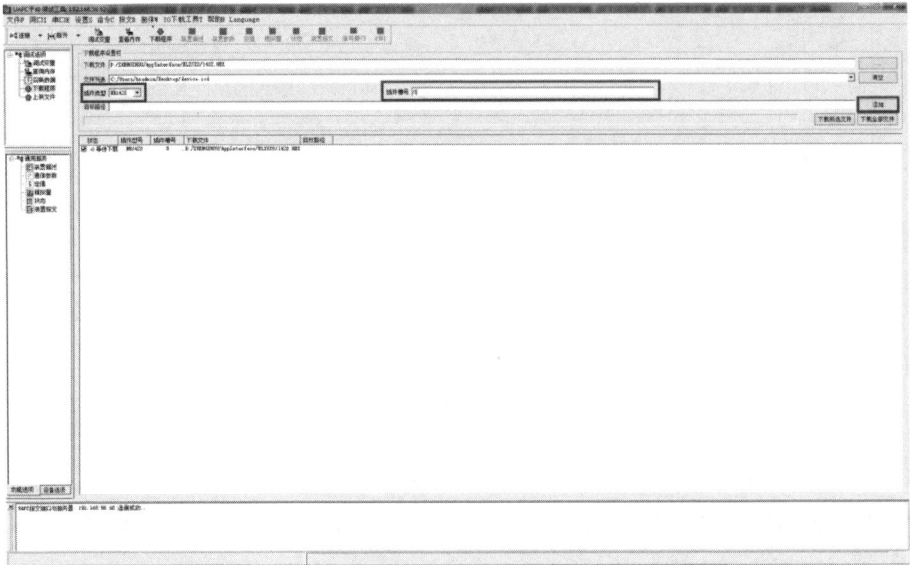

图 4-2-80 下载程序

点击主窗口右上方的"下载所选文件",下载主窗口中勾选的程序;点击主窗口右上方的"下载全部文件",将下载主窗口中所有添加的程序。

(2)通过串口下载

在无法通过网络连接下载程序的情况下,可以通过装置前面板的串口对板卡程序进行下载。

打开 UAPCDBG 软件,点击"设置"-"串口设置",如图 4-2-81 所示。

弹出设置窗口中,输入相应参数:

串口号,为设备管理器中识别的该设备的 COM 号;

波特率,直流控制保护装置的均为 115200;

校验位,直流控制保护装置的均为 NONE;

数据位,直流控制保护装置的均为 8;

停止位,直流控制保护装置的均为 1。

图 4-2-81　进入下载程序

后面两个默认不改，如图 4-2-82 所示。

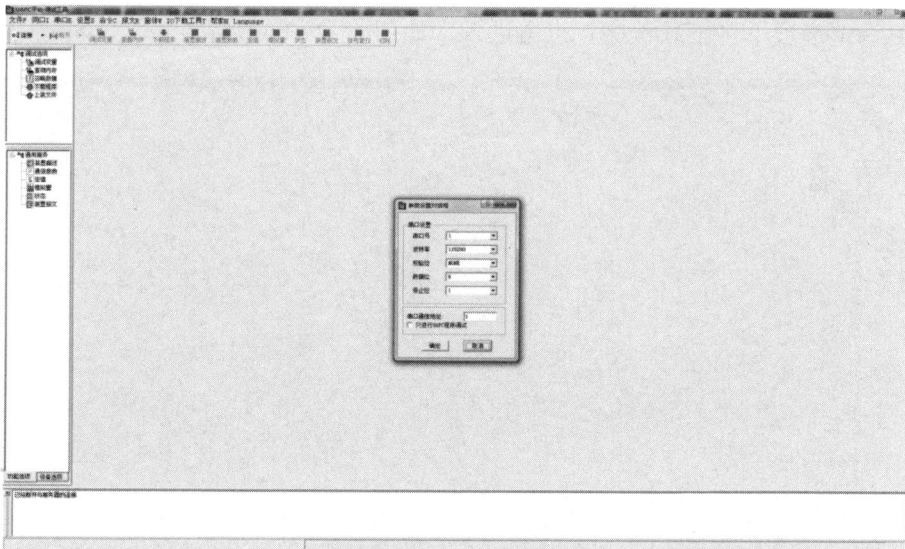

图 4-2-82　串口参数设置

设置完成后，点击"串口"－"打开串口"，建立串口连接，如图 4-2-83 所示。

图 4-2-83 建立串口连接

建立连接后，"下载程序"由灰色变亮，点击进入下载程序模式。或通过左侧调试选项中"下载程序"点击进入，如图 4-2-84 所示。

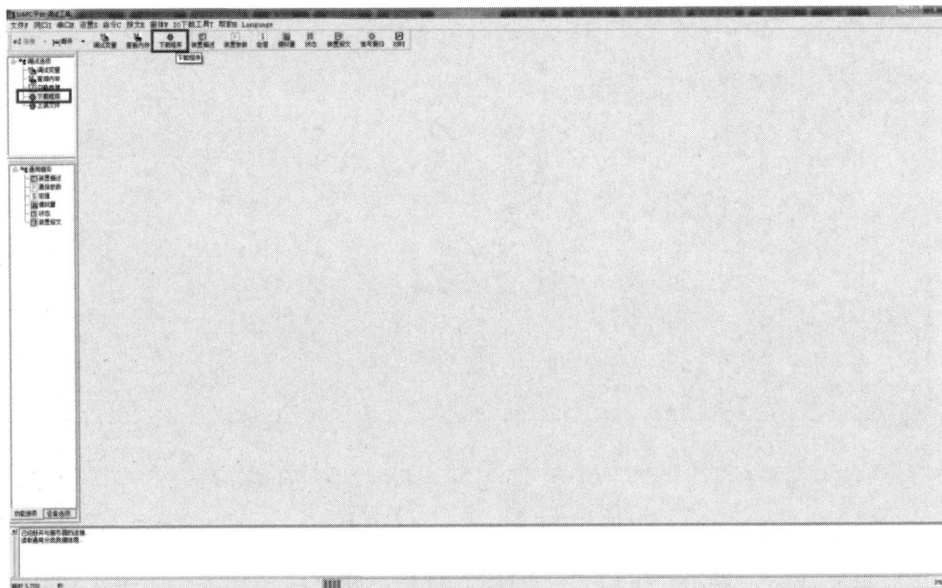

图 4-2-84 进入下载程序

之后的设置和下载过程和网络下载类似，在"下载文件"栏通过后面的"…"打开下载文件，设置好"插件类型"和"插件槽号"。设置完成后，点击"添加"，添加至主界面，勾选后点"下载选中文件"下载需要下载的程序，或点"下载全部文件"下载主界面中所有程序，如图 4-2-85 所示。

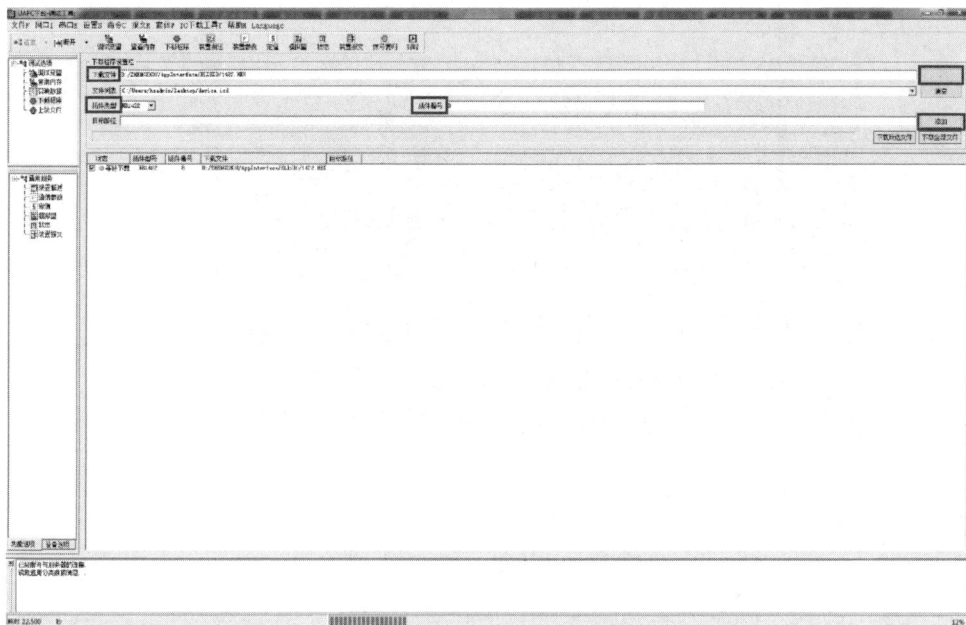

图 4-2-85　下载程序

四、SecureCRT 工具

SecureCRT 是一种多功能通信工具，直流控制保护系统主要利用它的串口通信功能与带串口的主机和 I/O 板卡通信，从板卡处理器中读出参数、变量或修改其中的参数。其界面如图 4-2-86 所示。

使用 SecureCRT 需要与通信对象建立链接步骤如下：

（1）打开 SecureCRT。单击"Quick Connect"，弹出串口配置界面；

（2）Protocol 选择串口 Serial；

（3）端口"Port"根据电脑使用哪个串口进行设置，例如"COM2"；

（4）波特率"Baud rate"根据连接板卡需求进行设置，常用的是"19200"和"115200"；

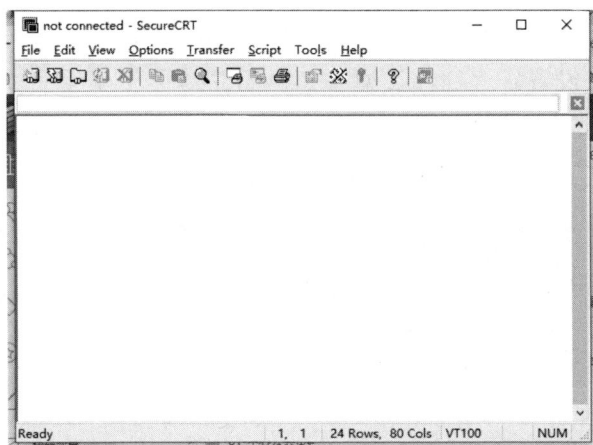

图 4-2-86 SecureCRT 工具主界面

（5）数据位"Data bits"根据数据长度进行设置，一般为"8"；

（6）奇偶校验"Parity"一般设置为"none"；

（7）停止位"Stop bits"一般设置为"1"；

（8）然后选中 Save session 和 RTS/CTS，点击连接即可实现串口通信，如图 4-2-87 所示。

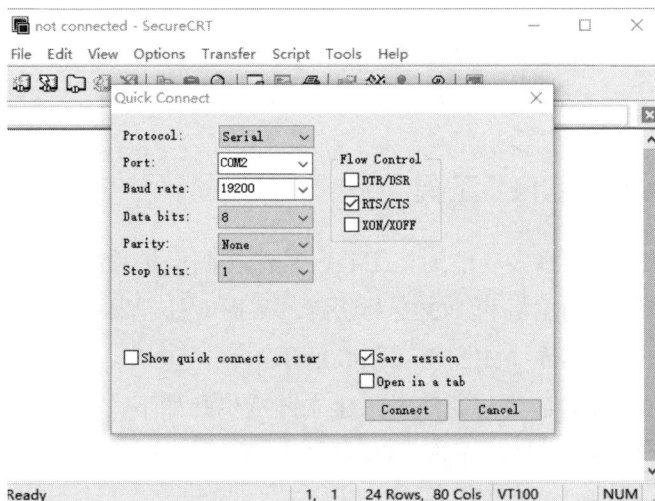

图 4-2-87 SecureCRT 工具串口配置

串口连接成功后，可以通过串口对主机进行相关操作，例如查看主机启动信息和文件权限等，RS 系列 IO 插件查看和设置配置参数，如图 4-2-88 所示。

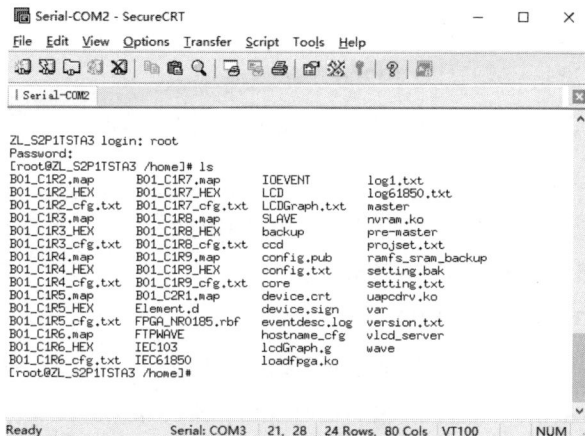

图 4-2-88 SecureCRT 串口调试

五、IO LoadWin

1. 软件概述

IO LoadWin 是直流控制保护系统专用下载工具，用于 RS 系列 I/O 板卡程序的下载。该应用软件位于路径 C:\mach\IOLoadWin 下，双击 IOLoadWin.exe 即可打开。其界面如图 4-2-89 所示。

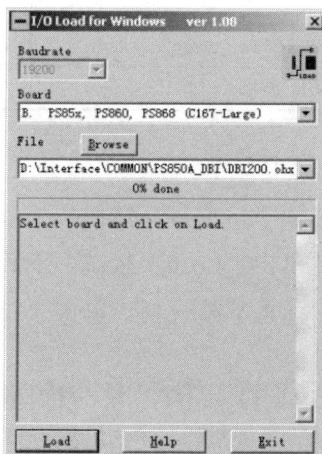

图 4-2-89 IO LoadWin 界面

2. 设置说明

用 IOLoadWin 下载 I/O 板卡程序通过串口实现，下载前应根据需要设置好下载类型并指定被下载文件。

第一栏传输波特率默认为 19200。

第二栏用于选择 I/O 板卡类型，共如下有四个选项：

（1）A. PS83x；

（2）B. PS85x，PS860，PS868（C167—Large）；

（3）C. PS85x，PS860，PS868；

（4）D. C167 Large（CAN）。

A 选项用于下载 RS83x 系列的 IO 板卡，例如 RS831、RS832、RS830 等；B 选项用于下载 RS85x 系列（RS851、RS853 等）、RS860、RS868 板卡的应用程序；C 选项用于下载 RS85x 系列（RS851、RS853 等）、RS860、RS868 板卡的 boot 程序；D 选项未用。

第三栏用于指定被下载文件的位置，即可键入目录也可点击"Browse"从弹出的打开窗口中选择目的文件。需要注意的是，对于不同的板卡，下载文件的类型是不同的。与上面第二栏选项相对应，文件类型见表 4-2-1。

表 4-2-1　　　　　　　　板卡与文件类型对应表

板卡类型	下载文件类型
A. PS83x	*.hex
B. PS85x，PS860，PS868（C167—Large）	*.ohx
C. PS85x，PS860，PS868	*.bin

3. 用 IOLoadWin 下载板卡程序

下载板卡程序前应先确认串口连接，然后按上节步骤设好下载板卡类型、被下载程序。给板卡通电并单击"Load"按键，下载过程将自动进行。完成后文本栏中会出现 OK 提示，标志下载成功。单击"Exit"退出并关闭窗口。

第二节　板　卡　更　换

一、硬件板卡功能及分类

南瑞继保 PCS-9550 直流控制保护系统硬件板卡主要分类如表 4-2-2 所示。

表 4-2-2　　　　　　　　　PCS-9550 直流控制保护系统硬件分类

分类	类型	型号	功能描述	更换维护要求
直流控制保护主机系统板卡	CPU	NR1106	直流主机 CPU 板，用于后台通信	下载系统程序，下载主机程序，修改主机配置
	CPU	NR1107	直流主机 CPU 板，用于后台通信	下载系统程序，下载应用程序，修改主机配置
	CPU	NR0185	实现模拟量运算处理、实时监视与控制逻辑	下载程序　修改配置
	CPU	NR8190B	完成后台通信、信号接收处理等	下载程序　修改配置
	DSP	NR1114	高性能浮点 DSP 处理器，主要用于模拟量采样和计算	下载应用程序
	DSP	NR1128	主要用于直流保护系统中的站间通信	下载应用程序
	DSP	NR1139	用于直流通信及逻辑计算的 DSP 板卡	下载应用程序
	DSP	NR1117	采用高性能定/浮点 DSP 处理器，支持多路光口 ACTIVE 信号输入，主要用于交直流控制保护系统算法的实现	下载应用程序
	DSP	NR1118	应用于直流控制和保护主机的集成核心处理器 DSP 板卡，做为直流系统间通信、站间通信、极间通信、主机间通信、主机与 IO 的通信	下载应用程序
	DSP	NR1192	用于交/直流控制保护系统算法的实现	下载应用程序
	接口板	NR0185E XT4A	SCADA LAN、就地控制 LAN、对时等接口	不需下载程序
	接口板	NR0185E XT5A	测量、控制 LAN 等	不需下载程序
	接口板	NR0185E XT8A	控制 LAN 等	不需下载程序
	接口板	NR0185E XT9A	与其他设备接口等	不需下载程序
分布式 I/O 系统功能板卡	DSP	NR1136	通用 DSP 智能以太网扩展板卡，主要用于分布式 IO 和主机间的通信	下载应用程序
	DSP	NR1130	48 路模拟量采样 DSP 板，3 路发+1 路收	下载应用程序
	DSP	NR1150E	通用 DSP 智能以太网扩展板卡。硬件最大支持 6 路光纤以太网、1 路光 B 码，主要用于分布式 IO 和主机间的通信	下载程序　修改配置
	DSP	NR1150 A/B	48 路模拟量采样 DSP 板，NR1150A 截止频率 3.9K，NR1150B 截止频率 18.9K	下载程序　采样接口系数校正
	接口	NR1201	CAN 与 PPS 总线扩展，用于 UAPC 多机箱级联	不需下载程序
	接口	NR1214	对外最多提供 4 路多模光纤通道，主要完成 HDLC、C37.94 等光纤通信协议转换	不需下载程序

续表

分类	类型	型号	功能描述	更换维护要求
模拟量板卡	模拟量输入	NR1401	PCS 系列装置通用交流板卡，通用 24 芯大电流端子，支持最多 12 路模拟量输入	不需下载程序
	模拟量输入	NR1405	PCS 系列装置通用交流板卡，通用 24 芯大电流端子，支持最多 6 路模拟量输入	下载应用程序
	模拟量输入	NR1415	NR1415 是 6 通道完全隔离交直流量测量板	不需下载程序
开关量板卡	开关量输入	NR1504	智能开入板，含 18 路直流开入、1 路光耦电源监视	下载应用程序
	开关量输入输出	NR1520	智能开入、开出板，主要应用于直流工程。含 8 路开入，10 组开出	下载应用程序
	开关量输出	NR1521	智能开出板，含 11 组开出	下载应用程序
	开关量输入输出	NR1522	智能开入、开出板，含 9 路开入，6 组开出，开出可并联 IGBT	下载应用程序
	开关量输入输出	NR1530	智能开入、开出板，含 11 路开入，5 组开出，开出可并联 IGBT	下载应用程序
电源板卡	电源	NR1301	NR1000 通用平台的电源板卡，支持交直流输入	不需下载程序
	电源	NR1303	NR1000 通用平台的电源板卡，支持交直流输入	不需下载程序

PCS-9550 控制保护系统及分布式 IO 维护主要分为以下几种：

第一类：主机管理 CPU 板卡，需要下载系统程序、应用程序并且需要修改配置参数，主要有 NR1106 系列、NR1107 系列、NR0185 系列和 NR8190B；

第二类：主机其他板卡，需要下载应用程序才能正常运行，通过 ACCEL 软件主机下载，这类板卡包括直流控制保护主机系统 DSP 板卡 NR1139、NR1114、NR1128、NR1117、NR1118、NR1192 等，开关量板卡 NR1521E、NR1522A-L 等；

第三类：UAPC3.0 平台主机接口板卡，包含 NR0185EXT4A、NR0185EXT5A、NR0185EXT8A、NR0185EXT9A 等，不需要下载应用程序，可以直接更换；

第四类：IO 机箱 DSP 板卡，需要下载应用程序才能正常运行，需要通过串口下载的包括 NR1136D、NR1136A，可以通过网口下载的 NR1150E；

第五类：需要下载应用程序才能正常运行，通过 ACCEL 软件 I/O 下载，这类板卡包括开关量板卡，如 NR1504AL、NR1520A、NR1521E、NR1522A-L、

NR1530A、NR1530E 等；模拟量采样 DSP 板卡，如 NR1130A，NR1150A、NR1150B 等；模拟量采样板卡，如 NR1405 等；

第六类：无需下载程序即可运行：这类板卡包括电源板卡，如 NR1301E、NR1301EL 等；接口板卡 NR1201B、NR1214E 等；

第七类：无需下载程序即可运行，但是更换后需要做注流加压试验检查，包括模拟量板卡，如 NR1401 系列板卡、NR1415 系列板卡等。

二、典型板卡更换流程

（一）主机管理 CPU 板卡

1. NR1106 系列

NR1106 系列管理 CPU 主要用于 PCS-9550 直流控制保护系统 UAPC1.0 平台，在柴拉直流，锦苏直流，天中直流等工程应用，下面以中州换流站更换 NR1106 为例进行介绍，其他工程类似。

（1）修改主机配置

NR1106 承担主机网络通信任务，更换 NR1106 后，需要首先设好 IP，才能通过工作站对其和本主机的板卡下载程序。

NR1106 修改主机 IP 的具体做法如下：

单独找一台调试笔记本，通过网线连接到 NR1106 板卡的第一个网口，默认 IP 为 192.168.0.82，设置笔记本的 IP 为 192.168.0.XXX（XXX 为 0～254 之间的非 82 的数），在 ping 通 192.168.0.82 后，打开 cmd 窗口，通过命令"telnet 192.168.0.82"连接 1106。

连接成功后，输入用户名 root，密码 root 进入。

通过键入"cd home/etc/init.d"，进入 init.d 目录，键入"ls"，显示目录下的文件。看到"rcS"，用命令"vi rcS"，编辑 rcS 文件。根据设备信息表中的配置，修改下面几项内容，如果没有的需添加。

hostnameHZ_S2－ACC1A－

ifconfig eth0 192.168.56.21

ifconfig eth0：1 192.168.57.21

ifconfig eth0：2 192.168.58.21

Hostname 为本主机的主机名称，eth0 为第一个网口的 IP，eth0：1 为第二个网口的 IP，eth0：2 为第三个网口的 IP。如果不接就地 LAN 的主机可以不用设置第三个网口的 IP。

常用编辑命令：

a 在当前光标后增加字符；

i 在当前光标处增加字符；

r 改写当前字符；

x 删除当前字符；

o 增加一行；

dd删除一行；

yy 拷贝一行；

p 粘贴。

修改完成后，通过"：wq!"命令保存退出修改。

重启主机，通过工作站 ping 设置好的主机 IP，正常 ping 通后，可以通过工程师工作站 UAPCDBG 工具给该主机下载系统程序。

（2）下载系统程序

首先在工程师工作站 EWS 上获取最新系统程序，通过 UAPCDBG 工具下载系统程序，使用方法见"第一节常用软件使用第三小节"。连接装置的 UAPC端口，如图 4-2-90 所示，在装置 IP 设置栏内输入管理板的 IP 地址 192.168.56.21（ACC1A 为例，根据实际加以修改），确定。

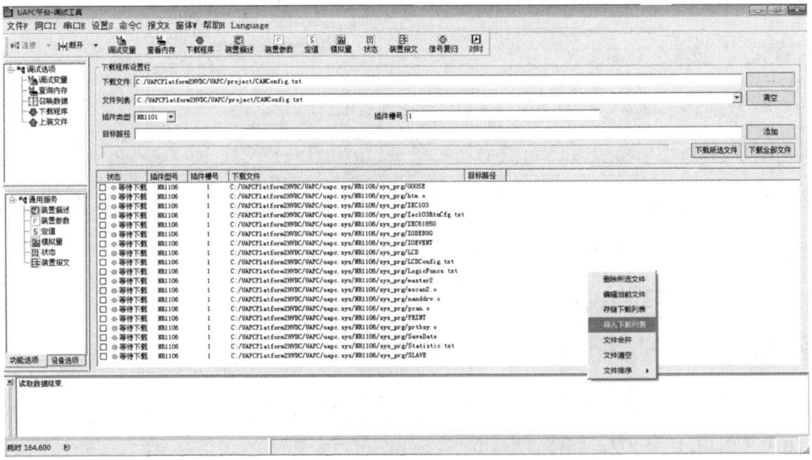

图 4-2-90　NR1106 下载系统程序界面

点击工具栏的"下载程序"，右键选择"导入下载列表"，选择 C:\UAPCPla tform2HVDC\UAPC\uapc.sys\NR1106\sys_prog.txt 文件，添加直流工程使用的系统库文件，将 C:\UAPCPlatform2HVDC\UAPC\uapc.sys\NR1106 \sys_prg 下的文件导入下载列表（包括 master2、IEC 103、IEC 61850、LCD、SLAVE、IODEBUG IOEVENT、SaveDate、LCDConfig.txt、Statistic.txt、LogicFuncs.txt、mscan2.o、htm.o、pcan.o）。文本中定义插件类型为 NR1106，插件槽号 1。目标路径默认为/home，不用填写。

点击"下载全部文件"，将这些文件下载到板卡中。

当上述系统文件下载成功后，再通过下载文件添加 C:\UAPCPlatform2 HVDC\UAPC\project\CANconfig.txt，插件类型填 NR1106，插件槽号填 1，点击添加导入下载列表中，下载 CANconfig.txt 文件，如图 4−2−91 所示。

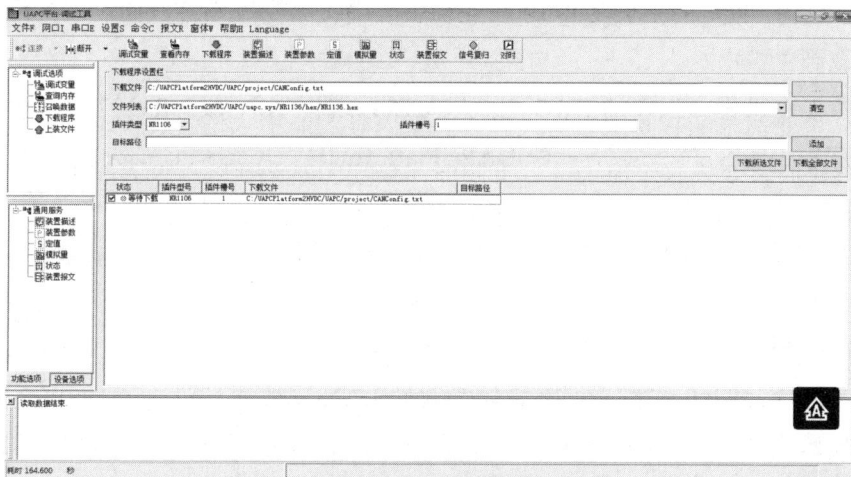

图 4−2−91　NR1106 下载 CANConfig.txt 文件

下载完成之后，对下列文件添加执行权限：

master2、IEC 103、IEC 61850、LCD、SLAVE、IODEBUG、IOEVENT、SaveDate、mscan2.o、htm.o、pcan.o。

telnet 连接后，输入用户名 root，密码 root 进入，输入以下命令：

cd /home

ls复核上述文件是否已经下载到指定文件夹/home 下：

chmod+x Filename…Filename对应需要增加执行权限的文件名。

ls-l 查看文件属性，对应行第一列的第 4、7、10 位为"x"而不是"-"

重启装置，master2 会自动复制为 master，其他添加新属性的文件应该显示为绿色。

（3）下载主机程序

当系统文件下载成功，重启主机之后，可以通过 ACCEL 工具连接主机下载主机程序，下载方法详见第一节常用软件使用第一小节。

2. NR1107 系列

NR1107 系列管理 CPU 主要用于 PCS-9550 直流控制保护系统 UAPC2.0 平台，在灵绍直流，上山直流，祁韶直流，吉泉直流，青豫直流，雅湖直流等工程应用，下面以绍兴换流站更换 NR1107 为例进行介绍，其他工程类似。

（1）修改板卡配置文件

NR1107 板卡的主机名和 IP 地址设置采用文本配置方式，通过文本配置好再下载到主机中。

首先在工程师工作站 EWS 上获取最新系统程序，一般 NR1107 管理板的系统程序在 EWS 位置如下：C:\UAPCPlatform2HVDC\UAPC\uapc.sys\NR1107\sys_prg，将 sys_prg 目录下 ip_config 文件复制至桌面，用 UltraEdit 打开文件，修改其 IP 地址，IP 地址详细信息详见每个工程的《设备信息表》，以修改 CCP12A 地址为例，第一个 IP 地址为站 LAN A 网地址，即 eth0 198.120.0.80，子网掩码为 255.255.0.0，第二个 IP 地址为站 LAN B 网地址，即 eth1 198.121.0.80，子网掩码为 255.255.0.0，第三个 IP 地址为就地 LAN 网地址，即 eth2 198.122.0.80，子网掩码为 255.255.0.0，修改主机名即 hostname 为对应名称 LS_S2P1CCPA2，修改后保存关闭文件，如图 4-2-92 所示，并覆盖至原路径下。

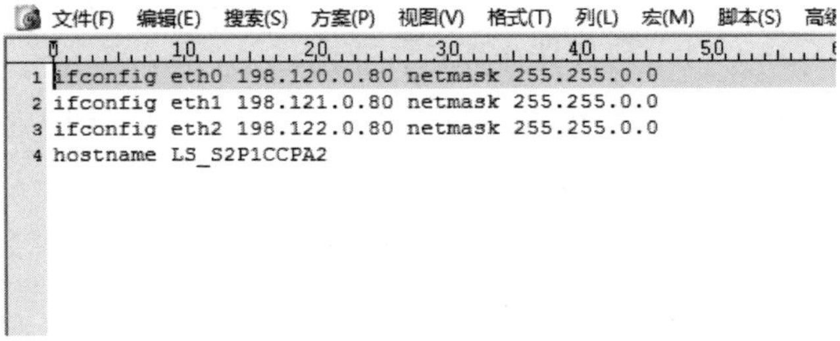

```
文件(F)  编辑(E)  搜索(S)  方案(P)  视图(V)  格式(T)  列(L)  宏(M)  脚本(S)  高级
   0.......10.......20.......30.......40.......50.......6
1 ifconfig eth0 198.120.0.80 netmask 255.255.0.0
2 ifconfig eth1 198.121.0.80 netmask 255.255.0.0
3 ifconfig eth2 198.122.0.80 netmask 255.255.0.0
4 hostname LS_S2P1CCPA2
```

图 4-2-92 ip_config 文件修改

（2）下载配置文件和系统程序

NR1107 系列板卡系统程序下载通过 PCS-PC 工具下载，使用方法详见工具说明，将调试笔记本的网口地址改为板卡默认初始地址同网段，NR1107 第一个网口默认地址一般为 198.120.0.1，可以设置调试笔记本的 IP 为 198.120.0.199，子网掩码 255.255.0.0，如图 4-2-93 所示。

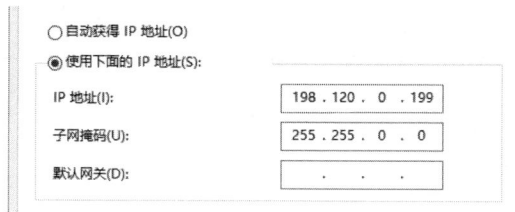

图 4-2-93　调试笔记本网段设置

将调试笔记本的网口用网线与 NR1107 板卡的网口 1 连接起来，打开 PCS-PC 软件，右键装置，选择连接装置，如图 4-2-94 所示。

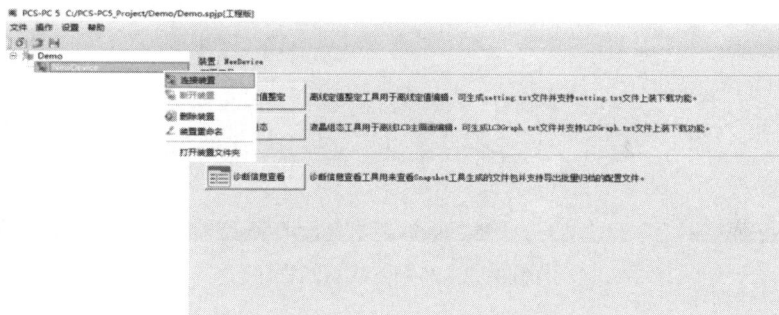

图 4-2-94　PCS-PC 连接

在弹出来的窗口输入 NR1107 板卡出厂默认 IP 地址 198.120.0.1，如图 4-2-95 所示。

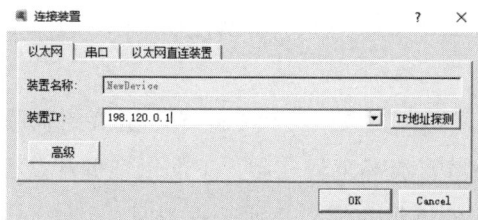

图 4-2-95　PCS-PC　设置

连接完成之后，点击调试工具，进入调试界面，点击下载程序，进入下载界面，若下载窗口有文件，则在文件最前方打上勾，点击移除文件，若没有文件，则点击添加文件，点击浏览，在弹出的窗口选择 C:\UAPCPlatform2HVDC\UAPC\uapc.sys\NR1107\sys_prg 路径下的 NR1107.bin 文件，点击确认添加，另外用同样的方式添加该路径下的 ip_config 文件（前面修改好的配置）和 CANConfig.txt（工程通信配置文件）文件，如图 4-2-96 所示。

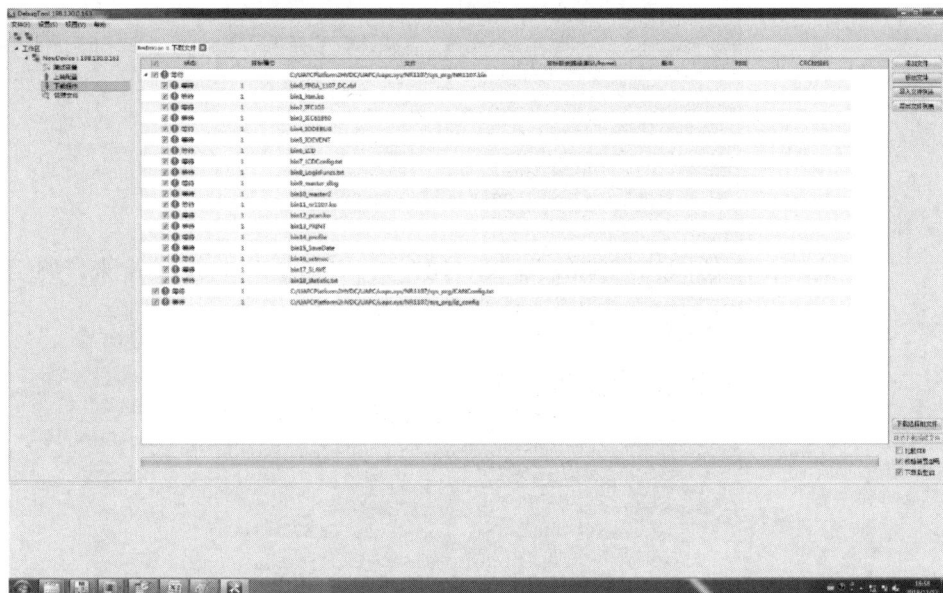

图 4-2-96　下载系统程序

在右下角勾上校验装置型号和下载后重启，然后点击下载所选的文件。下载完成后等待装置重启完成。

（3）下载应用程序

当系统文件下载成功，重启主机之后，可以通过 ACCEL 工具连接主机下载主机程序，下载方法详见第一节常用软件使用第一小节。

3. NR0185 系列

NR0185 系列管理 CPU 主要用于 PCS-9550 直流控制保护系统 UAPC3.0 平台，在建苏直流，金塘直流等工程应用，下面以钱塘江换流站更换 CCP12A 的 NR0185 管理 CPU 为例进行介绍，其他工程类似。

（1）获取 CCP12A 主机管理板 NR0185 的配置信息

查看工程设备信息表，一般目录如下：users/ems/ BZ800kV_Project/工程文档，获取 NR0185 板卡的主机名和 IP 地址设置，如图 4-2-97 所示。

83	198.120.0.90	198.121.0.90	255.255.0.0		BZ_S2F1CCPA2		196.122.0.80			PCS-9550
84	198.120.0.81	198.121.0.81	255.255.0.0		BZ_S2F1CCPB2		198.122.0.81			PCS-9550
85	198.120.0.82	198.121.0.82	255.255.0.0		BZ_S2P1CPRA2			198.123.0.82		PCS-9550
86	198.120.0.83	198.121.0.83	255.255.0.0	极1低压阀组	BZ_S2P1CPRB2			198.123.0.83		PCS-9550
87	198.120.0.84	198.121.0.84	255.255.0.0		BZ_S2P1CPRC2			198.123.0.84		PCS-9550
88	198.120.0.85	198.121.0.85	255.255.0.0		BZ_S2P1C2FA2			198.123.0.85		PCS-9550
89	198.120.0.86	198.121.0.86	255.255.0.0		BZ_S2P1C2FB2			198.123.0.86		PCS-9550
90	198.120.0.87	198.121.0.87	255.255.0.0		BZ_S2P1VCTA2					PCS-9550
91	198.120.0.88	198.121.0.88	255.255.0.0		BZ_S2P1VCTB2					PCS-9550
92	198.120.0.89	198.121.0.89	255.255.0.0		BZ_S2P1CPRA1		198.122.0.89			PCS-9550
93	198.120.0.90	198.121.0.90	255.255.0.0		BZ_S2P1CPRB1		198.122.0.90			PCS-9550
94	198.120.0.91	198.121.0.91	255.255.0.0		BZ_S2P1PPRA1			198.123.0.91		PCS-9550
95	198.120.0.92	198.121.0.92	255.255.0.0	极1	BZ_S2P1PPRB1			198.123.0.92		PCS-9550
96	198.120.0.93	198.121.0.93	255.255.0.0		BZ_S2P1PPRC1			198.123.0.93		PCS-9550
97	198.120.0.94	198.121.0.94	255.255.0.0		BZ_S2P1P2FA1			198.123.0.94		PCS-9550
98	198.120.0.95	198.121.0.95	255.255.0.0		BZ_S2P1P2FB1			198.123.0.95		PCS-9550
99	198.120.0.96	198.121.0.96	255.255.0.0		BZ_S2P2CCPA1		198.122.0.96			PCS-9550
100	198.120.0.97	198.121.0.97	255.255.0.0		BZ_S2P2CCPB1		198.122.0.97			PCS-9550
101	198.120.0.98	198.121.0.98	255.255.0.0		BZ_S2P2CPRA1			198.123.0.98		PCS-9550
102	198.120.0.99	198.121.0.99	255.255.0.0	极2高压阀组	BZ_S2P2CPRB1			198.123.0.99		PCS-9550
103	198.120.0.100	198.121.0.100	255.255.0.0		BZ_S2P2CPRC1			198.123.0.100		PCS-9550
104	198.120.0.101	198.121.0.101	255.255.0.0		BZ_S2P2C2FA1			198.123.0.101		PCS-9550

S2SCADA | S2SCM | S2保信 | S2综合应用服务器 | S2网安 | S2在线监测 | S2 PMU | S2智能辅控 | 半自动功率曲线 | ⊕

图 4-2-97　查看配置信息

（2）将 NR0185 新板卡插入待更换 CCP12A 机箱内

1）检查 CCP12B 系统正常，处于值班运行状态，将 CCP12A 打至试验状态；

2）首先断开 CCP12A 主机两侧电源板的开关，去掉 CCP12A 主机后的连接网线，戴好防静电护腕或手套，将原 NR0185 板卡从主机正面拔出，做好记录；

3）对比新旧板卡，核对跳线，确保新板卡和旧板卡一致，记录新旧板卡的条形码及板卡号；

4）将新板卡插入机箱，恢复固定；

5）安装完成后，打开两侧电源板的电源，启动主机。

（3）用调试笔记本通过 ACCEL 软件修改 NR0185 新板卡的配置

新板卡前网口默认 IP 地址为 100.100.100.100，将调试笔记本的 IP 地址改为板卡默认 IP 同网段，如 100.100.100.199，掩码 255.255.0.0，如图 4-2-98 所示。

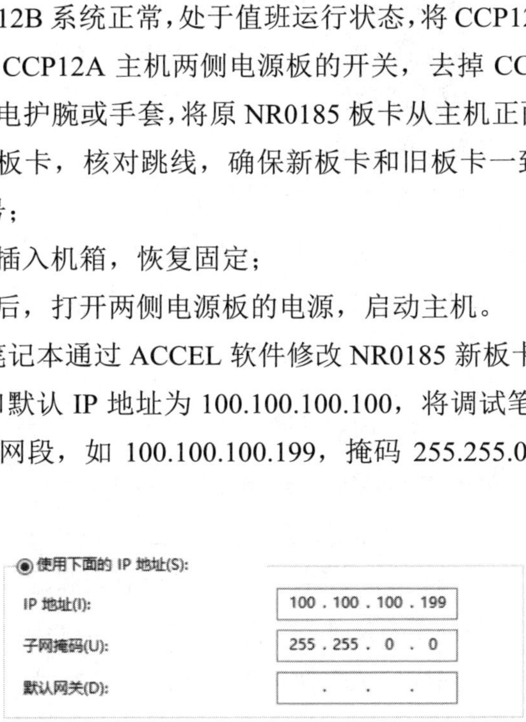

⦿ 使用下面的 IP 地址(S)：

IP 地址(I)：　　100 . 100 . 100 . 199

子网掩码(U)：　255 . 255 . 0 . 0

默认网关(D)：　　 .　　 .

图 4-2-98　调试笔记本 IP 配置

使用调试网线连接调试笔记本的网口与 NR0185 板卡的前面板调试口，用

ACCEL 工具软件打开 CCP 程序，右键装置，选择工具－虚拟液晶，如图 4－2－99 所示。

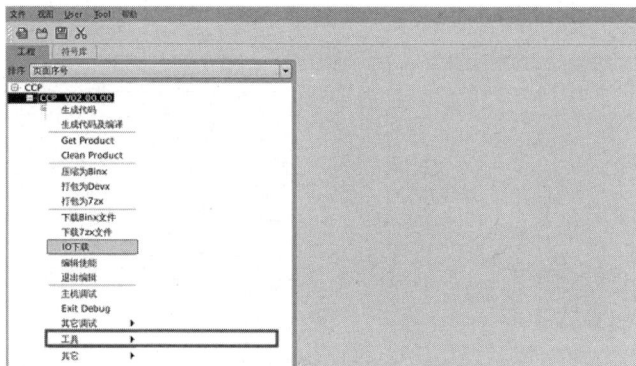

图 4－2－99　调试笔记本工具打开

选择定值设置–>装置设置–>通信参数，对下面参数进行定值修改：

1）按照设备信息表设置主机名、IP 地址、文件服务器 IP 地址。

2）MMS 双网模式选择为 1。

3）外部时钟源模式选择"硬对时"。

4）时间同步阈值整定为 7200（南网整定为 0）。

修改后的参数显示红色背景。修改完成后在空白处或左侧通信参数右键选择下载。密码选择面板按键"加左上减"，可以勾上记住密码，这样后面不需要输入密码，然后选择 OK 即可。

下载完成后，装置自动重启并断开连接，使用新的 IP 地址连接检查无误后恢复后网口网线。如图 4－2－100 所示。

（4）在 EWS 工程师工作站下载 NR0185 程序

将加密狗插入 EWS 工程师工作站，ACCEL 工具打开 CCP 程序，切换到编辑模式，右键装置－下载 7zx 文件。对照设备信息表和站网结构画面输入 IP，下载窗口选择准备下载的 7zx 文件，勾上下载后重启，点击"下载"，待程序下载完成后，装置自动重启即完成更换工作，并拔出加密狗。

（5）更换后主机检查

板卡更换并下载程序完成，主机自动重启结束，可以通过"站网结构"查看该主机报警是否还存在。

图4-2-100　虚拟液晶修改配置

如果主机状态显示正常，通过连接主机查看更换板卡之前的异常现象是否消失，恢复正常则板卡更换完毕。如果主机还有其余报警，通过连接主机查看具体报警情况。

恢复正常后，检查该主机无三级故障、无跳闸出口信号后，将CCP12A主机打到服务状态。

（二）主机其他DSP板卡

此类板卡需要下载应用程序才能正常运行，通过 ACCEL 工具进行主机软件下载，以绍兴换流站 PCS-9550 系列控保系统 PCP1A 主机 H2.4NR1139A 板卡更换为例进行简要介绍。

（1）NR1139A 板卡更换

1）检查 PCP1B 系统正常，处于值班运行状态，将 PCP1A 打至试验状态；

2）断开 PCP1A H2 主机两侧电源板的开关，戴好防静电护腕或手套，将B04板卡连接的把座、光纤等连接线拔出，做好记录；

3）用螺丝刀拧松固定板卡的螺丝，水平方向用力抽出板卡；

4）对比新旧板卡，核对跳线，确保新板卡和旧板卡一致，记录新旧板卡的条形码及板卡号；

5）将新板卡插入机箱，恢复板卡上的网线，把座、光纤等；

6）安装完成后，打开两侧电源板的电源，启动装置。

（2）板卡程序装载

在 EWS 上打开 ACCEL 工具，点击"打开"，找到 PCP 路径下 .apj 文件，打开，如图 4-2-101 所示。

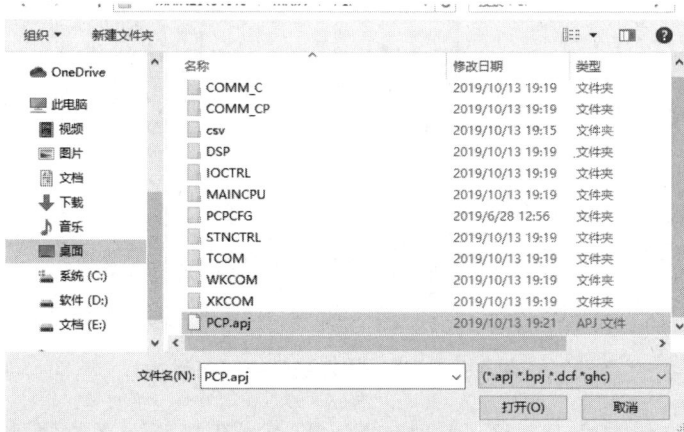

图 4-2-101 打开程序

将加密狗插入 EWS 工程师工作站，切换到编辑模式，右键 SingPCP，选择"主机下载"，在弹出窗口输入 PCP1A 主机 ip 地址 198.120.0.89。如图 4-2-102 所示。

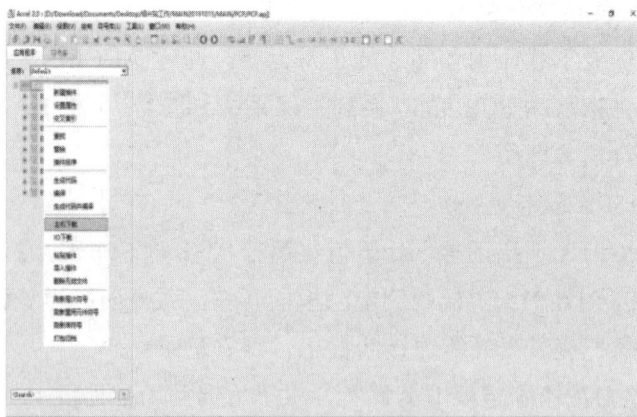

图 4-2-102 连接主机（一）

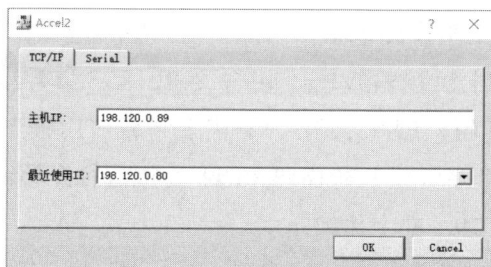

图 4-2-102 连接主机（二）

弹出程序下载窗口，将槽号为 B04 并且插件类型为 NR1139A 的文件都勾上，并且勾上下载完成后重启装置，点击"下载选中的文件"，待程序下载完成后，装置自动重启即完成更换工作，并拔出加密狗。如图 4-2-103 所示。

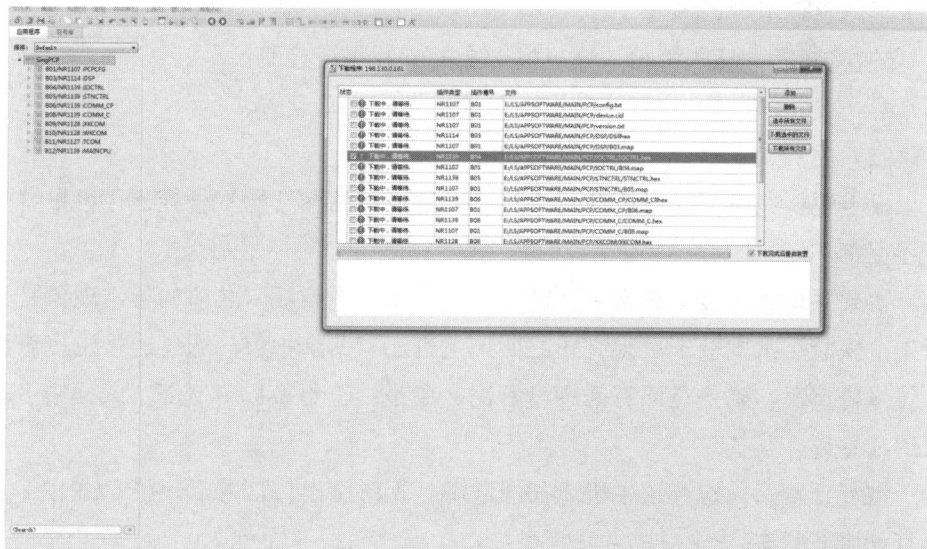

图 4-2-103 下载程序

（3）核查三级故障

待装置运行后，可以通过"站网结构"查看该主机报警是否还存在。

如果主机状态显示正常，通过连接主机查看更换板卡之前的异常现象是否消失，恢复正常则板卡更换完毕。如果主机还有其余报警，通过连接主机查看具体报警情况。恢复正常后，检查该主机无三级故障、无跳闸出口信号后，将 PCP1A 主机打到服务状态。

（三）UAPC3.0 主机接口板卡

UAPC3.0 平台主机接口板卡，包含 NR0185EXT4A、NR0185EXT5A、NR0185EXT8A、NR0185EXT9A 等，不需要下载应用程序，可以直接更换，以更换 CCP12A 主机接口板 NR0185EXT9A 为例进行介绍。

（1）NR0185EXT9A 板卡更换

1）检查 CCP12B 系统正常，处于值班运行状态，将 CCP12A 打至试验状态；

2）断开 CCP12A 主机两侧电源板的开关，戴好防静电护腕或手套，将 NR0185EXT9A 连接的光纤等连接线拔出，做好记录并拍照；

3）用螺丝刀拧松固定板卡的螺丝，水平方向用力抽出板卡；

4）对比新旧板卡，核对跳线，确保新板卡和旧板卡一致，记录新旧板卡的条形码及板卡号；

5）将新板卡插入机箱，恢复板卡上的光纤等连接线；

6）安装完成后，打开两侧电源板的电源，启动装置。

（2）主机状态检查，核查三级故障

板卡更换完成，上电启动结束，可以通过"站网结构"查看该主机报警是否还存在。

如果主机状态显示正常，通过连接主机查看更换板卡之前的异常现象是否消失，恢复正常则板卡更换完毕。如果主机还有其余报警，通过连接主机查看具体报警情况，确定是原有问题没解决，还是由于更换板卡遗漏了或插错了相应的线导致。

恢复正常后，检查该主机无三级故障、无跳闸出口信号后，将 CCP12A 主机打到服务状态。

（四）NR1136 系列和 NR1150E 板卡

1. NR1136 系列板卡

NR1136 系列为接口柜通信板卡，需要通过串口下载程序 NR1136.hex 和通信地址 myset.txt 文件，下面以绍兴换流站更换极 I 低端换流器开关接口柜 1AH3.13 NR1136D 板卡为例进行简要介绍。

（1）在 EWS 工程师站获取 NR1136D 板卡 Hex 程序及 myset 文本

板卡 NR1136D 最新 Hex 程序在 EWS 上，需要用光盘将 NR1136D 板卡的 Hex 程序拷贝至调试笔记本上，NR1136D 板卡的 Hex 程序在 EWS 目录如下：

C:\UAPCPlatform2HVDC\UAPC\uapc.sys\NR1136\hcx，根据 EWS 上 C:\UAPCPlatform2HVDC\UAPC\project 文件夹下的 HVDC_IO_MAC_ADDR.txt 文件，如图 4-2-104 所示。

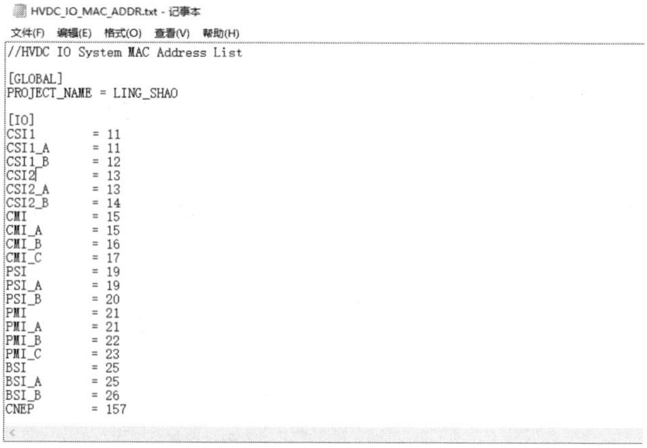
HVDC_IO_MAC_ADDR.txt - 记事本
文件(F)　编辑(E)　格式(O)　查看(V)　帮助(H)

```
//HVDC IO System MAC Address List

[GLOBAL]
PROJECT_NAME = LING_SHAO

[IO]
CSI1        = 11
CSI1_A      = 11
CSI1_B      = 12
CSI2        = 13
CSI2_A      = 13
CSI2_B      = 14
CMI         = 15
CMI_A       = 15
CMI_B       = 16
CMI_C       = 17
PSI         = 19
PSI_A       = 19
PSI_B       = 20
PMI         = 21
PMI_A       = 21
PMI_B       = 22
PMI_C       = 23
BSI         = 25
BSI_A       = 25
BSI_B       = 26
CNEP        = 157
```

图 4-2-104　HVDC_IO_MAC_ADDR.txt 文本

在 myset.txt 正确设置待更换 NR1136D 的 MAC 地址，极 I 低端换流器开关接口柜 1A 即 CSI121A 对应 HVDC_IO_MAC_ADDR.txt 文件中的 CSI2_A，所以 mac 地址为 13，myset.txt 文本如图 4-2-105 所示，将配置好的 myset.txt 文本拷贝至调试笔记本。

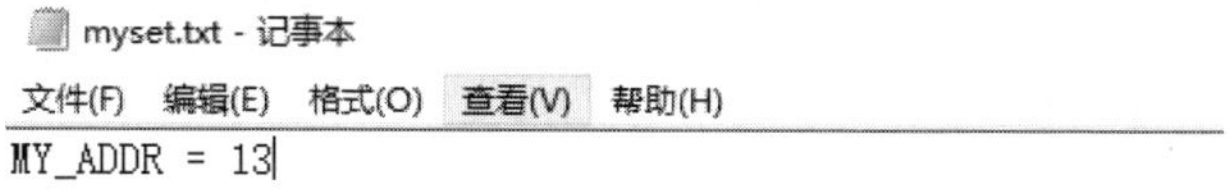
myset.txt - 记事本
文件(F)　编辑(E)　格式(O)　查看(V)　帮助(H)

```
MY_ADDR = 13
```

图 4-2-105　myset.txt 文本配置

（2）NR1136D 板卡更换

检查 CCP12B 系统正常，处于值班运行状态，将 CCP12A 打至试验状态。

断开 CSI121A H3 装置两侧电源板的开关，戴好防静电护腕或手套，将 B13 板卡连接的把座、光纤等连接线拔出，做好记录。

用螺丝刀拧松固定板卡的螺丝，水平方向用力抽出板卡。

对比新旧板卡，核对跳线，确保新板卡和旧板卡一致，记录新旧板卡的条形码及板卡号。

将新板卡插入机箱，恢复板卡上的网线，把座、光纤等。

安装完成后，打开两侧电源板的电源，启动装置。

（3）下载板卡程序

用串口调试线 USB 口连接调试笔记本，串口一头接头连接 IO 机箱前面板的串口。

打开 PCS-PC 软件，左侧装置列表中选中装置，右键选择"连接装置"，如图 4-2-106 所示。

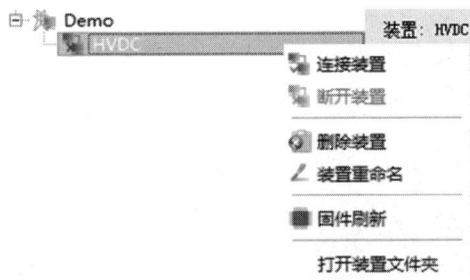

图 4-2-106　PCS-PC 连接

选择串口连接，"串口端口"参照所用调试笔记本电脑的设备管理器，波特率设置为 115200，高级中选择 232 点对点，服务选择 UAPC 调试，如图 4-2-107 所示，点击 OK。

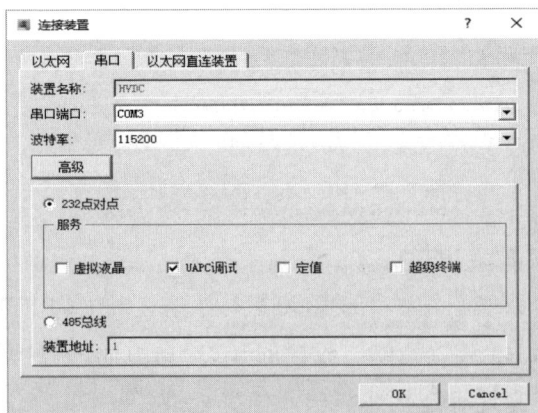

图 4-2-107　PCS-PC 串口设置

连接成功后，选择工具 SerialTool，如图 4-2-108 所示。

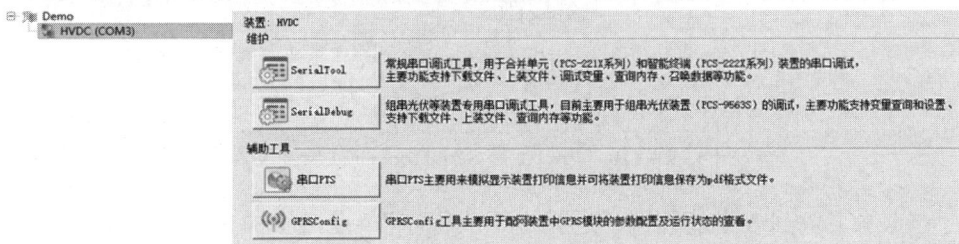

图 4-2-108　PCS-PC 串口工具 SerialTool

在打开的 SerialTool 调试界面中点击菜单栏"设置"-"串口选项"，奇偶校验：无，流控：无，停止位：1，数据位：8，勾上自动连接，选择 232-Point to Point，服务选择 UAPC，协议选择 PCS-PC 协议，点击 OK，设置具体如图 4-2-109 所示。

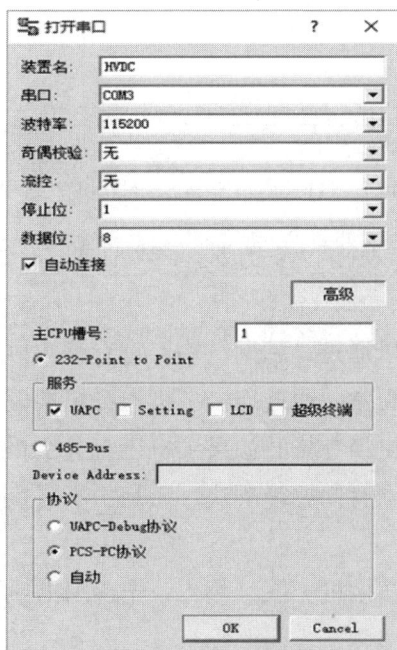

图 4-2-109　串口工具 SerialTool 配置

在 SerialTool 调试界面中点击菜单栏"设置"-"选项"-"下载数据帧长度"，修改数据帧长度为 150，如图 4-2-110 所示。

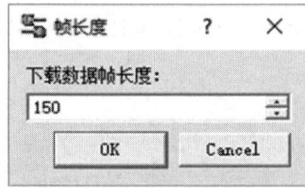

图 4-2-110 串口工具 SerialTool 下载长度设置

点击下侧列表中的装置，选择"下载程序"，点击增加文件，选择从 EWS 上拷贝过来的 Hex 程序，并设置对应的插件槽号，同样的方法，将 myset.txt 文本添加进来，勾上下载后装置重启，如图 4-2-111 所示。

图 4-2-111 串口工具 SerialTool 下载程序

点击"下载所选"，等待下载完成，下载完成后，断电重启该层机箱。

（4）核查三级故障

待装置运行后，可以通过"站网结构"查看该主机报警是否还存在。

如果主机状态显示正常，通过连接主机查看更换板卡之前的异常现象是否消失，恢复正常则板卡更换完毕。如果主机还有其余报警，通过连接主机查看具体报警情况，确定是原有问题没解决，还是由于更换板卡遗漏了或插错了相应的线导致。

恢复正常后，检查该主机无三级故障、无跳闸出口信号后，将 CCP12A 主机打到服务状态。

2. NR1150E 板卡

NR1150E 为接口柜通信板卡，需要下载程序，通过板卡上的调试口下载程序和修改配置，下面钱塘江换流站更换极 I 低端换流器开关接口柜 CSI121A H3.13 NR1150E 板卡为例进行简要介绍。

（1）在 EWS 工程师站获取 NR1150E 板卡程序

首先，需要用光盘将 NR1150E 板卡的驱动程序和 7zx 应用程序刻录至调试笔记本上，一般 NR1150E 板卡的驱动程序和 7zx 应用程序在 EWS 目录位置如下：users/ems/BZ800kV_Project/APPInterface/BAIZ_PRO/IO/NR1150E，如图 4-2-112 所示。

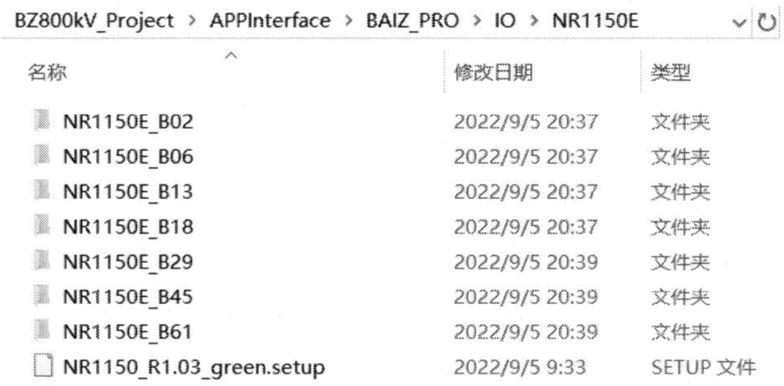
BZ800kV_Project > APPInterface > BAIZ_PRO > IO > NR1150E

名称	修改日期	类型
NR1150E_B02	2022/9/5 20:37	文件夹
NR1150E_B06	2022/9/5 20:37	文件夹
NR1150E_B13	2022/9/5 20:37	文件夹
NR1150E_B18	2022/9/5 20:37	文件夹
NR1150E_B29	2022/9/5 20:39	文件夹
NR1150E_B45	2022/9/5 20:39	文件夹
NR1150E_B61	2022/9/5 20:39	文件夹
NR1150_R1.03_green.setup	2022/9/5 9:33	SETUP 文件

图 4-2-112　NR1150E 程序

其次，查询通信地址信息，根据 EWS 上 users\ems\Accel4 Platform\UAPC\project 文件夹下的 HVDC_IO_MAC_ADDR.txt 文件查询 IO 接口柜的通信地址，如图 4-2-113 所示。

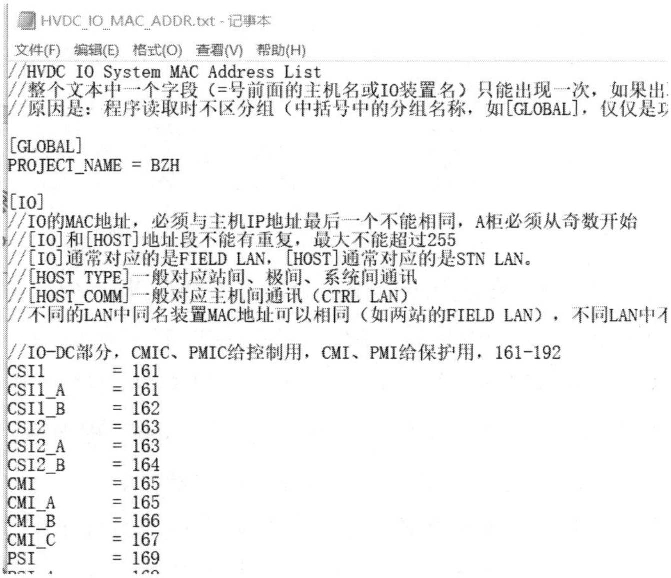
HVDC_IO_MAC_ADDR.txt - 记事本

文件(F)　编辑(E)　格式(O)　查看(V)　帮助(H)

```
//HVDC IO System MAC Address List
//整个文本中一个字段（=号前面的主机名或IO装置名）只能出现一次，如果出
//原因是：程序读取时不区分组（中括号中的分组名称，如[GLOBAL]，仅仅是
[GLOBAL]
PROJECT_NAME = BZH

[IO]
//IO的MAC地址，必须与主机IP地址最后一个不能相同，A柜必须从奇数开始
//[IO]和[HOST]地址段不能有重复，最大不能超过255
//[IO]通常对应的是FIELD LAN，[HOST]通常对应的是STN LAN。
//[HOST TYPE]一般对应站间、极间、系统间通讯
//[HOST_COMM]一般对应主机间通讯（CTRL LAN）
//不同的LAN中同名装置MAC地址可以相同（如两站的FIELD LAN），不同LAN中

//IO-DC部分，CMIC、PMIC给控制用，CMI、PMI给保护用，161-192
CSI1       = 161
CSI1_A     = 161
CSI1_B     = 162
CSI2       = 163
CSI2_A     = 163
CSI2_B     = 164
CMI        = 165
CMI_A      = 165
CMI_B      = 166
CMI_C      = 167
PSI        = 169
```

图 4-2-113　IO 接口柜通信地址

（2）NR1150E 板卡更换

检查 CCP12B 系统正常，处于值班运行状态，将 CCP12A 打至试验状态；

断开 CSI121A H3 装置两侧电源板的开关，戴好防静电护腕或手套，将 B13 板卡连接的光纤等连接线拔出，做好记录；

用螺丝刀拧松固定板卡的螺丝，水平方向用力抽出板卡；

对比新旧板卡，核对跳线，确保新板卡和旧板卡一致，记录新旧板卡的条形码及板卡号；

将新板卡插入机箱，恢复板卡上的光纤等；

安装完成后，打开两侧电源板的电源，启动装置。

（3）下载板卡程序

将调试笔记本的网段改为 ip：100.100.100.199，掩码 255.255.0.0。

用网线连接调试笔记本网口，另一头接头连接 1150E 板卡后网口；打开 PCS-PC 软件，右键点击工作区，新建装置 NewDevice（可以修改名称），1150E 板卡后网口 IP 地址为 100.100.100.100，如图 4-2-114 所示。

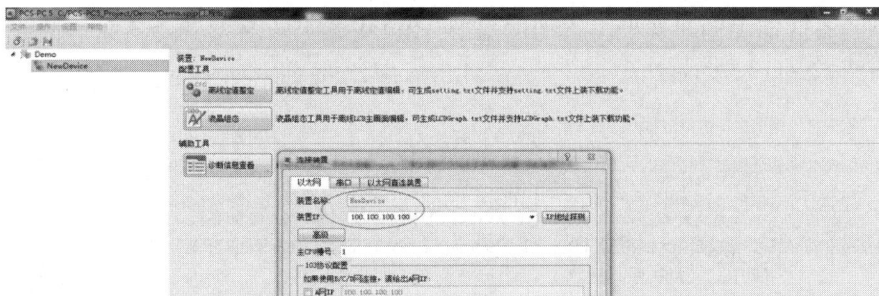

图 4-2-114　PCS-PC 下载设置

连接装置成功，点击在线状态查看，查看并设置机柜 MAC 地址与 HVDC_IO_MAC_ADDR.txt 文件中的地址一致，如图 4-2-115 所示。

点击调试工具下载驱动文件和程序文件，如图 4-2-116 所示。

下载驱动程序，点击添加文件，选择所要下载的驱动程序后，点击下载所选，程序下载后注意不要关闭窗口，等待程序自动断开。

等待超过 1 分钟后，重新连接装置，进行板卡应用程序下载，点击添加文件，选择所需下载的板卡程序，后缀为 7zx，注意不要关闭窗口，等待程序自动断开。

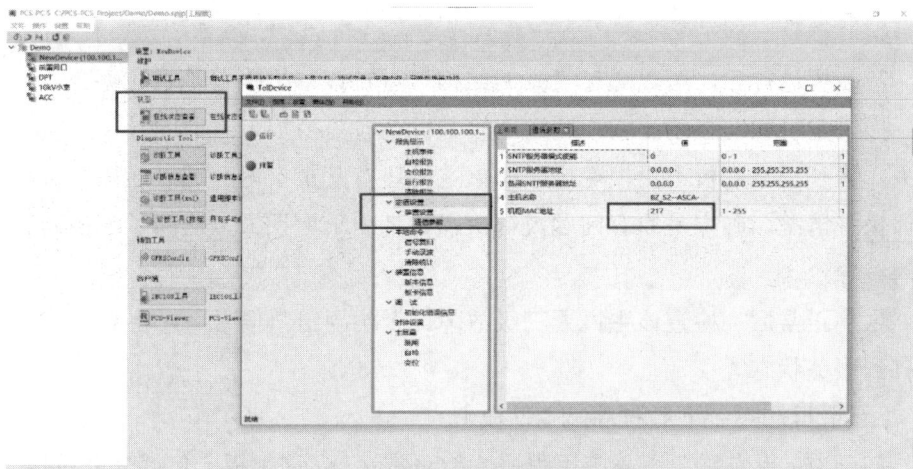

图 4-2-115　设置通信地址

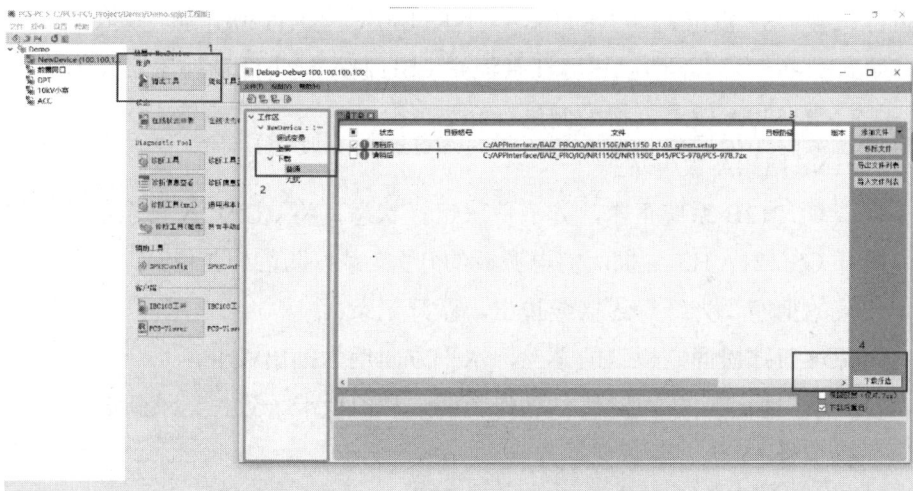

图 4-2-116　下载驱动程序和应用程序

注意，下载应用程序需先确定板卡在装置中的位置，一层装置有 17 个槽位，顺序为 0-16，比如 CSI121A H3 IO 装置序号是 3（IO 装置正面指示灯），H3-B13 板卡＝13＋(3-1)×2＝45，所以选择下载 NR1150E_B45 程序。

在线状态查看，核实机柜 MAC 地址，如不对应则需要修改，修改后的参数显示红色背景。修改完成后在空白处或左侧通信参数右键选择下载。密码选择面板按键"加左上减"，可以勾上记住密码，这样后面不需要输入密码，然后选择 OK 即可，下载完成后，板卡自动重启。

（4）核查三级故障

待装置运行后，可以通过"站网结构"查看该主机报警是否还存在。

如果主机状态显示正常，通过连接主机查看更换板卡之前的异常现象是否消失，恢复正常则板卡更换完毕。如果主机还有其余报警，通过连接主机查看具体报警情况，确定是原有问题没解决，还是由于更换板卡遗漏了或插错了相应的线导致。

恢复正常后，检查该主机无三级故障、无跳闸出口信号后，将 CCP12A 主机打到服务状态。

（五）其他需要下载程序的 I/O 板卡

部分 I/O 板卡需要下载应用程序才能正常运行，这类板卡包括开关量板卡，如 NR1504AL、NR1520A、NR1521E、NR1522A–L、NR1530A、NR1530E 等；模拟量采样 DSP 板卡，如 NR1130A，NR1150A、NR1150B 等；模拟量采样板卡，如 NR1405 等，下面以钱塘江换流站 CSI121A 极 I 低端换流器开关接口柜 1A H3.3 NR1530A 板卡更换为例进行介绍。

（1）NR1530A 板卡更换

检查 CCP12B 系统正常，处于值班运行状态，将 CCP12A 打至试验状态；

断开 CSI121A H3 主机两侧电源板的开关，戴好防静电护腕或手套，将 B03 板卡连接的把座、光纤等连接线拔出，做好记录；

用螺丝刀拧松固定板卡的螺丝，水平方向用力抽出板卡；

对比新旧板卡，核对跳线，确保新板卡和旧板卡一致，记录新旧板卡的条形码及板卡号；

将新板卡插入机箱，恢复板卡上的网线，把座、光纤等；

安装完成后，打开两侧电源板的电源，启动装置。

（2）在 EWS 工程师工作站通过主机下载 NR1530A 板卡程序

将加密狗插入 EWS 工程师工作站，ACCEL 工具打开 CCP 程序，切换到编辑模式，右键装置–IO 下载，使用详见工具介绍。对照设备信息表和站网结构画面输入 CCP 主机 IP，下载窗口选择需要下载的 IO 列表，选择 IO_CSI1A.txt，勾选准备下载的 IO 板卡程序，点击"下载"，待程序下载完成后，IO 板卡自动重启即完成更换工作，并拔出加密狗。

（3）核查三级故障

板卡更换完成，上电启动结束，可以通过"站网结构"查看该主机报警是否还存在。

如果主机状态显示正常，通过连接主机查看更换板卡之前的异常现象是否消失，恢复正常则板卡更换完毕。如果主机还有其余报警，通过连接主机查看具体报警情况，确定是原有问题没解决，还是由于更换板卡遗漏了或插错了相应的线导致。

恢复正常后，检查该主机无三级故障、无跳闸出口信号后，将 CCP12A 主机打到服务状态。

（六）无需下载程序的 IO 板卡

部分 I/O 板卡无需下载程序即可运行，这类板卡包括电源板卡，如 NR1301E、NR1301EL 等，接口板卡 NR1201B、NR1214E 等。下面以更换钱塘江换流站 CSI121A 极Ⅰ低端换流器开关接口柜 1A H3.01 NR1201B 板卡为例进行介绍。

（1）NR1201B 板卡更换

检查 CCP12B 系统正常，处于值班运行状态，将 CCP12A 打至试验状态；

断开 CSI121A H3 主机两侧电源板的开关，戴好防静电护腕或手套，将 B01 板卡连接的把座、光纤等连接线拔出，做好记录；

用螺丝刀拧松固定板卡的螺丝，水平方向用力抽出板卡；

对比新旧板卡，核对跳线，确保新板卡和旧板卡一致，记录新旧板卡的条形码及板卡号；

将新板卡插入机箱，恢复板卡上的网线，把座、光纤等；

安装完成后，打开两侧电源板的电源，启动装置。

（2）板卡状态检查

更换 NR1201B 后应检查：分布式 IO 中第一层机箱 TERM－H 灯亮，中间层 TERM－H 和 TERM－T 灯不亮，底层 TERM－T 灯亮；PPS 闪烁；RESV 常灭。只有一层 IO 机箱时，TERM－H 和 TERM－T 灯亮；PPS 闪烁；RESV 常灭。

更换 NR1301N、NR1303EL、NR3312B 后应检查：5V OK 灯亮，BO_FAIL 灯灭，BO_ALM 灯灭，ALM 灯灭。启动时，BO_FAIL 灯亮，启动完成后，BO_FAIL 灯灭。

（3）核查三级故障

板卡更换完成，上电启动结束，可以通过"站网结构"查看该主机报警是否还存在。

如果主机状态显示正常，通过连接主机查看更换板卡之前的异常现象是否消失，恢复正常则板卡更换完毕。如果主机还有其余报警，通过连接主机查看具体报警情况，确定是原有问题没解决，还是由于更换板卡遗漏了或插错了相应的线导致。

恢复正常后，检查该主机无三级故障、无跳闸出口信号后，将 CCP12A 主机打到服务状态。

（七）模拟量采样板卡

换流站部分模拟量板卡无需下载程序即可运行，但是更换后需要做注流加压实验检查，如 NR1401 系列板卡、NR1415 系列板卡等，下面以更换换流站 CMI12A 极Ⅰ低端换流器测量接口柜 A H1.3 NR1401 模拟量板卡更换为例进行简要介绍。

（1）NR1401 板卡更换

● 检查 CCP12B 系统正常，处于值班运行状态，将 CCP12A 打至试验状态；

● 断开 CMI12A H1 装置两侧电源板的开关，戴好防静电护腕或手套，将 B03 板卡连接的把座等连接线拔出，做好记录；

● 用螺丝刀拧松固定板卡的螺丝，水平方向用力抽出板卡；

● 对比新旧板卡，核对跳线，确保新板卡和旧板卡一致，记录新旧板卡的条形码及板卡号；

● 将新板卡插入机箱，恢复板卡上的把座；

● 安装完成后，打开两侧电源板的电源，启动装置。

（2）板卡注流加压检查

● 板卡更换后，根据实际情况，在二次端子上加量电流、电压（0.1p.u.、0.5p.u.、1p.u.）测试采样正确性。

● 工作前确认短接外部电流回路防止 CT 开路，断开外部电压回路防止 PT 短路。

（3）核查三级故障

● 板卡更换完成，上电启动结束，可以通过"站网结构"查看该主机报警是否还存在。

● 如果主机状态显示正常，通过连接主机查看更换板卡之前的异常现象是否消失，恢复正常则板卡更换完毕。如果主机还有其余报警，通过连接主机查看具体报警情况，确定是原有问题没解决，还是由于更换板卡遗漏了或插错了相应的线导致。

● 恢复正常后，检查该主机无三级故障、无跳闸出口信号后，将 CCP12A 主机打到服务状态。

第三节　典型故障处理

一、主机处理板内存异常变位

（一）故障特征

同一块板卡内的多个没有内在逻辑关联的动作后果同时产生。

（二）案例

2020 年 1 月 14 日 4 时 22 分 57 秒，某换流站极 I 高端换流器控制 CCP 主机 B 发出"PAM 跳换流变进线开关命令出现""对站发出的保护闭锁执行""低交流电压被检测到"事件，换流变进线开关 5062、5063 跳开，极 I 高端换流器闭锁，直流功率转代正常。

现场检查交流系统电压正常、触发脉冲正常，交直流一、二次设备状态正常，对应 PT 回路及其他二次回路无异常。初步分析认为换流器控制 CCP 主机 B 误出口，极 I 高端换流器控制 CCP 主机 B 的 B12 槽位 NR1139A 板卡（DSP 插件）存在开关量异常变位，发出"跳换流变进线开关命令"导致极 I 高端换流器闭锁。16 时 51 分，完成极 I 高端换流器控制 A/B 双套主机共计 8 块 NR1139A 板卡更换；20 时 36 分，极 I 高端换流器正常解锁。

（三）分析诊断

事件中的"PAM 跳换流变进线开关命令"直接导致 CCP11B 主机出口跳开极 I 高端换流器换流变进线开关，之后，中开关逻辑动作执行 V 闭锁，并通过极控主机发出闭锁指令。与"对站发出的保护闭锁执行""低交流电压被检测到"一起，这三个事件均由 CCP11B 主机 B12 位置的处理器板卡 NR1139 报出。

"CCP PAM 跳换流变进线开关命令""对站发出的保护闭锁""低交流电压

被检测到"三个事件没有内在逻辑关联，且在同一时刻报出。当时两站均无保护动作、主机故障事件，因此由于主机外部原因导致换流变进线开关跳开的可能性较小。

（1）事件来源及控制保护软件分析

如图 4-2-117 所示，若主用换流器控制主机收到极控制主机的跳闸信号，将报出"CCP PAM 跳换流变进线开关命令"事件，同时极控制主机发出跳闸信号需要极保护动作、双套极控制主机紧急故障、阀矩阵出口、换流变保护矩阵出口四种情况之一，但极控无任何报警事件，与故障现象不符。

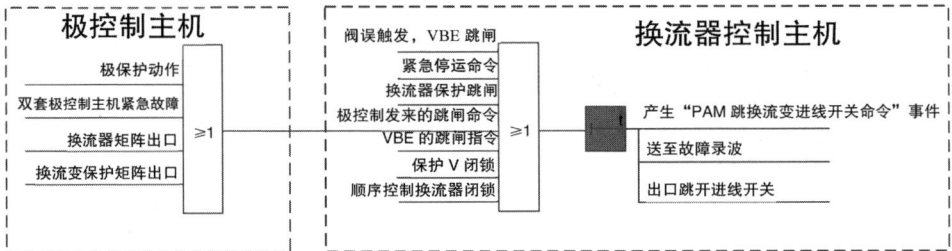

图 4-2-117 "PAM 跳换流变进线开关命令"事件软件逻辑图

如图 4-2-118 所示，换流器控制主机"对站发出的保护闭锁"事件来源于极控制主机的"对站保护动作"信号，若该信号由极控主机产生，将会向极 I 高低四套换流器控制主机同时发生，此次仅极 I 高端换流器控制主机报出该事件，且故障录波中也无该信号，推断换流器控制 CCP11B 主机信号异常变位引起。

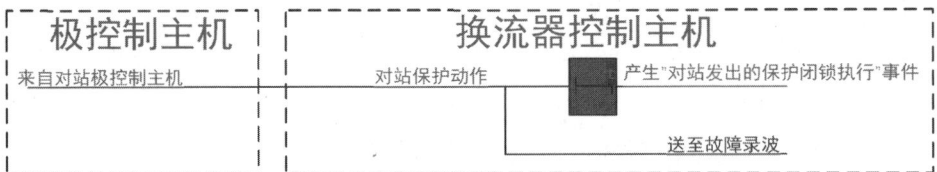

图 4-2-118 "对站发出的保护闭锁"事件软件逻辑图

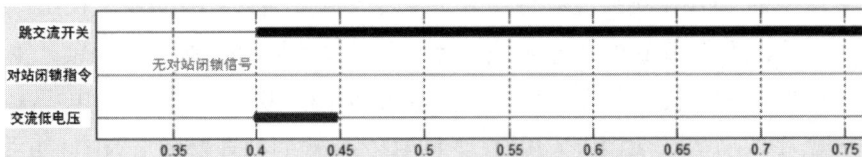

图 4-2-119 换流器控制主机故障录波图

事件"低交流电压被检测到"由换流器控制主机通过检测换流变进线电压产生，若相电压低于 0.57 倍额定值，将延时 8ms 报出该事件，查看故障录波发现故障时刻交流电压并未降低，因此可以判断该事件为误报，同样可能为换流器控制 CCP11B 主机信号异常变位引起。

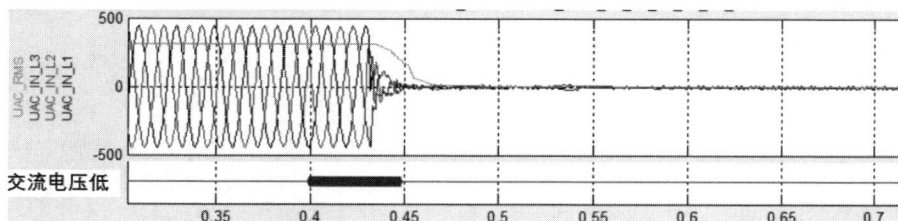

图 4-2-120　交流低电压录波图

通过事件来源及控制保护软件分析，可以初步判断"PAM 跳换流变进线开关命令""对站发出的保护闭锁执行""低交流电压被检测到"由换流器控制 CCP11B 主机信号异常变位引起。

（2）主机故障日志分析

查看 NR1139 板卡的运行日志发现，故障发生时刻该板卡发生了内存异常故障，日志如图 4-2-121 所示。内存异常发生的地址为 0xFEB0056D，该地址原始数据为 0x18，出错后数据变为 0x08。

图 4-2-121　故障板卡 NR1139 运行日志

下图右侧窗口为正常时内存中机器语言指令,左侧窗口为对应的 C 语言指令。由左侧窗口可知,0xFEB0056D 地址对应 DELAY_OFF 模块逻辑,其逻辑语句表示若条件满足则跳转至 0xFEB0057A 地址,不执行将 DELAY_OFF 模块返回值赋值为 1 的指令。

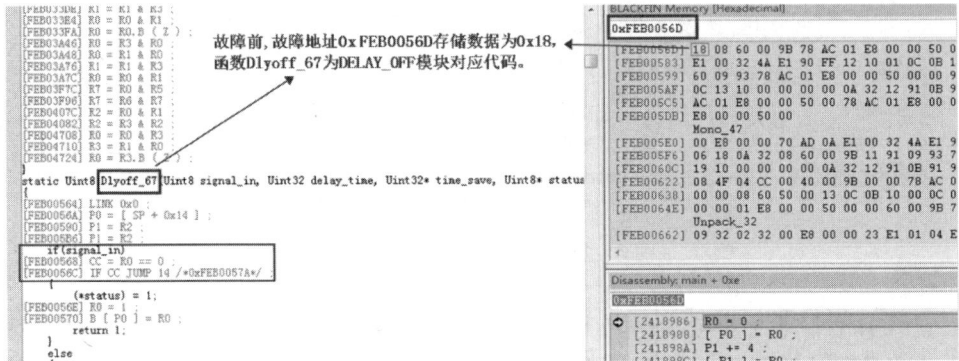

图 4-2-122　正常时内存指令及对应的 C 语言程序

下图右侧窗口为异常时内存中机器语言指令,该地址数据由 0x18 变为 0x08,左侧窗口为对应的 C 语言指令,地址中逻辑不再有跳转指令,直接执行后续语句,将 DELAY_OFF 模块返回值赋值为 1,即无论 DELAY_OFF 模块输入为何值,其输出均为 1。

图 4-2-123　异常时内存指令及对应的 C 语言程序

(3)主机 DELAY_OFF 模块异常的影响

查看软件发现"CCP PAM 跳换流变进线开关命令""对站发出的保护闭锁""低交流电压被检测到"三个事件对应的逻辑中均采用"DELAY_OFF"保持模

块，软件如图 4-2-124 所示。

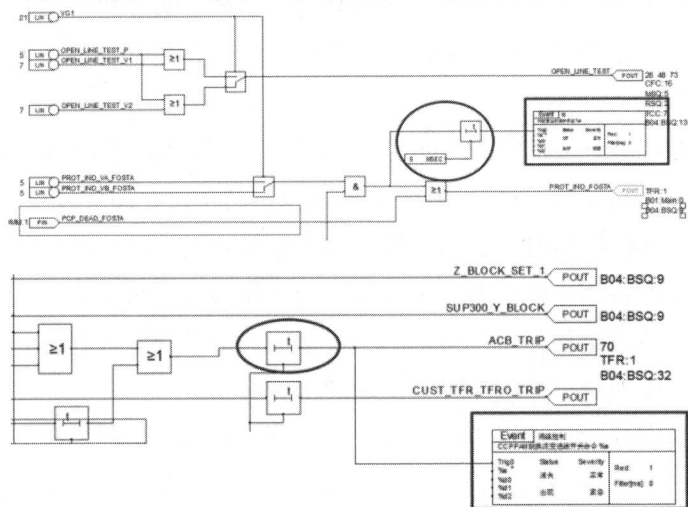

图 4-2-124 "CCP PAM 跳换流变进线开关命令"
"对站发出的保护闭锁执行"事件软件逻辑

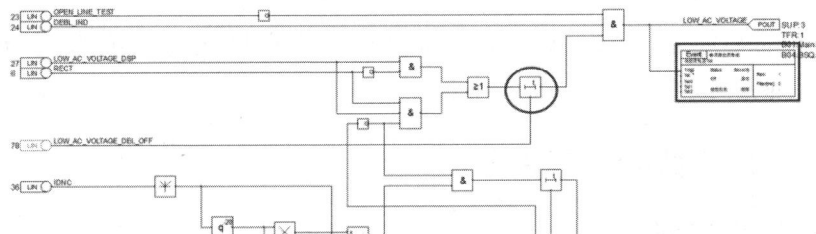

图 4-2-125 "低交流电压 被检测到"事件软件逻辑

根据上述分析，换流器控制 CCP11B 主机 NR1139 板卡中的 DELAY_OFF 模块异常后，"PAM 跳换流变进线开关命令""对站发出的保护闭锁""低交流电压被检测到"三个信号，即使输入未变位，在同一执行周期内，其输出均会同时变位 1，导致极Ⅰ高端换流器进线开关跳开。

（四）处置方法

鉴于极Ⅰ高端换流器控制 A/B 双套主机内安装有同型号同批次的 8 块 NR1139A 板卡，经共同研究后，将其全部更换。

（五）预防措施

南瑞继保 PCS9550 平台的 NR1139 板卡开发时间较早，使用的是 ADI 公司的 BF548 工业级处理器芯片，不具备内存硬件检错和纠错功能，仅通过软件扫描比较代码和数据内存实现报错和纠错功能，这种检错和纠错方式无法进行实时纠错，存在一定的滞后性，因此现场出现了因内存异常导致装置功能错误引发跳闸的故障。

昭沂、吉泉等新工程的 PCS9550 控制保护系统中均使用 NR1194 处理器板卡，其配置了 Xilinx 公司最新的 Zynq 处理器，具备内存硬件检错和纠错功能。当内存出现单 bit 翻转时，处理器执行到出错位置的代码或者访问到出错位置的数据，会立即检测出错误并完成复位。硬件纠错功能只会出现两种结果。一是故障板卡复位后切换系统，将故障装置退出；二是异常内存单元自动纠错，应用程序逻辑无变化，系统无异常影响并继续运行。

为解决内存异常导致误出口问题，提出针对硬件和软件的两条措施：

（1）用配置 EDC 和 ECC 功能的 NR1194 替换 NR1139 板卡。该措施可从根本上解决类似于本次 1139 板卡内存异常导致误出口导致直流闭锁的问题。

（2）除硬件纠错方案外，优化闭锁跳闸软件出口逻辑，具体是将重要的闭锁、跳闸出口相关逻辑进行冗余设计，防止单一逻辑错误导致直流闭锁。该措施可从软件层面加一道保障，但因软件修改较多且增加板卡负载率，并涉及 IO 程序的修改，该措施需进一步实验室验证。

二、软件底层代码错误

（一）故障特征

一般为保护异常动作、程序中指示值与实际状态不相符。

（二）案例

2016 年 2 月 28 日，某换流站极 2 低端阀厅内火灾报警烟雾探测器管道脱落，在线退出极 2 低端换流器，11:17，操作极 2 低端换流器隔离过程中极 2 换流器连接线差动保护 2 段动作，极 2 高端换流器闭锁，极 2 直流功率自动由极 1 转带。判断故障原因为极保护软件底层代码错误。

（三）分析诊断

换流器连接线差动保护的基本原理：

报警段：$|IDC2P-IDC1N|>ID\_NOM \times 0.0375$，延时 2s 报警；

跳闸 I 段：$|IDC2P-IDC1N|>|IDC2P+IDC1N| \times 0.5 \times 0.1$，延时 150ms 跳闸；

跳闸 Ⅱ 段：|IDC2P-IDC1N|>|IDC2P+IDC1N|×0.5×0.2，延时 6ms 跳闸；
保护动作时刻的差动电流和制动电流波形如图 4−2−126 所示。

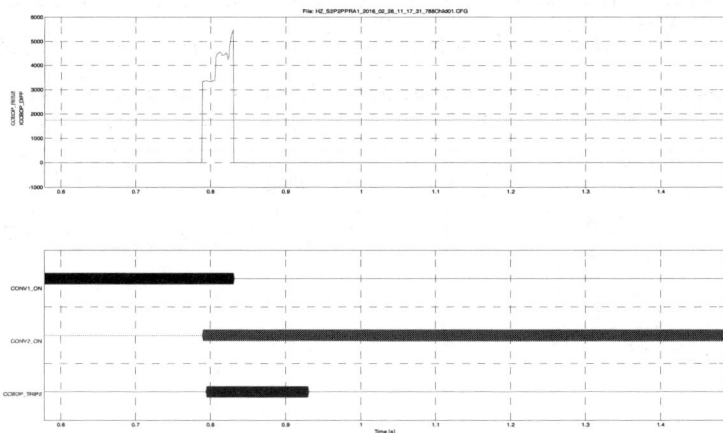

图 4−2−126　故障发生时刻差动电流波形图

从故障录波图分析，故障发生时，极 2 换流器连接线差动保护差动电流
ICCBDP_DIFF 由 0 瞬间变为 3362A，大于差动 Ⅱ 段制动电流 1750A，满足保护
动作条件。

从图 4−2−127 看出，当双换流器运行时，差动电流取高端换流器低压侧
CT 和低端换流器高压侧 CT 之差；当任一换流器退出后，差动电流取零，该保
护退出运行。

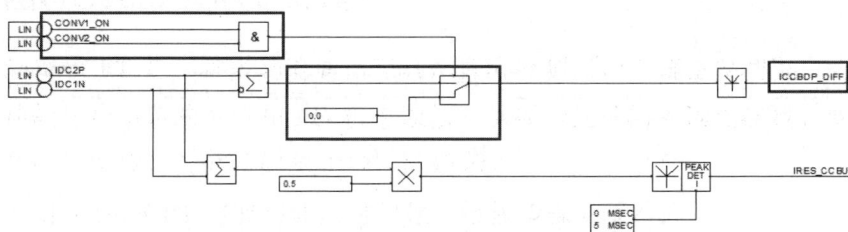

图 4−2−127　换流器连接线差动电流取样逻辑

保护动作，极 2 高端换流器闭锁后，检查发现该保护逻辑中 CONV1_ON=0，
CONV2_ON=1（见图 4−2−128），与实际状态不符，正常状态应为 CONV1_
ON=0，CONV2_ON=0。

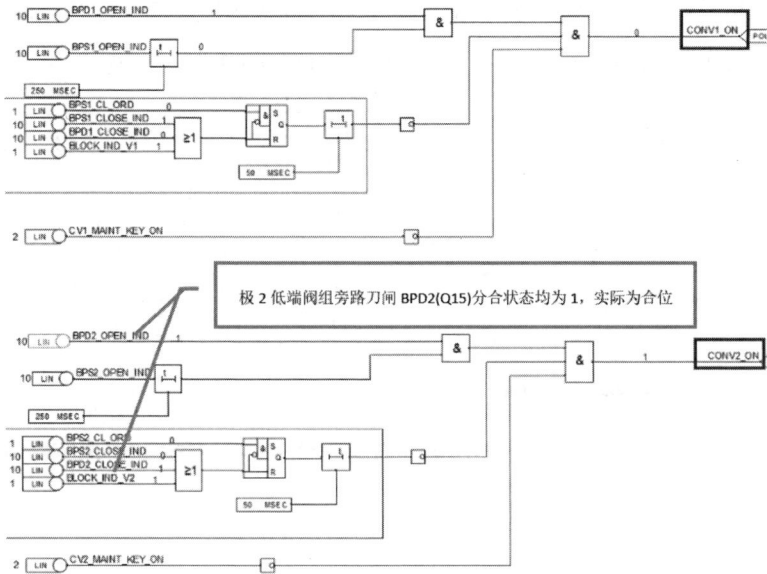

图 4-2-128　换流器运行状态识别逻辑

由此推断，BPD2（P2.WP.Q15）合上后，换流器连接线差动保护仍判该刀闸为分位，误判低端换流器在运行状态（CONV2_ON=1），同时高端换流器处于运行状态（CONV1_ON=1），导致该保护选择 IDC2P 和 IDC1N 进行差动电流的计算，此时 IDC2P 电流为零，IDC1N 为运行电流（3362A），换流器连接线差动保护动作。

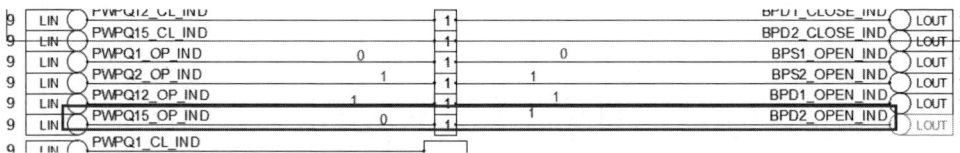

图 4-2-129　低端换流器旁路刀闸运行状态输入

进一步检查发现上图中软件信号异常。正常情况下，赋值模块（即上图中 ⊓1̄ ）输出与输入应一致，但图中显示输入信号 PWPQ15_OP_IND=0，输出信号 BPD2_OPEN_IND=1，输出信号和输入信号不一致。现场检查三套极保护中均存在该情况。

经厂家分析，导致 BPD2 分位信号错误的原因是 BPD2_OPEN_IND 输入信号的底层代码错误，将 BPD2 分位信号（PWPQ15_OP_IND）定义为 BPD2 合位信号（PWPQ15_CL_IND）。

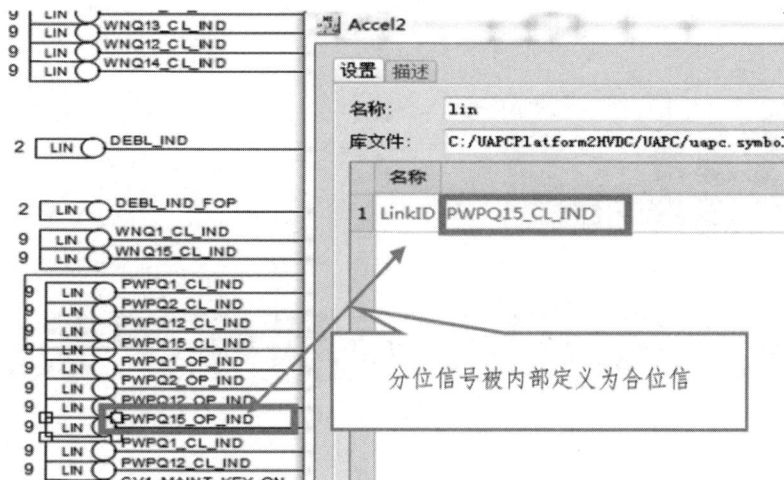

图 4－2－130　信号内部定义错误

　　根据上述现象分析，故障原因为软件底层代码错误，引起换流器连接线保护差动电流选择错误，导致保护动作。

（四）处置方法

　　（1）检查本站及对站，两站换流器连接线差动保护均存在 BPD2_OPEN_IND 信号与实际状态不符的情况，现场实际状态为分位，但软件中信号均为合位。

　　（2）组织南瑞利用仿真系统对软件进行修改测试，测试完毕后组织两站重新编译、检查。完成极 2 PPR 主机程序修改，极 2 双换流器恢复运行后，极 1 PPR 主机轮停下载程序。

　　（3）经南瑞检查确认，现场软件中仅 BPD2_OPEN_IND 信号存在该问题，其他极控制、换流器控制、极保护、换流器保护软件中均无类似错误。

（五）预防措施

　　（1）直流控制保护供货厂家开发编译软件自检功能，当信号实际输入与自定义输入出现差异时，软件能够自动给出报警，确保其余信号无类似问题。

　　（2）换流站控制保护软件的入网管理、现场调试管理和运行管理应严格遵守《换流站直流控制保护软件管理规定》。

第五篇

DPS-3000 控制保护系统

第一章 理 论 知 识

第一节 控制保护系统总体结构

一、概述

DPS-3000 直流输电控制保护系统是许继集团基于高压直流输电领域长期的技术积累和工程经验，融合国内外先进技术，自主开发的成套直流控制保护系统。DPS-3000 系统针对±1100kV 特高压直流、多端直流以及柔性直流等工程应用的更高技术要求开发，与原有技术相比具有更为强大的运算能力和整体性能，可以用于构建各种类型的直流输电工程的控制保护系统。

控制保护总体结构按照现行标准，采用通用的分层分布式结构，其中：

直流极控制系统、换流器控制系统、交直流站控系统、直流保护系统、交流滤波器保护以及培训系统的仿真模拟器等设备，基于新一代 DPS-3000 系统中的 HCM3000 直流控制保护软硬件平台统一构建。

运行人员控制系统、培训系统中的培训工作站、远程诊断系统、对侧换流站集控系统以及计划检修工作站等设备和子系统，基于新一代 DPS-3000 系统中的 DS3000 跨平台运行人员控制系统统一构建。

与远方调度中心的通信系统以 DPS-3000 系统中的 GWS－1 直流专用远动装置为核心构成。

直流控制保护设备的分布式 I/O 设备，统一由 DFU400 系列分布式测控装置实现。

二、系统结构

直流输电控制保护系统采用分层分布式的总体结构，根据功能划分和控制级别分为：运行人员控制层、控制保护设备层、现场 I/O 设备层等三个层次。各分层之间以及同一分层的不同设备之间通过网络总线相互连接，构成完整的控制保护系统。

（一）运行人员控制层设备简述

运行人员控制层由运行人员控制系统、培训系统、硬件防火墙和网络打印机等设备构成。其中运行人员控制系统是运行人员控制层的核心设备，由数据库服务器、运行人员工作站、工程师工作站等构成，其主要功能是对直流系统一、二次设备和交直流系统的运行数据进行采集和存储，并为运行人员提供监视和控制操作的界面。除上述功能外，运行人员控制层设备还具备事件顺序记录和报警、网络对时信号的接收和下发、文档管理、以及运行人员培训等功能。

（二）控制层设备简述

控制保护层设备由交/直流站控、站用电控制、极控、换流器控制、直流极保护、换流器保护、交流滤波器保护设备构成。主要功能是实现换流站交、直流开关场设备的顺序控制，执行交直流保护或设备本体监控保护装置发出的跳闸指令以及换流站滤波器的投切控制，完成全站的电气联锁，换流器投退顺序控制、换流变压器分接头的调节、产生换流阀的控制脉冲、解锁/闭锁换流阀，并保证系统平稳地完成直流系统的起动或停运；实现换流器保护、极保护、双极保护、直流滤波器保护、换流变压器保护（电量保护、非电量保护）、交流滤波器小组保护、交流滤波器大组母线保护各区域的保护功能。

（三）现场层设备简述

现场层设备由测控装置 DFU400 系列装置构成，提供与交直流系统一次设备和换流站辅助系统的接口，实现一次设备状态和系统运行信息的采集处理和上传，顺序事件记录，控制命令的输出以及就地控制和连锁等功能。

特高压换流站控制保护二次系统的整体结构分别如图 5-1-1 所示。

三、DPS-3000 直流控制保护系统

DPS-3000 直流控制保护系统主要由以下子系统和装置组成：HCM3000 直流控制保护平台、DS3000 运行人员控制系统、GWS-1 直流专用远动装置、DFU400 系列分布式测控装置。

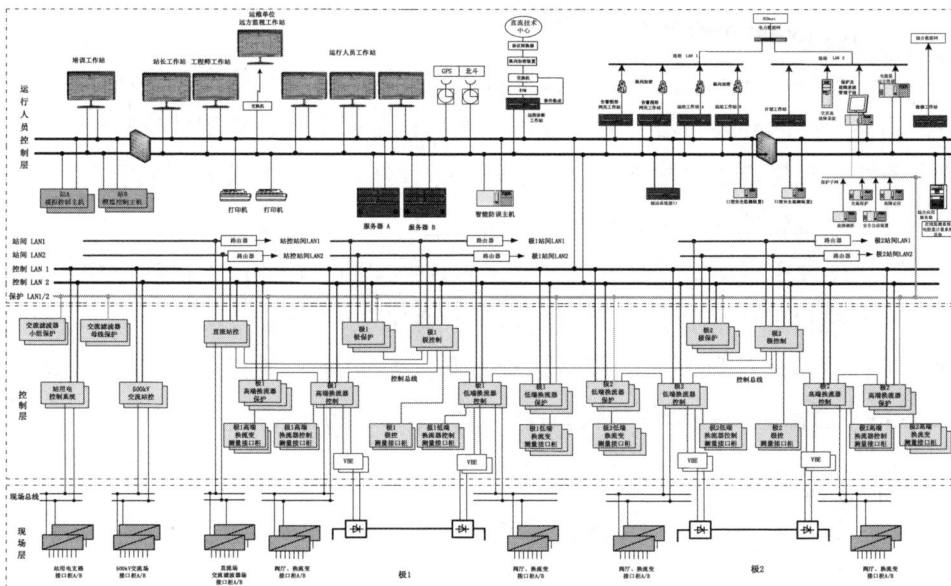

图 5-1-1 换流站二次系统整体结构

（一）HCM3000 直流控制保护平台

HCM3000 平台是由许继自主原创开发的国内第一款大型嵌入式高端工业控制系统软硬件平台。系统融合了多家国外成熟技术的优点，集成了内置大容量故障录波等附加功能，同时具备嵌入式系统高度的运行可靠性和 PC 技术灵活性的特征。平台针对直流输电应用的需要采用过采样、正序滤波、数字锁相等技术，以及优化的 FPGA 脉冲单元设计，可使点火脉冲不平衡度的理论值小于 0.02 电角度。HCM3000 平台如图 5-1-2 所示。

图 5-1-2 HCM3000 直流控制保护平台

1. HCM3000 平台的总体结构

平台按照嵌入式工业控制的国际标准，采用紧密耦合的多主处理器硬件结构，由高性能的硬件系统、系统软件、图形化工程工具、应用软件功能块库、通信及接口系统等主要部分构成。平台在总体结构上分为以下 4 个层次：硬件平台层、系统软件层、工具软件层、应用层。

其中硬件平台层、系统软件层和工具软件层为工程应用提供载体和工具。基于平台提供的工具进行直流控制保护设备的硬件和工程应用软件开发、调试。工程应用软件以平台为载体运行，从而实现设备规定的控制保护功能。HCM3000 直流输电控制保护软硬件平台的体系结构如图 5-1-3 所示。

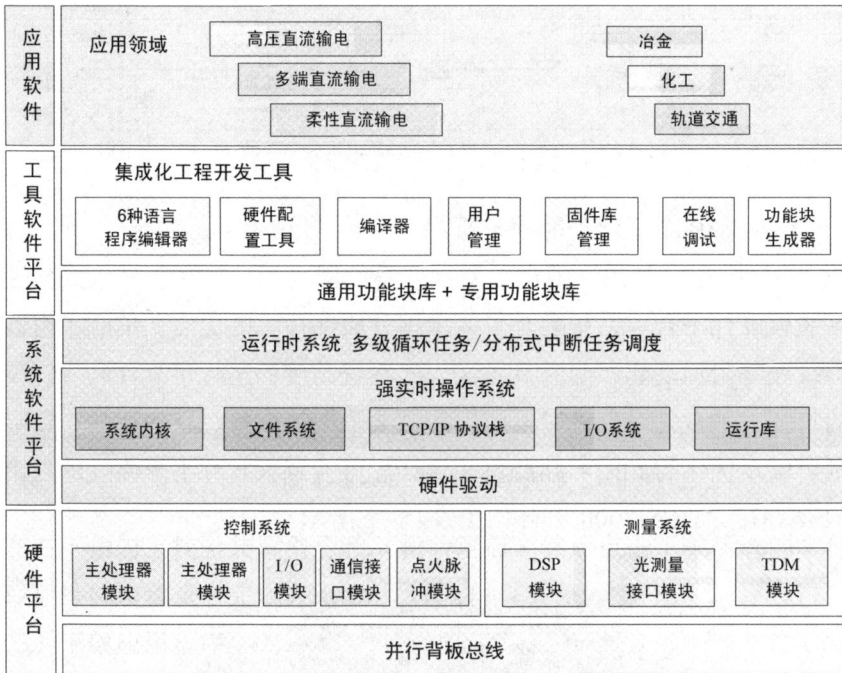

图 5-1-3　HCM3000 直流控制保护平台体系结构

（1）硬件平台层

硬件平台层主要由系统总线、主处理器模块、DSP 模块、通信接口模块、锁相同步和点火脉冲模块、光互感器接口模块以及 I/O 模块等部件构成。

1）平台硬件构成和多主处理器特性。

作为构建高速控制保护系统的基础，HCM3000 平台的硬件系统采用标准高端工业控制系统的并行总线"多主处理器"结构。所谓"多主"就是，根据功能和处理速度的需要，在控制保护主机机箱内可以插入多个处理器模块，每个处理器模块均有权作为系统的"主设备 Master"通过背板总线访问内的系统公共资源（包括：公共存储、I/O 单元、通信接口、智能化的专用功能单元等）。一个 HCM3000 平台机箱最多可以插入 20 个主处理器模块，通过多主处理器的并行运算提供强大的硬件处理能力。而平台的公共存储和外设模块等公共资源作为系统的从设备"Slave"则不能直接访问系统总线，只能被主处理器模块访问。图 5-1-4 为 HCM3000 平台的多主处理器硬件框图。

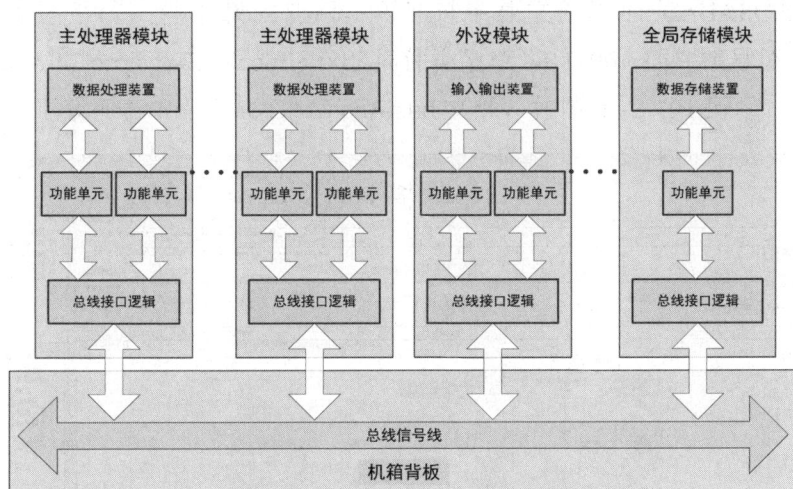

图 5-1-4　并行总线多主处理器硬件结构

2）系统总线。

HCM3000 平台的系统总线采用国际标准增强型 64 位背板总线，具备灵活透明的总线仲裁机制和极高的总线带宽，支持从单字节到 8 字节等不同数据宽度的总线访问，以及最高可达 2048 字节的数据块传输。由于总线仲裁机制的存在，使得多个主处理器模块在访问系统资源时总是认为自己是在独占总线，在控制保护应用软件的角度是透明的，形成多主处理器之间控制保护功能的高速有机配合。

3）控制保护主机和测量系统。

HCM3000 平台的硬件系统由控制保护主机和测量系统两部分构成。控制保护主机是平台的核心，由其中配置的多个主处理器模块实现要求的控制和保护功能。测量系统的硬件由高速通用处理器、DSP 处理器和 FPGA 构成，通过 IEC 60044-8 等标准接口与一次系统的数字式互感器进行连接，实现交直流系统模拟数据的采集和处理，以及锁相同步等直流输电专用功能单元的功能。控制保护主机和测量系统之间通过 TDM 总线进行通信。根据工程配置的需要，测量系统的硬件模块可以和控制保护主机共用一个机箱，也可以配置单独的机箱。图 5-1-5 为实际工程双重化配置的直流控制保护设备，控制保护主机与测量系统通过 TDM 总线连接的示意图。

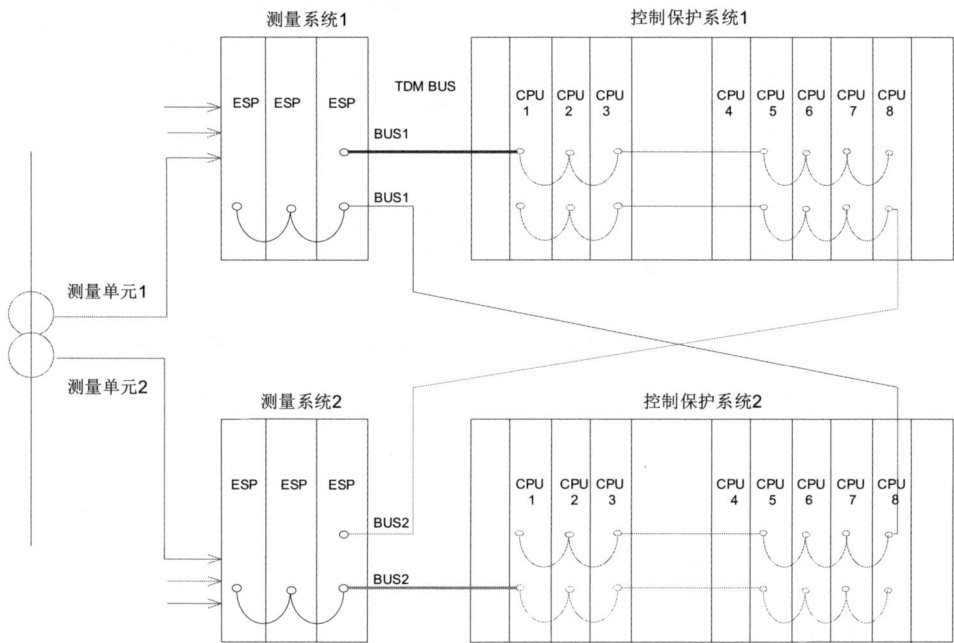

图 5-1-5 HCM3000 平台测量系统与控制保护主机的双重化冗余连接

（2）系统软件层

HCM3000 平台的系统软件层主要由底层驱动软件、操作系统、运行时系统以及数据一致性算法等部分构成。其中操作系统采用广泛用于航天和军事的标准强实时多任务标准工业控制系统，支持多主运行，并具备系统级强大的自检功能，运行极为可靠。在操作系统的基础上开发的运行时系统、编译系统以及数据一致性算法等进一步提高了整个系统性能。

在 HCM3000 平台的每个主处理器模块中，设计有优先级不同的 5 级循环任务和 8 个分布式终端任务。在实际应用中循环任务数量和单个任务的执行周期可以按照实际工程的需要确定，其中最高优先级的循环系统的执行周期为0.1ms。

系统按照任务的本地内存（Local Memory）、多任务之间的共享内存（Shared Memory）以及多主处理器之间的全局内存（Global Memory）进行存储分配。

在处理器模块内部，系统为每个被使用的循环任务和中断任务分配本地内存，作为任务本身运算处理的高速数据缓存；在循环任务和中断任务之间设置共享内存，作为处理器模块内部所有任务的数据交换存储区。

多个主处理器模块之间的数据交换通过背板总线和全局内存进行。根据系统中所配置主处理器的数量和交换数据的多少，系统在 ESM10A 共享内存模块中为每个处理器模块自动分配数据交换的全局内存区。

HCM3000 平台的系统软件完全支持上述多主处理器模块运行机制，和多优先级循环任务及分布式中断任务调度，并通过多缓冲器循环机制和优化的数据一致性算法保证多任务之间和多处理器之间数据交换的实时性、正确性和完整性，从而构成多主处理器多任务并发执行的运行环境。HCM3000 系统的多主处理器多任务运行模式如图 5-1-6 所示。

图 5-1-6　HCM3000 平台多主处理器多任务运行环境

（3）工具软件层

HCM3000 平台的工具层软件包括全图形化的工程工具 ViGET 和直流控制

保护应用软件功能块两部分。

ViGET 是一种集成化的工程开发环境，提供工程项目的建立、控制保护系统的硬件配置、通信组态、应用软件功能模块库、应用软件开发、在线调试、编译下装，以及工程的开发过程管理和版本管理等功能，为应用工程师提供高效率的工程开发和运行维护的手段。图形化的工程工具软件 ViGET 的功能框图如图 5-1-7 所示。

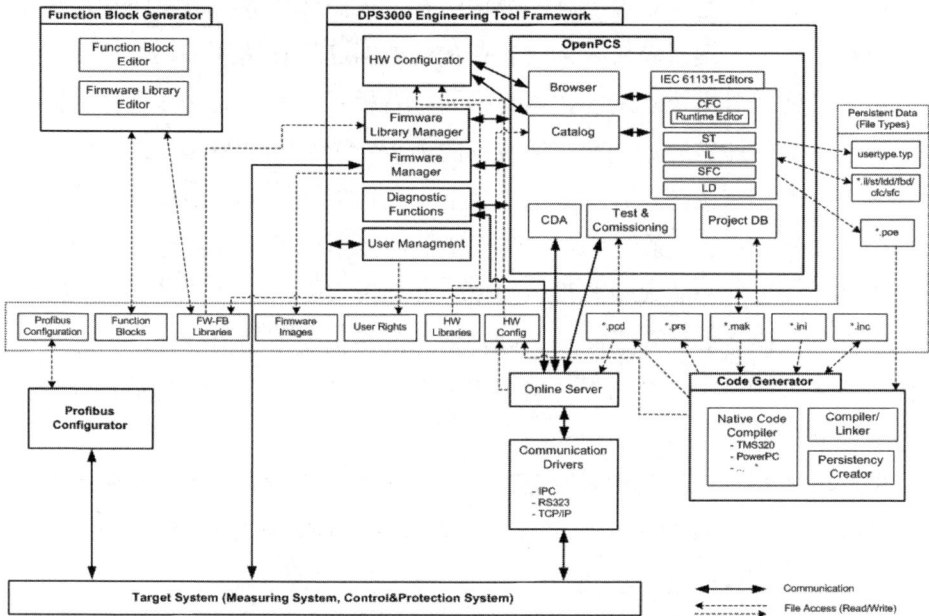

图 5-1-7　HCM3000 图形化工程工具软件 ViGET 的功能结构图

ViGET 的控制保护软件编辑界面如图 5-1-8 所示。ViGET 符合 IEC 61131-3 标准并具备增强的 CFC 编辑器功能，与用于直流输电控制保护的现有同类系统具有高度的一致性。ViGET 完全独立于具体的硬件系统，提供标准插件式的 IDE 开发环境，支持 IEC 61131 标准规定的 5 种工业控制语言，集成度高、可扩展性强。

直流控制保护平台具备的软件功能块分为通用功能和专业应用两个大类。其中通用功能块主要包括一般的算术和逻辑运算和标准数据通信等功能块。此类功能块可以用于所有控制领域；专业应用类功能块根据某一种应用需要，为实现该领域的控制保护功能而设计。

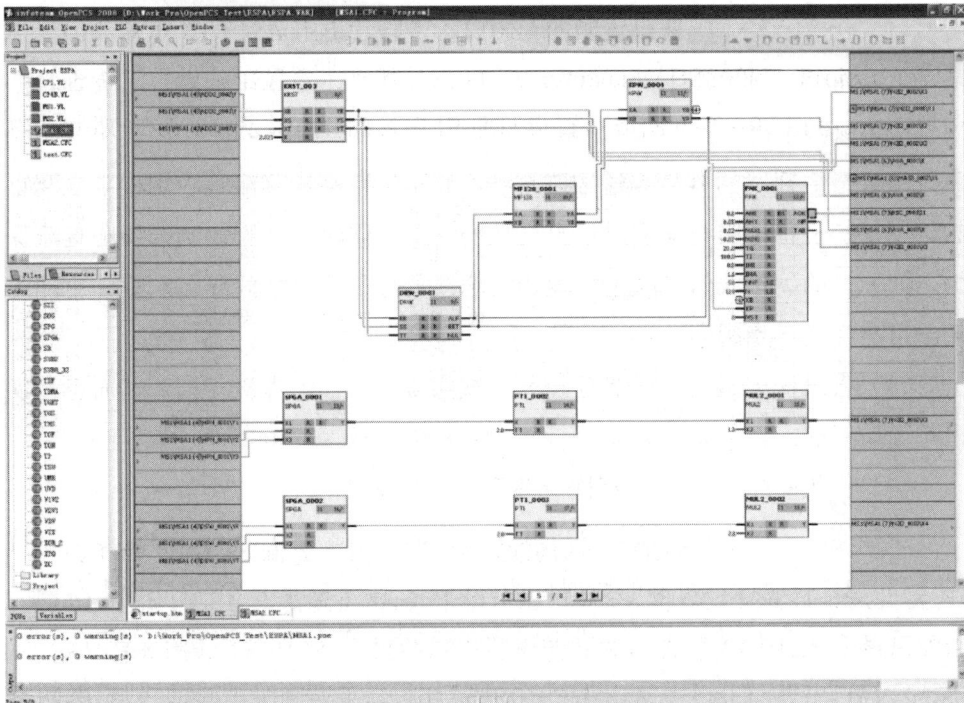

图 5-1-8　图形化工程工具 ViGET 的控制保护软件编辑界面

HCM3000 平台提供的应用软件功能块也由通用功能块和直流输电应用功能块两大类组成。包括直流控制保护功能、算术逻辑运算、I/O 功能、网络通信、服务诊断、特殊应用等 6 个类别，共计 600 多种。这些功能块的开发采用对经过大量直流工程验证的成熟功能模块进行移植，和自主开发两种方式完成。开发过程经历了代码编制和转换、软硬件运行环境的适配和代码级测试、功能性能测试等反复严格的过程，以确保控制保护功能的正确性和系统运行的可靠性。

2. 通信及接口

HCM3000 平台的通信及接口系统在以下方面进行了优化和创新，可广泛满足各类复杂应用要求，平台同时具备以太网、ProfiBusDP、CAN、TDM、高速控制总线 IFC、IEC 60044 标准接口、以及传输速率为 1.5Gb/s 的 SATA 硬盘接口等。通过这些接口，HCM3000 平台控制保护系统配置更加灵活，总体结构和信息通道更加优化。使得 HCM3000 平台直流控制保护的应用主要在以下方面得到优化和提高：

（1）100/1000M 工业以太网接口设计，大幅提升系统的信息传输能力。借助 100/1000M 工业以太网和 SATA 硬盘接口，HCM3000 平台实现了大容量的内置故障录波功能。

（2）自主开发的 IFC 高速控制总线，满足在特高压直流等应用中独立配置的控制保护设备之间高速实时信息交换的需要。同时使直流控制设备和直流保护之间原来的硬接线信号改为高速控制总线传输。简化中间环节，设计更加简洁，可靠性进一步提高。

（3）直流保护通过 IFC 高速控制总线实现了全面的保护三取二，而不再仅仅是出口三取二。

（4）优化的 TDM 总线设计。

兼顾速度和可靠性，选择 32Mbps 传输作为基本速率，同时通过曼彻斯特编码和 CRC 校验保证可靠的数据传输；设备之间可通过 TDM 总线以多节点串联方式进行信息传输，实现数据的多设备共享，简化设备配置和通信连接；采用多点同步采样技术保证 TDM 传输数据的一致性。同时使控制系统和直流保护与其测量系统的连接，直接通过 TDM 传输，大大增强测量信号的抗干扰性。

（5）标准 IEC 60044 接口，满足与不同厂家光测量设备和智能一次设备的标准接口要求。

3. HCM3000 平台 CRC 校验功能

HCM3000 平台设计开发了 CRC 校验功能，实现了对工程应用程序修改的有效管控和软件的可追溯性。HCM3000 平台的工程应用程序和功能块管脚常量值都固化在 FLASH 中，上电时系统先从 FLASH 中分别装载工程应用程序和修改常量值，在装载同时计算出 CRC 校验码。若 FLASH 中固化的工程应用程序和修改的常量值未改变，则计算出的 CRC 码不变，否则 CRC 校验码会改变，从而保证应用程序版本的一致性。CRC 功能实现如图 5-1-9 所示。

HCM3000 直流控制保护平台通过在线监视工程应用程序，点击 ViGET 软件中 PLC 主菜单下 ResourceInfo...子菜单，弹出如图 5-1-10 中 CRC 校验码信息对话框，对话框中可以看到当前 CPU 板卡中的 CRC 校验码。

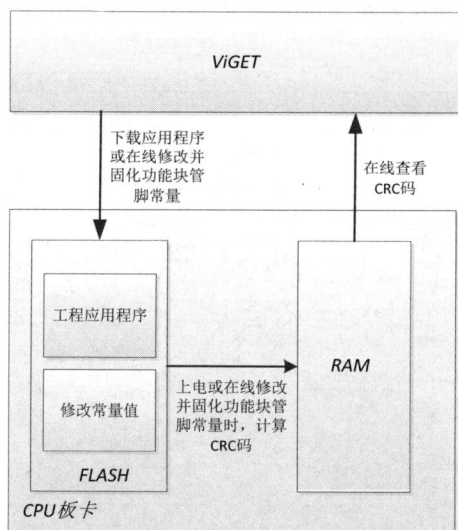

图 5-1-9　CRC 功能实现

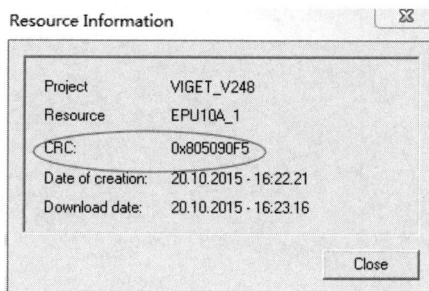

图 5-1-10　CRC 校验码信息对话框

（二）DS3000 运行人员控制系统

DS3000 系统采用基于客户机/服务器模式的分布式网络结构，服务器采用国产服务器及 Linux 操作系统，客户机采用高性能工作站及 Linux 操作系统。网络拓扑结构为星型以太网（Ethernet），双网配置，系统性能稳定、安全可靠、组态灵活、接口友好、操作维护方便。

运行人员控制和监视系统包括主备服务器、工程师工作站、运行人员工作站、站长工作站以及网络交换设备等，运行人员控制系统人机界面如图 5-1-11 所示。

1. 运行人员控制系统

（1）概述

运行人员控制系统是换流站正常运行时运行人员的人机界面和站监控数据收集系统的重要部分。它接收运行人员对换流站正常的操作指令并把命令送到对应的执行系统；完成故障或异常工况的监视和处理；全站事件顺序记录和事件报警；全站二次系统的同步和对时；直流控制系统参数的调整；历史数据归档；以及基本的培训功能。

（2）网络结构图

DS3000 系统的网络结构按双机、双网方式实现，运行人员控制系统 LAN

网结构图如图 5−1−12 所示。

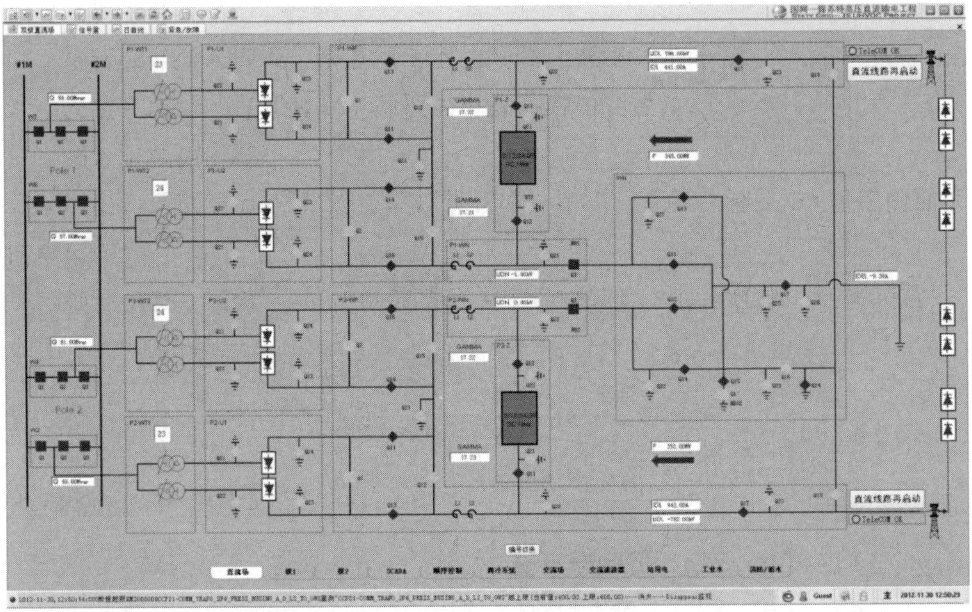

图 5−1−11　运行人员控制系统人机界面

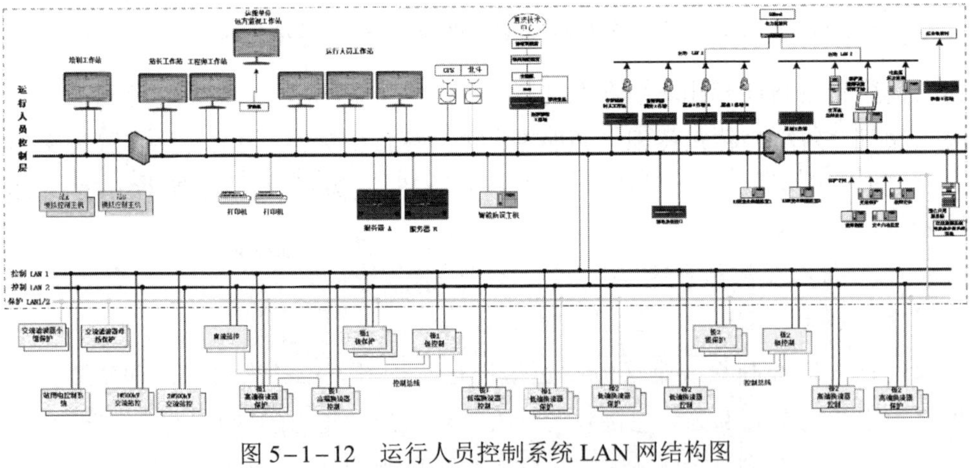

图 5−1−12　运行人员控制系统 LAN 网结构图

（3）功能配置

1）用户权限。

在运行人员控制系统中，用户权限按照访客、运行人员、系统管理员的角色进行权限分配。访客能够监视全站设备的状态和参数，但没有控制权限；运行人员具有遥控操作、参考值设置、脚本执行、人工置数和报警确认控制功能；系统管理员具有所有权限，包括用户管理、系统参数维护、页面编辑、脚本编辑。

操作人员登录时，通过权限校验后，具备相应的操作权限，从而有效地防止人为的误操作，确保系统安全运行。

2）数据管理。

数据管理负责 DS3000 系统前置机部分所有的数据信息（包括通道、极控、换流器控制、站控、保护装置、测量点、控制点等）的组织和定义，根据整个系统装置层和通信系统的实际情况创建对应的数据模型，实现整个系统由通道到装置，再到数据点的一一对应关系，真实反映现场的真实状态。

3）自动功率。

自动功率控制是按照预先设定的直流输送功率曲线值运行，该功能允许调度和运行人员按月、按日、按时、按分进行功率曲线及其变化速率的整定，自动功率控制曲线如图 5-1-13 所示。

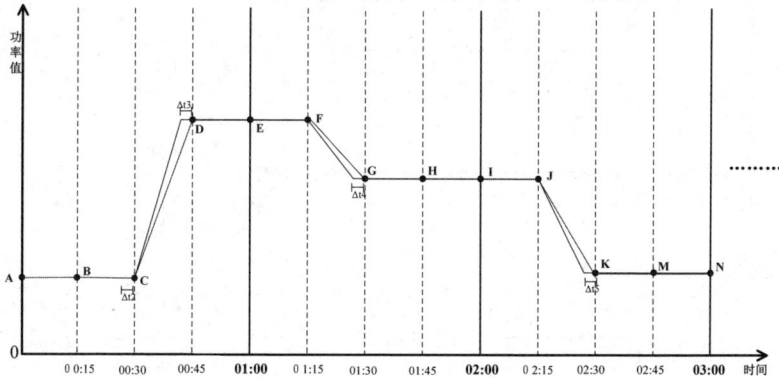

图 5-1-13　自动功率控制曲线

图中 A，B，C…为调度发给换流站的功率设置点（15min 一个点），描绘出的功率曲线如红线所示。按照当前设计的算法，允许运行人员整定一个提前量 Δt（为了调度考核需要），实际功率曲线将会如黑曲线所示，如果提前量整定为 O，则将和调度设定曲线—红线基本吻合（斜率值按照计算公式将可能不会是整数，为保证关键点功率值和调度一致，需要有小数就进 1 位处理，且数据传输存在时延，故不可能做到完全一致）。当前算法的优点是可保证所有的误差都控制在一个控制步长之内（当前是 15min）。运行人员输入的数据点只涉及功率存在变化的数据点，如上面曲线显示，运行人员仅需输入点 A，C，D，F，G，J，K 点的参考值和时间戳；斜率控制系统进行计算。

除了上述功能外还有图形页面、事件顺序记录、曲线显示、报表等功能。

4）联锁逻辑智能自动判断提示。

运行人员控制系统设计了基于完整逻辑关系的图提示功能，运行人员在操作交流场、直流场的所有开关设备时，如果联锁条件不满足，会弹出相应的联锁判断逻辑框，可以清晰地看出该开关的总联锁逻辑以及哪些联锁条件不满足，方便运维人员及时检查确认，联锁逻辑智能自动判断提示界面如图 5-1-14 所示。

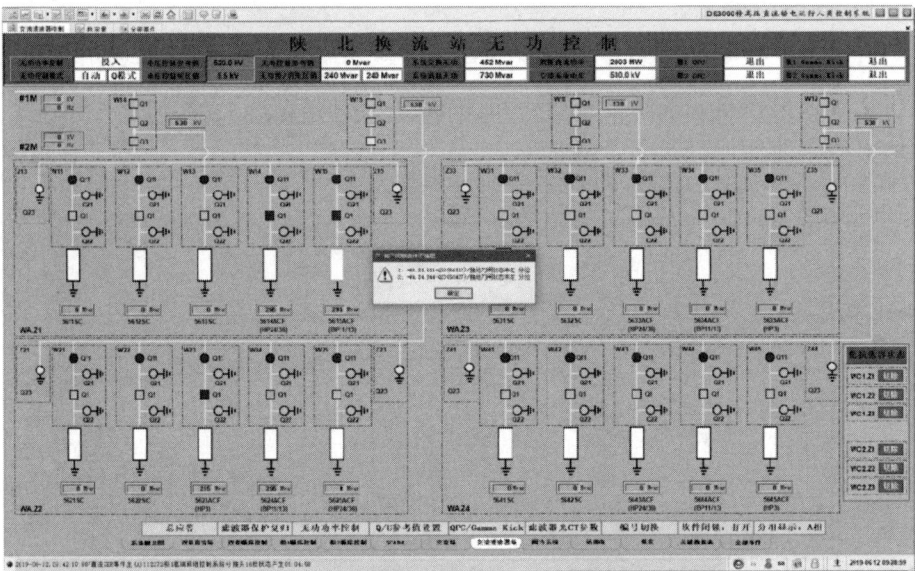

图 5-1-14　联锁逻辑智能自动判断提示界面

5）模拟量集中监视。

为了方便在联调试验、现场分系统调试、系统调试、投运后年度检修阶段以及常规检修时对模拟量校核，特别设计增加模拟量集中监视功能。以往在调试过程中控制保护在校核模拟量时需要分别配置控制和保护人员同时进行工作，需要打开不同的应用软件，工作效率低，不利于校对维护工作的开展。同时，对于测量系统来说，每个光通道的光纤衰减没有送到运行人员系统显示，而每次停电检修期间运维部门均需要开展相应的定检工作，只能是在就地连接调试笔记本电脑，通过专用软件读取通道光纤衰减值，费时费力。

　　模拟量集中监视功能分系统分别显示，对于能够上传光纤衰减信息的测量系统，对应增加光纤衰减等监视量值，模拟量集中监视界面如图 5-1-15 所示。

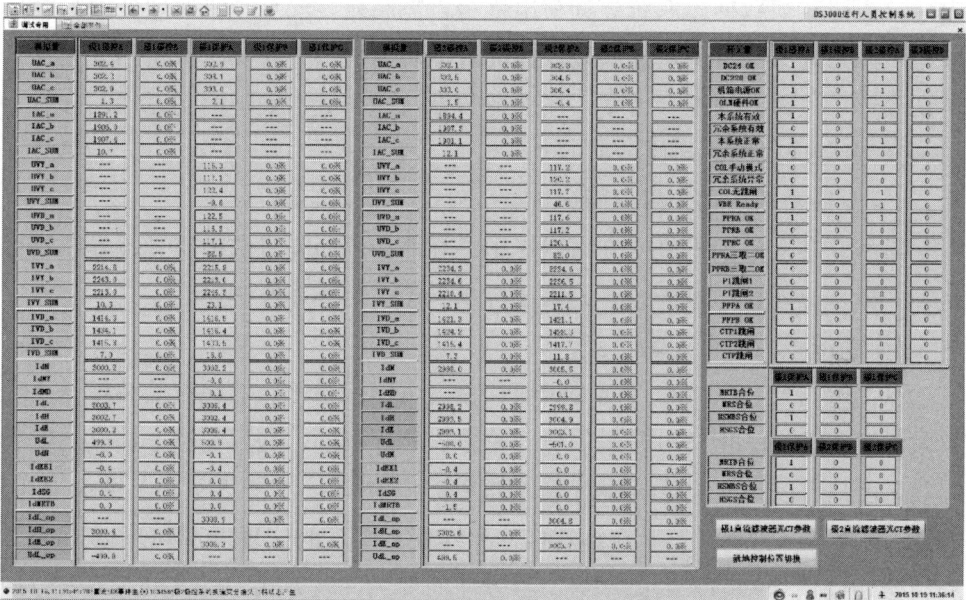

图 5-1-15　模拟量集中监视界面

（4）主要特点

1）基于客户机/服务器模式的分布式结构。

　　运行人员控制系统在软件结构上采用客户机/服务器模式，将数据处理工作分配给服务器，而将人机界面部分集中至客户端，充分利用网络系统各部分的优势，实现了信息资源的高度共享，大大提高了整个系统的性能。同时，这种分布式结构使得系统的配置十分灵活，系统的扩充和升级也非常方便。

2）全 Linux 操作系统平台。

　　系统设计采用全 Linux 操作系统平台。Linux 系统是当今世界使用的主流操作系统，Linux 系统在运行稳定性和处理能力上具有优势。这种全 Linux 系统平台配置，既能充分保证整个 SCADA 系统的稳定可靠性以及强大的处理能力，又能给运行人员提供简捷易用的操作接口，是一种综合性能优、安全性能高的系统配置。

3）功能强大、可靠的数据库管理系统。

运行人员控制系统数据库系统采用可控开源 MySQL 数据库系统。该数据库系统在数据管理、开放性、易用性、数据处理能力、数据查询效率及运行稳定性方面比其他数据库系统更具突出优势，能高效、安全、快速地处理大容量数据，并且为第三方用户提供开放性的数据访问接口。在实时数据的处理上，特别设计了"内存映像"模型，在保证数据访问和数据处理的实时性的同时，与 SQL 保持一致的访问接口。

4）友好的图形和人机界面。

系统具备友好的人机交互与图形用户界面，界面元素清晰明了，界面风格协调一致，界面接口设计以人为本，容易上手，可操作性强。

5）功能强大的页面编辑器。

页面编辑器包括图形页面编辑器、报表页面编辑器、曲线页面编辑器。在权限许可的前提下用户可在线创建、编辑、删除页面。利用编辑器提供的编辑工具，用户可以方便地对页面对象（如像素、曲线单元、报表列等）进行增加、删除、修改、复制等操作。所有编辑操作允许任意层次的恢复/重做（Undo/Redo）。编辑器还提供功能强大的脚本语言和方便的变量关联方式，可以灵活地编辑控制流程和关联数据。

6）全面周密的安全设计。

系统采用双网双机冗余配置，有效解决了系统的性能表现与可靠性之间的矛盾，充分保证了系统的安全可靠性；在保证数据安全方面，利用"软件或硬件集群"技术、主备机同步存储以及自动数据备份，确保数据的完整性及一致性；在权限管理方面，系统规定各种不同的操作权限，每个用户只能在其权限内操作，有效地防止了对系统人为的误操作；在操作安全方面，系统模拟五防系统，提供了可编辑脚本的各种验证条件，有效避免人为的误操作；在网络安全方面，系统采用严格的网络隔离设计，如：运行人员控制和监视系统与仿真培训系统、与保护及故障录波信息管理子站、与计量工作站、与极站控系统、与对站的网络以及外围的系统之间均采用硬件或软件防火墙来进行网络隔离，从而有效的防止了病毒侵入不同网段带来的访问冲突。

7）IEC 对象模型。

DS3900 系统的对象模型是参照 IEC 61850 模型建构的。该对象模型，从换流站到间隔、线路、装置等，形成了一个相互关联的层次结构，并将这种结构以图形方式表现出来，图形和模型相互对应（图模一体化）。用户可以查看每一个对象的属性、参数、运行值，可直观操作对象。

由于 IEC 61850 是针对交流变电站的系统模型，将其作为参考模型，应用到换流站建模中。公司将以此为基础在直流工程中率先形成一套较为完整的换流站对象模型并将之形成行业标准。

8）脚本语言。

DS3900 系统通过内置 PanScript 脚本语言实现直流系统中的顺序控制逻辑。PanScript 是基于 ECMAScript 标准实现的（JavaScript 及 Jscript 均基于该标准），具有良好的开放性，可以调用系统内各种对象，生成所需的各种逻辑，系统可以向运行人员开放部分组态功能。

2．工程师工作站

（1）监控系统工程师工作站

监控系统工程师工作站负责完成全站的编辑和修改，包括：信号点、控制点、SER 的配置；运行人员的控制权限的设定和修改；图形页面的编辑；数据库的编辑与修订，程序升级以及维护；报表更新和编辑。

（2）控制保护工程师工作站

1）概述。

直流控制保护主机通过 LAN 网接入控制保护工程师工作站，实现内置故障录波的自动上传工程师工作站并经控保录波前置管理机上送国调和省公司调度主站、程序的在线监视及程序修改下载、软件版本管理、定值及内部参数下发等功能。

2）网络结构图。

直流控制保护主机与工程师工作站及国调和省调传输网络结构图如图 5-1-16 所示。

（3）功能配置

1）内置故障录波上送工程师工作站、国调和省调功能。

直流控制保护集成内置故障录波功能，内置录波自动上传至工程师工作站，运行人员可以在工作站中通过分析软件查看和管理录波。内置录波自动上传软件如图 5-1-17 所示。

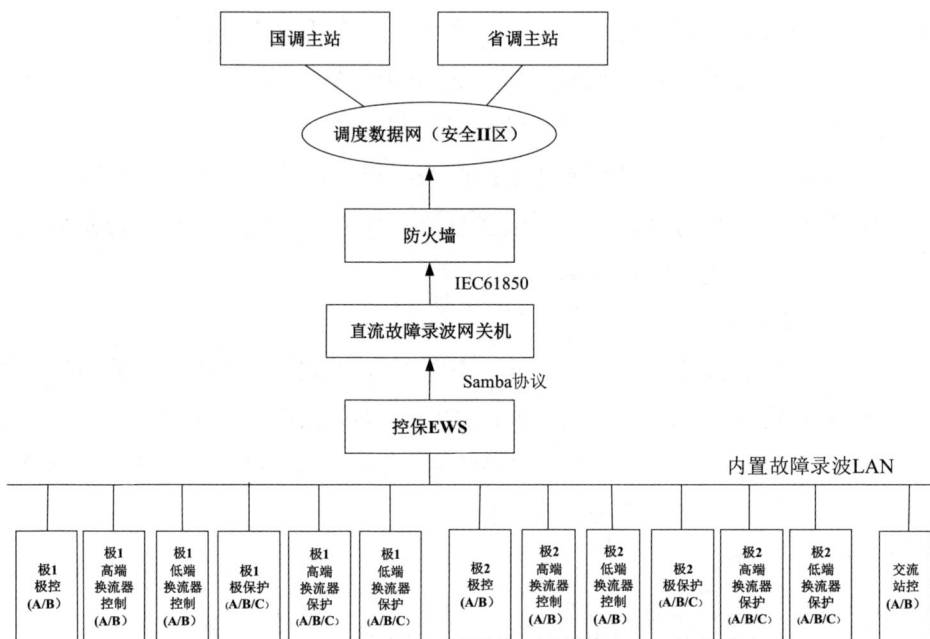

图 5-1-16　控制保护工程师工作站 LAN 网结构图

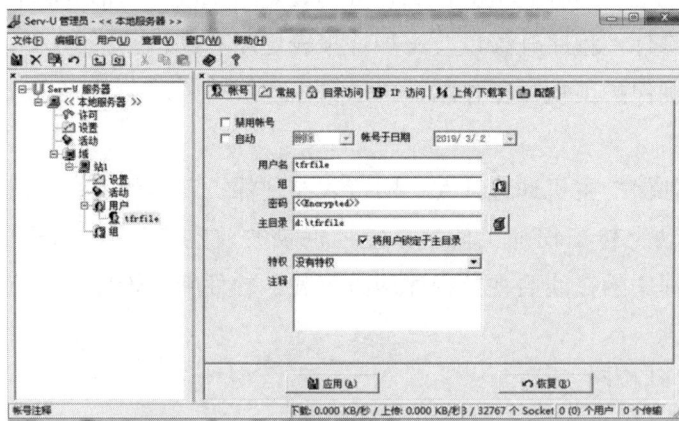

图 5-1-17　内置故障录波自动上送软件

　　每个换流站配置 1 台直流故障录波网关机装置，专门用于上传直流控制保护系统产生的内部故障录波信息到国调和省调的调度主站。

　　直流故障录波网关机采用网络与控制保护工程师工作站（控保 EWS）通信，通过 TCP/IP 与文件服务器通信，采用 Samba 跨平台的磁盘映射软件，将文件服务器上的直流控制保护系统故障录波目录映射到直流故障录波网关机，由其直接进行文件检索和读取。直流故障录波网关机同时经过防火墙接入调度数据网 LAN2 与国调、省调保护信息系统主站通信采用 IEC 61850 标准实现录波文件的快速可靠远传。

2）程序在线监视及程序修改下载功能。

通过工程师工作站中的 ViGET 设计工具,实现对直流控制保护主机应用程序的在线监视,实时察看内部所有软件信号的数值。

通过图形化调试软件 ViGET 可以临时修改参数,临时修改的参数值在主机重新启动后恢复原值;如进行永久修改,经编辑下载后,实现软件升级。

3）版本管理功能。

工程师工作站中的 ViGET 软件集成 Git 版本管理工具,该工具可实现自动生成软件修改日志,自动生成不同软件版本的对比报告,支持离线模式,使得版本管理更加方便。软件设计人员通过密码登录 Git 系统,进行控制保护软件的下载、修改和上传,并为软件的设计、校核、审核人员设置了不同的操作权限,确保整个过程的版本信息记录明晰,管理规范,软件版本管理界面如图 5-1-18 所示。

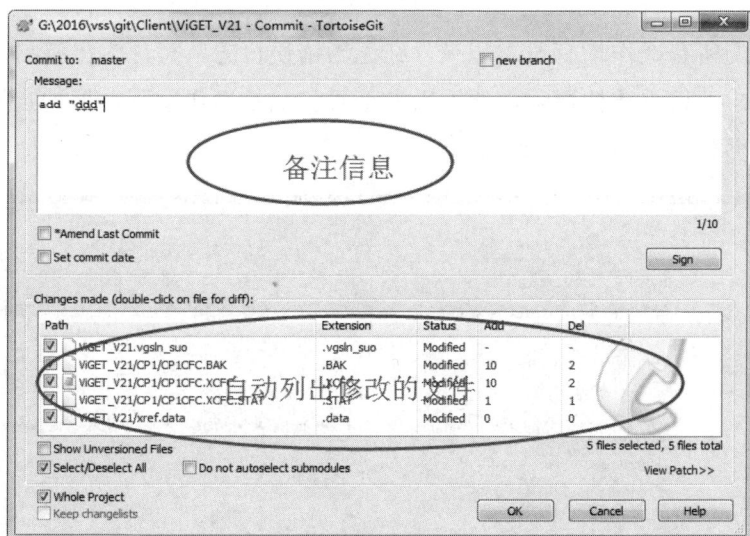

图 5-1-18　软件版本管理界面

4）保护定值及内部参数下发功能。

根据 Q/GDW 11355—2020《高压直流系统保护装置技术规范》要求,在工程师工作站中安装了专有的定值管理系统软件进行修改保护装置定值和参数，使用人需要管理员授权使用账号密码登录，登录成功后，软件菜单会根据用户权限禁止或允许，用户权限分为调试权限、工程权限、模板权限等。保护定值和参数下发界面简洁明了，保护定值、内部参数、调试参数以文档树菜单形式排列，便于用户查询，管理系统界面如图5-1-19所示。

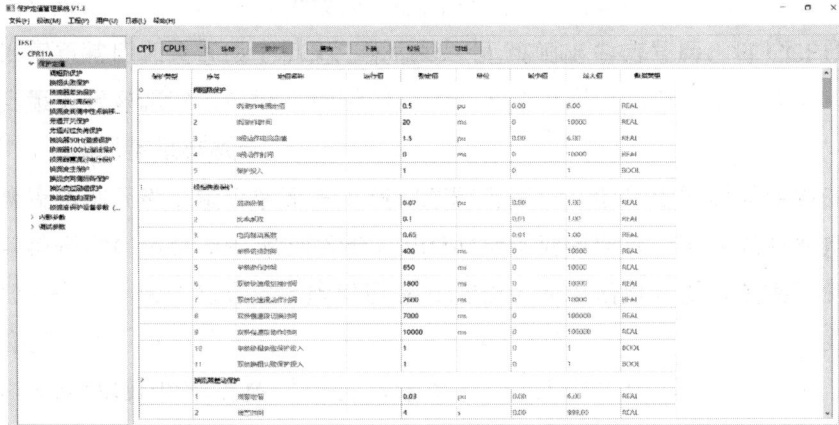

图5-1-19 保护定值管理系统界面

　　用户的所有操作均有日志记录，红色为错误日志，黄色为报警日志，灰色为普通日志，日志支持检索，便于用户查看和记录操作过程，保护定值管理系统日志界面如图5-1-20所示。

图5-1-20 保护定值管理系统日志界面

3．就地控制系统

（1）概述

配置了冗余的运行人员控制系统和远方调度系统，同时在设备控制层还配置了就地控制系统，作为运行人员控制系统的后备，实现对直流系统的监视与操作。在站级控制权限上，就地控制位置级别处于最高级，可直接将控制权限从运行人员控制位置或远方调度系统控制位置切换到就地控制位置。

就地控制系统由1台就地控制工作站及相应的网络设备组成。

就地控制工作站是由无风扇工控机和液晶显示器组成。就地控制工作站安装的监控软件与运行人员控制系统相同，配置相同的数据库和人机界面，具备完善的监视功能，可以实现直流系统解闭锁、功率升降、交直流场开关、滤波器投切、站用电控制等基本操作，作为运行人员控制系统及远方调度系统丢失情况下的后备系统。

就地控制系统网络在物理上完全独立，与运行人员控制系统和远方调度系统网络完全隔离。控制保护主机通过 BEM 背板网络接口组网，形成完整的就地控制系统网络。

（2）网络结构图

就地控制系统独立组网，组网后接入就地控制工作站，组网结构如图 5-1-21 所示。

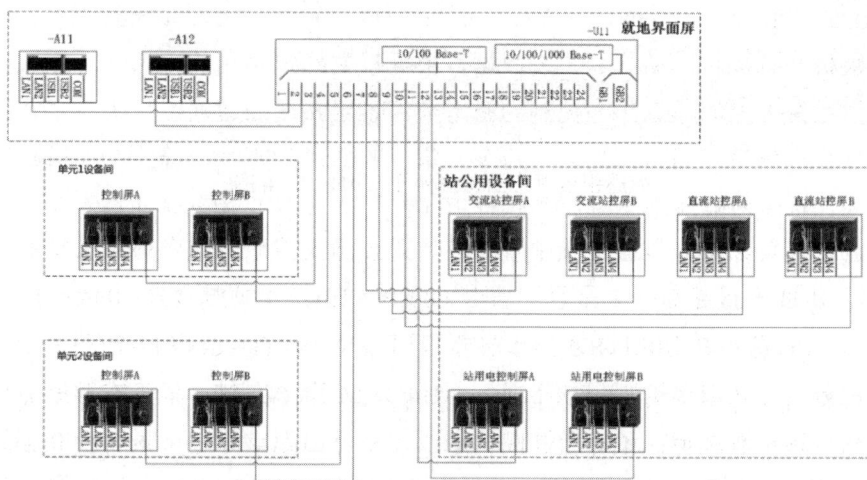

图 5-1-21　就地控制界面 LAN 网结构图

（3）功能配置

就地控制系统包括如下的功能：

1）监视功能。

就地控制系统与运行人员工作站上的人机界面保持一致，系统提供了全站接线图，包含交、直流场设备、直流系统的"四遥"信息，控制主机的运行状态和故障信息，直流系统顺控流程图。就地控制系统具备事件报警管理功能，可以显示直流系统的事件报警信息。

2）控制功能。

运行人员在就地控制系统的人机界面上可以对交、直流场的设备（如开关、刀闸、地刀等）进行控制操作，直流系统控制操作（直流场顺序控制，状态转移、控制方式和模式转换、起停、功率升降等）。

4. 站间通信

站间通信按照功能分区进行设计，可以在简化通道数量的情况下保证通信的快速性。通道数量共需 14×2M 个，分为 7 对，根据以往工程实际情况，将 14 个通道设计为两个组数据通道，每组 7 个通道，相互备用；通道包括极 1 极控通信通道、极 1 保护通信通道、极 2 极控通信通道、极 2 保护通信通道、直流站控系统通信通道、直流站控系统快速通信通道和故障测距通信通道。

站间通信在控制主机层采用 LAN 网 UDP 传输模式，从控制保护机箱的通信板卡直接输出，经过网桥将 LAN 网转换为 G.703 网，与对站进行通信；每个控制主机同时接收对站 2 套系统数据，根据报文确定对端的主系统。主机接收对站主系统传输的信息作为控制的参考值，备用系统的数据仅作为参考。保护主机优先选择第一通道作为参考对象。第一路通道故障时，第二个通道数据作为参考，直流故障测距系统属外购屏柜（2 套），直接采用 2M 通道对传，站间通信网络结构如图 5-1-22 所示。

5. 告警直传系统

（1）概述

告警直传系统是指以换流站监控系统的单一事件或综合分析结果为信息源，经过规范化处理，生成标准的告警条文，经由图形网关机直接以文本格式传送到调度主站及设备运维站，调度主站分类显示在相应的告警窗并存入告警记录文件。

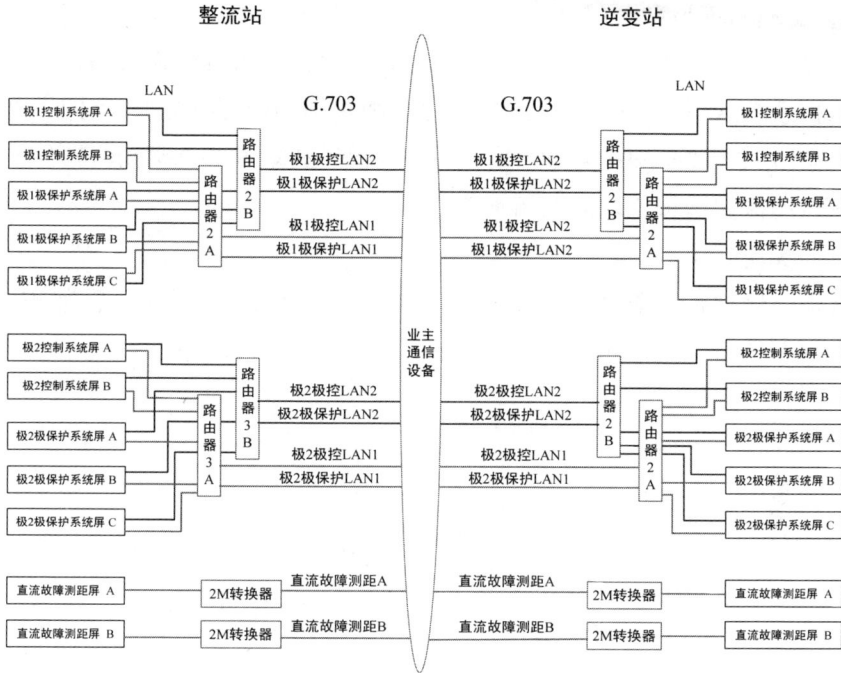

图 5-1-22　站间通信网络结构图

（2）系统特点

告警直传采用新修订的 DL/T 476 规约，有效利用规约"信息确认"及"出错重传"机制，防止信息丢失，保证信息的完整性和可靠性。

报警直传格式：

直传告警信息参考 syslog 格式，标准的告警条文按照"级别、时间、设备、事件、原因"五段式进行描述，各段之间用空格分隔，其中原因可省略，格式为：＜级别＞时间设备事件原因；① 级别分 5 级：1-事故，2-异常，3-越限，4-变位，5-告知。主站告警窗至少分为"全部、事故、异常、越限、变位、告知"等不同的告警栏，以满足全部监视与分类浏览的需要。告警信号定义及级别定义见附录 4（规范性附录）。② 时间标记事件动作的时刻，单一事件取遥信原始 SOE 时标；多事件综合分析结果的告警时标，取启动综合分析流程的触发遥信 SOE 时标，精确到毫秒。③ 设备参照《电网设备通用模型命名规范》进行描述，电网设备全路径命名结构为：电网.厂站/电压.设备/部件。其中，正斜线"/"为定位分隔符，小数点"."为层次分隔符。各字段描述说明详见

《电网设备通用模型命名规范》相关部分。④事件是对应"1/0"状态作出的表述，按照告警类型的不同，规范动作表述词。以江苏省泰州换流站极 2 高端换流器保护系统 A/角变差动保护增量差动 B 相跳闸为例，传输到调度的告警文本内容：2019-02-2616:03:47.000 泰州换流站/800kV，极 2 高端换流器保护系统 A/角变差动保护增量差动 B 相跳闸产生。

（3）实现方式

换流站侧配置告警直传主机，通过 DL/T 476 协议向主站传送告警条文，系统结构如图 5-1-23 所示。

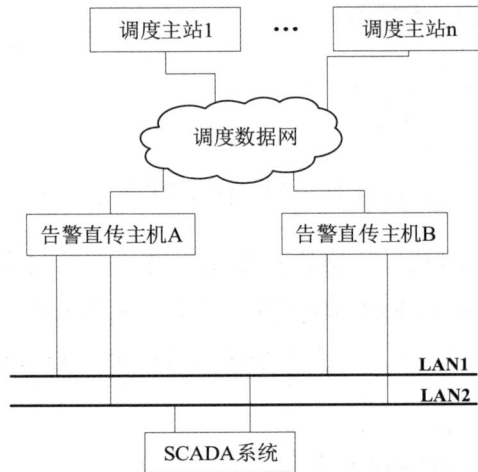

图 5-1-23　系统结构示意图

（4）接口及通信要求

告警直传采用新修订的 DL/T 476 规约。告警直传系统和主站间采用 2M 专线或调度数据网进行通信；为保证系统的安全性，厂站和主站间宜加装纵向加密装置。

6. 事件集成系统

（1）概述

换流站事件集成是指集成换流站内运行人员监视的事件信息，包括直流控制保护系统和辅助系统等事件，将换流站采集、上送的事件信息经过转换，生成为标准的事件条文，由事件集成工作站上送到主站的功能。主站可以根据站端事件集成系统实时显示站内事件信息，便于主站及时督促换流站开展缺陷处理和隐患治理，进一步提高换流站设备运行可靠性，满足主站对换流站故障、缺陷、隐患的闭环管理。

（2）系统特点

事件集成采用新修订的 DL/T 476 规约，有效利用规约"信息确认"及"出错重传"机制，防止信息丢失，保证信息的完整性和可靠性。

事件集成系统的事件格式如下所示。

事件标识\$\$日期\$\$时间\$\$事件点的状态值\$\$事件来源\$\$完整的事件信息\$\$事件告警等级\$\$产生事件的系统

1）事件标识：字符串格式，事件号，对每一个事件源一个标识，全站唯一；但不同时刻、不同状态的同一个事件源其标识相同。

2）日期：字符串格式，采用 yyyy－MM－dd 的格式。

3）时间：字符串格式，采用 hh：mm：ss.zzz 的格式。

4）事件点的状态值：正整数，事件产生时事件状态信号的值，0/1/2/3/4。

5）事件来源：字符串格式，事件产生的来源，如极 1 控制、极 1 保护、直流站控、直流保护、PTWS 等，相当于我们的事件组，如无内容为一空格。

6）完整的事件信息：字符串格式，一条事件的完整描述，包括状态文本字段。

7）事件告警等级：正整数，用 1－5 值表，基于按照国网告警直传的等级定义：1－事故，2－异常，3－越限，4－变位，5－告知。

8）产生事件的系统：单个字符，A/B/C 系统。

事件集成系统直接通过 SCADA 系统获取全站发生的事件，并按照一定的规则把所获取的事件按上述事件格式生成出来，以 ACSII 编码的方式向主站传输。

（3）实现方式

换流站侧配置事件集成工作站，该工作站和远程诊断工作站复用，通过 DL/T 476 协议向主站传送事件条文，系统结构如图 5－1－24 所示。

（4）接口及通信要求

事件集成采用新修订的 DL/T 476 规约。事件集成系统和主站间采用 4*2M 专线以上带宽或调度数据网进行通信；为保证系统的安全性，厂站和主站间宜加装纵向加密装置。

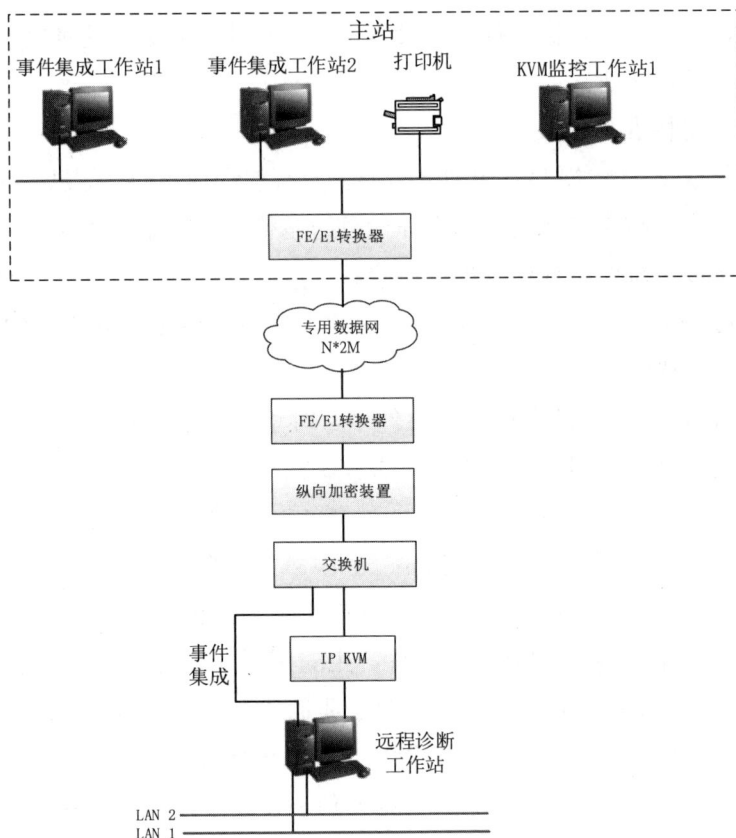

图 5-1-24　系统结构示意图

7．辅助系统

（1）功能介绍

换流站内配置一套辅助接口装置，实现对换流站内辅助系统信息收集、监视和存储。辅助系统包含辅助系统接口装置、通信协议转换装置，双重化配置。

（2）技术方案

辅助系统负责接入换流站内辅助子系统：VBE、阀冷系统、直流电源、UPS电源等子系统，辅助系统结构如图 5-1-25 所示。

（3）对外接口

主要接口包括：① 网络 RJ45：支持 IEC 61850、MODBUS-TCP 协议、IEC 101、IEC 102、IEC 103、IEC 104 等常用规约。② 串口 RS485：支持 Modbus 协议等。

（三）GWS-远动系统

远动系统包括两个部分，一部分通过远动工作站连接到多个调度中心，使用104 规约按照约定的点表向各个调度中心传送数据，一部分通过告警图形网关把站内的告警信息和图形页面直接传送到国调中心。远动工作站采用直采直送原则，直接和控制保护主机连接并获取数据，然后上送到各个调度中心，告警图形

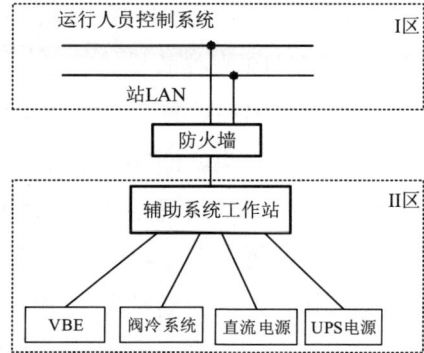

图 5-1-25　辅助系统结构图

网关连接到站服务器，向国调中心传输站内经过处理的数据信息。它们与调度中心都通过双平面数据网连接，远动系统结构如图 5-1-26 所示。

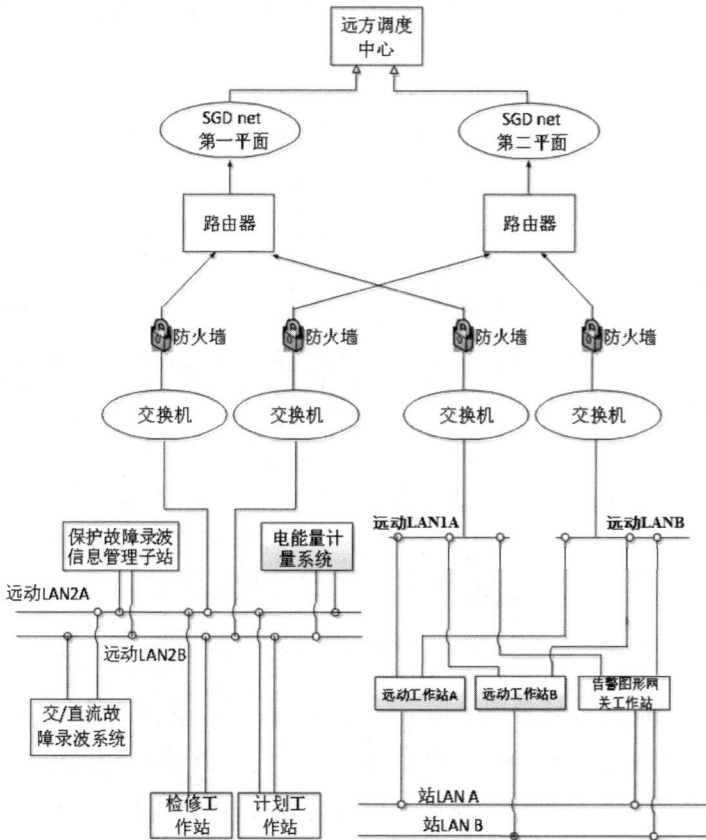

图 5-1-26　远动系统结构图

（四）DFU400 系列测控装置

1. DFU410 测控装置

DFU410 测控装置用于构成 DPS-3000 直流控制保护系统的现场层 I/O 设备，实现数据采集、同期联锁控制、SOE 事件记录等功能。

DFU410 测控装置是许继继承和借鉴国外产品的优点，通过功能创新自主开发的测控装置。DFU410 采用多处理器的模块化结构，双重化的电源配置和现场总线接口，内置高精度交直流采样、同期控制等全面的功能，以使其功能和性能得到全面提升，并增加工程配置和维护调试的方便性和灵活性。装置通过 PROFIBUSDP 现场总线完成对现场模拟量和状态量的数据采集和上传，并执行主站下发的控制命令。装置同时配置有 CAN 总线接口，可以实现现场层设备的组网调试、就地监控、状态逻辑联锁、第三方 CAN 设备的接入，并可实现 CAN-ProfiBusDP 两种总线的桥接功能。DFU410 的功能结构如图 5-1-27 所示。

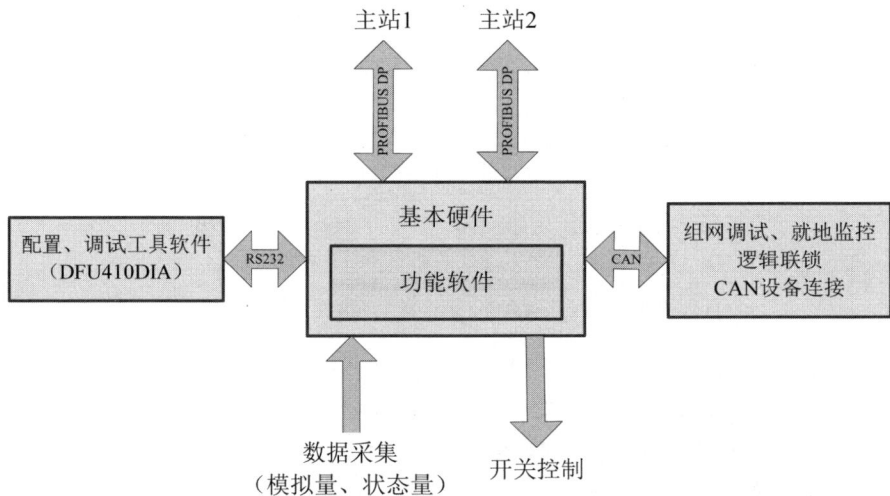

图 5-1-27　DFU410 测控装置功能框图

DFU410 的硬件系统采用模块化结构及硬件由机箱和背板、主控制 CPU、通信及接口、开关量输入输出、继电器输出、交直流模拟量输入及转换、直流电源、人机接口等部分构成。软件系统分为分布式测控功能软件和配置调试工具两部分。其中分布式功能软件包括主处理软件、通信处理软件和交流模拟量处理软件等三部分，各自分布于主控制 CPU、通信及接口，以及模拟量输入及转换等智能硬件单元中，实现相应的处理和控制功能；调试工具软件实现整个装置的参数设置、数据监视、故障诊断和就地操作等功能，为应用人员提供便利的工程配置和运行维护手段。

2. DFU420 测控装置

DFU420 测量控制装置是一种采用最新处理器技术与采集控制技术为一体的新型分布式 I/O 测控设备。装置采用模块化结构、分布式处理，功能完善，配置灵活，适用于高压/特高压、多端、柔性等直流输电工程直流控制保护系统的现场控制层，用于完成现场控制级的数据采集、电量计算、同期测量、联锁编程、冗余总线通信与控制输出功能。

DFU420 装置通过 PROFIBUSDP 现场总线与中央控制主站进行通信，并支持冗余的通信接口配置。同时支持通过以太网口实现装置间的逻辑连锁及就地组网监控等功能。

DFU420 装置在控制保护系统网络中的位置如图 5-1-28 所示。

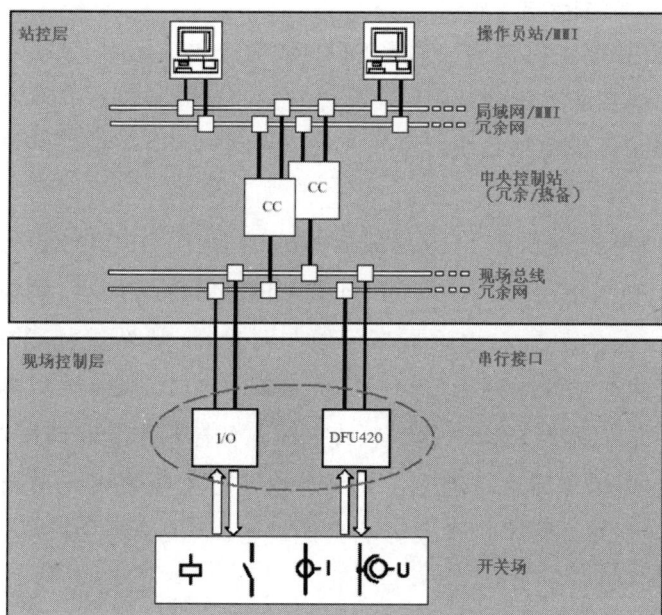

图 5-1-28　DFU420 装置系统应用位置图

DFU410/DFU420 功能性能差异如表 5-1-1 所示。

表 5-1-1　　　　　　　　DFU410/DFU420 功能性能差异

项目内容	DFU410	DFU420	功能性能差异
处理器	8/16 位单片机 40MHz	高性能 32 位嵌入式 处理器 800MH	提升性能近 20 倍
操作系统 RTOS	无	嵌入式实时操作系统 （VxWorks）	提供功能强、易编程开发 环境，方便应用接口
运行时系统	无	强运行时系统 （SmartWork）	提升资源调度能力
通信接口	DP/CAN	DP/以太网	提升通信能力
实时时钟 RTC	无	有	掉电不丢失
对时接口	分脉冲	分脉冲/B 码	完善对时接口
子卡扩展口	无	PMC 插口	扩展通信及采集口

四、系统通信

（一）现场总线通信

HCM3000 控制主机与测控单元 DFU410/DFU420 采用 PROFIBUSDP 总线进行通信。总线按照系统分别组网，全站包括直流站控网、交流站控网、站用电控制系统网和各极控制系统网等共 5 个总线网络，各个总线网络在物理层相互独立。

HCM3000 主机通过 ECM10 总线板卡与 DFU410/DFU420 进行总线连接。主机中的板卡 ECM10 作为主站，DFU410/ DFU420 作为从站。测控单元采用优化的总线协议上传信息，主站最多可以与 128 个从站进行通信；DFU410/DFU420 配置有电 RS485 通信口和光纤总线通信接口，RS485 以菊花链的形式组网；室内通信载体为 RS485 接口总线电缆，各控制室之间通过 OLM 光电转换模块转换为光信号后连接起来，光纤总线通信主要采用冗余光纤环网，环网中间的任一设备检修维护不会影响其他设备。图 5-1-29 为冗余光纤环网示意。

（二）快速控制总线通信

HCM3000 系统采用快速控制总线完成冗余控制系统之间、直流站控与极控系统通信、极层控制与换流器控制之间的通信和直流保护系统与控制系统之间数据传送。

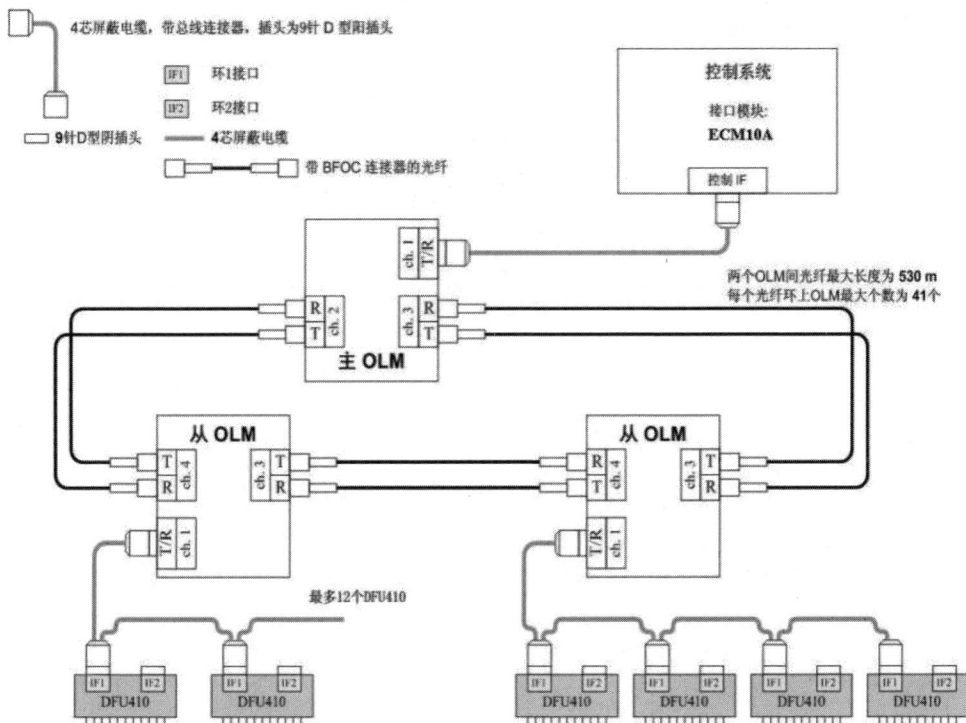

图 5-1-29　冗余光纤环网示意

控制总线功能由 IFC10B 控制总线插件完成。IFC10B 插件是一种快速通信插件，提供高速点对点通信功能，为嵌入式板卡，需要嵌入到处理器插件 EPU10A 上运行。IFC10B 具有四个光纤接收口和 4 个光纤发送口，通信速率 50Mbps，点对点通信方式，全双工双向串行通信总线，抗电磁干扰能力强；采用多模光纤，波长 1300nm，传输距离远，光功率衰减小，通道和链路都有自检功能。

快速控制总线每帧报文能够传输 128 个 HEX 字，采用光触发的交流信号元件，数据连续不断的发送，如果没有数据则发送空闲报文，当检测不到数据和空闲报文时认为光纤通道出现问题；数据发送采用和接收都采用 CRC 校验码，确保传输报文的正确性。图 5-1-30 为极层控制与换流器层控制、直流站控和极保护等之间的快速总线连接示意图。

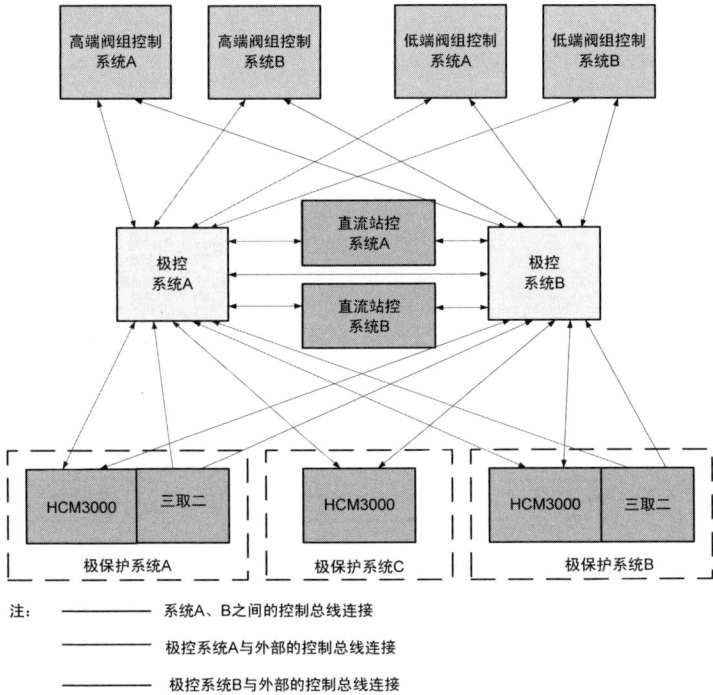

图 5−1−30 极层控制系统快速总线连接示意

（三）TDM 总线通信

HCM3000 系统模拟量采集传输将采用 TDM 总线通信方式，TDM 总线通信支持 32bit 数据带宽的 PCI 总线，时钟频率 33MHz，通信速率为 32Mbps，采用插入式 TDM 总线，每块 TDM 采集板块作为一个节点形式存在于数据结构中，每个节点最多可采集 25 个模拟量，最多 10 个节点，每个节点数据都加入了 CRC 校验信息，保证数据的正确性，同步采用时钟同步方式，图 5−1−31 为 TDM 总线报文结构格式。

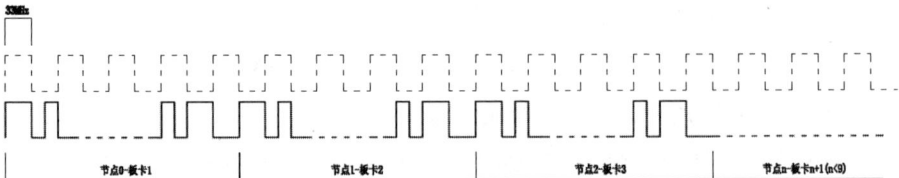

图 5−1−31 TDM 总线报文结构格式

第二节　控制保护系统冗余实现

根据高压直流输电控制保护系统的可靠性要求，直流控制系统采用双重化配置，直流保护（极保护、换流器保护）采用三重化配置，交流滤波器保护（包括大组母线保护、小组保护）采用双重化配置，采用启动+动作保护策略。

一、控制冗余切换设计

直流站控系统、直流极控系统、交流站控系统、站用电控制系统与各自测控装置，构成独立的控制系统，控制系统冗余配置，测控装置冗余配置，硬件完全相同。控制系统为完全冗余的双重化系统，双重化的系统可以在故障状态下进行自动切换或者由运行人员手动切换。控制系统冗余切换功能由控制主机完成，通过光纤与冗余系统和其他设备通信，具有切换时间短（100μs）、自检全面、软件升级方便等特点。

控制系统按区域配置分布式测控装置，测控装置从独立的 CT、PT 线圈引入测量量，从独立的接点引入开关量。所有的开关控制命令同时下发到测控装置，仅连接主系统的测控装置的命令开出，从系统的命令不开出。

控制系统 A、B 主机分别配置冗余切换功能，冗余切换具有两种操作模式：手动模式和自动模式。自动模式时，处于备用状态的系统可以通过对应按钮手动启动切换，完成备用系统到主系统的切换，也可以通过运行人员启动当前系统切换；如果主系统发生故障可以自动切换到备用系统上，如果备用系统也同时发生故障，会产生一个 ESOF 命令，停运系统。手动模式时，不再响应切换指令，备用系统进入测试模式，此时主系统如果发生故障，立即产生 ESOF 命令停运系统，手动模式主要用于系统检修。

在出现两个手动按钮同时被按下或出现频繁的手动操作等非正常情况时，切换将被闭锁。当两个控制系统之间触发角的差异超过允许值时，控制系统将禁止来自冗余切换的手动操作命令，但此时控制系统检测到主系统故障时，可以通过软件请求切换到备用系统。

二、保护冗余设计

（一）直流保护三重化设计

直流保护（极保护、换流器保护）采用三重化配置，通过硬件三取二装置实现"三取二"逻辑,同时在控制系统中配置"软件三取二"逻辑作为硬件三取二装置的后备;任意一套保护因故障、检修或其他原因而完全退出时,不影响其他各套保护,并不影响系统的正常运行,直流保护系统冗余配置如图 5-1-32 所示。

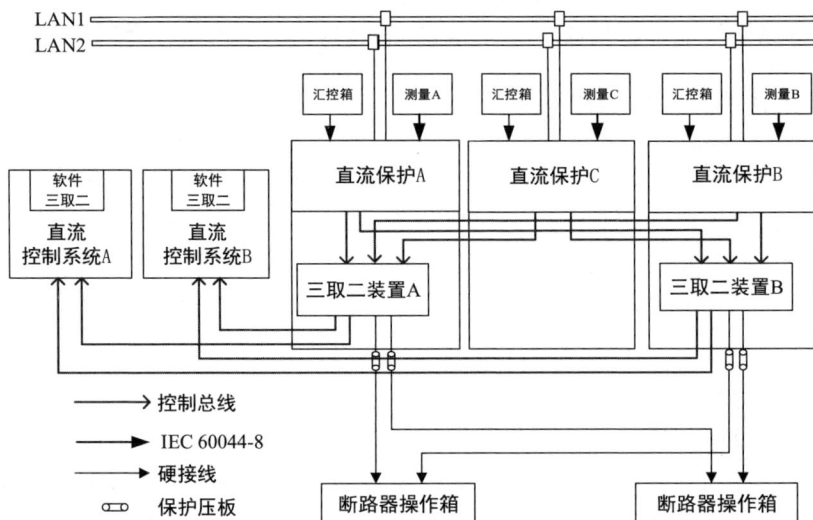

图 5-1-32　直流保护系统冗余配置图

直流保护动作的三取二功能,在冗余配置的三取二装置中实现,同时在控制系统中配置软件三取二功能,当两套三取二装置均故障时,通过控制系统中的三取二软件逻辑出口。硬件三取二装置如图 5-1-33 所示。

图 5-1-33　硬件三取二装置

硬件三取二装置的主要功能和特点:采用标准机箱,具有更好的抗干扰性和抗冲击性;双电源供电,保证了装置的可靠性;采用标准硬件模块,便于扩展；与控制系统采用高速光纤通信通道进行数据交换。

（二）换流变非电量保护三重化设计

换流变非电量保护采用三重化配置方案，由三套独立的采集系统构成，将信号通过 IEC 61850 传至换流器控制系统，经换流器控制系统中的三取二逻辑出口。任意一套保护因故障、检修或其他原因而完全退出时，不影响其他各套保护，并不影响系统的正常运行，换流变非电量保护系统冗余配置如图 5－1－34 所示。

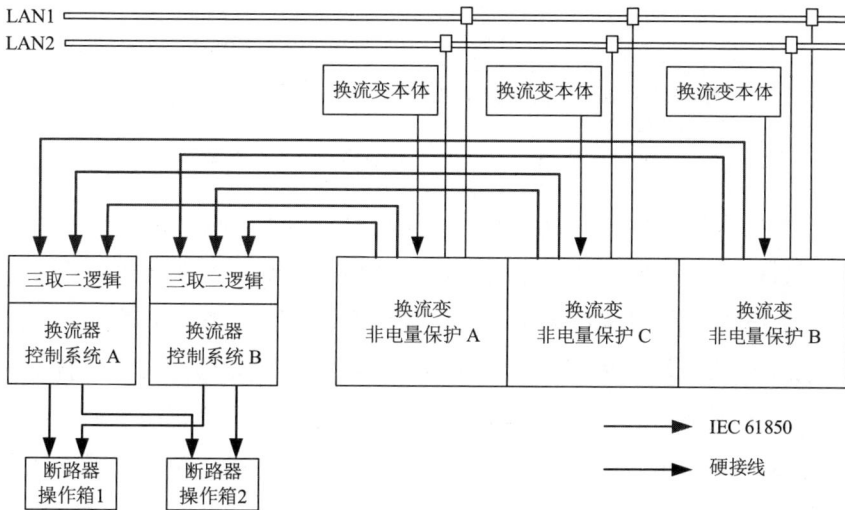

图 5－1－34　换流变非电量保护系统冗余配置

（三）交流滤波器保护双重化冗余设计

交流滤波器小组保护和交流滤波器母线保护采用"完全双重化"配置，每一个保护装置有两个保护运算单元，每个运算单元使用独立的测量数据，采用"启动"＋"动作"逻辑，防止单一元件故障造成的保护误动，当一个保护装置中两个运算单元都有保护动作信号后，本套保护装置最终出口，任意一套保护出口即可跳闸出口，交流滤波器保护系统冗余配置如图 5－1－35 所示。

三、电源冗余设计

控制保护主机、测控单元均在其机箱内配置独立的双路电源同时在线供电，任何一路电源丢失的情况下装置可以正常运行；任一电源模块出现故障，

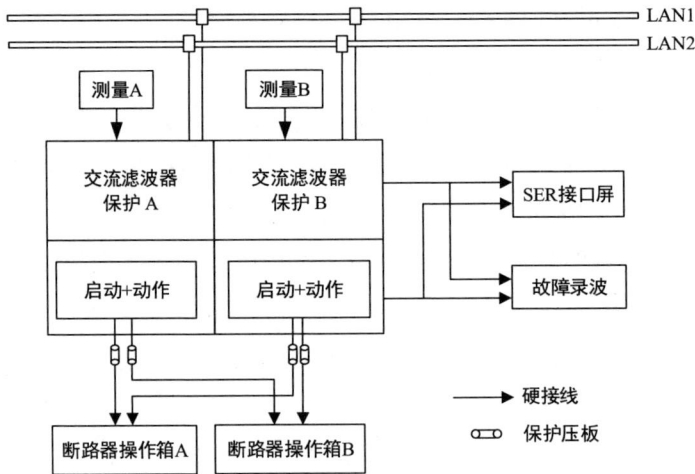

图 5-1-35 交流滤波器保护系统冗余配置

均通过告警接点输出并上送监控系统。信号电源原则上通过两段母线供电，母线故障无扰动切换。如果现场没有无扰动的切换电源，则需要配备三段母线电源供电，系统 A 的信号电源采用一段母线电源，系统 B 信号电源采用二段母线电源，系统 C 信号电源采用三段母线电源。电源入口处增加有抗干扰滤波器，减小对回路的影响。工控机、交换机、路由器及通信类屏柜采用双套 UPS 供电。UPS 具备实时交流电压监视功能，并保证电源无扰动切换功能。服务器采用双 UPS 电源模块供电，两套电源模块同时在线。24V 内部元件电源采用双电源模块经解耦后供电，保证可靠供电。任何情况下单段电源丢失都不会造成直流系统停运。

第三节 控制保护系统自检功能

一、概述

系统监视功能一方面监视所有的控制保护系统硬件板卡，包括服务器、HCM3000 平台、远动装置和 DFU400 系列测控装置；另一方面对软件也设置有监视。这些监视信号会根据信号的故障程度不同，分别归类为轻微故障、严重故障和紧急故障。每个故障级别将引起不同的动作，包括报警、启动切换。

系统监视的目的是确保当前为主运行（Active）的系统是最完好的系统。

（1）HCM3000 硬件平台监视

HCM3000 平台提供了异常及故障处理的完整机制。对于系统内部异常及故障的监测、处理和问题分析提供全面的支撑。

（2）硬件系统层的故障监视

硬件系统在设计时考虑诸如自检等故障处理机制。故障监视主要包括：系统级（机箱和背板）的故障、主板的故障、从板卡的故障。提供软件操作接口，方便在线检测和处理。

（3）运行时系统层的异常监视

运行时系统层是平台系统软件的核心，对自身的运行状态提供实时的检测、发现异常并做出相应的处理。异常及处理包括：任务的调度是否正常，如：有无任务超时；实时监测硬件系统的工作状态，发现故障，并作处理；通信类故障及处理；系统级的错误及处理器内核异常。

二、HCM3000 装置自检和监视

HCM3000 平台提供了异常及错误处理的完整机制，对于系统内部异常及故障的监测、处理和问题分析提供全面的支撑，控制系统的自检包硬件系统自检功能、系统软件自检功能以及应用软件自检功能。

（1）硬件监视功能

通过 24V DC/DC 变换器和 HCM3000 电源的内部监视功能监视电源的输出，通过小型断路器的辅助触点监视电源的输入。在下列任意一种情况下，保护系统将产生"电源故障"信号，该信号通过 SER 屏送至运行人员控制系统：

① 任一电源开关在"断开"位置；

② HCM3000 机箱电源故障；

③ 任意开关电源故障或失电。

HCM3000 硬件故障检测是由直流保护系统自动完成的，通过专用电路检测故障，如处理器故障和电源故障。风扇故障通过 HCM3000 机箱内的继电器触点来检测。

（2）软件监视功能

HCM3000 系统软件内部的自检功能，能够自动检测故障，功能包括：循

环检测存储器、循环检测外设模块、检测通信回路故障。

HCM3000 内的保护软件检测到不同的软件功能块故障时，产生软件故障信号。因此，它监视不同的功能块，如通信功能块。检测到故障时闭锁保护功能。

三、运行人员控制系统自检

系统具有 100%覆盖率的自检功能，不论是否为有效系统，只要设备带电运行，自检和监视功能就起作用。运行人员控制系统的自检主要包括以下方面：LAN 网监视、各工作站工作状态自检、远动通信通道自检、服务器和工作站运行程序模块检测。

所有系统事件被自动写入到系统错误日志文件。这些事件包括有关系统硬件和软件的事件消息，以及有关的系统状态，启动和诊断的信息。

系统提供了获取错误日志的功能。此功能允许指定要显示的事件的时间范围以及类型。例如，它可以显示有关特定硬盘/CPU/内存的事件，或只涉及操作系统的事件等。事件既可以用短格式显示，其中事件信息以很短的格式报告，也可以用全格式显示，其中包含所有可用的信息。

第四节 许继控保设备演进过程

自 20 世纪 80 年代开始，许继持续跟踪直流输电相关领域的研究和工程化应用。依托工程和国外技术转让，许继先后完成了 DPS1000 系统的和 DPS2000 系统的研制，对提高我国直流输电装备的设计和制造水平，建设国产化高压直流输电工程有着重大的政治和经济意义。随着特高压、多端及柔性直流输电技术的快速发展，且受限于外方转让技术不彻底，原有控保系统的技术水平已经研制落后于时代发展，有必要研制基于自主知识产权的国产化控制保护平台。

（1）SIMADYN D 技术引进

2002 年许继依托灵宝背靠背直流输电工程，引进西门子的 SIMADYN D 控制保护平台、冗余切换模块 COL、3 取 2 模块、SU200 测试装置等技术。其中SIMADYN D 是西门子的高端通用控制保护平台，主要应用于工业控制、钢铁、冶金、铁路、船舶等多个行业。

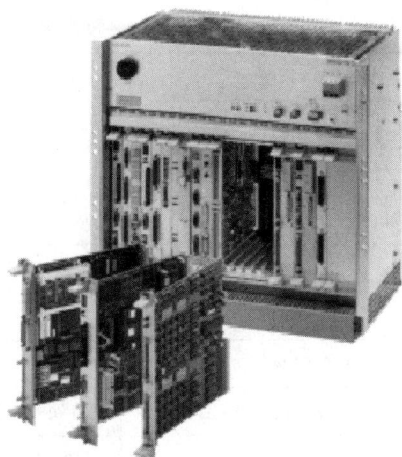

图 5-1-36　SIMADYN D 机箱图

（2）DPS2000 控保平台

HCM200 控制保护平台在西门子 SIMADYN D 引进技术基础上升级开发，应用于灵宝背靠背、高岭背靠背、贵广二回、宁东工程、三沪二回等工程。

（3）DPS3000 控保平台

HCM3000 控制保护平台是许继集 20 多年直流输电设备研制和工程经验，在 SIMADYN D 等技术的基础上，采用先进的电子、计算机、航空航天领域等领先技术，研制的具有完全自主知识产权，国际先进水平的通用控制保护平台。HCM3000 控制保护平台由嵌入式硬件平台、系统软件和图形化编程工具 3 大部分构成。平台具有编程可视化、应用组态化、硬件模块化的新兴特征，功能高内聚、低耦合。

第五节　DPS-3000 和南瑞 PCS-9550 系统的主要差异

许继 DPS-3000 和南瑞 PCS-9550 这两种直流控制保护系统在硬件平台、软件系统上均存在明显差异，主要差异汇总如表 5-1-2。

表 5-1-2　　　　　　　　各技术路线控保设备对比

厂家	南瑞	许继
硬件平台	UAPC	HCM3000

续表

软件系统	实时操作系统	VxWorks
图形化编程平台	Accel	VIGET
处理器数量	多主处理器、多核处理器	多主处理器
主处理器	800MHz～3.0GHz	1.3GHz
内存	4GB	1Gbyte
总线带宽	12Gbps	160MBps
数据采集	A/D，IEC 60044 – 8	A/D+TDM
对时方法	支持硬同步脉冲+网络对时、IRGB 码对时	支持硬同步脉冲+网络对时、IRGB 码对时
通信方式	100M/1000M 以太网、HDLC/CAN、IEC 60044 – 8、IEC 61850、TDM 等	100M/1000M 以太网、Profibus DP、IEC 60044、IEC 61850[Goose]、IFC[定制]、TDM[定制]
总线方式	HTM 总线	64 位高速并行总线
支持接口	通用 I/O、通信接口、晶闸管换流阀触发脉冲接口[光/电]、IGBT 换流阀调制波接口	通用 I/O、通信接口、晶闸管换流阀触发脉冲接口[光/电]、IGBT 换流阀调制波接口
具备功能	多优先级调度、异步中断处理、系统故障诊断、内置故障录波、在线调试	多优先级调度、异步中断处理、系统故障诊断、多任务数据一致性保护、内置故障录波、在线调试

第二章 技 能 实 践

第一节 常 用 软 件 使 用

一、控保软件 ViGET 设计工具概述

（一）软件介绍

ViGET 是许继具有完全自主产权的，为高压直流输电控制保护装置研制的一款大型的、通用的、先进的图形化软件开发工具，涵盖项目管理、硬件配置、图形化软件开发、在线调试、故障诊断、信息统计、负荷统计、软件版本管理等各项功能，为控制保护装置的高效、可靠开发及项目软件管理提供了强有力的支撑，极大地方便了设计，提高了效率。

（二）功能介绍

ViGET 支持多级中断及循环任务，支持多 CPU 同时在线调试、支持细分权限管理、支持程序版本校验管理、支持多任务间保证数据一致性的数据交换、支持多 CPU 间共享内存数据交换等功能，满足高度复杂的直流输电工程的软件开发及管理需求。其中，项目管理、图形化软件开发、在线调试、软件版本管理等是项目开发、运维主要关注的功能。

1. 项目管理

ViGET 具有完整的工程软件项目开发全过程管理，提供从项目建立、项目编程、项目配置、项目调试、项目故障诊断到项目过程版本等的全过程管理，为工程软件从开发到调试到维护提供了完整的项目管理功能。

2. 图形化编程开发

ViGET 支持 IEC 61131-3 标准语言及增强型 CFC 图形化编程语言，直流输电控制保护装置采用 CFC 语言进行软件开发。CFC 程序由图形化应用程序、

系统软件、功能块库、运行时系统等组成，其中系统软件由专业团队开发和维护，应用开发人员不需要关注具体的底层实现，有更多精力专注于控制保护功能的研究和开发，更好地提升控保方向的专业能力。细微化的专业团队分工，更好的保障产品的品质，为客户提供高可靠、高质量的产品，ViGET 软件界面如图 5-2-1 所示。

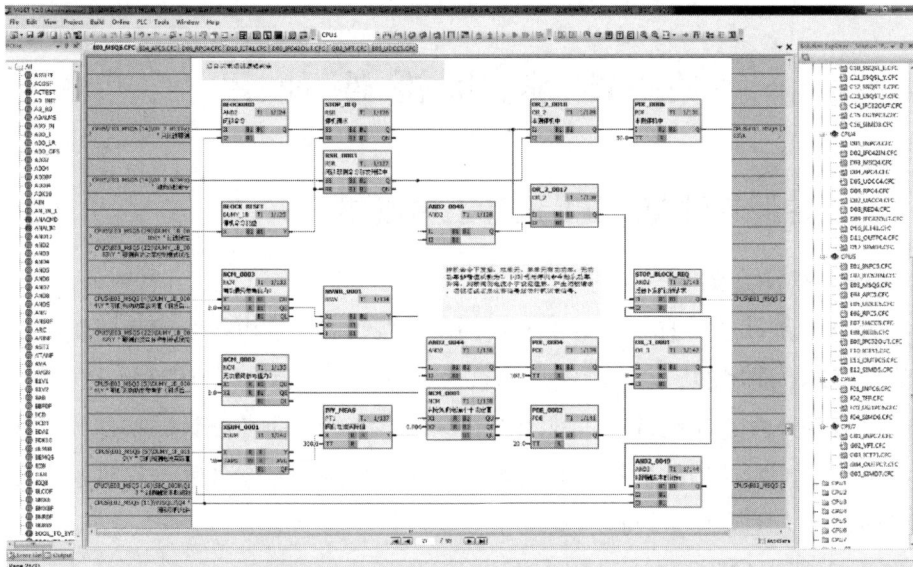

图 5-2-1　ViGET 软件界面

CFC 图形化编程仅需几步就可以完成程序编程：选择功能块、放置功能块、配置功能块任务及执行顺序、设置功能块管脚常量值、功能块间连线、编译、下载调试。CFC 图形化编程简单直观，实现了工程程序编程调试质和量的飞跃，极大的缩短了工程程序的编制和调试时间。

3. 在线调试及诊断功能

ViGET 提供了强大的在线调试及诊断功能，通过在线模式，可以直接观测每个功能块管脚的实时运行值；还可以启动实时录波模式，选择特定变量进行实时录波，其录波结果将以文本及图形两种模式在 ViGET 上直接显示输出，非常的直观便利；还可在线更新管脚的参数值而不需对程序进行编译和重新下载。同时通过状态和诊断窗口，可以查看装置运行的故障诊断、告警等信息，为复杂应用的快速、高效编程调试及故障诊断提供了便利的手段，ViGET 在线调试及诊断界面如图 5-2-2 所示。

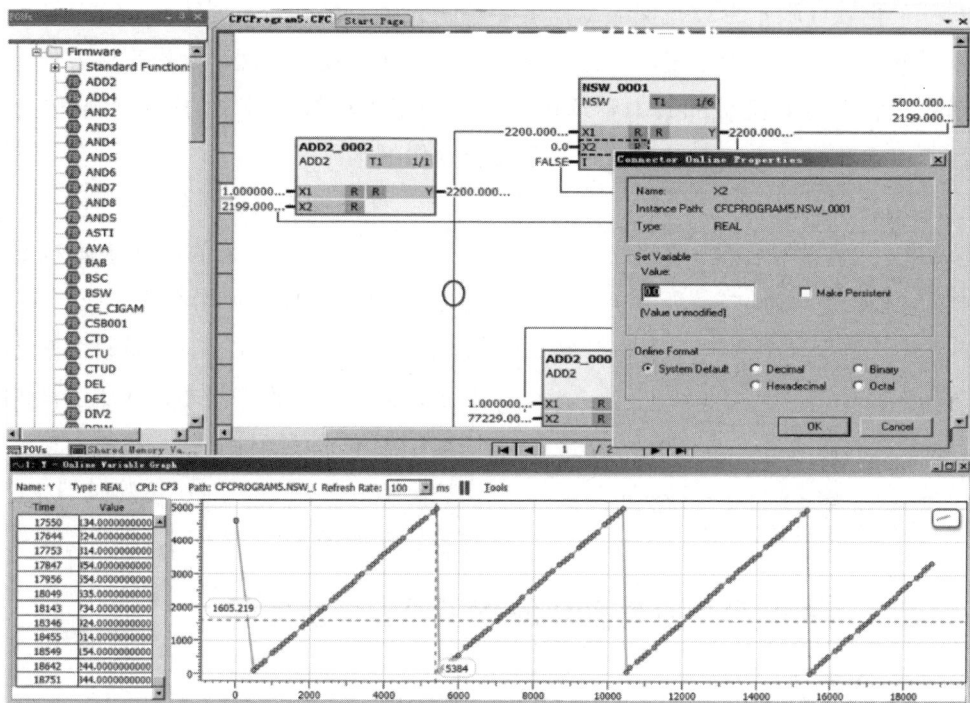

图 5-2-2 ViGET 在线调试及诊断界面

4. 多 CPU 同时在线调试

高压直流输电的应用一般为多 CPU 系统，为满足多个 CPU 同时在线调试的要求，ViGET 开发了多 CPU 同时在线调试功能，可实现单机箱及跨机箱的多 CPU 同时在线调试，用户可以同时查看多个 CPU 的实时变量值来判断程序及数据交互的正确性，极大地方便了复杂工程的应用调试。

5. License 权限管理功能

不同的阶段有不同的操作权限，如开发阶段需要修改程序或参数，程序投运后却要避免人员误操作而引发的程序修改。根据不同的应用需求，ViGET 扩展开发了 License 权限管理功能：在程序开发阶段开启"开发 License"，开发人员可以对程序进行编辑、编译及在线修改等工作；正式投运后关闭"开发 License"，所有人员只能查看和监视程序，不能修改程序，避免了误操作可能带来的问题，进一步保障了系统运行的安全性。

6. 软件版本管理功能

工程软件版本管理是保证工程正确实施的至关重要的关键环节。ViGET 提供了分布式版本管理系统，支持离线及在线的软件版本管理，操作简单方便，满足工程开发及维护的版本管理需求，保障了工程软件版本的可控性和安全性。整定和修改直流保护定值时，不改变软件版本。

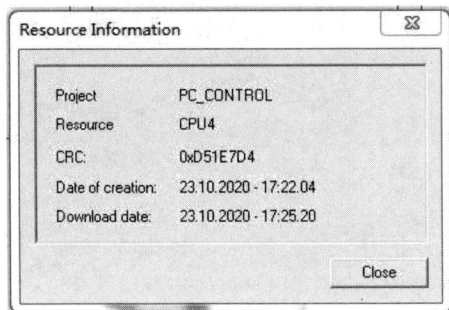

图 5-2-3　ViGET CRC 校验界面图

7. 程序版本校验功能

ViGET 具有完善的程序版本校验功能，ViGET 提供应用程序生成 CRC 校验码的功能，此 CRC 校验码用来协助工程人员管理程序版本，确认工程现场程序版本的正确性。整定和修改直流保护定值时，不改变 CRC 校验码，CRC 校验界面如图 5-2-3 所示。

二、ViGETV2.0 图形化编程工具安装及使用

（一）概述

ViGETV2.0 是一款功能强大的图形化编程工具，应用于直流输电控制保护领域、工业控制领域等，通过图形化编程的方式，可用于编写、编辑控制保护逻辑，编译生成下位机程序文件，下载程序到下位机，连接下位机监视程序运行状态等。除此之外，ViGETV2.0 还包括在线故障录波配置、IEC 61850 建模、基于 License 的三级权限管理等功能，具备丰富的应用场景。

（二）硬件支持

ViGETV2.0 图形化编程工具至少需要满足：处理器 Pentium Ⅱ 1GHz 以上、内存 1GB 及以上、硬盘 2GB 及以上、操作系统 WindowsXPSP3/WindowsServer 2003SP2 及以上。

（三）安装 ViGETV2.0

（1）确保计算机满足前置条件

安装 ViGETV2.0 图形化编程工具必须安装.Net3.5.Net4.0、Window Installer、Shellisolated2008、Git、Tortoise Git 和 ViGETV1.0。

（2）启动安装

以管理员身份运行 ViGETV2.0 集成安装程序 Setup.exe，安装程序会检测用户的机器，若用户的电脑不满足前置条件，会给予提示，提示用户安装所缺的软件。在 Setup.exe 安装结束后，已完成 ViGETV2.0 的核心功能安装，但是不具备在线故障录波、IEC 61850 建模功能，需要安装 Update.exe 扩展功能安装程序来安装在线故障录波、IEC 61850 建模功能。

（3）启动 ViGETV2.0 图形化编程工具

设置 ViGETV2.0 快捷方式为管理员运行，首先右键 ViGETV2.0 快捷方式，点击"属性"，打开 ViGETV2.0 属性窗口，选择兼容性标签，在"设置"组下勾选"以管理员身份运行此程序"，如图 5-2-4 所示。

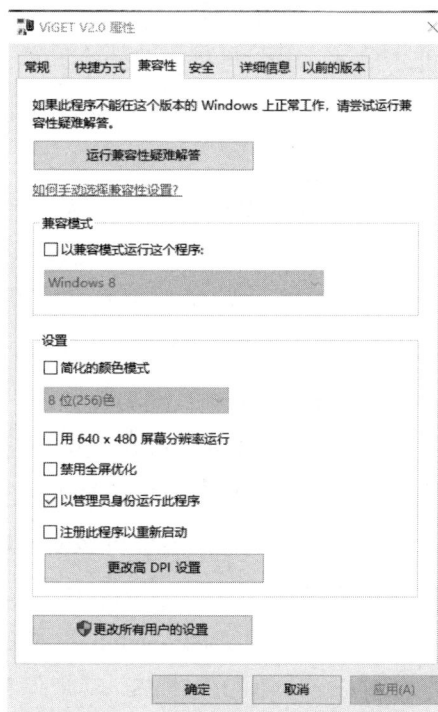

（4）概念解释

1）CFC 文件：组成工程、控制保护应用的最小组织文件单元，该文件中保存了控制保护程序逻辑；

2）CFC 图：使用编辑器打开 CFC 文件，会将 CFC 文件中保存的控制保护程序逻辑解析渲染为图形化的功能块及功能块管脚间的连线信息，形成 CFC 图，更直观的展示程序逻辑；

3）Page 页：组成 CFC 图的元素，一个 CFC 图可以有多个页，每个页左右两侧各 30 个 Margin Bar；

图 5-2-4　ViGETV2.0 属性窗口

4）功能块（Block）：将控制保护逻辑分解为小粒度的功能，对每个功能抽象为一个功能块，功能块具有功能块类型、实例名称、输入管脚、输出管脚等元素；

5）复合功能块（Compound Block）：功能块的一种类型，该功能块可以自定义输入输出管脚，可以通过添加功能块自定义复合功能块内部的逻辑；

6）用户功能块（User Function Block）：功能块的一种类型，该功能块可以自定义输入输出管脚，可以通过添加功能块自定义用户功能块内部的逻辑，区别于复合功能块，用户功能块以独立的 CFC 文件的形式存在，可以通过复制、导入等在多个工程中复用；

7）文本模块（Text Block）：该模块可以添加到 CFC 图中，作为对功能块、复合功能块等的说明，双击可以编辑文本内容，添加文字说明；

8）页内容文本块：该模块可以添加到 CFC 图中，作为整页的内容说明，双击可以编辑文本内容，添加文字说明，同时会自动生成导航页内容；

9）Margin Bar：功能块连线的"中转站"，对于跨 Page、跨 CFC 连线，对于连接到共享内存变量的连线，会首先连接到功能块所在 Page 的 Margin Bar，通过 Margin Bar 连接到另一个功能块的管脚；

10）共享内存变量：该变量为中间变量，用来作为跨 CFC 功能块管脚通信的传输中间量；

11）IEC 61850 通用功能块：在 IEC 61850 分类下，名称为非 IEC_SET_X1 的功能块；

12）IEC 61850 定值功能块：在 IEC 61850 分类下，名称为 IEC_SET_X1，其中 X1 表示类型，如 BOOL、INT、FLOAT 等；

13）IEC 61850 控制功能块：在 IEC 61850 分类下，名称为 IEC_CRTL_X1，其中 X1 表示功能块管脚类型标识符，如 DPC 表示输入管脚类型为 BYTE，输出管脚类型为 BOOL；SPC 表示输入管脚类型为 BOOL，输出管脚类型为 BOOL；

14）在线状态：上位机激活 CPU 与下位机建立了通信连接，随时可以进行数据交换；

15）MODULES：与下位机平台相关的一系列配置文件，每个下位机硬件平台对应一个 MODULES，其中保存有该硬件平台可用的功能块信息、硬件平台的版本、固件的版本等与下位机密切相关的信息；

16）硬件配置文件：后缀名为.hwconfig，该文件在新建工程时，自动创建该文件，使用默认的硬件配置。

三、ViGETV2.0 图形化编程工具详细功能介绍

（一）用户界面

如图 5-2-5 所示，ViGETV2.0 图形化编程工具的主界面分为五个区域：功能块管理器（POUs）、硬件库管理器（Hard Ware Library）、共享内存变量管

理（Share Memory Manager）、图表层次结构管理器（Chart Hierarchy）等工具窗口、图形化编辑器（CFC Editor）/硬件配置器窗口、项目（工程）管理器窗口、输出窗口、变量监视器、属性窗口。

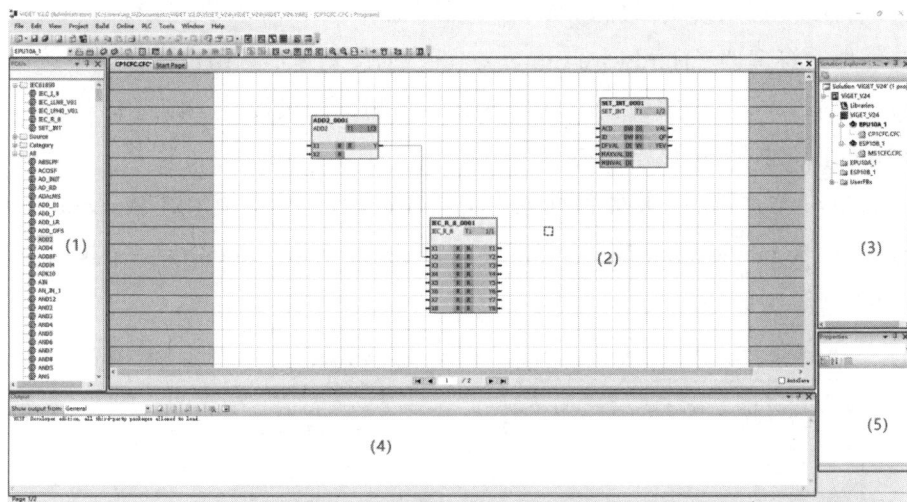

图 5-2-5　ViGETV2.0 用户界面

（1）功能块管理器（POUs Catalog）

功能块管理器（POUs Catalog）是一个管理已有功能块的工具，实现对 Modules14 中功能块库文件的加载，功能块的分类、排序、查找、刷新，打开功能块的帮助信息等功能。通过使用功能块管理器，可以用拖拽的方式将功能块添加到图形化编辑器中。功能块管理器（POUs Catalog）窗口为浮动窗口，用户可以决定该窗口的放置位置，一般该窗口位于用户界面的左侧，如果没有，则选择 View->ViGETPOUs 则可显示出来。

如图 5-2-6 所示，其中① 为查找框，支持模糊查找，② 为功能块分类管理窗口。功能块管理器分类说明：IEC 61850：支持 IEC 61850 功能的功能块分类，该分类下的功能块为支持 IEC 61850 通信规约提供支撑；Source：默认功能块分类，该分类下的功能块为 ViGETV2.0 自带功能块；Category：自定义分类，该分类下的功能块为 ViGETV2.0 加载固件库中的功能块，该分类下还可以自定义子分类；所有功能块分类，该分类下展示所有的功能块，包括 IEC 61850 分类下的、Source 分类下的、Category 分类下的。

（2）硬件库管理器（Hardware Library）

硬件库管理器（Hardware Library）是一个管理硬件抽象模块的工具，实现了对硬件抽象模块的加载、分类等功能。通过使用硬件库管理器，可以用拖拽的方式将硬件抽象模块添加到硬件配置器中。

硬件库管理器（Hardware Library）窗口为浮动窗口，用户可以决定该窗口的放置位置，一般该窗口位于用户界面的左侧，如果没有，则选择 View-> HardwareLibrary 则可显示出来。

如图 5-2-7 所示，将硬件抽象为机箱（Rack）、处理器模块（CPU Modules）、信号模块（Signal Modules）、通信模块（Communication Modules）、子模块（Sub Modules）等 5 部分。

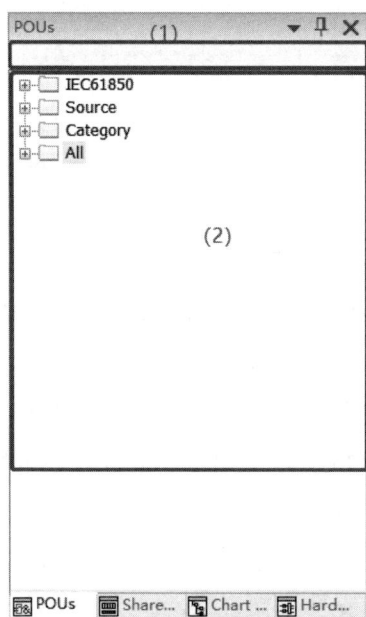

图 5-2-6　功能块管理器　　　图 5-2-7　硬件库管理器

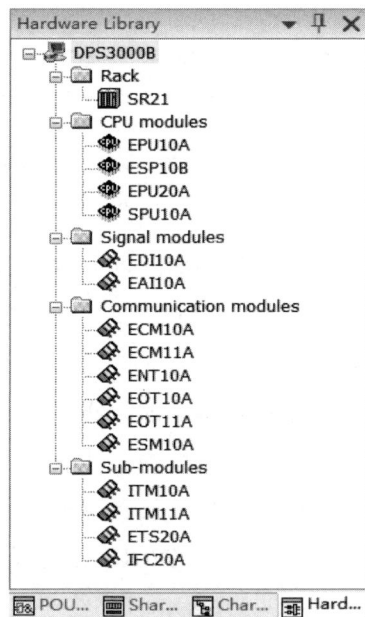

（3）共享内存变量编辑器（Shared Memory）

共享内存变量编辑器（Shared Memory）是一个管理共享内存变量的工具，实现了对共享内存变量的添加、删除、编辑、查找等功能。共享内存变量编辑器（Shared Memory）窗口为浮动窗口，用户可以决定该窗口的放置位置，一般该窗口位于用户界面的左侧，如果没有，则选择 View->Shared Memory 则可显示出来。如图 5-2-8 所示，共享内存变量编辑器（Shared Memory）中可以对共享内存变量进行添加、删除，可以设置共享内存变量的名称、类型、Fast 属性等，可以根据共享内存变量的名称进行查找。

（4）图表层次结构管理器（Chart Hierarchy）

图表层次结构管理器（Chart Hierarchy）是一个集中展示复合功能块 5 层级结构的工具，实现了集中展示 CFC 文件中包含的复合功能块及复合功能块中包含的复合功能块，如图 5-2-9 所示；实现了复合功能块的导航定位功能（双击复合功能块可以打开所在的 CFC，定位到该复合功能块的位置），通过使用图表层次结构管理器，可以用拖拽的方式将复合功能块添加到图形化编辑器中，其名字和所有包含的功能块都会自动的全部复制。图表层次结构管理器（Chart Hierarchy）窗口为浮动窗口，用户可以决定该窗口的放置位置，一般该窗口位于用户界面的左侧，如果没有，则选择 View->Chart Hierarchy 则可显示出来。

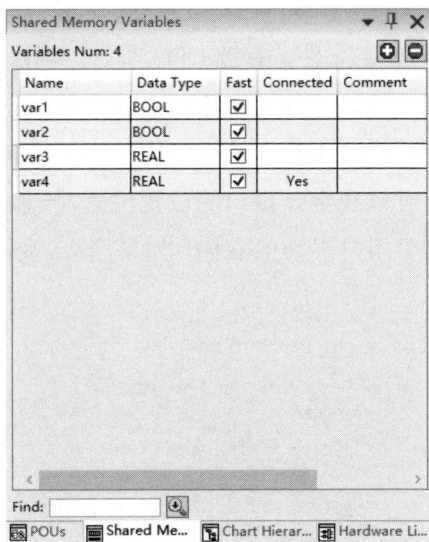

图 5-2-8　共享内存变量

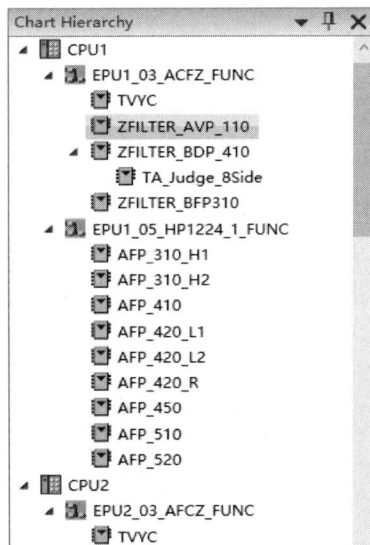

图 5-2-9　图标层次结构

（5）项目（工程）管理器

项目（工程）管理器是一个管理、组织项目（工程）的工具，实现了对硬件抽象模块的展示、各个模块下 CFC 文件 1 的组织管理、用户功能块 6 的组织管理等功能。ViGETV2.0 采用工程（Project）、机箱（Rack）、CPU 模块、CFC 文件、UserFBs 结构来管理项目，如图 5-2-10 所示，树形结构根节点为工程名称，工程名称为 S2AFP101，子节点为机箱名称、CPU 模块及 CFC，机箱名称为 S2AFP101，CPU 模块名分别为 CPU0、CPU1、CPU2、CPU3、CPU4、CPU5、CPU6，CFC 名称为 EPU1_00_EDI_DIO.CFC 等，用户功能块放在 UserFBs 下。

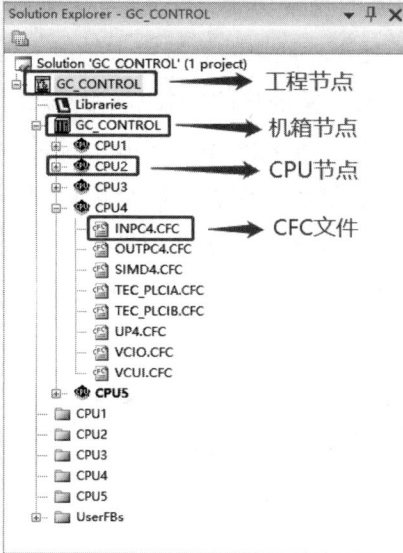

图 5-2-10　项目（工程）管理器

可以通过在各节点上通过双击鼠标和右键菜单来执行对应的操作，双击机箱节点可以打开硬件配置器，右键机箱节点可以弹出右键菜单，可以删除机箱，查看机箱属性，打开硬件配置器等；右键 CPU 模块节点，可以弹出右键菜单，可以添加新的 CFC、已存在的 CFC，可以激活 CPU 模块，查看 CPU 属性，可以进行编译，在线，下载等；双击 CFC 节点，可以在图形化编辑器中打开该 CFC 文件，右键 CFC 节点，可以弹出右键，可以打开、删除、重命名该 CFC 文件。项目（工程）管理器窗口为浮动窗口，用户可以决定该窗口的放置位置，一般该窗口位于用户界面的右侧，如果没有，则选择 View->Solution Explorer 则可显示出来。

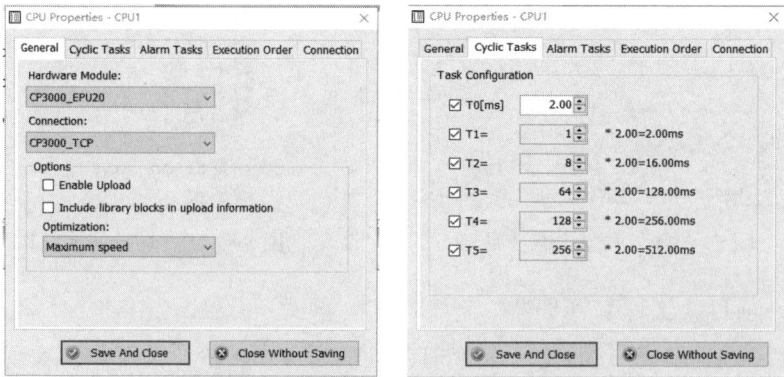

图 5-2-11　CPU 属性窗口（一）

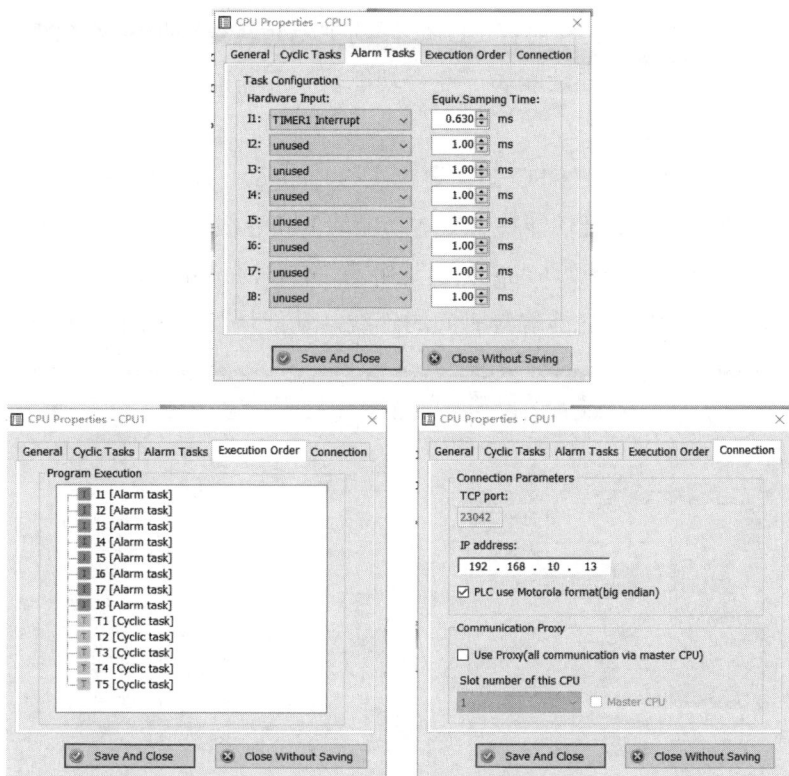

图 5-2-11　CPU 属性窗口（二）

CPU 属性窗口用来配置与 CPU 模块相关的硬件、通信、周期、中断、时序等配置项，如图 5-2-11 所示，在 General 标签中配置 CPU 模块关联的硬件平台（Hardware Module）、通信方式（Connection）、编译优化参数（Optimization）等；在 Cycle Tasks 标签中配置周期相关的参数，可以设置 T0 周期的值（ms），以 T0 为基数设置 T1、T2、T3、T4、T5 的值（为 T0 的倍数）；在 Alarm Tasks 标签中配置中断相关的参数，可以选择中断源，中断时间等；在 Execution Order 标签中配置 CFC 执行的时序；在 Connection 标签中根据选择的通信方式，配置对应通信方式的参数，对于 TCP 连接，可以设置 IP 地址等参数，对于串口连接，可以设置串口相关的配置参数。

（6）图形化编辑器（CFC Editor）

图形化编辑器（CFC Editor）是一个用图形化功能块及功能块管脚间连线实现控制保护逻辑的设计工具，该编辑器可以识别并打开 CFC 文件并以 CFC

图 2 的形式展示 CFC 文件内容，CFC 图的主要元素是一些能够在图上自由排列的模块（功能块、用户功能块、复合功能块）和功能块输入输出管脚间的一个或多个连线。

如图 5-2-12 所示，CFC 图主要有页 3（Page）、功能块 4、5、6、7（功能块、用户功能块、复合功能块、文本功能块）和连线组成。一个 CFC 图可以有多个页（Page），一个页（Page）两边各有 30 个 Margin Bar，一个页（Page）上可以有多个功能块、功能块管脚间的连线、功能块与 Margin Bar 间的连线。

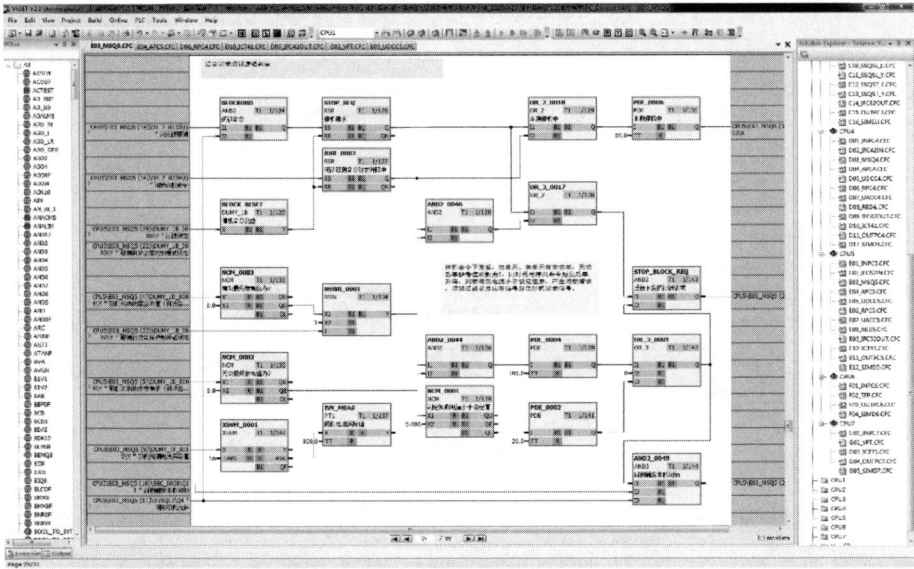

图 5-2-12　图形化编辑器

1）起始页（Start Page）。

起始页（Start Page）为快速导航页面，该页面在启动 ViGETV2.0 应用程序时默认在图形化编辑器窗口中显示，如图 5-2-13 所示，主要包括四个区域，区域（1）为创建、打开工程区域，可以快速新建及打开工程；区域（2）为最近打开工程区域，可以快速打开最近打开的工程；区域（3）为帮助区域，可以快速打开使用手册等；区域（4）为示例区域，可以快速打开实例工程程序。

2）CFC 树形视图（CFC Tree View）。

在工具栏上点击 Show CFC Tree View 按钮，即可在图形化编辑器左侧弹出 CFC 树型视图，如图 5-2-14 所示。

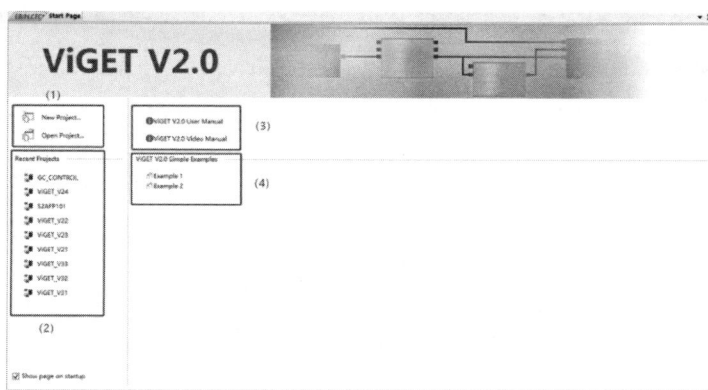

图 5-2-13　起始页

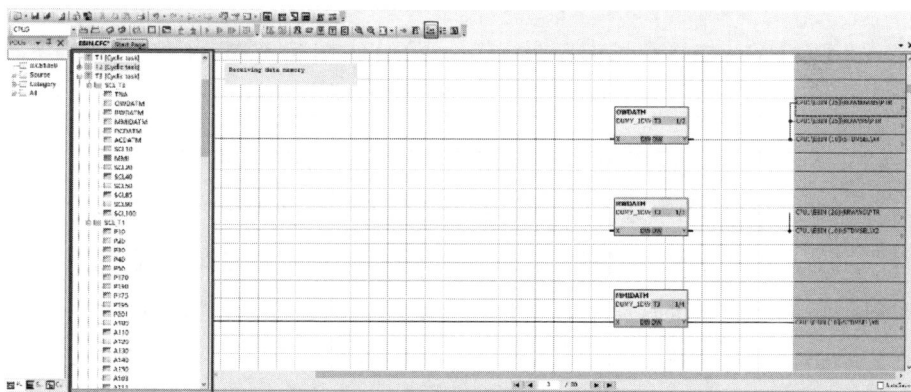

图 5-2-14　CFC 树型视图

CFC 树型视图展示了 CFC 图中各功能块的时序信息及时序分组信息，可以通过拖拽的方式调整功能块的时序，调整功能块所属的时序组等，可以通过双击 CFC 树型视图中的功能块定位到 CFC 图中该功能块的位置。右键时序节点（如图中的 T1、T2、T3），可以创建时序组；右键时序组节点（如图中 SCL_T3、SCL_T1），可以使能、禁能时序组及该时序组下的功能块；右键功能块节点，可以设置为插入点及定位到该功能块的位置；通过右键时序节点、时序组节点、功能块节点均可以调出 CFC 列表视图（RTC list View）。

3）CFC 列表视图（RTC list View）。

在工具栏上点击 Show CFC list View 或点击 CFC Tree View 窗口中时序节点、时序组节点、功能块节点右键项 Show RTC list View，即可在 CFC 图形化编辑器中弹出 CFC 列表视图，如图 5-2-15 所示。

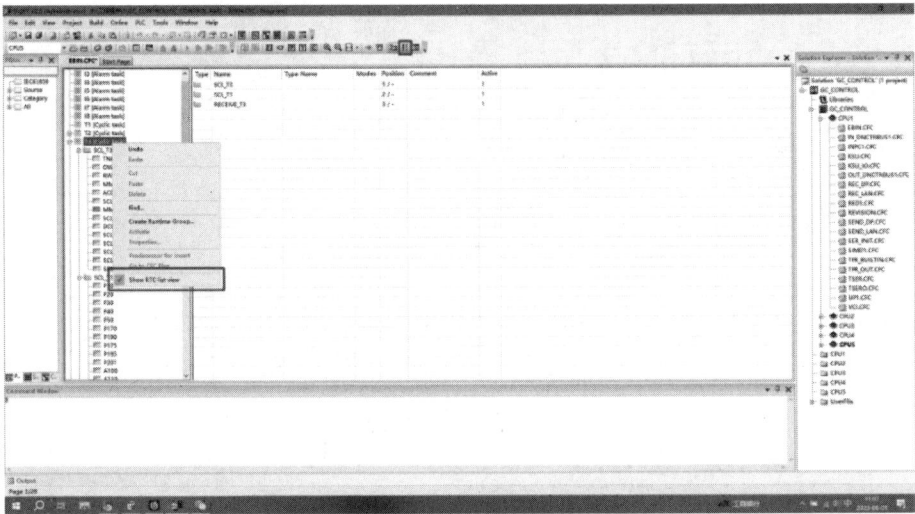

图 5-2-15 CFC 列表视图

　　CFC 列表视图，根据在 CFC 树形视图中选中的节点不同，显示不同的内容。在 CFC 树型视图中选中时序节点，在 CFC 列表视图中显示该时序下的所有时序组信息；在 CFC 树型视图中选中时序组节点，在 CFC 列表视图中显示该时序组下的所有功能块信息，包括功能块的实例名称、类型、Modes、位置、注释、是否使能等信息。

　　（7）硬件配置器（Hardware Config）

　　硬件配置器（Hardware Config）是对工程关联硬件进行配置和编辑的工具，由硬件库管理器和硬件配置编辑器组成，如图 5-2-16 所示。硬件库管理器为硬件配置编辑器提供可以使用的硬件模块。硬件配置编辑器则为工程配置各个硬件模块及其参数，通过从硬件库管理器中拖拽硬件模块放置到硬件配置器对应的位置，即可完成硬件模块的添加，通过在硬件配置器中右键已添加的硬件模块，可实现对硬件模块的删除、复制、剪切、属性配置等。

　　在项目（工程）管理器中双击机箱节点即可打开硬件配置器，同时会打开硬件库管理器。

　　硬件配置器以树形结构来显示已配置的硬件模块，树根节点为机箱模块，机箱模块下可以挂载一个或多个 CPU 模块、信号模块、通信模块，CPU 模块下可以挂载一个或多个子模块。

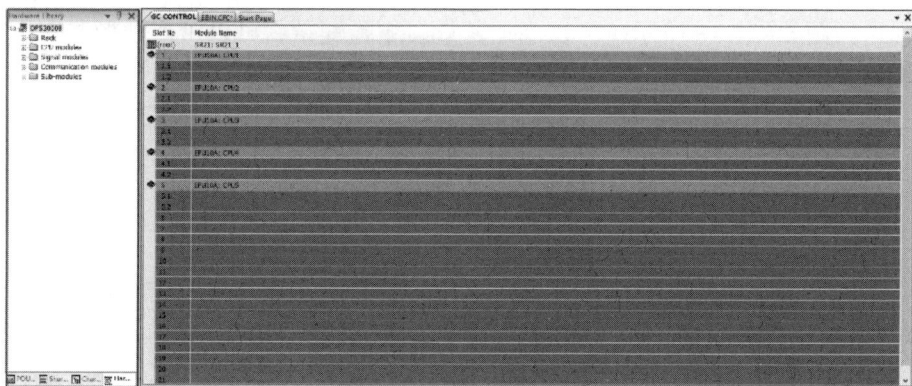

图 5-2-16　硬件配置器

（8）输出窗口（Output Windows）

输出窗口（Output Windows）是一个管理 ViGETV2.0 在使用过程中产生的所有的输出信息的工具，如图 5-2-17 所示，包括一般输出信息、编译输出信息、错误输出信息等，实现了对输出信息的统一管理（复制、查找、清除等），实现了对错误信息的导航定位等。

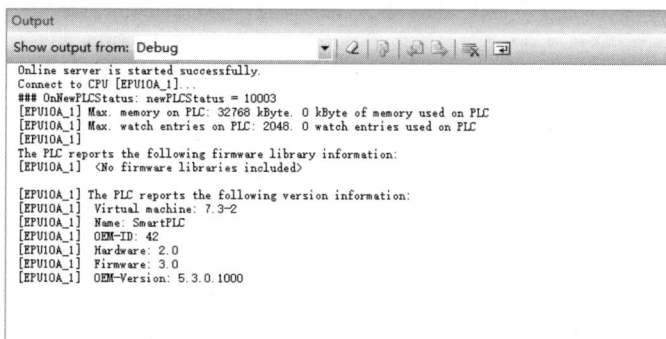

图 5-2-17　输出窗口

输出窗口（Output Windows）为浮动窗口，用户可以决定该窗口的放置位置，一般该窗口位于用户界面的下侧，如果没有，则选择 View->Output 则可显示出来。

（9）变量监视器（Watch Variables）

变量监视器（Watch Variables）是一个可编辑可扩展的功能块管脚变量集合监视工具，在线状态下，可以将功能块管脚添加到变脸监视器中，实现统一监视。如图 5-2-18 所示，可以添加变量、删除变量、可以以多种形式查看变量（列表的形式、曲线的形式等）。

图 5-2-18　变量监视器

变量监视器（Watch Variables）窗口为浮动窗口，用户可以决定该窗口的放置位置，一般该窗口位于用户界面的下侧，如果没有，则选择 View->Watch Variables 则可显示出来。

（10）属性窗口（Properties Windows）。

属性窗口（Properties Windows）主要是配合硬件配置器使用的，实现了对硬件配置器中硬件模块属性的配置。如图 5-2-19 所示，该窗口中可以配置与 CPU 模块相关的硬件、通信、周期、中断、时序等配置项。

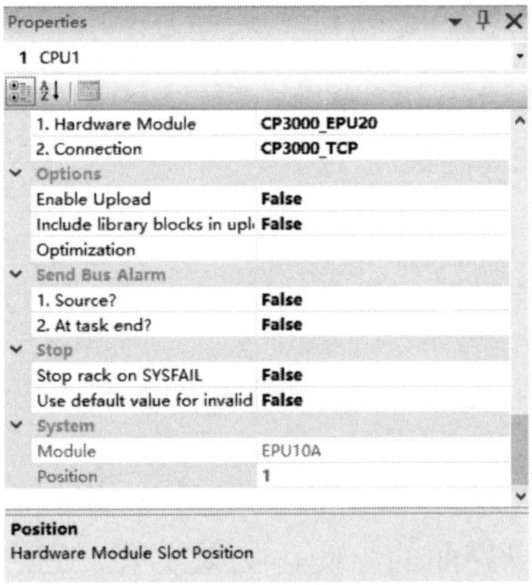

图 5-2-19　属性窗口

属性窗口为浮动窗口，用户可以决定该窗口的放置位置，一般该窗口位于用户界面的右下侧，如果没有，则选择 View->Properties Window 则可显示出来。

（11）工程统计（Project Statistics）。

一个工程的所有的统计信息都将在 Project Statistics 窗口中列出，可以通过 Tools->Project Statistics 菜单打开，可以通过窗口中的 Refresh 按钮对统计信息进行刷新，工程统计窗口总共分为五个部分。

1）CPU Statistics。

CPU Statistics 页面用于显示每个 CPU 的应用信息，如 CPU 下使用的 Tasks 统计信息、Runtime Groups 统计信息、CFC 文件统计信息、功能块统计信息、连线统计信息等，如图 5-2-20 所示。

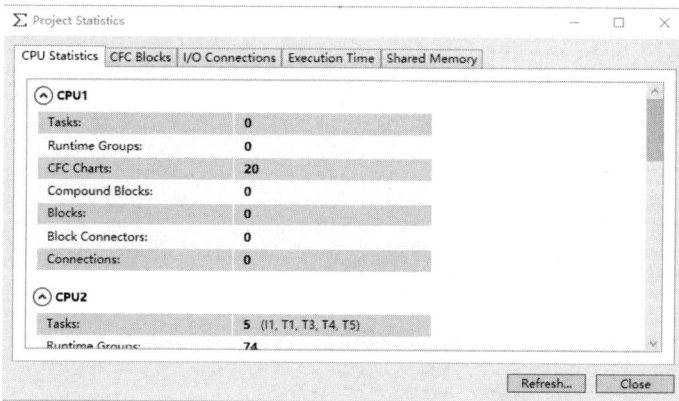

图 5-2-20　CPU Statistics 页面

2）CFC Blocks。

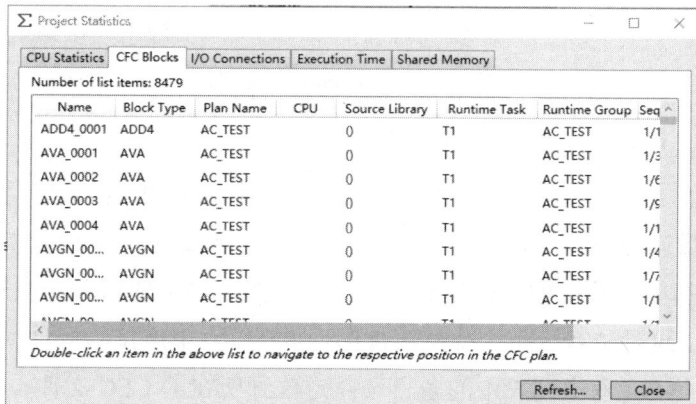

图 5-2-21　CFC Blocks 页面

CFC Blocks 页面列出了整个工程应用中所有 CFC 文件中的所有功能块信息，如功能块实例名称、功能块类型、功能块所属的 CFC 文件，功能块的 Task 任务、功能块 Task 任务所属的组等，如图 5-2-21 所示。双击列表中的条目可跳转至此模块所在的 CFC 文件，点击列的顶端可将模块进行排序。

3）Execution Time。

Execution Time 页面可以根据每个 CPU 中使用的所有的 CFC 文件信息及功能块信息估算出每个 CPU 在各周期上的大概执行时间，同时估算出下位机运行程序所占用的 CPU 负载能力信息，如图 5-2-22 所示。

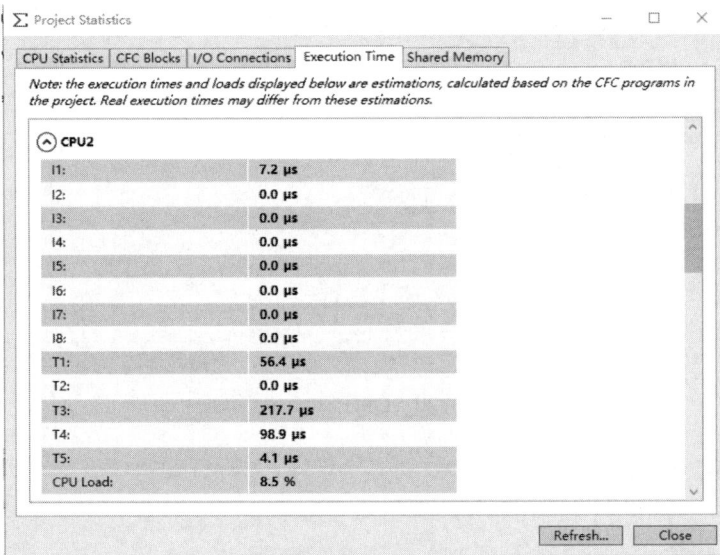

图 5-2-22　Execution Time 页面

4）Shared Memory。

Shared Memory 页面列出了所有的 Shared Memory 的连接信息（并非 Shared Memory 变量），如共享内存变量的名称、类型、所属 CPU、所属 CFC 文件、连接到的管脚、连接到的功能块的类型等，如图 5-2-23 所示。通常每个变量列出了多行，这是依赖于每个变量被读的地方数量，未连接的变量也会被列出，但没有连线信息。双击列表中的条目可以定位到所在的 CFC 文件，点击列表的顶端可以将列表排序。

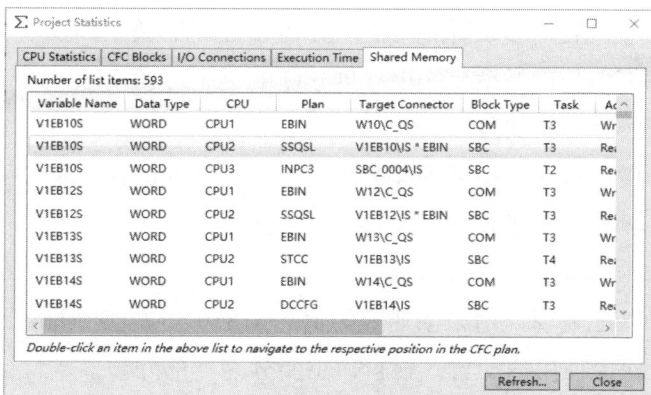

图 5-2-23　Shared Memoy 页面

（12）IEC 61850 建模工具。

IEC 61850 建模工具实现了 IEC 61850 建模，该配置分为 4 部分。

1）创建、导入模板窗口。

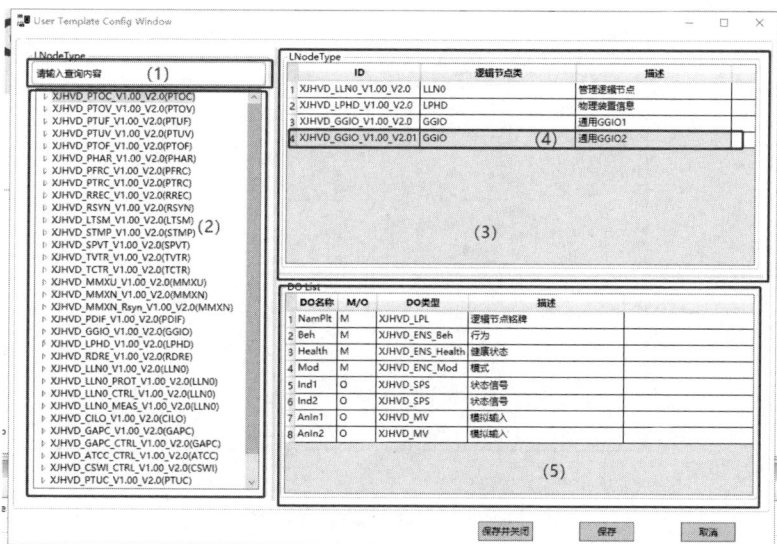

图 5-2-24　创建、导入模板窗口

创建、导入模板窗口用来创建新的 IEC 61850 建模使用的类型模板或编辑已有的 IEC 61850 建模使用的类型模板，该窗口主要分为 4 部分，如图 5-2-24所示：① 为搜索框，实现了快速从②中列表中进行查找；② 为基础类型模块列表，列表项为基于应用场景抽象的基础类型模块，可以根据需求在基础类型模板基础上进行扩展，形成新的类型；③ 为创建新的类型列表，可以通过拖拽的方式从②中拖拽基础类型到③中，创建新的类型；④ 为在③中选中④项时，显示的④对应类型下的属性。

在该窗口中可以对③中项的 ID 属性、描述属性进行自定义配置；可以对④中项的 DO 名称、描述属性进行自定义配置。

2）创建、导入配置窗口。

创建、导入配置窗口用来创建新的 IEC 61850 建模使用的配置或编辑已有的 IEC 61850 建模使用的配置，该窗口主要分为 2 部分。

a. 逻辑设备管理界面。

如图 5-2-25 所示，在窗口左侧树形列表中选择 IED 节点时，在右侧窗口中会显示逻辑设备管理界面，该界面中可以添加逻辑设备、删除逻辑设备、更新逻辑设备等，编辑该列表内容更新后，会更新左侧 IED 节点下的树形结构。

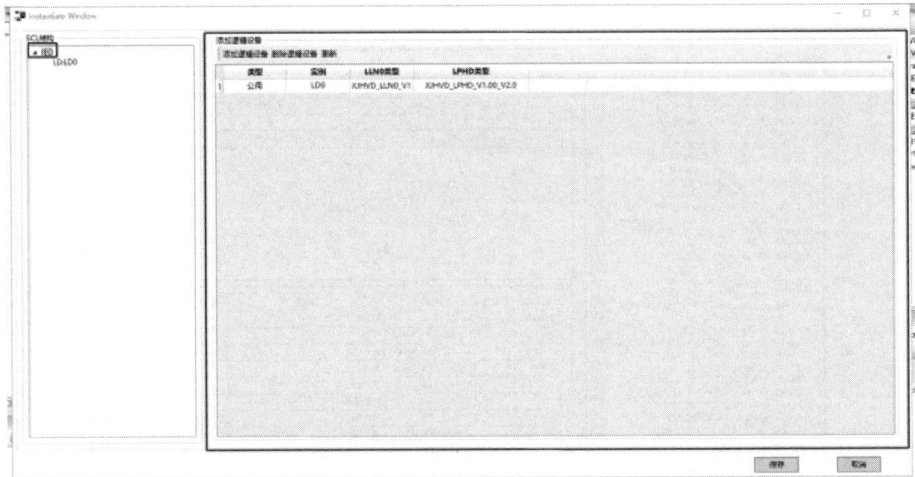

图 5-2-25 逻辑设备管理界面

b. 逻辑节点管理界面。

如图 5-2-26 所示，在窗口左侧树形列表中选择 LD 节点时，在右侧窗口中会显示逻辑节点管理界面，该界面中可以添加逻辑节点、删除逻辑节点等，选中逻辑节点，通过查看详情，可以显示该逻辑节点下的各属性，可以对属性进行初值、枚举值、描述、数据集等进行配置。

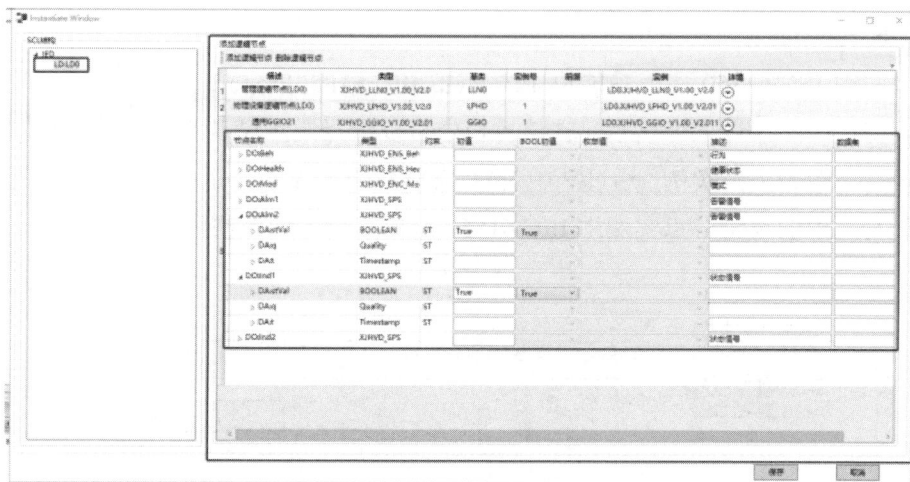

图 5-2-26　逻辑设备管理界面

3）映射窗口。

映射窗口主要是建立控制保护逻辑功能块管脚与 IEC 61850 节点间的映射关系，该窗口主要分为 2 部分。

a. 建立通用映射窗口。

右键 IEC 61850 通用功能块 11，点击 IEC 61850Properties，会弹出通用映射窗口，如图 5-2-27 所示，在该窗口中可以选择逻辑设备实例，选择选中逻辑设备下逻辑节点实例，通过选中管脚对应的参引，可以建立功能块管脚与选中的逻辑节点实例中 IEC 61850 节点之间的映射关系。

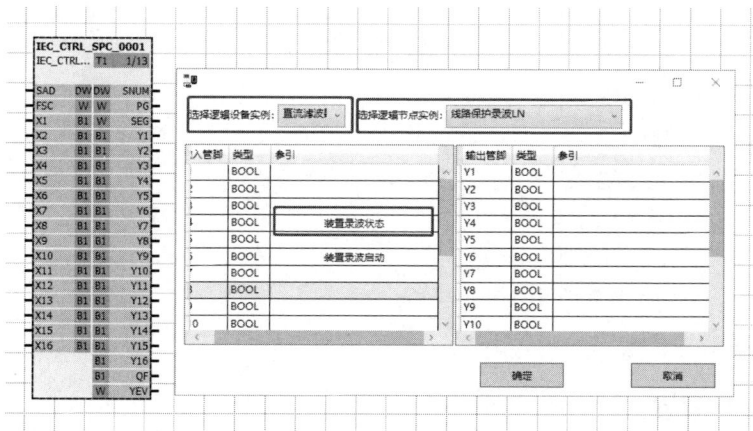

图 5-2-27　建立通用映射窗口

b. 建立定值映射窗口。

右键 IEC 61850 定值功能块 12，点击 IEC 61850Properties，会弹出定值映射窗口，如图 5-2-28 所示，在该窗口中可以选择逻辑设备实例，选择选中逻辑设备下逻辑节点实例，通过选中 VAL 管脚对应的参引，可以建立定值功能块管脚与选中的逻辑节点实例中 IEC 61850 定值节点之间的映射关系。

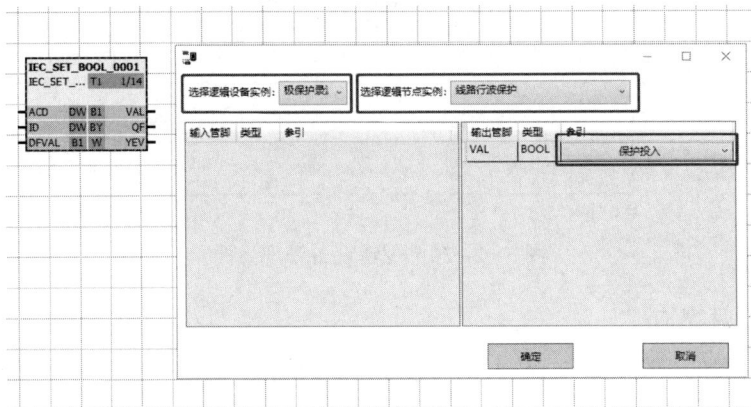

图 5-2-28　建立定值映射窗口

c. 配置映射关系功能块管脚显示。

如图 5-2-29 所示，配置映射关系后，已配置映射关系的 IEC 61850 功能块的对应管脚变更为"淡蓝色"，表明该管脚配置了映射关系。

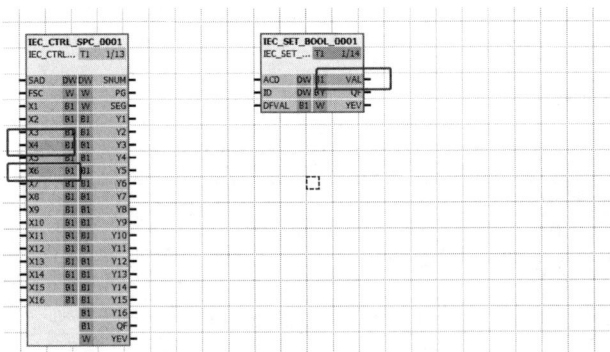

图 5-2-29　管脚显示

4）事件配置窗口。

点击 Tools->事件文件配置，可以调出事件配置窗口，如图 5-2-30 所示，该窗口用来配置"运行人员信号表"文件的位置及"运行人员信号表"中"事件"对应的 Sheet。点击"确定"按钮后，会将信息保存到"ViModel"文件下"EventConfig.xml"配置文件中。

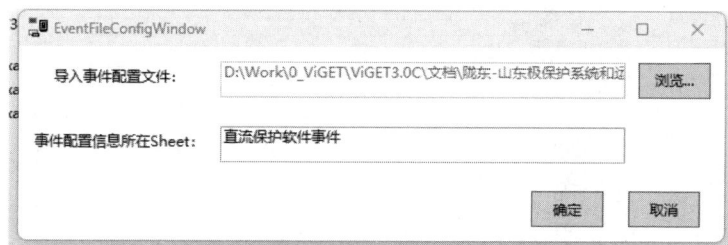

图 5-2-30　事件配置窗口

5）事件配置提示及未配置项提示窗口。

点击 Tools->ICD 导出工具，在调出 ICD 导出窗口前，会对事件配置信息进行提醒校验，展示已配置的事件配置信息，如图 5-2-31 所示。

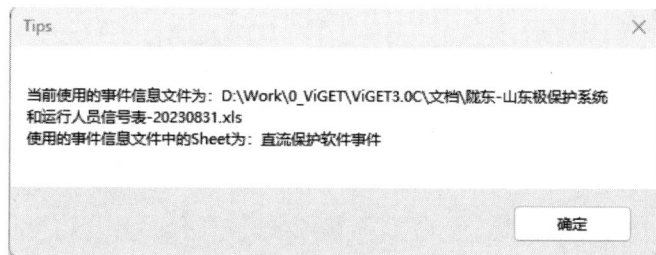

图 5-2-31　事件配置提示

在"事件配置提醒"后，如果"运行人员信号表"中"事件"Sheet 中事件号均找到对应的 IEC 61850 配置节点，那么将不会调出该窗口，如果"运行人员信号表"中"事件"Sheet 中事件号存在未找到对应的 IEC 61850 配置节点的情况，将调出该窗口，该窗口中会列出所有未配置的事件信息，如图 5-2-32 所示，该窗口的信息仅仅作为提示运行人员，不会中断后续的操作。

6）ICD 导出窗口。

点击 Tools->ICD 导出工具，可以调出 ICD 导出窗口，在打开该窗口时会自动生成 IEC 61850 模型文件，该窗口中可以对装置、访问点、逻辑设备、子网、逻辑节点、数据集、报告控制块等进行配置，如图 5-2-33 所示。

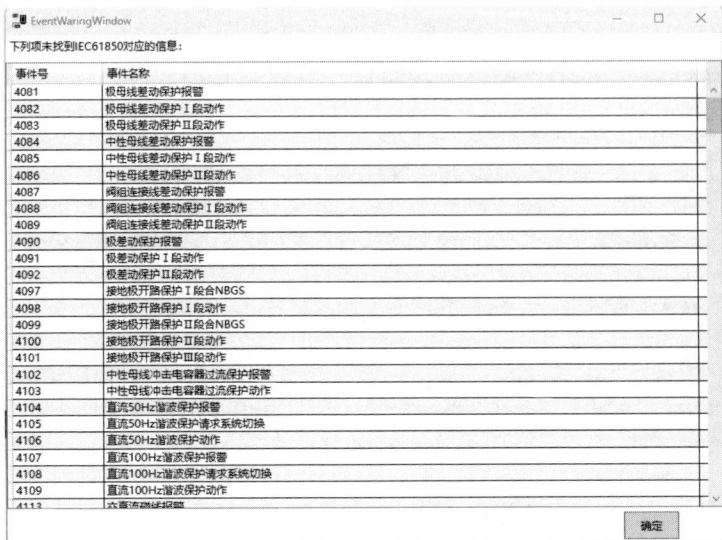

图 5-2-32　未配置项提示窗口

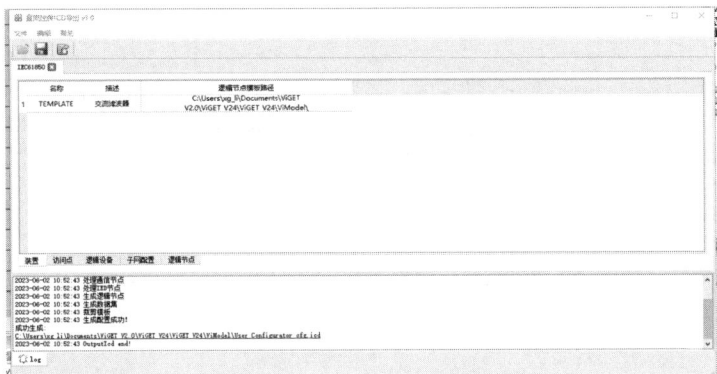

图 5-2-33　ICD 导出窗口

7）配置表。

点击 Tools->配置表，可以调出配置表窗口，如图 5-2-34 所示，该窗口中显示了所有配置初值的项、建立映射关系的项，每项显示"参引描述""参引""变量路径""b 类型""类型""初值""数据集""约束条件""IED 名称""LD 名称""LN 名称""DO 名称"等项，对于 BOOLEAN、Enum 类型的项，在实例化时默认会有初值，BOOLEAN 类型的项默认初值为 False，Enum 类型的项默认初值为第一项，故这些项会显示在该窗口中；在工具栏中可以对显示列表进行过滤，可以根据"是否有参引描述"、CPU 名称、CFC 名称、Block

名称、bType、Type、约束条件、LD 名称、LN 名称等进行过滤。

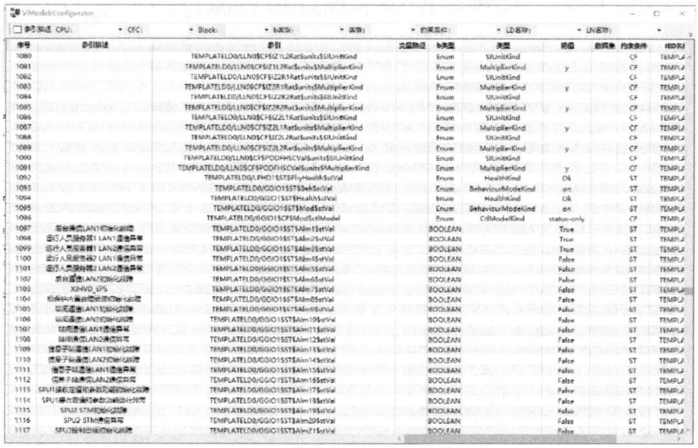

图 5-2-34　配置表

（13）在线故障录波配置。

在线故障录波配置实现了对故障录波量的快速配置，该配置分为 3 个部分。

1）在线故障录波全局配置。

如图 5-2-35 所示，配置在线故障录波的全局配置项，如连接下位机 FTP 服务器需要的用户名、密码，配置文件在下位机的存储位置，录波相关的前置点数、后置点数、最大点数等。这些全局配置项均有默认值，如用户名、密码的默认值均为"root"，存储位置的默认值为"/media/hdd3/core0/"，前置点数、后置点数的默认值为"10000"，最大点数的默认值为"20000"。

图 5-2-35　内置故障录波全局配置

2）模拟量配置。

如图 5-2-36 所示，模拟量配置界面中可以配置模拟量的通道名称、通道单位、增益因子 A、偏移因子 B、MUL、最小值、最大值、备注等，通道号、管脚名称、管脚类型为添加该模拟量时根据功能块管脚信息生成的，不可以更改。通过工具栏可以对模拟量信息进行查找过滤，通过操作栏，可以对模拟量进行删除、上移、下移、保存等各项操作。

图 5-2-36　模拟量配置界面

3）开关量配置。

图 5-2-37　开关量配置界面

如图 5-2-37 所示，开关量配置界面中可以配置开关量的通道名称、触发信号、触发方式、备注等，通道号、管脚名称、管脚类型为添加该开关量时根据功能块管脚信息生成的，不可以更改。通过工具栏可以对开关量信息进行查找过滤，通过操作栏，可以对开关量进行删除、上移、下移、保存等各项操作。

（二）软件编译及在线功能

1. 编译

（1）编译激活 CPU

在工具栏点击 Build Active CPU，或点击子菜单项 Build->Build Active CPU，或在项目（工程）管理器 2.1.2 中右键激活 CPU 节点，在激活 CPU 右键菜单中点击 Build，即完成对激活 CPU 的编译。

（2）编译非激活 CPU

在项目（工程）管理器 2.1.2 中右键非激活 CPU 节点，在非激活 CPU 右键菜单中点击 Build，即完成对非激活 CPU 的编译。

（3）重新编译激活 CPU

在工具栏点击 Rebuild Active CPU，或点击子菜单项 Build->Rebuild Active CPU，即完成对激活 CPU 的重新编译。

（4）编译所有 CPU

在工具栏点击 Build All CPU，或点击子菜单项 Build->Build All CPU，即完成对所有 CPU 的编译。

（5）重新编译所有 CPU

在工具栏点击 Rebuild All CPU，或点击子菜单项 Build->Rebuild All CPU，即完成对所有 CPU 的重新编译。

（6）终止编译

在编译过程中，可以在工具栏中点击 Build Stop 按钮来终止编译，该按钮只有在编译进行时才可用，在非编译状态下不可用。

（7）编译错误提示定位

在编译过程中，所有的编译输出信息会在输出窗口 2.1.5 中显示，对于部分错误信息可以通过双击错误信息进行定位。

2. Online

（1）与下位机建立连接

1）通过网线与下位机建立物理连接，配置激活 CPU 的属性，如图 5-2-14 所示，配置 Connection 为**_TCP，表示使用 TCP 来建立连接；配置连接的 IP 地址等，如图 5-2-18 所示。

2）编译激活的 CPU。

3）点击菜单栏 Online->Online Active CPU，或是点击工具栏上的 Online Active CPU 按钮，或是点击项目（工程）管理器 2.1.2 激活 CPU 右键菜单项 Online2.2.1（14），建立上位机与下位机的连接，建立连接成功后，会在输出窗口 2.1.5 输出下位机相关信息，如图 5-2-38 所示。

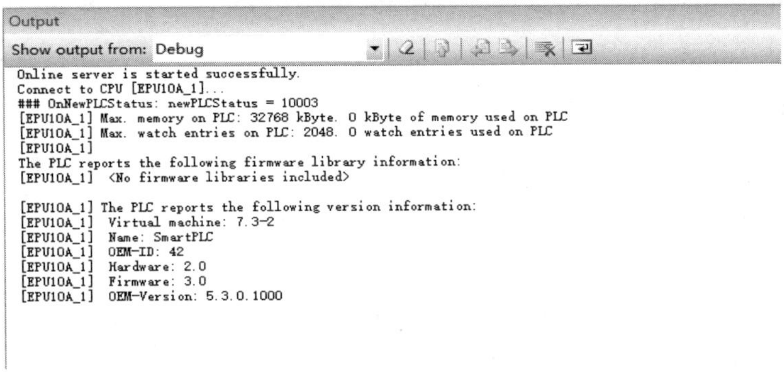

图 5-2-38　建立连接输出窗口输出信息

（2）下载程序

建立连接后，菜单 PLC 下的子菜单 PC->PLC（Download To RAM Only）和 PC->PLC（Download And Save System）变为可用状态，工具栏按钮 PC->PLC（Download To RAM Only）和 PC->PLC（Download And Save System）变为可用状态，激活 CPU 右键菜单项 PC->PLC（Download To RAM Only）和 PC->PLC（Download And Save System）变为可用状态，点击两个菜单项的任意一种可以实现程序的下载。

（3）启动程序

下载完成程序后，菜单 Online 下的子菜单 Cold Start、Warm Start、Hot Start 变为可用状态，工具栏按钮 Cold Start、Warm Start、Hot Start 变为可用状态，可以点击其中任意一个菜单项来启动程序。

（4）数据监视

启动程序执行后，菜单 Online 下的子菜单 Task Monitor 变为可用，工具栏按钮 Task Monitor 变为可用，点击 Task Monitor 按钮后，使用快捷键 Ctrl+Shift+W 来启动数据监视，如图 5−2−39 所示，此时功能块管脚上会实时显示管脚数据。

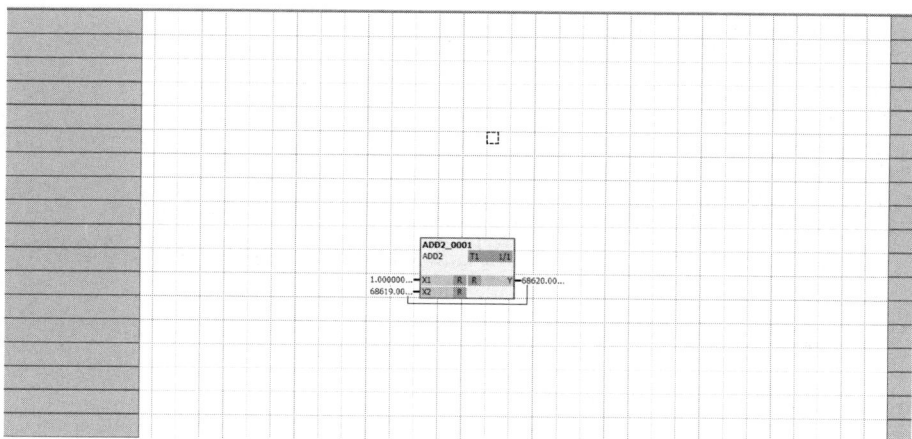

图 5−2−39　监视状态下实时监视功能块管脚数据

（5）在线修改

在数据监视状态下，可以通过双击功能块管脚，调出设置管脚值界面，如图 5−2−40 所示，通过设置管脚值，可以实时改变运行程序中功能块管脚的值，实现在线修改数据。

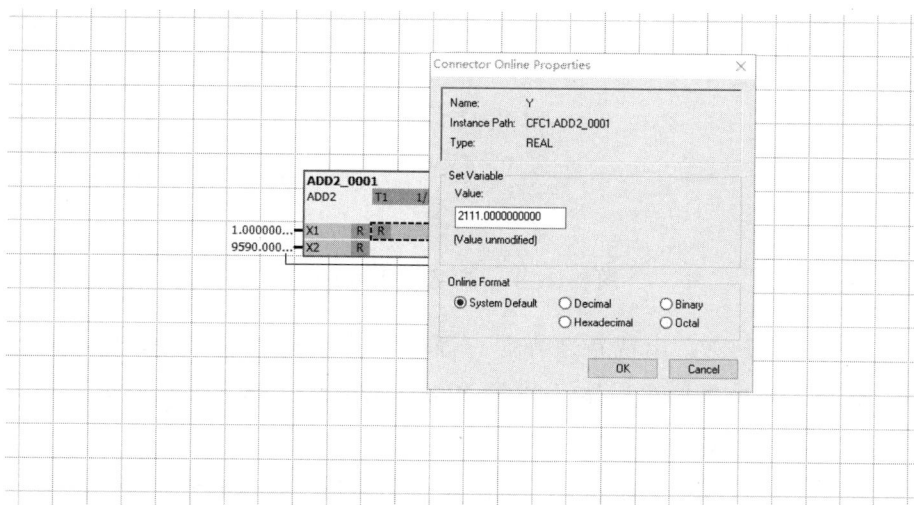

图 5−2−40　在线修改功能块管脚的值

321

第二节　板　卡　更　换

一、EPU20 板卡更换

（一）底层配置

1. 软件

（1）超级终端 HyperTerminal，该软件与目标板卡进行连接通信；

（2）USB 转串口驱动程序，实现电脑 USB 口与目标板卡串口的连接。

2. 硬件

（1）调试电脑；

（2）USB 转串口线。

3. 配置步骤

（1）安装 USB 转串口驱动程序；

（2）开启机箱电源，用 USB 转串口线将电脑和目标板卡连接；

（3）打开超级终端，点击绿色加号，点击"打开串口"；

图 5-2-41　超级终端界面图

（4）按 Ctrl+X，出现新建界面，等待一段显示"Press any key to stop auto-boot..."后立即回车，显示"〔VxWorks Boot〕："输入 P 后回车，显示板卡信息如图 5-2-42 所示；

（5）在"〔VxWorks Boot〕："后输入 C 后回车，配置板卡信息（回车下一行）。需要配置下列信息：

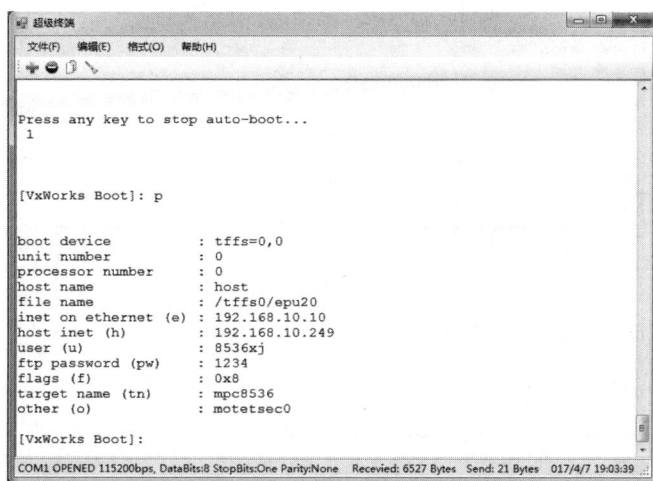

图5-2-42　初始板卡信息图

1）processor number。

2）file name。

3）inet on ethernet（IP地址）。

4）host inet（网关）。

5）flags。

说明：第一块EPU为主CPU，其配置信息与其他从EPU板卡略有不同。

主CPU配置：1）processor number为0（默认）；2）file name为/tffs0/epu20；3）和4）参见工程CPU_IP编号表；5）flags为0x8。

从CPU配置：1）processor number为1，2，3…；2）file name为 /tffs0/epu20（默认）；3）和4）参见工程CPU_IP编号表；5）flags为0x0（默认）。

（6）修改完毕后在"[VxWorks Boot]："后输入P，查看并核实；无误后操作"CTRL+X"重启，出现如图5-2-43界面表示重启成功。

（二）固件下载

1．软件

EPU20下载软件，无需安装。该软件与目标板卡进行连接通信。

2．硬件

（1）调试电脑；

（2）网线。

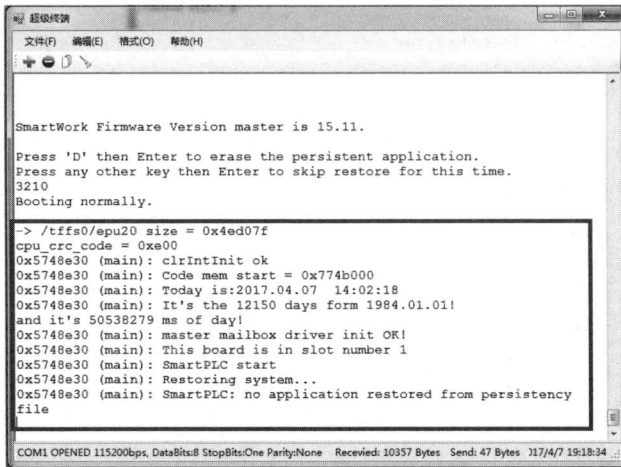

图 5-2-43　配置后板卡信息图

3. 下载步骤

（1）将要下载的固件改名为 EPU20 放入指定文件夹；

主 CPU 固件放入 EPU_Download/EPU20/master 文件夹，从 CPU 固件放入 EPU_Download/EPU20/slaver 文件夹；

（2）开启机箱电源，用网线将调试电脑和目标板卡连接；

（3）更改调试电脑 IP 为 192.168.10.249；

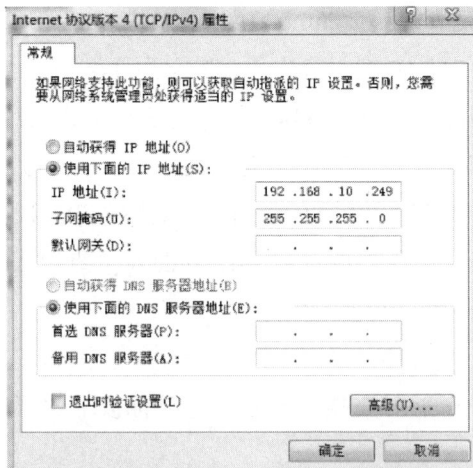

图 5-2-44　调试电脑 IP 图

（4）打开 EPU20 软件，用户名为 XJ 密码为 1234；

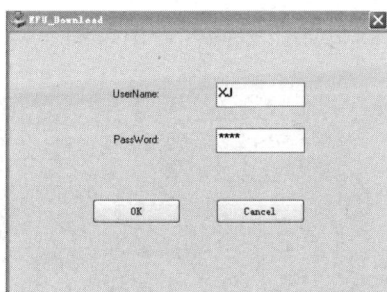

图 5-2-45　EPU20 软件登录

（5）分别设置各个 EPU 板卡的 IP 以及调试电脑的 IP；

图 5-2-46　EPU20 软件 IP 设置

（6）点击 Sav_Ping 开始尝试 Ping 板卡，出现图 5-2-47 所示状态表示 Ping 板卡成功，如不成功会提示错误；

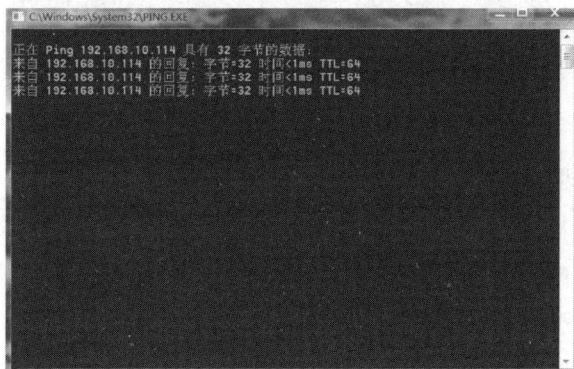

图 5-2-47　EPU20 软件 Ping 板卡

（7）点击 Put Vxworks 开始下载固件，出现图 5-2-48 所示窗口；

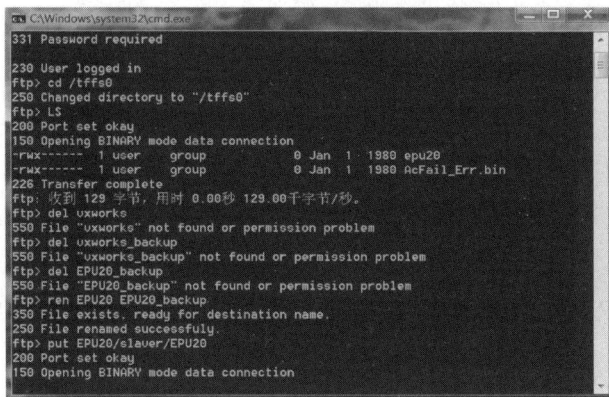

图 5-2-48　下载固件提示框

（8）等待一分钟左右出现图 5-2-49 所示窗口表示固件下载成功，关键看有没有出现"发送 5165183 字节，……"（此处字节数仅为示意）的提示；

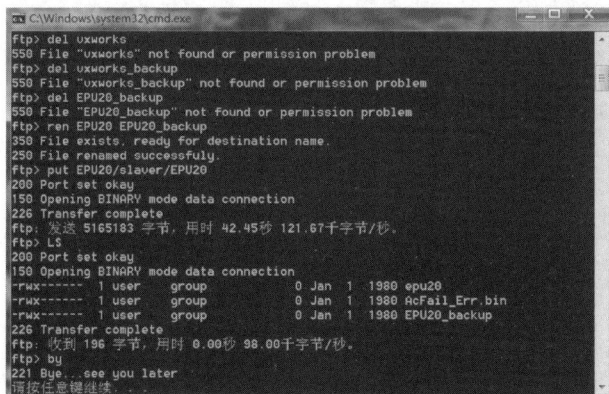

图 5-2-49　下载固件提示框

（9）重复步骤（6）～（8），依次下载各个板卡的固件。也可以尝试所有板卡都 PING 成功后。点击 Put All CPU，同时下载全部固件，已配置好的 EPU20 板卡能自动识别 master 和 slaver。

（三）程序下载

（1）选择要打开的程序路径，找到 VIDPS 后缀名的应用文件，以极控程序为例，双击所要监视的程序；

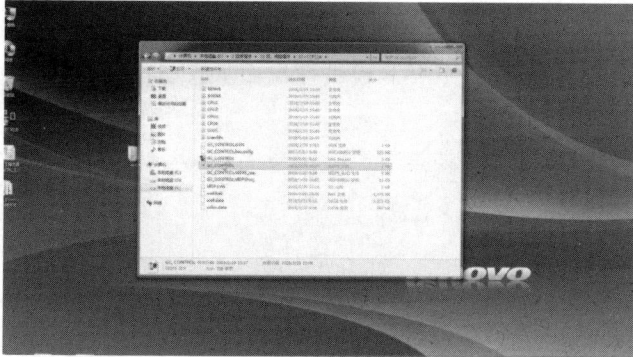

图 5-2-50　监视程序路径

（2）选中 CPU 鼠标右键，点击选择 Activate，激活所要监视的 CPU；

图 5-2-51　激活 CPU

（3）点击 Online Active CPU 功能键，弹出下载提示框，点击"确定"；

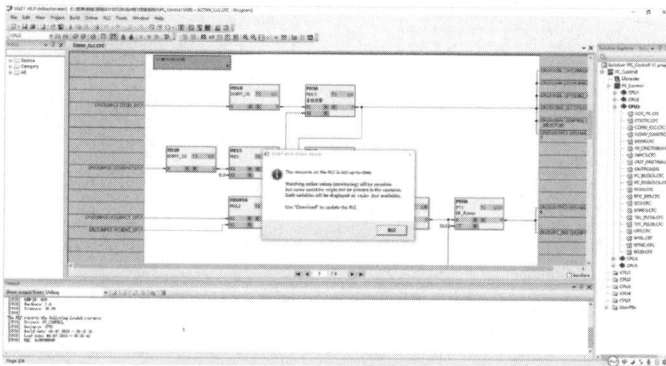

图 5-2-52　在线连接 CPU

（4）点击 PLC->PLC（Download and Save System）功能键，永久写入（下电后程序仍旧存在）程序，弹出下载进度框，如图 5-2-53 所示。

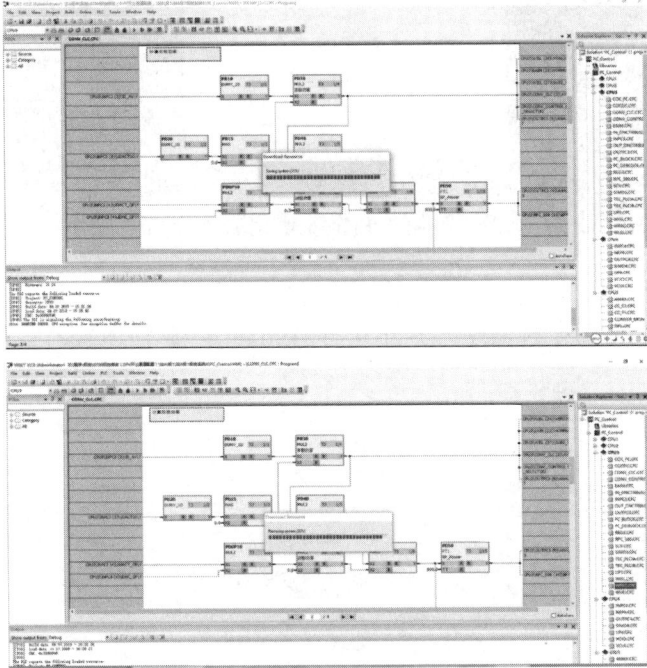

图 5-2-53　程序下载

进度框包含两个部分：一个是"saving"进度，另一个是"restoring"进度。进度条自动读取，程序下载完成后消失。

（5）程序下载完成，Task Monitor 功能键会被激活，为显模式；

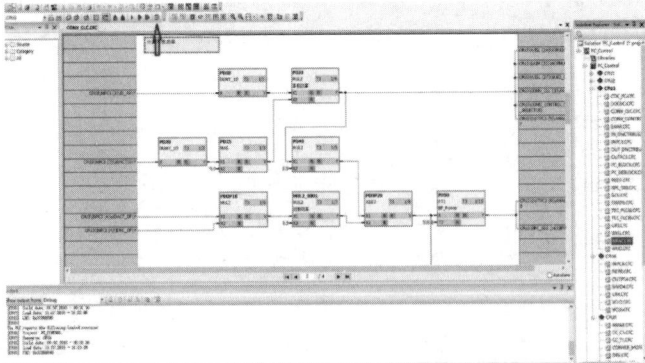

图 5-2-54　监视页面

（6）点击 Task Monitor 功能键，启动在线监视，程序中定值会被隐藏；

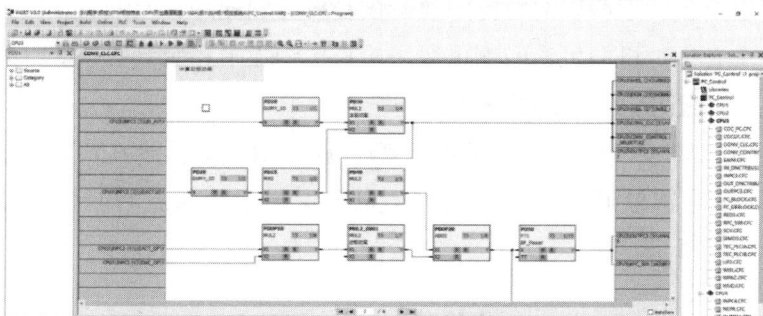

图 5-2-55 隐藏监视页面

（7）同时按下 CTRL＋SHIFT＋W 键，程序的实时数据会在各个模块对应管脚显示；

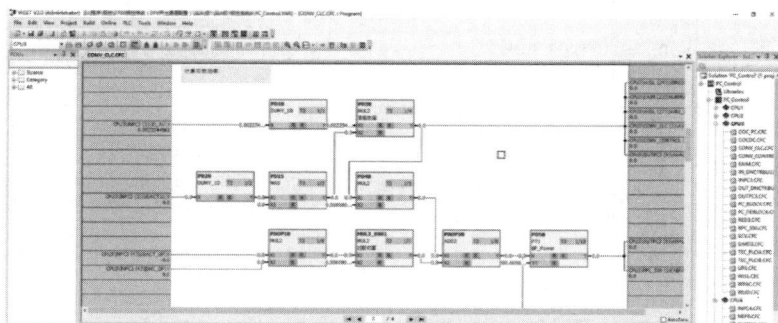

图 5-2-56 显示管脚信息

（8）监视完成后，点击 Online Active CPU 功能键，取消在线，关闭程序即可。

二、ECM10 板卡更换

（一）板卡更换

首先进行旧板卡拆除工作，工作前戴好防静电护腕，一切就绪后，断开 CCP11A 主机的机箱右上方两路电源；拔下板卡的光纤、网线、插线板等外围接线，安装光纤帽；用一字螺丝刀把板卡上、下两端的固定螺丝拧开，拔出旧的板卡，记下旧板卡的序列号。

然后进行新板卡安装工作，对比新旧板卡跳线，如有跳线应保持新板卡与旧板卡一致；记下新板卡的序列号，将新的板卡插回主机的插槽中；用一字螺丝刀拧紧板卡上、下两端的固定螺丝；恢复板卡的光纤、网线、插线板等外围接线；逐个合上主机的机箱两侧电源，检查电源板卡指示灯正常。

（二）一般故障类型及处理方法

ECM10 具有六个 LED 指示灯，其中 H1、H2 用于指示工作状态，H3～H6 分别指示各通信通道的工作状态，可根据指示灯状态判断插件故障，如"表 5－2－1"所示。

表 5－2－1　　　　　　　　　ECM 常见故障汇总表

故障现象	故障原因	处理办法
H1、H2 均熄灭	机箱没有上电或者机箱正处在上电检测的状态	检查机箱是否上电，若已经上电，请在机箱完成上电检测之后再确定是否有故障
通信故障	a. 通信电缆没有连接或者通信电缆损坏 b. 配置参数不正确 c. 板卡损坏	a. 检查通信电缆是否可靠连接 b. 更换通信电缆 c. 根据指示灯的状态确定配置参数以及板卡的状态，并根据具体情况解决问题（参考上面的处理方法）
配置参数不能正常下载	a. 下载电缆没有连接或者下载电缆损坏 b. ECM11 与 PC 之间的通信失败 c. 板卡损坏	a. 检查下载电缆是否可靠连接 b. 更换下载电缆 c. 根据指示灯的状态确定板卡的状态，并根据具体情况解决问题（参考上面的处理方法）

三、ESP 板卡更换

（一）固件下载

1. 软件

ViGET2.0 下载软件，需要安装并激活，该软件与目标板卡进行连接通信。

2. 硬件

（1）调试电脑；

（2）ESP 调试线。

3. 下载步骤

（1）用 ESP 调试线将电脑和目标板卡相连；

（2）点击 Online Active CPU 功能键，在线连接 ESP 板块；

（3）点击 Online>Stop 功能键，停运该 ESP 板卡；

图 5-2-57　在线连接 ESP 板卡

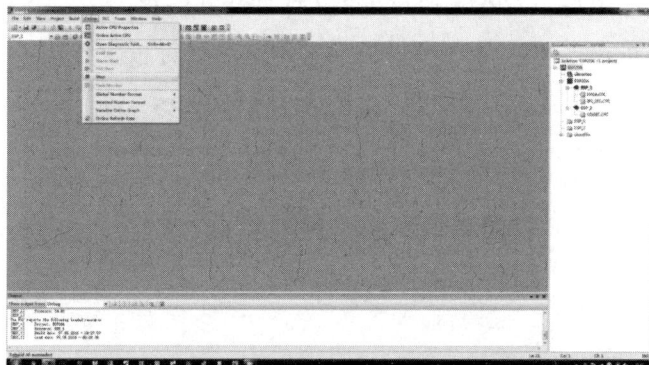

图 5-2-58　停运 ESP 板卡

（4）点击 PLC>Download Firmware..功能键，在 PLC 目录下选择固件，打开完成下载。

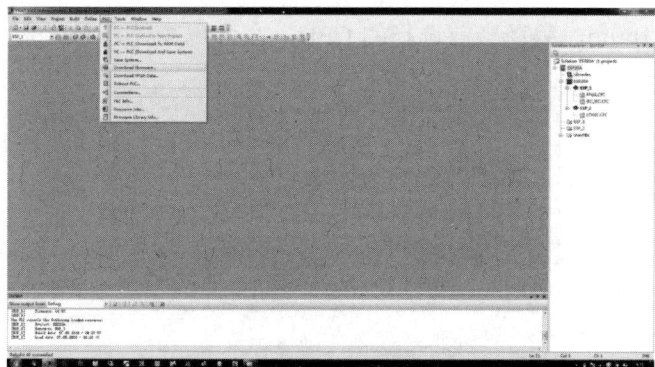

图 5-2-59　ESP 板卡固件下载

（二）ESP 板卡程序下载

1. 软件

ViGET 下载软件，需要安装并激活，该软件与目标板卡进行连接通信。

2. 硬件

（1）调试电脑；

（2）ESP 调试线。

3. 下载步骤

（1）进入需要下载的测量程序文件目录，找到 ViDPS 后缀的文件，双击打开需要下载的程序；

（2）把程序中每个 CPU 中的 CFC 文件打开并保存；

（3）开启机箱电源，用 ESP 调试线将电脑和目标板卡连接；

（4）右键点击其中一个 CPU，如图 5-2-60 所示。

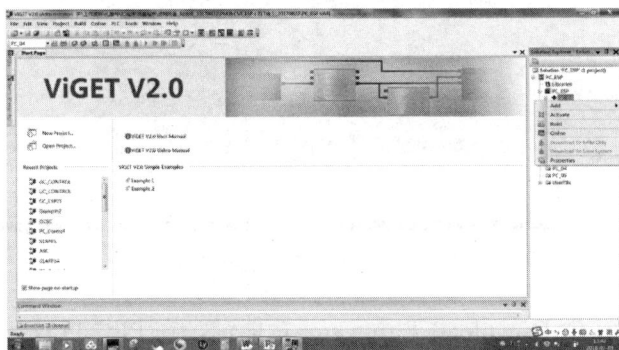

图 5-2-60　选择下载的 CPU

（5）点击 Build，编译当前选择的 CPU，在弹出窗口选择"是（Y）"；

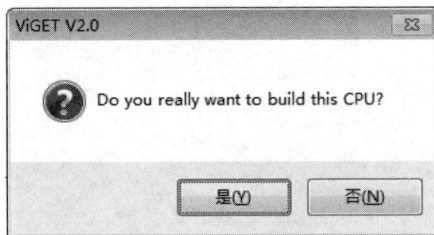

图 5-2-61　编译程序

编译完成提示会在 Output 窗口提示；

（6）点击 Activate，激活当前 CPU；

（7）点击 Online，将当前 CPU 进行在线联机操作，在弹出窗口选择"确定"；

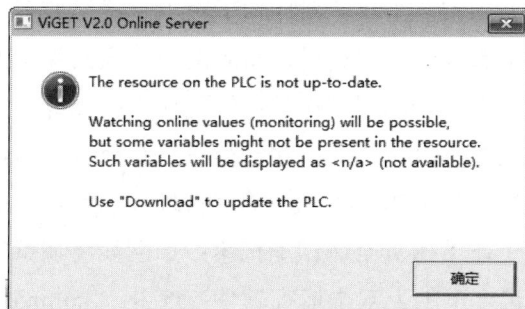

图 5-2-62　在线联机板卡

（8）点击 PC＞PLC（Download And Save System）功能键，将程序下载到板卡闪存里，在弹出窗口选择"是"；

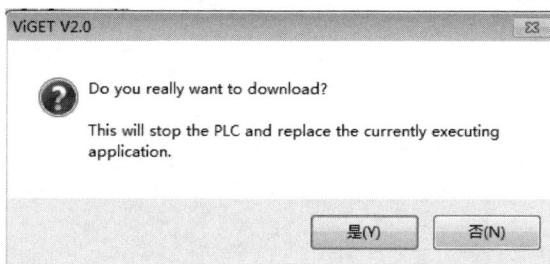

图 5-2-63　下载板卡程序

（9）对程序中所有的 CPU 进行上述操作，所有 CPU 程序下载完毕，断电重启相应的测量屏柜。

四、DPU 板卡更换

通过配置调试（网线）和 DFU420DIA 配置工具软件即能完成对装置的参数设置、就地控制操作和基本诊断，具体诊断可以通过基础诊断（串口，用 USB 转串，串转 USB）来进行深度分析。

当 DPU 板卡需要更换时，首先进行旧板卡拆除工作，工作前戴好防静电护腕，一切就绪后，分别断开 A201 装置上第 12 槽位、第 13 槽位电源板卡上的开关；拔下 DPU 板卡上的光纤、网线、插线板等外围接线，安装光纤帽；

用一字螺丝刀把板卡上、下两端的固定螺丝拧开，拔出旧的板卡，记下旧板卡的序列号。

然后进行新板卡的安装工作，对比新旧板卡跳线，如有跳线应保持新板卡与旧板卡一致；记下新板卡的序列号，将新的板卡插回主机的插槽中；用一字螺丝刀拧紧板卡上、下两端的固定螺丝；恢复板卡的光纤、网线、插线板等外围接线；逐个合上主机的机箱两侧电源，检查电源板卡指示灯正常。

最后对板卡进行配置工作，将 500kV 交流场第三串接口屏 A201 装置 DPU 配置文件从工程师工作站拷贝至调试笔记本；用网线将调试笔记本和 DPU 板卡相连；在调试笔记本电脑上双击运行软件，点击 "communication_set"选项进行端口号设置，如下图所示，设置完后确认；同时在调试笔记本电脑将本地 ip 设置为 "192.168.0.1"；执行完上一步骤后弹出下图所示窗口，点击 "communication"选项建立连接，如下图所示底部进度条可以反映连接状况；点击菜单栏"Parameters"的下级菜单中"Open"选项，如图 5-2-64 所示。

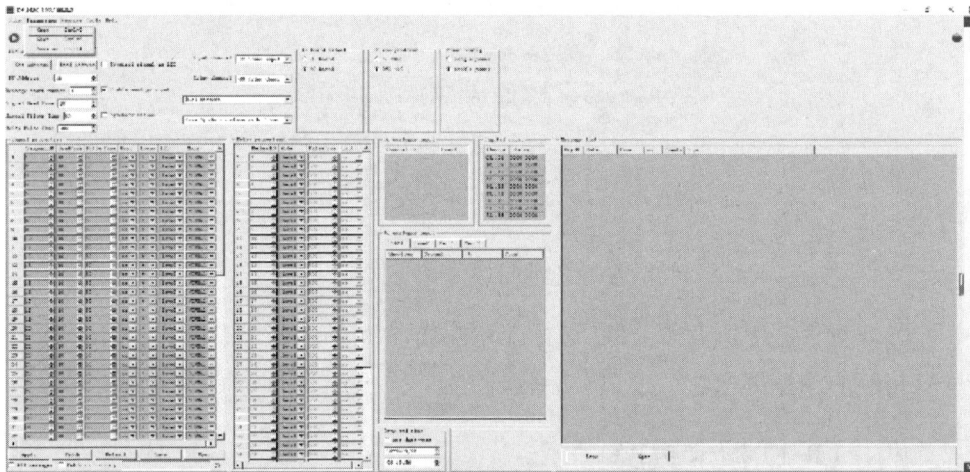

图 5-2-64　DPU 配置文件工具图

执行完上一步骤弹出如图所示对话框，选择拷贝至调试笔记本上的 500kV 交流场第一串接口屏 A201 装置上 DPU 配置文件，点击打开，点击左下角 "Apply"按钮，将配置文件下载至新板卡中；下载成功后，点击左下角的"Fetch"按钮，读取下载好的配置信息；核对以下各项配置信息是否有误，核对无误后，重启 A201 装置。

待主机运行后，可以通过"后台 OWS"查看该主机报警是否还存在；如果主机状态显示正常，通过连接主机查看更换板卡之前的异常现象是否消失，恢复正常则板卡更换完毕。如果主机还有其余报警，通过连接主机查看具体报警情况，确定是原有问题没解决，还是由于更换板卡遗漏了或插错了相应的线导致；恢复正常后，检查该主机有无三级故障、有无跳闸出口信号。

第三节 典型故障处理

一、主机死机

（一）故障特征

HCM3000 主机死机。

（二）案例

（1）2023 年某换流站发生 1 次 EPU10A 处理器板载 IFC10B 插件状态返回信息错误造成的死机。

（2）2023 年某换流站交流滤波器保护主机 EPU10A 处理器板载 TDM 测量插件 ITM10B 光模块老化，引起保护主机与光 CT 合并单元通信故障 1 次，为硬件永久故障并更换了故障插件。

（3）2023 年某换流站极 2 低端换流器保护 CPR12A 主机因 EPU20A 板故障引起主机频繁重启，现场已更换故障板卡。

（三）分析诊断

HCM3000 系统为许继第一代自主设计制造的国产化直流控保平台，2023 年以前其故障主要表现为采用 EPU10A 处理器板的控保主机死机，死机原因包括处理器板内存数据变位和溢出、主机任务超时、板载 IFC 插件状态监视异常等。

（四）处置方法

许继先后开发完善了内存动态监测和纠错功能，对部分复杂运算功能块进行数据限幅处理避免内存溢出，放宽 IFC10B 插件状态读取判断条件等多项措施。

（1）针对 EPU10A 处理器板载 IFC10B 插件状态返回信息错误造成死机问

题，许继放宽对 IFC10B 插件状态读取判断的条件，连续三次读取状态错误再主动停机。2022 年 5 月淮安站、2023 年 9 月雁门关站年度检修期间先后在控制主机上应用了 IFC10B 固件升级，实施后运行情况良好。

（2）针对 EPU10A 处理器板载 TDM 测量插件 ITM10B 光模块老化故障问题，更换故障插件，对设备清灰。

（3）针对 EPU20A 处理器板故障引起死机问题，更换故障板卡。

（五）预防措施

（1）控保厂家完善内存动态监测和纠错等功能。

（2）对换流站 EPU10A 处理器板硬件底层系统进行软件升级。

（3）对换流站 IFC 插件进行固件升级。

（4）注意建站时控保设备房间的施工环境，防止板卡元器件受灰尘污染。

二、EMF 板卡故障

（一）故障特征

后台发"极控系统严重故障"，"ESP21 至 IFC 板卡断纤"报警。

（二）案例

2023 年 5 月 12 日 06:08，某换流站极 1 从系统 PCPB 发"极控系统严重故障"，"ESP21 至 IFC 板卡断纤"报警。

（三）分析诊断

EMF31 和 ESP21 之间通过快速通信通道 IFC 链路进行数据交互，整个传输链路包含 EMF31 的光接收通道 F5、传输光纤及 ESP21 板卡的光发送通道 X3。其中任意一个环节异常都会导致该事件产生。

其中 ESP21 板卡负责采集三相同步电压及直流电流 IDNC。故障时刻，通过在 HCM3000 机箱接入调试笔记本，发现来自 ESP21 的信号量均保持故障前状态，而其他数据量都正常，因此推断，EMF31 板卡除了 F5 光接收通道之外其他功能都正常。

（四）处置方法

现场更换 EMF31 板卡后恢复正常。

现场板卡返回厂内进行故障复现测试，故障现象同样存在，更换光模块现象仍然存在，排除光模块异常，因此推断 EMF31 板卡 F5 光接收电路异常。

图 5－2－65　EMF31 板卡 F5 光通道接收电路

如上图所示，红色框内为 F5 光通道的接收电路，电路比较简单，只有几个电阻，负责信号电平转换后送到 FPGA，因此推断是电阻虚焊导致接触不良，长期运行后在板卡应力的作用下虚焊点断开导致通道异常。针对几个电阻进行重新补焊，再次上电测试后故障消失，运行稳定。

本次现场用 EMF31 板卡为第一次在此工程使用，为确保功能的正确性、可靠性，板卡由设计人员在实验室进行测试，过程中为了验证 F5 通道的功能，对部分电阻进行了重新手动焊接处理，这是导致个别电阻虚焊的直接原因。

（五）预防措施

（1）厂内对在实验室内重新手动焊接过电阻等元件的板卡需注意质量，定型后的板卡生产采用生产线生产加工，防止虚焊。

（2）对在运板卡，在停电时间对现场板卡进行排查，重点是 F5 通道的几个电阻，如果有人为焊接情况可以考虑替换。

第六篇

直流测量设备

第一章　理　论　知　识

第一节　直流测量技术发展

直流工程中采用的直流电流测量设备主要包括零磁通型电流互感器和电子式光电流互感器。零磁通型电流互感器采用磁调制结构，其基本原理是直流比较仪法，主要用于直流中性线区域测量。电子式光电流互感器分为有源电子式光电流互感器（以下称光电式光 CT）和无源电子式光电流互感器（全光纤电流互感器、纯光式 CT，以下称全光纤电流互感器）。在光电式光 CT 中，采用分流器测量直流电流、空心线圈测量谐波电流的光电式光 CT 主要用于直流场、直流线路等区域测量；采用低功率线圈（LPCT）测量交流电流的光电式光 CT 主要用于交直流滤波器等区域测量。全光纤电流互感器基于法拉第磁光效应原理，可实现交、直流电流测量功能，主要用于直流场、直流线路和交直流滤波器等区域测量。

直流输电工程中的直流电压测量设备主要为直流分压器，主要是基于阻容分压器原理。按照信号传输方式不同，主要分为电信号传输直流分压器和光信号传输直流分压器两种。电信号传输直流分压器电信号通过隔离装置后送至合并单元或直接送至控制保护系统；光信号传输直流分压器电信号就地转换为数字量，再通过合并单元将电压量送至控制保护系统。

直流分压器大多配置于直流极母线、中性母线区域，采用分层接入的特高压工程还配置了换流器间直流分压器。柔直工程除常规配置外，在启动区及直流场均配置了直流分压器。

（一）零磁通电流互感器的技术发展

目前大部分换流站在中性线区域配置了零磁通互感器。黑河、高岭、灵宝、柴拉、龙政、江城、宜华、林枫直流均配置德国 RITZ 公司零磁通互感器；伊穆、德宝以及其他特高压直流工程均配置荷兰 HITEC 公司零磁通互感器。零磁通电流互感器以磁势自平衡比较为基本原理，通过磁调制器与电子反馈构成的闭环系统实现对一次电流的测量。测量本体通过屏蔽电缆与电子单元连接，功率放大、信号调制、数据处理等功能均在电子单元内实现，电子单元完成计算后送至控制保护。

零磁通电流互感器本体测量信号通过屏蔽电缆送至测量屏内电子单元，电子单元将电流信号转换为额定电压为 1.667V 的电压信号送至控制保护系统，由于电子单元输出的电压信号较低，零磁通电流互感器电子单元与控制保护系统位于同一继保室内。

零磁通电流互感器技术成熟，具有测量精度高、设备可靠性高的特点。自龙政直流以来一直使用于直流工程的中性线区域测点，各设备厂家零磁通 CT 工作原理和回路设计也均类似。但目前零磁通电流互感器均为进口设备，其设备单价较高，且维护周期较长。

（二）电子式光电流互感器的技术发展

在我国直流输电工程中，光电式光 CT 的工程实用要远早于全光纤电流互感器。ABB 公司光电式光 CT 最早应用在我国三常直流输电工程。2012 年上海润京引进自原 ALSTOM 公司的 NXCT 型纯光式光 CT 应用于苏州换流站，这是纯光式光 CT 在直流工程中的首次使用。

目前光电式光 CT 主要厂家包括南瑞继保、ABB、西门子、西电、斯尼汶特等五个厂家。ABB 公司的 DOCT、COCT 型光电式光 CT 配置于龙政、江城、复奉、锦苏、天中等工程；西门子公司的 FOCI 型光电式光 CT 配置于银东直流工程；斯尼汶特光电式光 CT 配置于林枫直流、高岭、胶东等换流站。

国内对光电式光 CT 的研究较为深入，南瑞继保、西电等单位都对光电式光 CT 进行了研究和产品设计。西电光电式光 CT 配置于宝鸡和枫泾等站直流滤波器的不平衡光 CT。南瑞继保 PCS-9250 型光电式光 CT 配置于天中、宾金、祁韶、昭沂、青豫等工程。

南瑞继保、ABB、西门子、斯尼汶特等技术路线光电式光 CT 回路设计类似，但在信号线以及远端模块配置上存在差异。ABB、西门子光电式光 CT 至电阻盒之间采用单信号线配置，存在单一信号线故障导致测量信号全失的问题。大部分换流站直流场 ABB 和西门子光电式光 CT 未配置冗余远端模块，不能满足在线处理光电式光 CT 通道故障的要求。斯尼汶特光电式光 CT 在枫泾、银川东、胶东三个换流站也存在类似问题。南瑞继保直流场光电式光 CT 通过两两并联的四芯屏蔽双绞线连接至电阻盒，电阻盒将电信号扩展至多路并送至远端模块（激光供能），远端模块将电信号转换为光信号，并通过光纤送至合并单元，数据经处理后用于控制保护逻辑计算。南瑞技术路线一般配置 1 块备用远端模块，满足测量通道故障后的不停电更换。

目前全光纤电流互感器主要厂家包括南瑞继保、许继、上海康阔、上海润京等四个厂家。全光纤电流互感器按照调制方式的不同可分为压电陶瓷调制（上海润京）和直波导调制（南瑞继保、上海康阔、许继）两种。上海润京全光纤电流互感器主要配置于雁淮直流、锡泰直流、苏州站、金华站、政平站、扎鲁特站、古泉站、张北柔直等工程。上海润京 FOCT 型全光纤电流互感器引进自原 ALSTOM 公司将 NXCT 型全光纤电流互感器，包括测量环、调制单元以及 CMB 光纤熔接箱三部分，全光纤电流互感器电子机箱通过调制电缆和单模光纤与 CMB 光纤管理盒连接，并且将计算出的一次电流信号送至合并单元用于控制保护逻辑。目前上海润京全光纤电流互感器已发展为二代，主要区别在于调制单元安装方式、测量光纤布置方式两个方面。一是二代全光纤电流互感器的调制单元采用调制箱的安装方式，相比于一代调制罐的安装方式，更便于单个调制模块的更换。二是二代全光纤电流互感器的测量光纤采用分槽布置的方式，相比于一代全光纤电流互感器冗余测量光纤共槽布置的方式，不易出现低温环境下，测量光纤挤压受力的情况。

南瑞继保、上海康阔、许继等厂家也都开展了全光纤电流互感器的研制工作，并在直流工程中取得应用。南瑞继保全光纤电流互感器主要配置于锡泰、扎青、吉泉以及张北柔直等工程。上海康阔全光纤电流互感器主要配置于渝鄂、张北柔直、青豫直流、建苏直流等工程。许继全光纤电流互感器主要用于张北柔直和鹅城站等。南瑞继保、上海康阔、许继三个厂家的全光纤电流互感器由于调制方式相同，其回路设计类似，但在备用测量通道配置方面有所区别。南瑞继保全光纤电流互感器本体通过光纤与采集单元连接。采集单元采用就地配置，主要包括光源、光探测器、信号处理板卡等核心器件。采集单元对一次本体返回的光信号进行处理，计算出电流值并发送至合并单元，参与控制保护逻辑计算。南瑞继保全光纤电流互感器测量回路配置了一套备用的光纤环和采集单元，并将备用光纤接至合并单元，测量通道故障后可在线更换。上海康阔全光纤电流互感器回路设计与南瑞继保类似，但备用测量通道配置方面有所区别，其中青南、康巴诺尔（耗能支路）站无备用传感环和采集单元；宜昌、施州、康巴诺尔（直流断路器主支路、转移支路）等换流站配置一套备用传感环和采集单元，但康巴诺尔站采集单元位于阀厅内部，采集单元至合并单元间的光纤未连接，导致无法在线投入全光纤电流互感器备用测量通道。许继全光纤电流互感器回路设计与南瑞继保类似，但陕北、武汉站交流场全光纤电流互感器和阜康站直流断路器全光纤电流互感器未配置备用传感环和采集单元；金华、阜康、康保、中都等换流站备用一套传感环和采集单元，但康保和中都两站采集单元布置于阀厅内部，采集单元至合并单元间的光纤未连接，导致无法在线投入备用全光纤电流互感器测量通道；鹅城站备用 4 个传感环，备用 2 台采集单元，可实现备用通道的在线投入。

（三）直流分压器的技术发展

目前直流输电工程中采用的直流分压器主要是基于阻容分压器原理。采用电信号传输直流分压器要早于光信号传输直流分压器。光信号传输直流分压器相比于电信号传输直流分压器，具有冗余系统独立性强，抗干扰能力强等优点，是直流分压器信号传输的发展趋势。

直流分压器主要厂家包括斯尼汶特、南瑞继保、BBC、TRENCH、许继等五个厂家。BBC 公司直流分压器最早配置于葛南直流工程。常规直流工程和部分特高压直流工程配置斯尼汶特公司的直流分压器。

斯尼汶特 HVR-GC 型直流分压器采用阻容分压原理，电信号传输。德阳、宝鸡、灵宝二期、穆家、伊敏等换流站采用的 HVR-GC 型直流分压器，分压器本体通过阻容分压原理将母线高电压分压成低电压，将低压臂低压抽头处的电压通过双屏蔽双绞线送至二次分压板卡，再送至控保系统，其二次回路如图 6-1-1（a）所示。由于各套控保系统测量回路的二次分压板卡采用并联方式，当任意一块二次分压板卡故障时，会引起二次分压板低压臂的总电阻值变化，引起控保系统测量异常。临沂、昌吉、扎鲁特、灵州、锡盟、雁门关、金华、宜宾、锦屏、苏州等换流站采用的 HVR-GC 型直流分压器将低压臂低压抽头处的电压先送至平衡合并单元，再经过二次分压板卡隔离后送至控保系统，保证各套控制保护系统电压测量回路独立，其二次回路如图 6-1-1（b）所示。

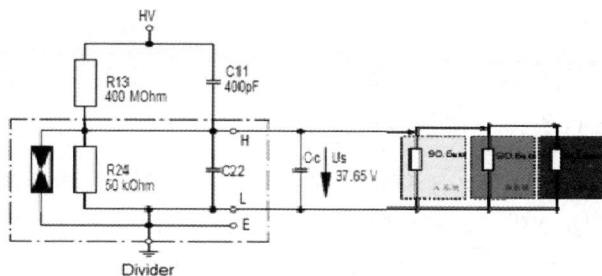

(a) 电信号传输回路示意图

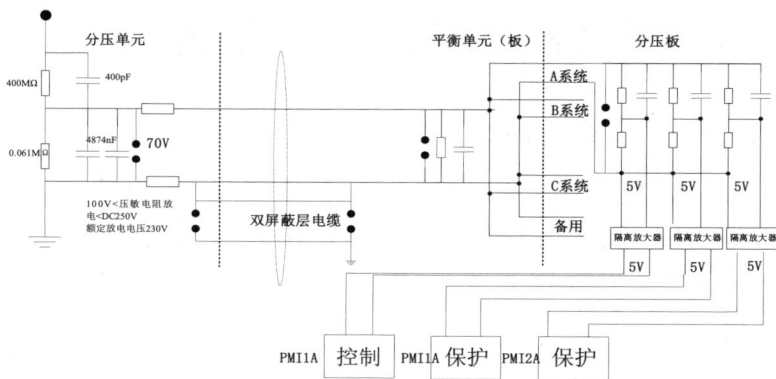

(b) 电信号传输回路示意图

图 6-1-1

高岭等换流站采用斯尼汶特电压电流组合式互感器，组合式互感器电压测量单元将分压器低压臂电压信号输出到头部远端模块内，远端模块将模拟信号转换为数字信号送到控制保护室屏柜合并单元，合并单元再将数字信号转换为模拟信号输送至控保系统。其二次回路如图 6-1-2 所示。

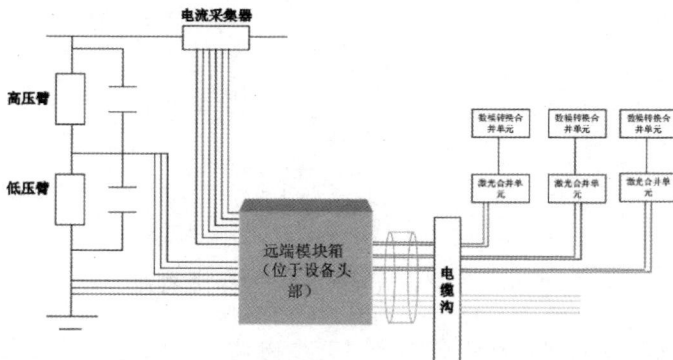

图 6-1-2　光信号传输回路示意图

国内南瑞继保、许继等厂家均研制了采用阻容分压原理直流分压器,采用电信号或光信号传输至模拟量隔离装置或合并单元。其中南瑞继保PCS-9250-EAVD直流分压器在绍兴、酒泉、湘潭、淮安等换流站采用电信号传输方式,在古泉、泰州、广固、中都、延庆、青南、豫南等换流站采用光信号传输方式。许继 XRC 系列直流电压分压器在康保、丰宁等换流站采用电信号传输方式,在武汉等换流站采用光信号传输方式。

第二节 直流测量原理

在电力系统中,一般将电磁式电流互感器、电磁式电压互感器和电容式电压互感器统称为传统互感器。直流输电系统对电流、电压测量设备测量直流,暂态性能,频率响应等性能有特殊要求,因此零磁通电流互感器、光电式光 CT、全光纤电流互感器等直流测量设备,直流分压器等直流电压测量与传统互感器原理上差异较大。

一、直流电流测量设备原理

(一)传统电磁式电流互感器原理

电磁式电流互感器与电网连接如图 6-1-3 所示,一次绕组串联于线路中,二次绕组与仪表和继电保护装置的线圈串联。

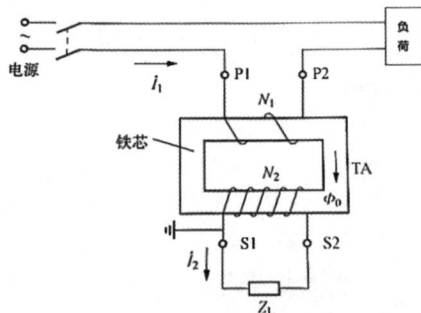

图 6-1-3 电流互感器与电网的连接图

当一次侧流过 I_1 时,在铁芯中产生交变磁通,此磁通穿过二次绕组,产生电动势,在二次回路中产生电流 I_2。

磁动势平衡方程为：

$$\dot{I}_1 N_1 + \dot{I}_2 N_2 = \dot{I}_0 N_1 \qquad (6-1-1)$$

忽略很小的励磁安匝，则有：

$$\dot{I}_1 N_1 = -\dot{I}_2 N_2 \qquad (6-1-2)$$

电流数值关系：

$$I_1 N_1 = I_2 N_2 \qquad (6-1-3)$$

电流互感器的额定电流比 K_i 为：

$$K_i = I_1 / I_2 \approx N_2 / N_1 \qquad (6-1-4)$$

由于一次绕组匝数远小于二次绕组匝数，二次侧输出很小电流，用于保护、测量。电流互感器一、二次额定电流之比称为额定电流比。根据磁动势平衡原理，如果忽略励磁电流，其电流比也可以认为就是电流互感器的二次绕组和一次绕组匝数之比。

（二）零磁通电流互感器原理

在直流输电工程中，低压区域测量直流电流常采用零磁通电流互感器。零磁通电流互感器由高电压绝缘特性的铁芯和绕组组成，互感器二次绕组通过屏蔽电缆与控制室内的电子测量单元连接，实现直流电流的测量。

1. 基本结构

零磁通电流互感器由两部分组成，位于直流场区域的一次传感器和位于室内的二次电子模块控制箱，两者通过专用屏蔽电缆连接。零磁通一次传感器中共有 5 个线圈（N1、N2、N3、N4、N5）、3 个铁芯（T1、T2、T3），其中辅助绕组 N1、N2、N3 线圈分别围绕于 T1、T2、T3 铁芯，匝数相同的补偿绕组 N4 和校准绕组 N5 围绕着三个铁芯，与 N4、N5 和一次主通路交链。如图 6-1-4 所示的振荡器、峰值探测器、负载电阻、放大器及其他电子元件均位于二次电子模块控制箱内。

2. 零磁通电流互感器测量原理

当铁芯 T1、T2、T3 上通过的一次电流 I_d 改变时，铁芯中的磁导率会随之改变，导致绕组 N1、N2、N3 的总阻抗发生改变，N1、N2 绕组的磁化电流发生变化，N3 未接振荡器（交流源），无磁化电流。峰值探测器感应到磁化电流变化形成校正信号，N3 绕组感应到一次电流内的暂态高频分量，两者经反馈放大器产生补偿电流 I_s，补偿电流 I_s 经 N4、N5 线圈，产生磁通来平衡 I_d 在 T1、T2、T3 铁芯内产生的磁通，使铁芯整体磁通为零。

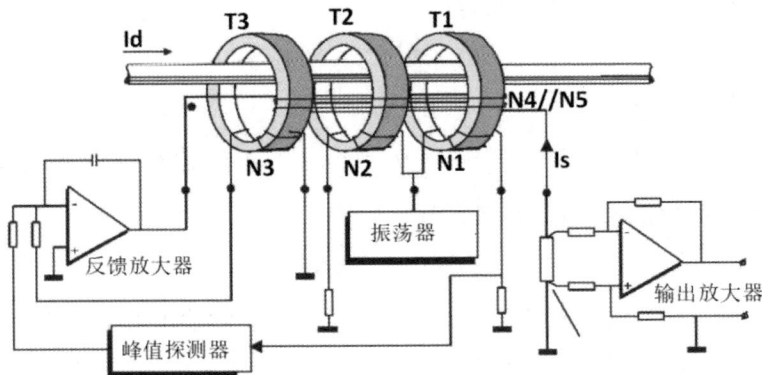

图 6-1-4　零磁通电流互感器基本原理图

（1）励磁电压的产生

励磁电压的形成：有源 55Hz 带通滤波器经放大器和升压级后，输出 $11\pm2V$ 峰值的励磁电压。该励磁电压通过绕组 N1、N2 激励于铁芯 T1 和 T2。

（2）励磁电流及峰值探测原理

励磁电压在 N1、N2 绕组上会产生励磁电流，在励磁电流经过双晶体管整流之后，励磁电流的正负半部分分别给正负电容器充电。正常情况下的励磁电流应该是完美对称波形，正负电容器上的电压相互抵消，在反馈放大器的输入端不存在校正电压值。当一次侧电流 I_d 发生变化或因故障导致安匝不平衡，磁化电流为不对称波形，正、负峰值不再相等，意味着正负电容器上形成电压差，在反馈放大器的输入端将产生校正电压。

（3）反馈计算系统

经峰值探测回路形成的校正信号从反馈放大器正相输入端输入，反馈放大器的驱动将形成补偿电流 I_s，I_s 流过 N4、N5 线圈，产生磁通来平衡掉 I_d 在铁芯 T1、T2、T3 中产生的磁通。

由于一次侧电流里含有一些暂态的高频分量，原边和副边的磁势不能保持住平衡，为恢复磁通平衡，此时需要形成一个负反馈系统。N3 线圈是无源的，用于感应一次侧电流的暂态高频分量，并将这些分量从反馈放大器反相输入端输入，形成负反馈信号，从而使 T1、T2、T3 原边和副边的磁势保持住平衡。

（4）电压输出

反馈放大器形成补偿电流 I_s，补偿电流 I_s 在负载电阻上形成的直流电压信号，通过分压电阻输入到放大器进行转换放大，形成输出电压 V_{out}，V_{out} 在测量板卡上经软件换算成一次侧电流值，实现直流电流测量的功能。

电子测量单元的输出电压与一次电流须满足下列公式：

$$I_d = \frac{V_{out}}{1.667} \cdot I_{dn} \qquad\qquad (6-1-5)$$

式中　I_d——一次侧电流；

　　　V_{out}——输出电压；

　　　I_{dn}——零磁通互感器额定电流。

（5）饱和报警回路

常规饱和回路检测磁化电压和磁化电流之间的相移。励磁电流放大后由二极管整流，在比较器处与励磁电压进行比较。正常工作时，磁化电压和电流之间会发生相移，比较器的输出电压为正值，常规饱和继电器通电，辅助节点闭合。当铁芯饱和时，励磁电压和励磁电流同相位，比较器的输出电压为负，常规饱和继电器失电，辅助节点断开，发出输出无效的报警。

开环控制电路（也称为快速饱和检测电路）通过检测反馈放大器的输出电压来提前判断是否饱和。正常工作时，反馈放大器输出电压几乎为零，快速饱和继电器将通电，辅助节点闭合。当铁芯饱和时，励磁电流激增导致放大器的输出电压变高，快速饱和继电器断电，辅助节点断开。

不带电状态下，N3 回路断线将导致铁芯饱和，励磁电压和励磁电流同相位比较器的输出电压为零，常规饱和报警继电器断电，饱和报警。

3. 电子测量单元原理

电子测量单元原理如图 6-1-5 所示。由于测量建立于铁芯—绕组组装内一个完好的安培绕组上，故测量准确度由电子模块内的负载电阻和输出放大电路所决定。系统的准确度则由铁芯—绕组的匝数比与电子单元的准确度共同决定。所以一旦安匝数比被确认，准确度就只由电子单元决定。

在功率放大器超过输出能力的情况下，过度激励一次电流会使功率放大器的输出功率达到饱和。如果过度激励是瞬时特性（如脉冲等），N4 与 N5 会正常工作。

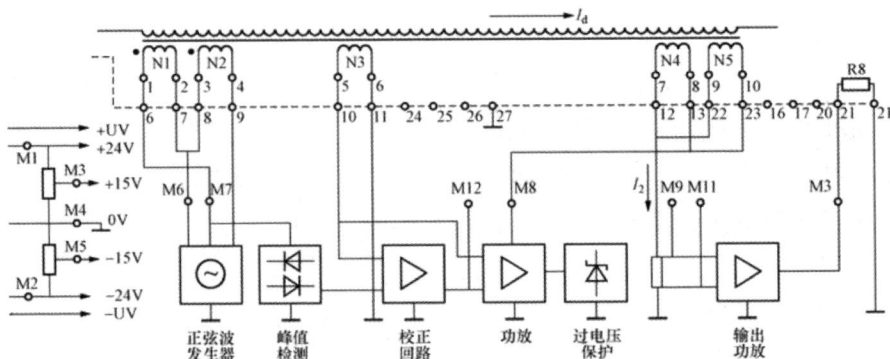

图 6-1-5　电子测量单元原理图

当过度励磁导致的纯直流磁通量饱和时，会被检测器感应到并向控制系统发出信号，指明直流测量单元内的电流过量。

（三）光电式光 CT 原理

1. 基本原理

光电式光 CT 从原理上包括分流器型和基于法拉第电磁感应型。基于法拉第电磁感应型的光电式光 CT 主要有低功率线圈式（LPCT）和空心线圈式两种。

（1）分流器。分流器主要在高压直流系统中用于测量直流电流。分流器设计成两个电流端和两个电压端，电流端串接入一次线路，电压端间的电位差就是电压降。分流器的输出信号通过电缆传至一次转换器转换成光信号再通过光纤传输至低压侧二次转换器进行处理。分流器一般与空心线圈一起应用在直流系统中，利用分流器传感直流电流，利用空心线圈传感谐波电流。

（2）低功率线圈式（LPCT）。LPCT 是在传统电磁式电流互感器基础上进行的一种改良。结合光纤传输技术，将传统的电磁式电流互感器感应的信号在高压侧通过光电转换方式，由光纤传输至低压侧测量和控制端进行二次信号处理。它利用了光纤的高绝缘性的优点，即降低了电流互感器的制造成本、体积和重量，又充分发挥了传统电流互感器测量装置的优势，具有很强的实用性。其按照高阻抗电阻设计，在电网发生故障时，线圈铁芯的饱和特性得到改善，扩大了测量范围，降低了功率消耗。但由于传感机理的限制，这种电流互感器仍存在着传统电流互感器难以克服的一些缺点，总体上仍未能摆脱传统电流互感器的束缚。

（3）空心线圈式。空心线圈式电流互感器又称为 Rogowski 线圈（罗氏线圈）式电流互感器。空心线圈基于电磁耦合原理，是均匀密绕于非磁性骨架上的空心螺绕环，又称为磁位计。空心线圈的骨架采用塑料、陶瓷等非铁磁材料，其相对磁导率与空气的相对磁导率相同，这是空心线圈有别于带铁芯的电流互感器的一个显著特征。它的二次输出是电压信号，与一次电流的微分成比例关系。空心线圈式电流互感器的高低压之间信号也是通过光纤传输，与 LPCT 相比，其取样灵敏度相对较小，当一次电流在 100A 以下时，二次输出电压为 pV 量级，要精确地测量这么小的电压比较困难，因此它更适合大电流的测量。

空心线圈式电流互感器基本能解决磁路饱和的问题，与电磁式电流互感器相比提高了动态响应范围，但仍然存在一些问题。如：① 原理导致实现高精度难度较大；② 高压传感头必然是有源方式；不能转变直流分量，呈现带通频率特性，不能高保真地反映电网的动态过程；③ 线圈结构的非理想性、温度和电磁干扰的影响都不可忽略。

低功率线圈具有体积小、测量准确度高、可带高阻抗等优点，特别适用于提供稳态测量信号的场合，但仍存在铁芯饱和问题。空心线圈解决了传统互感器铁芯饱和问题，频率响应好，线性度高，暂态特性灵敏，但小信号测量时准确度低。因此，通常采用低功率线圈与空心线圈组合使用的光电式光CT，稳态时低功率线圈提供测量用电流信号，暂态时空心线圈提供保护用电流信号。

2. 低功率线圈式（LPCT）光电流互感器原理

低功率线圈（LPCT）光电流互感器的工作原理与常规铁芯式 CT 的原理相同，只是它的输出功率要求很小，因此其铁芯截面积就较小，是常规铁芯式 CT 的一种演变。低功率线圈的等效电流如图 6-1-6 所示。

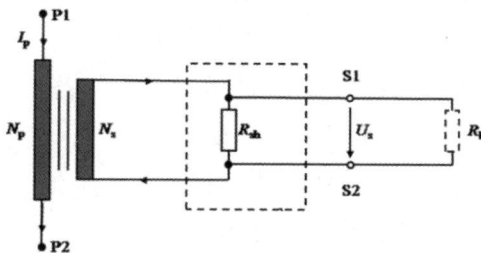

图 6-1-6　低功率线圈的等效电路

低功率线圈的副边回路里串联了一个精密电阻，电阻两端为输出端。因此它的输入为一次电流，输出为电压，输出与输入之间的关系为：

$$U_s = R_{sh} \cdot \frac{N_P}{N_s} \cdot I_P \qquad (6-1-6)$$

3. 分流器空心线圈式光电流互感器原理

（1）分流器原理

分流器型传感器是利用电阻进行电流测量，电阻一般由锰铜合金制成，有四个端子，两个电流端子和两个电压端子。分流器采用鼠笼结构。最大优点是可以实现交、直流的测量，抗外界磁场干扰能力很强，性能稳定可靠结构简单。问题也很突出，分流器功率损耗大，容易引起发热出现附加误差，分流器原理见图6-1-7。

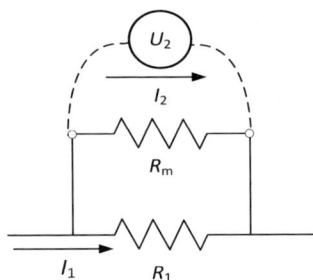
图6-1-7 分流器原理图

分流器主要技术参数为额定输入电流 I_1、额定输出电压 U_2 和额定电阻 R_m，当输出电流 $I_1 = 0$ 时，额定电阻定义为：

$$R_m = \frac{U_2}{I_1} \qquad (6-1-7)$$

由于 I_1 一般为 kA 级，R_m 的值通常在 μΩ 级，因此内部及外部因素很容易造成 R_m 的变化，从而影响测量准确度。此外，电阻稳定性、电流分布不均匀、负载、导线连接方式等问题均会影响测量结果。

（2）空心线圈原理

空心线圈是一个均匀缠绕在非铁磁性材料上的环形线圈，其相对磁导率与空气的相对磁导率相同。输出信号是电流对时间的微分。通过一个对输出的电压信号进行积分的电路，就可以真实还原输入电流。空心线圈将电流信号转为电压信号输出，物理量单向传输，输出量对于输入量没有负反馈作用，是一个开环过程，属于绝对传感方式。

假定被测导线是位于线圈正轴心位置的无限长导体，如图6-1-8。线匝沿圆周均匀对称分布，载流导体外空间磁场强度为：

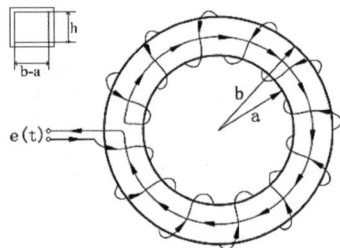
图6-1-8 罗氏线圈原理图

$$B(r) = \frac{\mu_0 I(t)}{2\pi r} \qquad\qquad (6-1-8)$$

式中　$B(r)$ ——磁感应强度；

$\quad r$ ——距轴心半径；

$\quad I(t)$ ——导体电流；

$\quad \mu_0$ ——空气磁导率。

每个线匝平面内穿过相同的磁通量 $\boldsymbol{\Phi}$：

$$\boldsymbol{\Phi} = h\int_{R_1}^{R_2} B(r)\mathrm{d}r = h\int_{R_1}^{R_2} \frac{\mu_0 I(t)}{2\pi r}\mathrm{d}r = \frac{h\mu_0}{2\pi}\ln\left(\frac{R_2}{R_1}\right)I(t) \qquad (6-1-9)$$

式中　$\boldsymbol{\Phi}$ ——线匝内总磁通量；

$\quad h$ ——线圈厚度；

$\quad R_1$、R_2 ——线圈内外半径。

在交变电流作用下，线圈的总感应电动势为：

$$E(t) = \frac{N\mathrm{d}\boldsymbol{\Phi}}{\mathrm{d}t} = \frac{Nh\mu_0}{2\pi}\ln\left(\frac{R_2}{R_1}\right)\frac{\mathrm{d}I(t)}{\mathrm{d}t} = M\frac{\mathrm{d}I(t)}{\mathrm{d}t} \qquad (6-1-10)$$

式中　$M = \dfrac{Nh\mu_0}{2\pi}\ln\left(\dfrac{R_2}{R_1}\right)$。

其中 M 称作互感系数，仅与线圈结构参数 N、R_1、R_2、h 有关，N 为二次线圈总匝数。

直接输出量 $E(t)$ 是电动势，与一次电流 $I(t)$ 的微分值有关。因此需要对输出值进行积分来计算实际一次电流。积分由电子单元计算后输出被测电流数值。

（四）全光纤电流互感器原理

1. 法拉第磁光效应

法拉第磁光效应的基本特征可以通过图 6-1-9 说明。当一束普通光通过一个光偏振器后，原来的光就变成了一束沿固定偏振方向的振动的光波（图中的偏振光为垂直方向）。如果这束偏振光进入光纤中，没有外界磁场存在，它会保持它进入光纤时的偏振方向。而如果光纤处于磁场中，具有法拉第磁光效应的光纤就会使偏振光的偏振方向发生偏转，其偏转角度和外界磁场的强度有关。如果在光纤的出口处再放置一个光检偏器，我们就能够通过测量其偏转角推算出磁场的强度。

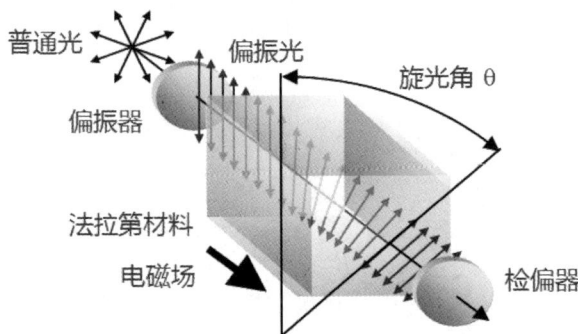

图 6-1-9　法拉第磁光效应的基本特征

　　但因为有任何光学元件的振动，温度造成的光纤特性变化，以及测量偏振角本身的误差，使得直接测量偏转角的方法很难做到很高的精度。

　　2. Sagnac 干涉测量法

　　全光纤电流互感器是采用在法拉第磁光效应的基础上，采用双光束同路 Sagnac 干涉法对法拉第磁光效应中的磁场进行测量，其光路如图 6-1-10 所示。光纤传感器部分主要有保偏光纤，1/4 波片，感应光纤和反射镜组成。一束沿 X 轴偏振的光通过 1/4 波片后就变成了顺时针偏转的右旋光，右旋光遇到了镜子后被反射成左旋光，再通过 1/4 波片后变成了沿 Y 轴偏振的光。同样，另一束沿 Y 轴偏振的光通过 1/4 波片后就变成了逆时针偏转的左旋光，左旋光遇到了镜子后被反射成右旋光，再通过 1/4 波片后变成了沿 X 轴偏振的光。在没有外加磁场的情况下，X 轴偏振的光将和 Y 轴偏振的光通过同样的路径同时返回起点，两束光没有任何相差。而在任何时刻，温度和振动等外界因素对两束光的

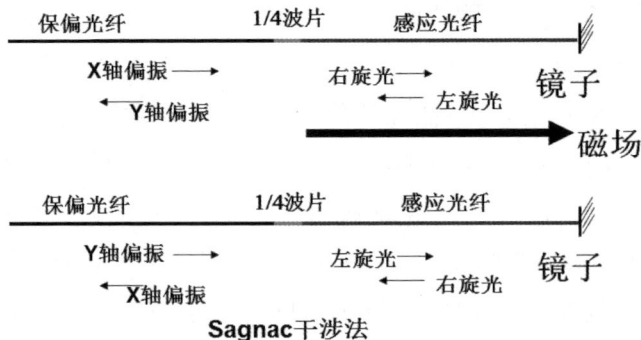

图 6-1-10　双光束同光路 Sagnac 干涉法原理图

影响都是一样的，不会产生任何相差。而当有如图 6-1-10 所示的磁场存在时，右旋光顺磁场或左旋光逆磁场都会被加速，而右旋光逆磁场或左旋光顺磁场都会被减速。这使得 X 轴偏振的光越来越快，而 Y 轴偏振的光越来越慢。通过测量两束光的相差，我们可以精确的计算出磁场的强度，而又避免直接测量偏振角带来的误差。

3. 磁场和电流的关系（安培定理）

根据安培定理，沿任何一个区域边界对磁场矢量进行积分，其数值等于通过这个区域边界内的电流的总和，如图 6-1-11 所示。这个定理与区域的形状或是何种材料无任何关系。全光纤电流互感器就是基于此原理设计的，传感光纤形成了这个测量区域的边界，因此它测量的是传感光纤内的电流。相邻导体产生的漏磁场对测量没有影响，或者可以这样理解，按照安培定理，相邻导体产生的漏磁场的任何闭环矢量积分为零。除非光纤环把相邻导体也绕在其中。

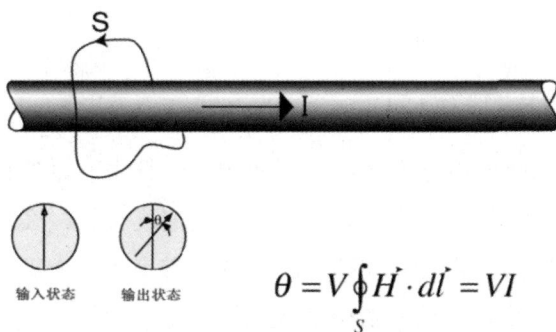

$$\theta = V \oint_S \vec{H} \cdot d\vec{l} = VI$$

图 6-1-11　安培定理原理图

根据安培定理，光纤绕一圈就积分一次，绕两圈就是积分两次，等于测了两倍电流。所以说全光纤电流互感器缠绕匝数的多少可以提高测量精度和灵敏度，具体电流互感器缠绕匝数是根据用户的额定指标范围而确定的（即最小电流和最大电流而定）。而且，安培定理对光纤绕圈的路径无特殊要求，这说明只要是形成闭合路径，对于路径的形状和角度没有关系。这个特点也大大提高了测量的抗干扰能力和部署的灵活性。

同时，传感光纤的法拉第磁光效应是由其本身的物理特效造成的，是原子结构形成的。不存在长期大磁场下出现法拉第磁光效应衰竭现象。除传感光纤外，其他光纤式普通光纤，没有法拉第磁光效应，对测量没有任何影响。

4. 全光纤电流互感器工作原理

全光纤电流互感器工作原理如图 6-1-12 所示，光源发出的光经过耦合器与起偏器后，变为线偏振光。起偏器的尾纤与相位调制器的尾纤以 45°熔接，线偏振光以 45°注入保偏光纤延迟线，分别沿保偏光纤的 X 轴和 Y 轴传输。这两个正交模式的线偏振光经过 1/4 波片后，分别变为左旋和右旋圆偏振光，进入传感光纤中传播。

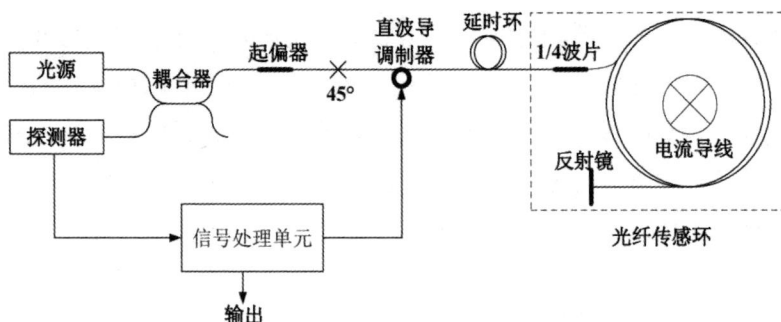

图 6-1-12 全光纤电流互感器传感原理

载流导线中传输的电流产生磁场，在传感光纤中产生法拉第磁光效应，使这两束圆偏振光的相位差发生变化并以不同的速度传输，在反射镜处反射后，两束圆偏振光的偏振模式互换（即左旋光变为右旋光，右旋光变为左旋光）再次通过传感光纤，并再次经历法拉第效应使两束光产生的相位差加倍。这两束光再次通过 1/4 波片后，恢复为线偏振光。两束光在起偏器处发生干涉，这两束光产生的相位差与被测电流的等式关系为：

$$\Delta \phi_R = \theta = \int_l VH\mathrm{d}l = VN \oint_L H\mathrm{d}l = VNN_iI \qquad (6-1-11)$$

根据法拉第磁光效应与安培环路定律可知，载流导线中传输的电流大小与相位差成正比，因此通过检测光相位差信号可计算出待测电流值。

二、直流电压测量设备原理

（一）传统电压互感器原理

（1）电磁式电压互感器基本原理。电磁式电压互感器一次绕组与一次被测电网并联二次绕组与二次测量仪表和继电保护装置的电压线圈并联。电磁式电

压互感器二次电压 U_2。近似与一次电压 U_1 成正比，测出二次电压，便可确定一次电压。电磁式电压互感器原理如图 6-1-13 所示。

电动势平衡方程为：

$$\dot{U}_1 = -\dot{E}_1 + \dot{I}_1 Z_1 \qquad (6-1-12)$$

$$\dot{U}_2 = -\dot{E}_2 + \dot{I}_2 Z_2 \qquad (6-1-13)$$

忽略绕组漏阻抗压降为：

$$\dot{U}_1 \approx -\dot{E}_1 \qquad (6-1-14)$$

$$\dot{U}_2 \approx -\dot{E}_2 \qquad (6-1-15)$$

图 6-1-13 电压互感器与电网的连接图

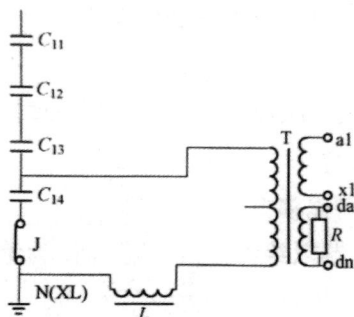

电压互感器的额定电压比为

$$k_u = \frac{U_1}{U_2} \approx \frac{E_1}{E_2} = \frac{N_1}{N_2} \qquad (6-1-16)$$

（2）电容式电压互感器基本原理。电容式电压互感器实质上是一个电容串接的分压器。通过在被测电网的相和地之间串接有主电容和分压电容，电压经过分压后通过中间变压器降压输出二次电压。其原理如图 6-1-14 所示。

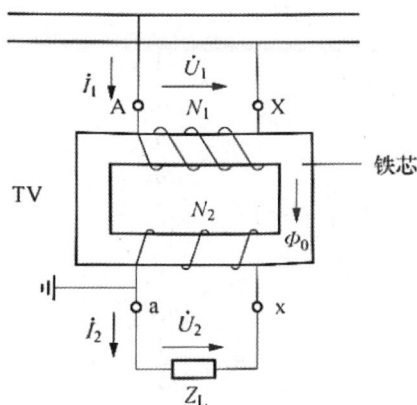

图 6-1-14 500kV 电容式电压互感器原理图

C_{11}、C_{12}、C_{13}、C_{14}——电容分压器；a1、x1——二次绕组；da、dn——辅助二次绕组；T——中间变压器；L——补偿电感；N（XL）——C14 尾端；J——连接片（连接通信设备）

（二）直流分压器原理

1. 一次分压

直流分压器采用阻容式分压设计，基本原理如图 6-1-15 所示。

此时高压臂阻抗 Z_1 为：

$$Z_1 = \frac{R_1 \times \dfrac{1}{\mathrm{j}\omega C_1}}{R_1 + \dfrac{1}{\mathrm{j}\omega C_1}} \qquad (6-1-17)$$

低压臂阻抗 Z_2 为：

$$Z_2 = \frac{R_2 \times \dfrac{1}{\mathrm{j}\omega C_2}}{R_2 + \dfrac{1}{\mathrm{j}\omega C_2}} \qquad (6-1-18)$$

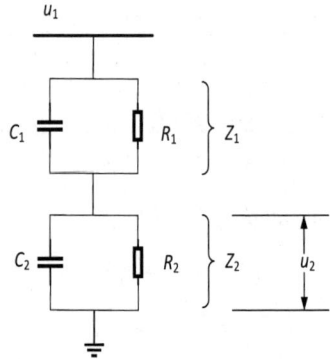

图 6-1-15　直流分压器一次分压原理

输出电压 u_2 与输入电压 u_1 之比为：

$$\frac{u_2}{u_1} = \frac{Z_2}{Z_1 + Z_2} = \frac{R_2}{R_2 + R_1\left(\dfrac{1+\mathrm{j}\omega C_2 R_2}{1+\mathrm{j}\omega C_1 R_1}\right)} \qquad (6-1-19)$$

从式（6-1-19）中可以看出，在高频段下电容分压器主导分压比，在低频段下由电阻分压器主导。当满足 $C_1 R_1 = C_2 R_2$ 时，分压比不受频率的影响。

当分压器的高低压臂的时间常数 $\tau = RC$ 相同时，能够使被测电压各种频率分量顺利通过，并且能够以同一个变比传至下一级，保证被测信号不失真。直流电压分压器根据时间常数的一致性进行设计。

2. 二次分压

直流分压器采用 2 级分压设计方案，基本原理如图 6-1-16 所示：通过高

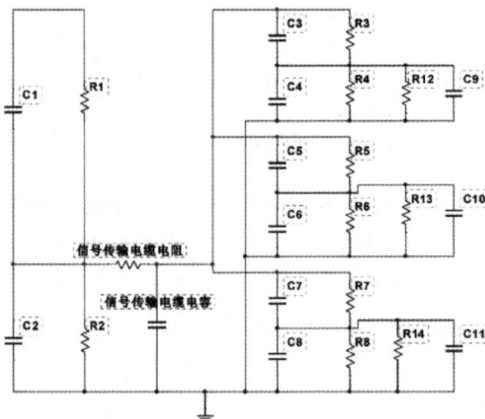

图 6-1-16　直流分压器二次分压原理

压臂（C_1R_1）和低压臂（C_2R_2）进行一次分压，一次分压得到的电压信号传输至二次分压板，每个二次分压板进行二次分压输出 5V 电压信号。为保证分压器准确测量，直流分压器测量回路需做好隔离措施，确保测量系统独立，不受外界负载变化影响。

第三节　直流电流测量设备

一、光电式光 CT

直流光电式光 CT 的构成如图 6–1–17 所示，互感器主要由一次传感器、电阻盒、远端模块、光纤绝缘子、合并单元等部分组成。

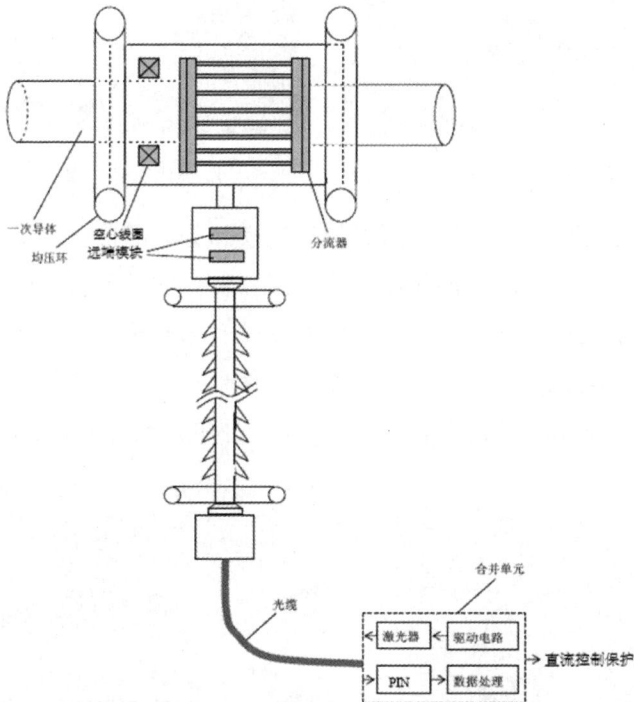

图 6–1–17　直流光电式光 CT 构成示意图

一次传感器包括分流器和空芯线圈，分流器是一个串联在一次回路中的精密小电阻，用于传感通过导体的直流电流，为提高分流器的抗干扰能力和散热能力，分流器一般设计为全对称鼠笼式结构。空芯线圈是套在导体上的一个无铁芯的非闭合线圈，线圈输出电压与被测电流的幅值以及频率成正比，用于传感通过导体的谐波电流。

图 6-1-18　分流器

图 6-1-19　空芯线圈

电阻盒和远端模块是互感器测量信号转换和处理的部分，就近布置在高压端一次传感器附近。电阻盒的作用是将分流器输出的一路模拟信号转换为多路信号输出至远端模块，电阻盒是一个无源器件。远端模块对接收的模拟信号进行滤波、采样、电光转换，输出串行数字光信号，由于远端模块在高压端，不能通过常规方式从站用电直接取能，一般由合并单元通过激光供能的方式供电。

图 6-1-20　电阻盒

图 6-1-21　远端模块

光纤复合绝缘子是互感器高、低压端之间的"桥梁"，为内嵌多芯光纤的悬式或支柱式复合绝缘子，目前含备用芯绝缘子内一般内嵌 24 芯或 32 芯光纤。根据光纤与绝缘子的结合方式不同，目前在运的光纤复合绝缘子有穿心式和缠绕式两种，穿心式光纤复合绝缘子采用空心的复合绝缘子，先将光纤束贯穿复合绝缘子中心的通孔，然后向通孔内填充绝缘介质；缠绕式光纤复合绝缘子采用实心的复合绝缘子，首先在绝缘子芯棒外表面开设螺旋形光纤槽，然后将光纤束平铺、缠绕在光纤槽内，最后在芯棒外表面注射伞裙。

合并单元位于控制室内，其作用一方面为远端模块提供供能激光，另一方面接收并处理多个不同测点远端模块下发的数据，并将多路测量数据合并打包、按 IEC 60044-8 标准协议输出给直流控制保护。合并单元有完善的自监视功能，监视参数包括：激光驱动电流、接收数据电平、远端模块温度、激光器温度、奇偶校验出错次数等。南瑞继保公司 PCS-221JD 是基本 UAPC2.0 平台开发的合并单元，支持 12 路 50K 或 100K 采样率的测点接入，数据以 FT3 协议输出至控保，其背

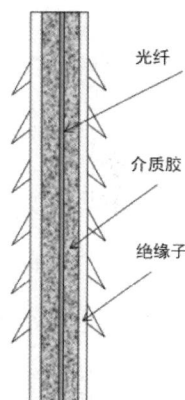

图 6-1-22　光纤绝缘子

板图如图 6-1-23 所示。NR1301N 为电源板，装置采用双电源配置；NR1190A 为 MON 板，其功能是接收采样数据、对时信号以及支持网口通信；NR1211 为光口扩展板，其功能是将数据合并发送至控保装置；NR1165D 为激光供能板，其功能是为高压端的远端模块提供供能激光。

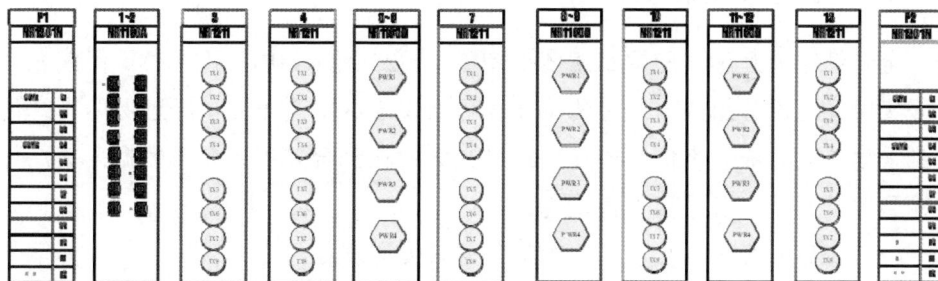

图 6-1-23　南瑞直流光电式光 CT 合并单元背板图

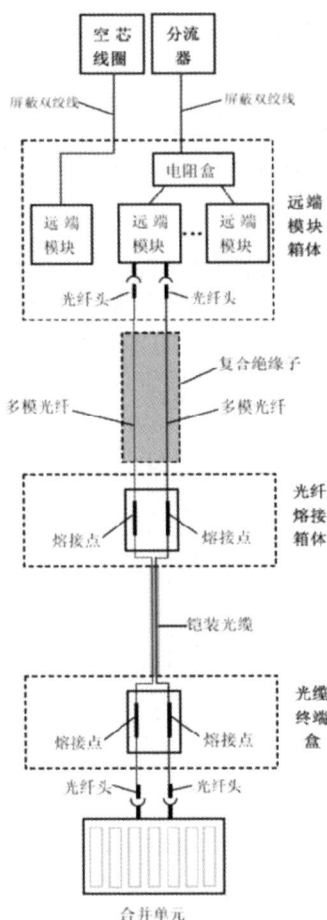

图 6-1-24 南瑞直流光电式
光 CT 信号传输图

直流光电式光 CT 的信号传输回路如图 6-1-24 所示。分流器及空芯线圈的输出信号利用屏蔽双绞线传至电阻盒，电阻盒将分流器的输出信号分配给多个远端模块进行处理。远端模块置于绝缘子顶部的远端模块箱体内。远端模块箱体是密封结构，具有很好的防雨水防尘能力，防护等级为 IP67。远端模块对来自分流器及空芯线圈的信号进行滤波、放大、模数变换、数字处理及电光变换，将被测直流电流及谐波电流转换为数字光信号的形式输出，远端模块的工作电源由合并单元内的激光器提供。

硅橡胶复合绝缘子保证高低压的绝缘，绝缘子内埋多根 62.5/125um 的多模光纤，绝缘子顶部及底部分别固定有远端模块箱体及光纤熔接箱体。绝缘子底部的光纤熔接箱体为不锈钢密封结构，箱体内固定有光缆终端盒。埋于绝缘子的光纤与铠装光缆以熔接的方式相连，光缆终端盒用以保护光纤熔接点。直流光电式光 CT 的户外部分通过铠装光缆与主控室的合并单元相连。

二、全光纤电流互感器

全光纤电流互感器配置示意图如图 6-1-25 所示，由一次本体、保偏光纤及采集单元三部分组成。通过传感光纤环实现一次电流传变，经过保偏光纤传输到采集单元完成数字信号转换，经过光纤传输到合并单元完成数据采集，并传输到保护系统。各个部件模块为：

（1）传感光纤环：实现一次电流信号转变为光信号；

（2）保偏光纤：高消光比，确保光信号的高偏振度传输；

（3）采集单元：通过信号调理及数字处理解调出正比于一次电流的原始高

频数字量，通过向下重采样，输出满足工程要求的 FT3 格式数字信号；通过闭环反馈控制系统稳定系统工作点，提高互感器长期运行可靠性与稳定性。

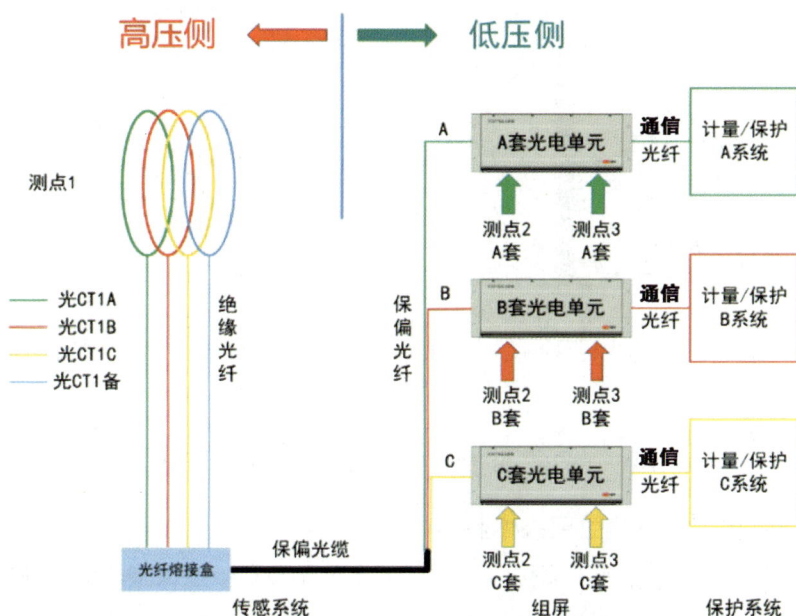

图 6-1-25　全光纤电流互感器工程配置示意图

（4）合并单元：对采集单元数据进行合并转发处理，按 IEC 60044-8 协议输出数字信号到保护系统。

全光纤电流互感器工程应用通常采用三冗余设计（可根据工程实际情况配置），既可以由采集单元输出 10kHz/50kHz/100kHz 采样数字信号直接到阀控、保护装置，也可以通过合并单元处理后再传输到保护系统。

全光纤电流互感器可采用悬挂式安装结构，如图 6-1-26 所示，一次电流从传感头穿心而过，连接一次端光纤传感环的保偏光纤经光纤绝缘子引导至底端低压侧熔纤盒，与保偏光缆进行熔纤，光信号经过保偏光缆传输到二次采集单元完成信号采集和处理；采集单元经过通信光纤将传变数字信号传输到合并单元完成信号处理。其中采集单元和合并单元安装在综控室屏柜或户外柜内。

光纤绝缘子与分流器电流测量装置的光纤绝缘子的结构基本相同，主要区别是光纤的种类和数量。全光纤电流测量装置的光纤绝缘子中一般内嵌 6 或 7 芯保偏光纤。

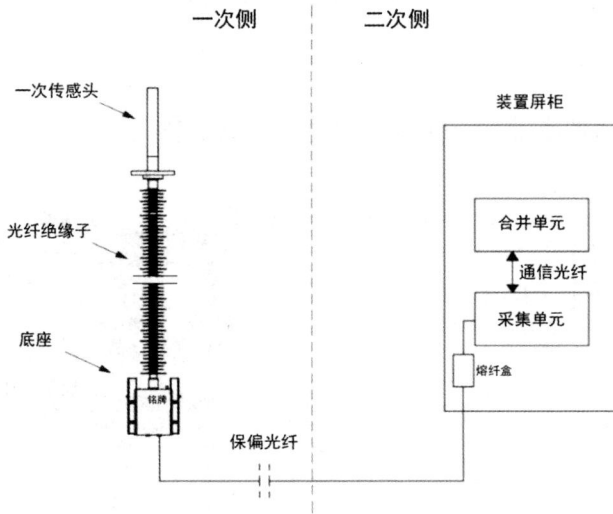

图 6-1-26　全光纤电流互感器整机结构示意图

全光纤电流互感器主要技术特点：

1）采用保偏光缆远距离传输方案，采集单元布置于控保室，运行环境良好。

2）通信延时小，测量延时≤100μs。

3）一次测量部分全无源设计结构，抗干扰能力强。

4）测量精度 0.2 级。

5）低零漂、宽动态范围。

6）频率响应范围从直流到 100 次谐波。

7）轻型化结构设计，良好的抗震能力。

8）无磁饱和问题。

第四节　直流电压分压器

直流电压分压器基本原理是阻容分压，即将高精度电阻串并联在一次导体上，通过测量低压臂电阻两端的电压，再根据高、低压臂电阻的变比折算出一次导体上的电压。直流电压测量装置的结构如图所示，主要由一次分压器、分压板、远端模块及合并单元组成。

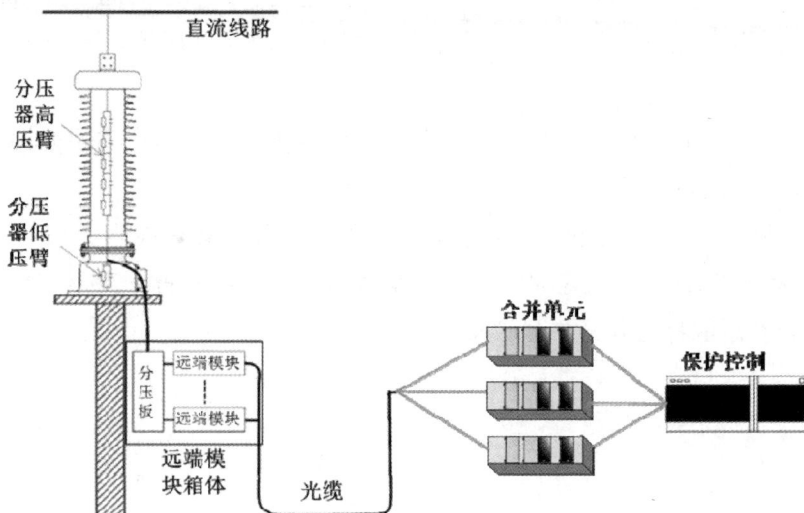

图 6-1-27 直流电压测量装置结构图

一次分压器采用阻容并联的结构，包括高压臂和低压臂两部分。由于实际一次导体上的电压存在一定的谐波分量，且部分测点的电压是交、直流电压叠加的，若采用纯电阻的分压器，分压器与周围环境杂散电容的影响会导致电阻上的分压不均匀，最终导致测量出现较大偏差，并联电容器可以减小杂散电容的影响，使电阻上的电压分布更均匀。分压器本体部分安装在绝缘子内，一般充 SF_6 气体进行绝缘；分压器的型式设计保证其绝缘子内、外表面泄漏电流不会影响到测量结果，绝缘子不存在中间法兰；绝缘子内的放电现象不会影响其信号输出；高、低压臂的电容充分考虑高、低压臂具有相同的暂态响应；高、低压臂的电阻采用相同材质，具有相同的温漂。

分压板安装在直流电压测量装置低压端的箱体内，分压板的作用是将一次分压器输出的低压信号转换为多路信号给多个远端模块进行处理，分压板元件与高低压臂采用相同的时间常数设计，确保测量信号不失真。

远端模块安装在直流电压测量装置低压端的箱体内，将从分压板接收的模拟信号进行滤波、采样、电光转换，输出串行数字光信号至控制保护系统，远端模块的工作电源由位于控制室的合并单元内的激光器提供。远端模块数量按照控制保护系统、录波系统需求及热备用原则进行配置。

直流分压器主要技术特点：

1）测量精度高（满足 0.2 级要求），响应速度快（响应时间小于 100μs）。

2）采用电阻分压设计，同时并上匹配电容确保分压器具有良好的频率特性。

3）高压电阻具有大功率、高精密、低温漂特性，高压电容耐高温设计，确保分压器长期稳定运行。

4）阻容模块采用双极对称结构，结构简单可靠，散热性能良好。

5）配置远端模块进行数字量转换及传输，多冗余配置，满足工程需求，提供符合要求的标准化通信协议接口。

第二章 技 能 实 践

第一节 测量设备检修试验

一、光电式光 CT

（一）外观检查

1. 一次设备外观检查

检查设备外观完整、无损；设备本体无异常晃动；设备高压引线、零部件等连接正常；均压环安装应牢固、水平；设备表面无影响运行的障碍物、附着物等。

2. 一次设备底座检查

检查底座清洁无异物、无鸟巢等；检查底座出线波纹管接头固定可靠、无松动；检查底座引出光缆及保护波纹管固定可靠，无风摆现象。

3. 一次设备接地检查

检查设备和安装基架的接地应紧固可靠，无松动、无锈蚀。

4. 远端模块箱体外观检查

检查箱体无形变，箱门关合严密、无缝隙；检查箱体防雨罩应完好、无脱落（如有）。

5. 光纤熔接箱体外观检查

检查箱体无形变，箱门关合严密、无缝隙；箱体防雨罩应完好、无脱落（如有）；箱体基础无破损或开裂，基础及附近区域无下沉；基础构架牢固，无倾斜变形（如有）。

6. 二次屏柜外观检查

检查柜体及内部模块安装应可靠、无松动；检查屏柜内照明、通风良好，风扇（如有）等元件应工作正常；检查屏柜内无异响、异味。

7. 合并单元指示灯检查

检查合并单元上电源插件、数据接收插件、数据发送插件、激光供能插件等各个插件的状态指示灯应正常，无异常闪烁或故障灯亮。

8. 二次屏柜封堵检查

检查屏柜底部应安装防火挡板，挡板完整无孔洞；检查线缆进出缝隙孔洞应使用防火材料进行封堵，并密封良好。

9. 二次屏柜接地检查

检查屏柜内各模块接地良好，接地线连接可靠无松动；检查柜体接地应良好，接地线连接可靠无松动。

10. 紫外巡视

用紫外成像仪对分流器本体、均压环及导线连接处进行检查，应无明显放电点。

11. 均压环检查

检查均压环不得变形；检查均压环所有部件连接应可靠，螺栓、螺母无松动；检查均压环安装应牢固、水平；检查均压环连接金具、支架应完好无开裂，无锈蚀；检查均压环支架绝缘垫完好，无老化开裂、破损等现象。

12. 螺栓检查

检查各紧固螺栓、螺钉及螺母应紧固、无松动、无缺失；检查各紧固螺栓、螺钉及螺母应无锈蚀。

13. 绝缘子检查及清洁

检查绝缘子伞裙外表应无污垢沉积，无破损伤痕；如有污物需冲洗和擦拭以清洁伞裙表面。

14. 远端模块箱体内部检查

检查箱体内部无异味、清洁、无杂物；检查箱体密封良好，内部无水渍、受潮及凝露现象；检查箱门密封垫圈完好、无腐蚀、无脱落。

15. 光纤熔接箱体内部检查

检查光纤熔接盘内光纤应无挤压、异常扭曲、拉紧、弯曲半径过小等现象。

16. 合并单元背板端子及接线检查

检查背板端子接线连接应紧固、无松动；检查背板端子安装螺丝应拧紧。

17. 合并单元内部参数检查及维护

在后台或合并单元液晶界面查看远端模块驱动电流、合并单元数据电平，正常运行时应无"RTU*激光器驱动电流高"告警、无"RTU*数据电平低"告警；在监控后台查看，应无合并单元的告警信息，在屏柜侧检查装置前面板的"运行"灯亮，"报警"灯灭。

18. 极性检查

若读取的数值为正值，则极性正确；若测得设备极性与要求不一致，应通过工具对极性进行修正。

（二）南瑞合并单元板卡及远端模块更换步骤与注意事项

合并单元是互感器的关键装置，连接光电式光 CT（ECT）、电子式电压互感器（EVT）和全光纤电流互感器（OCT）。当电子式互感器现场运行中，合并单元出现"激光器关闭、远端模块置维修、驱动电流高、数据电平低"等故障报警时，可能是以下 3 种原因导致：

原因 1：互感器合并单元激光供能 NR1125 板卡故障；

原因 2：互感器合并单元到本体远端模块的光纤回路故障；

原因 3：互感器本体的远端模块故障；

针对故障依次排查 NR1125/NR1165 板卡是否正常，光纤回路是否正常，远端模块是否正常。

1. 南瑞合并单元板卡更换

出现合并单元驱动电流偏高或激光器关闭报警，若更换备用模块通道未解决问题，异常定位是 NR1125/1165 板卡异常后，需装置断电更换板卡，换板卡时需对新换的 NR1125/1165 板卡进行程序下载。激光供能板卡更换流程包括：物料准备、定值备份、板卡更换具体操作、更换供能板卡程序下载、板卡更换后定值核对。

（1）物料准备

板卡更换需准备以下物料：① 调试笔记本；② 光纤擦拭盒；③ 小一字螺丝刀；④ 防静电手套手环；⑤ 对应板卡备件；⑥ PCS-PC5 软件；⑦ 合并单元程序文件。

（2）定值备份

更换板卡前，先备份合并单元定值，备份装置 1 号槽位 CPU 板卡的

setting.txt 和 device.cid 文件，或者导出当前定值。

图 6-2-1　南瑞合并单元装置告警界面

第一步，用 PCS-PC 软件连接装置，IP 连接好后，点选 IEC03 工具选项。

第二步，进入定值设置界面，选中"定值"，右键，在弹出的对话框中选"导出–导出当前定值区"，完成定值 CSV 文件导出，并保存好，则完成导出并保存文件。

（3）板卡更换具体操作

① 将合并单元装置断电，检查更换板卡的连接光纤标识清晰完整，方便恢复光纤插接。拆除板卡光纤，并套好光纤防尘帽。

② 使用一字螺丝刀松开板卡上、下两颗固定螺钉。戴好防静电手套及手环，拆除拔出 NR1125/1165 板卡。

③ 把新的 NR1125/1165 板卡沿着卡槽插入合并单元装置，紧固板卡上下两颗螺钉，完成固定。

④ 参照板卡原光纤连接顺序恢复光纤插接。插接合并单元光纤时，需用擦

拭盒清洁光纤端面。接入好后检查确保连接可靠。

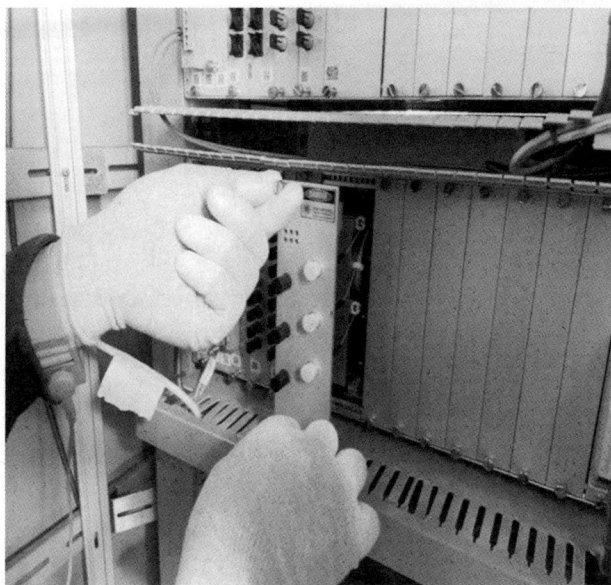

图 6-2-2　板卡更换示意图

（4）更换供能板卡程序下载

选择相应的程序，使用 PC 软件对新换的板卡进行程序下载，只下更换槽号板卡的程序。

①连接装置前网口，核实并准备现场合并单元程序，确认无误后在 PC 工具里添加程序。

②合并单元"主菜单"－"本地命令"里面按"下载请求"。

③勾选所更换板卡对应的槽号，勾选下载后重启及保留配置，点击下载选择的文件，进行程序下载。

（5）板卡更换后定值核对

板卡程序下载完成后，核对定值。正常情况只下单块槽号 NR1125/1165 板卡程序，定值文件不变，不需要下载导入定值。但若检查发现定值变化，需要下载原备份的 setting.txt 文件到 1 号槽位 CPU 板卡里，并参照备份的 device.cid 文件（内部的 iedname 名称）在线修改合并单元的 IED 名称。或者进行定值 CSV 备份文件导入操作。两种恢复定值操作选一种即可，最终检查确保定值参数一致。

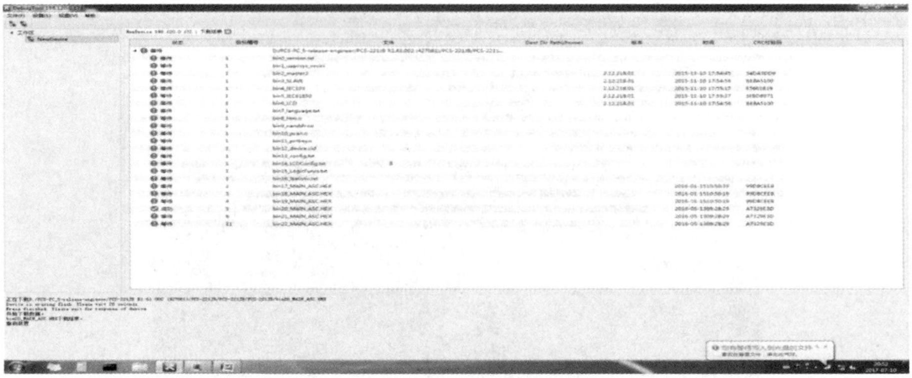

图 6-2-3　程序下载界面

其他注意事项：

①板卡程序下载完成后，恢复检查合并单元网线及光纤连接，确保接线与更换前保持一致，对合并单元装置断电重启。

②核对合并单元装置程序版本、通道系数、应用定值等参数正常，驱动电流参数正常，合并单元运行及后台通信正常。

2. 南瑞远端模块更换

当测量互感器运行中，单个通道测量异常时，更换备用通道解决问题后，确定异常是模块或光纤回路问题，待年检或临停期间，再进行远端模块更换或光纤回路检查。CT远端模块端子箱在一次传感头位置，若更换模块需登高车。

图 6-2-4　CT远端模块安装位置示意图

图 6-2-5 PT 远端模块安装位置示意图

PT 远端模块箱体在地面，更换模块不需登高车。远端模块更换流程包括：物料准备、关闭激光器回路、远端模块更换、恢复开启激光器回路、远端模块更换数据核对。

（1）物料准备

远端模块更换需准备以下物料：① 光纤擦拭盒；② 防静电手套；③ M5内六角扳手；④ 十字螺丝刀；⑤ 对应模块备件。

（2）关闭激光器回路

模块更换前，先关闭激光器回路，关闭室内合并单元电源或相应远端模块软压板。

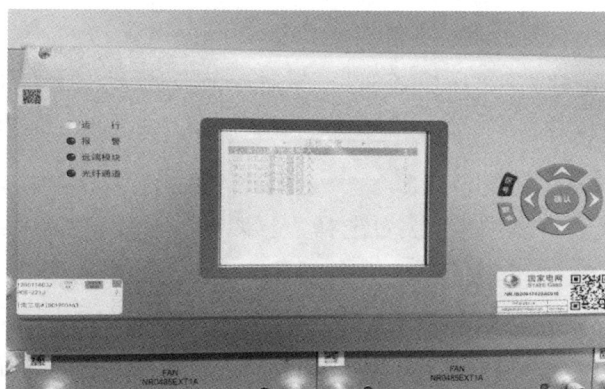

图 6-2-6 软压板关闭操作界面

软压板关闭操作：合并单元装置选择"主菜单"–"整定定值"–"压板定值"，将对应故障通道"激光器投入"定值，由 1 置 0，修改保存。

（3）远端模块更换

确认激光器已关闭，拆开远端模块箱体，根据图纸找到对应问题模块，并通过打光验证确定故障模块。

① 拆除故障模块同轴电缆及光纤。

② 更换新的远端模块，完成安装固定。

③ 恢复新模块的同轴电缆及光纤连接，光纤插接前使用光纤擦拭盒清洁光纤端面。

④ 恢复远端模块箱体盖板安装，螺钉紧固到位，等位线连接可靠，密封正常。

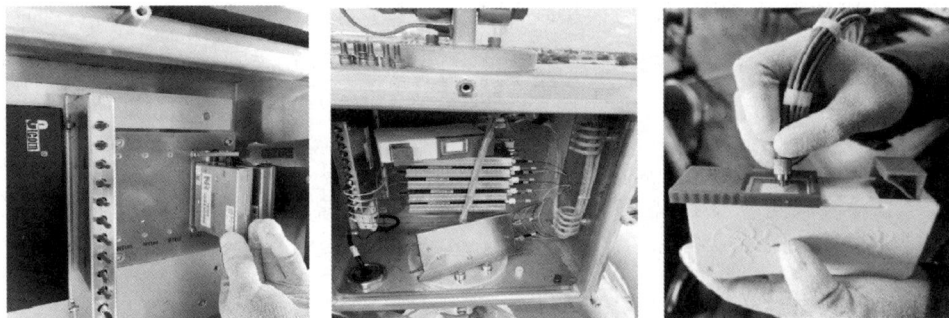

图 6-2-7 远端模块更换示意图

（4）恢复开启激光器回路

模块更换后，恢复开启合并单元电源或软压板设置。合并单元装置选择"主菜单"–"整定定值"–"压板定值"，将对应故障通道"激光器投入"定值，由 0 置 1，修改保存。

（5）远端模块更换数据核对

驱动电流查看：合并单元装置选择"主菜单"–"装置状态"–"状态监视"，合并单元运行正常无报警，查看合并单元内部参数，驱动电流、数据电平、模拟量零漂正常。

合并单元报警值：驱动电流高于 800mA，数据电平低于 500mV。JD 装置驱动电流高于 1100mA，无数据电平。

合并单元闭锁值：数据电平低于 350mV。激光器驱动电流上限调节值 1500mA，此时远端模块仍然不能正常工作的话，合并单元接收不到其发送过来的有效数据帧，判断连续丢帧 800 次后，装置就会关闭激光器。

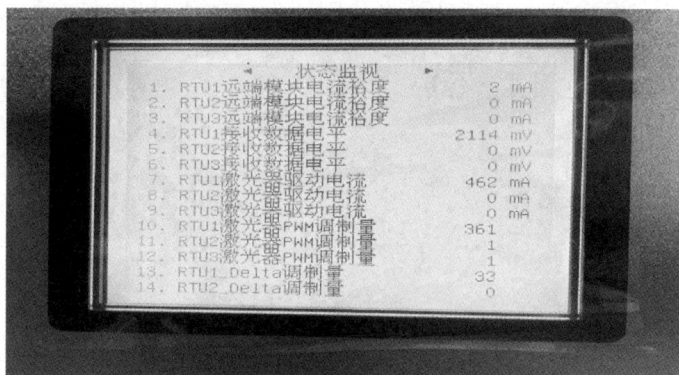

图 6−2−8　驱动电流查看界面

其他注意事项：

更换远端模块，不会对 CT、PT 的极性和测量精度产生变化。考虑接线工艺结构可靠，结合现场情况，建议开展一次注流、加压复测验证。

（三）试验

1. 准确度试验

（1）方法步骤

通过直流标准源给分流器施加不小于额定电流 20%的直流电流，施加电流的方向与系统控制保护要求的电流方向应保持一致；然后在合并单元读取测量结果，并将读取结果与标准源进行比对。

（2）质量标准

① 测量结果应符合设备技术规范要求。

② 若测得设备准确度超出设备技术规范要求，应通过用专用工具进行误差修正。

2. 直流耐压试验

（1）方法步骤

根据不同互感器的电压等级选取相应的试验电压，试验电压按照出厂试验的 80%，对互感器进行干式直流耐压测试，持续时间 5min。

（2）质量标准

若没有发生破坏性放电，则认为装置成功通过该项试验。

如果在外部自恢复绝缘上发生破坏性放电，应在同一试验状况下重复进行试验，如果没有再次发生破坏性放电，则认为装置成功通过该项试验。

二、全光纤电流互感器

（一）外观检查

1. 一次设备外观检查

与光电式光 CT 外观检查第 1 条相同。

2. 一次设备底座检查

与光电式光 CT 外观检查第 2 条相同。

3. 一次设备接地检查

与光电式光 CT 外观检查第 3 条相同。

4. 端子箱外观检查

检查端子箱无形变，箱门关合严密、无缝隙；检查端子箱防雨罩应完好、无脱落（如有）。

5. 二次屏柜外观检查

与电子式电流互感器外观检查第 9 条相同。

6. 采集单元指示灯检查

检查采集单元上电源插件、温度插件、采集插件、合并插件等各个插件的状态指示灯应正常，无异常闪烁或故障灯亮。

7. 二次屏柜封堵检查

与光电式光 CT 外观检查第 8 条相同。

8. 二次屏柜接地检查

与光电式光 CT 外观检查第 9 条相同。

9. 紫外巡视

用紫外成像仪对光 CT 本体、均压环及导线连接处进行检查，应无明显放电点。

10. 均压环检查

与光电式光 CT 外观检查第 11 条相同。

11. 螺栓检查

与光电式光 CT 外观检查第 12 条相同。

12. 绝缘子检查及清洁

与光电式光 CT 外观检查第 13 条相同。

13. 端子箱内部检查

检查端子箱内部无异味、清洁、无杂物；检查端子箱密封良好，内部无水渍、受潮及凝露现象。（如有）

14. 屏柜端子接线检查

检查端子及线缆无焦煳味和放电痕迹；检查端子接线应可靠，无虚接、无松动现象；检查端子排安装可靠，短接片安装位置正确，插接到位。

15. 采集单元背板端子及接线检查

检查采集背板端子接线连接应紧固、无松动；检查背板端子安装螺丝应拧紧。

16. 采集单元内部参数检查及维护

调试软件的系统状态栏中，应无故障指示。调试软件的测试区选项卡中，光 CT 系统的相对光功率≥200，SLD 电流<150mA，不满足时需要调参维护或更换插件。根据上年度相对光功率变化趋势，若相对光功率裕度不足时，应对插件进行调参维护或更换插件。

17. 光回路系统检修

调试软件系统状态栏和插件面板指示灯中，应无故障指示；光 CT 系统的相对光功率≥200，SLD 电流<150mA。

18. 极性检查

与光电式光 CT 外观检查第 18 条相同。

（二）许继合并单元及采集单元更换步骤与注意事项

1. 许继合并单元的更换

许继 DFM411 系列合并单元装置更换包括固件程序下载和参数配置。DFM411 系列合并单元根据工程要求包括多种规格、配置和定制程序，需针对具体规格、配置、插件型号和通信协议，正确进行固件程序下载和装置参数配置。

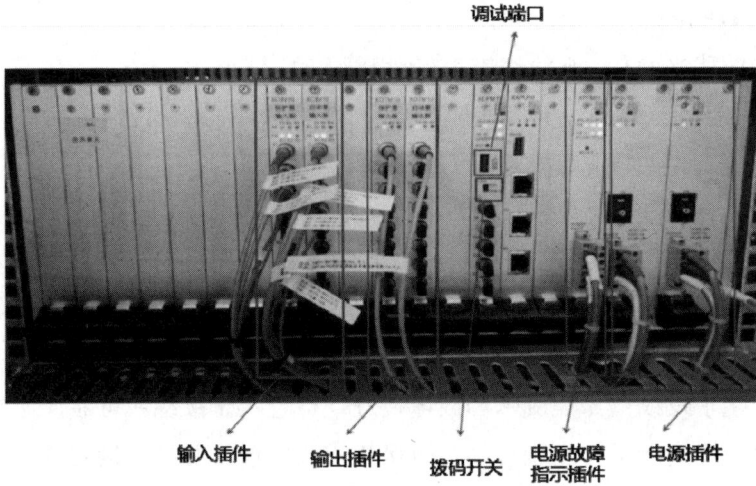

图 6-2-9　许继合并单元装置示意图

（1）固件程序下载

固件程序下载流程如下：

1）准备工作。

固件程序下载需做准备如下：

① 确认待更换的合并单元和替换的合并单元型号一致性；

② 确认有待更换合并单元的固件程序；

③ 准备 1 台预装 ISEiMPACT 软件的电脑；

④ 准备 1 根 xilinx 下载线。

2）在 ISE 中或直接打开 iMPACT，弹出的对话框均选择"取消"，直至出现如下面。

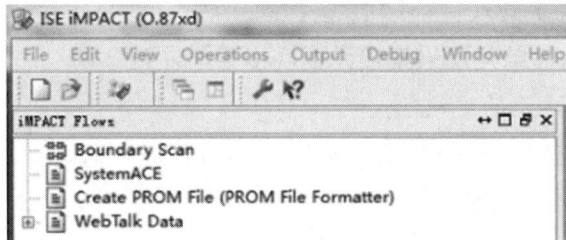

图 6-2-10　ISE iMPACT 软件界面

3）在左侧的菜单中双击"Boundary Scan"，在主界面中单击右键出现菜单，选择"Initialize Chain"建立 JTAG 链。

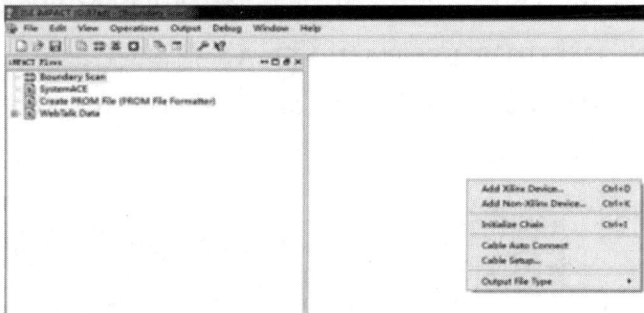

图 6-2-11 建立 JTAG 链界面

4）软件自动检测并配置下载链。

如配置正确，FPGA 型号为 XC6SLX100（XDPM11 VER.A）、XC6SLX150（XDPM11 VER.B）、XC6SLX9（XDIM10 VER.A）同时弹出加载 bit 文件的对话框，选择文件名后点击"Open"。不需 bit 文件时点击"Cancel"跳过。

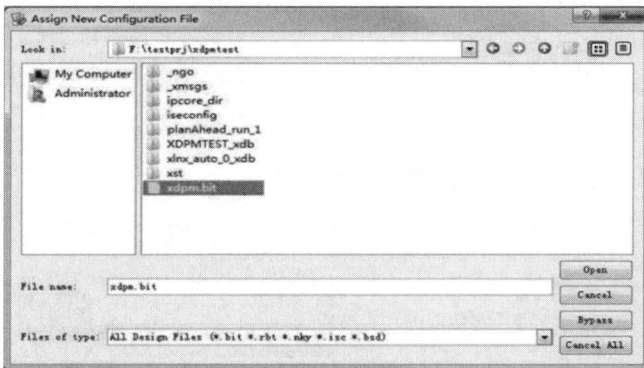

图 6-2-12 配置下载链界面

5）弹出对话框"Attach SPI or BPI PORM"，选择按钮"Yes"。

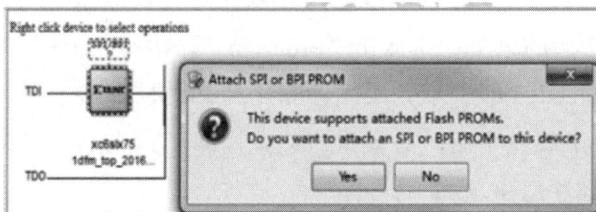

图 6-2-13 "Attach SPI or BPI PORM"对话框界面

6）弹出加载 mcs 配置文件的对话框，选择文件名后点击"Open"按钮。弹出对话框选择 SPI/BPI 型号和 Date Width。选择"SPI PROM"选项，型号选择 N25Q32 或 S25FL032P（XDPM11 VER.A，张北工程之前）、N25Q64 或 S25FL064P（XDPM11 VER.B、张北工程）、M25P16（XDIM10 VER.A），Date Width 选择"1"。

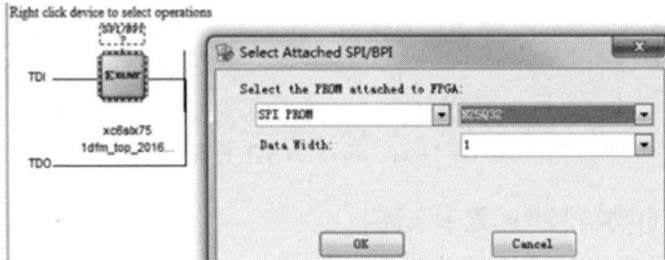

图 6-2-14　加载 mcs 配置文件的对话框界面

7）弹出属性配置对话框。不需要修改任何设置，直接点击"OK"按钮即可。

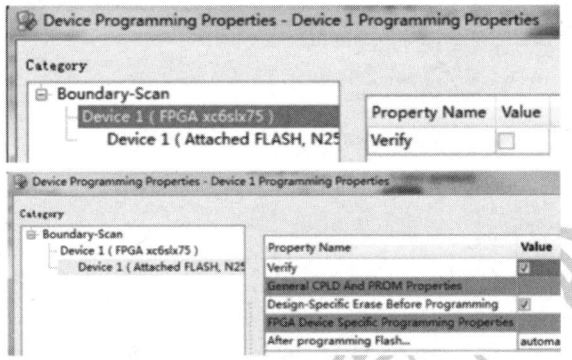

图 6-2-15　属性配置对话框界面

8）以上操作已经设置好全部参数，可以开始编程操作。选中 SPI/BPI 的图标为绿色，在左边的菜单栏中双击"Program"开始写入程序，等出现蓝色对话框 Program Succeeded 即表示完成固件固化到 PROM 的操作。

9）固件程序下载完毕后，必须重启装置，即可完成全部操作。

固件程序下载注意事项如下：

① 程序写入过程中，底部的信息栏会给出编程信息和完成的步骤。

② 如果必要，可以双击"Get　Device Checksum"读取校验码用于校验，校验结果在软件下方的信息栏中显示；如果固件变更，校验码也随之变化。

③ 整个升级过程大约需要 6～12 分钟，视程序大小确定。

④ 升级操作已经包含校验步骤，一般不需要单独的校验。如有必要可双击"Verify"执行校验。可在底部的信息栏中检查校验码是否和固件文件名中的一致。

（2）参数配置

参数配置流程如下：

1）准备工作。

参数配置需要准备以下物料：① 计算机 1 台：安装 UartAssist 调试软件，具有 USB 口；② UartAssist 串口调试助手；③ USB 电缆 1 根：USB2.0 规范，两端均为 USB2.0－A 接口，不能用 USB3.0 线缆。

2）安装驱动程序。

DFM411 装置提供 USB 接口，因此需要安装驱动程序。驱动安装成功并连接装置后，系统自动添加虚拟 COM 端口，端口号自动给出，也可安装后手动修改。可在设备管理器中参考下图设置参数，也可在调试软件中设置。COM 端口号会随 USB 口改变，但不会随装置改变。

图 6-2-16　参数设置界面

3）配置调试软件。

调试软件需要连接虚拟 COM 口，参考下图配置参数，串口号按实际设定。选择"显示接收时间"分割数据帧，方便读取数据和存档。调节窗口大小适应发送的数据长度以方便读取，调节后的窗口可参考下面的例图（软件版本不同，界面有差异）。

由于固件版本升级，不同工程所用的通信波特率有差异。如果通信失败，请尝试修改通信速率。对于"古泉工程"之前的版本和定制 HB 规格，波特率选 38400；其他版本选择 115200。

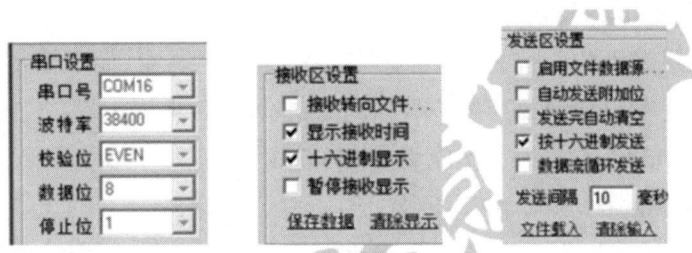

图 6-2-17　调试软件配置界面

4）获取配置文件。

从待更换合并单元中读取配置文件（有工程配置文件的存档时，可忽略该步骤），步骤如下：

① 打开串口程序，按下图配置串口（如图红框所示），参数必须完全按图配置（COM 口根据设备管理器选择）；

② 点击"打开"按钮，可以看到"数据日志"文本框中不断刷新文件，表明设备通信正常；

③ 读取合并单元配置数据（建议只读取而不写入，将"ST SW"置于 RUN）：依次在"数据发送"框输入命令行，点击"发送"读取配置数据，"数据日志"框将返回配置数据（黄色有用），图 6-2-18 所示；读取的配置数据（黄色部分）通过拷贝粘贴到文本文件（txt）保存备份，文件可命名为"原合并单元 FT3 配置文件"。

5）更换合并单元。

依次取下合并单元电源插件、电源故障插件上的电缆以及输入插件和输出插件上的光缆，然后将装置取下并更换新的合并单元装置，连接电源插件相关线缆，并对装置上电。

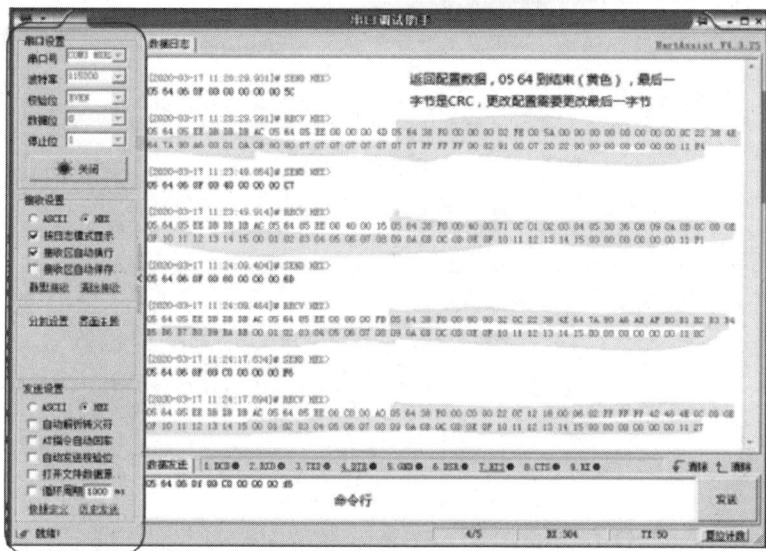

图 6-2-18　串口配置界面

6）下载配置文件。

将调试电脑连接新合并单元，通过 UartAssist 串口调试助手将刚才读取的
FT3 配置文件写入新的合并单元中。

① 将拨码开关（ST SW）拨到 DEBUG，此时 RUN 灯为红色；

② 将步骤 4 中读取的 4 条配置文件依次复制到"数据发送"框，点击"发
送"进行配置；仔细核对接收到的数据最后一字节和发送数据的最后字节是否
一样，不一样则需要修改发送数据最后字节为"返回数据的最后字节"，再次
点击绿色按钮"发送"，"数据日志"接收到数据，数据最后一字节和发送的最
后字节一样则成功（数据最后字节为 CRC，更改配置数据，最后字节 CRC 会
发生改变）；

③ 以上完成将拨码开关（ST SW）拨到 RUN，此时 RUN 灯为绿色。

7）核验确保设置成功。

① 在拨码开关"ST SW"置于 RUN 的模式下，再次进行步骤 4 获取合并
单元配置数据，读取的配置数据（黄色部分）通过拷贝粘贴到文本文件（txt）
保存备份，命名为"更换后合并单元 FT3 配置"；

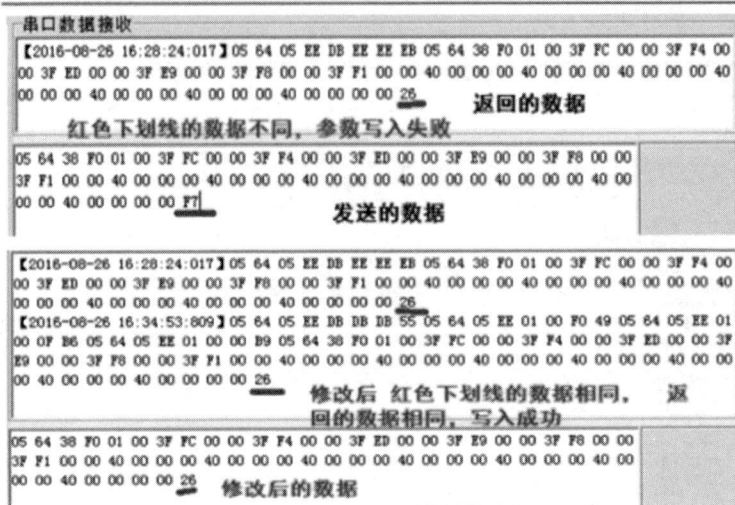

图 6-2-19　判断是否写入成功

② 对比更换前后的合并单元 FT3 配置，确保配置文件一致；

③ 重启合并单元。

参数配置注意事项如下：

1）参数下载完成后，必须执行如下两个步骤：

a. 拨码开关 ST SW 回位：必须置于位置 RUN，否则不能正常工作；

b. 复位程序：掉电后重新上电，或按压 XPFM 插件上的 RESET 按钮令程序复位。复位或上电时，插件 XDPM 上的指示 SYN 一般显示"红色"，正常运行后为"绿色"或"熄灭"。

2）拨码开关（ST SW）有两个状态 RUN 和 DEBUG：

RUN：可以读取合并单元配置数据，但不能更改合并单元配置数据；

DEBUG：可以读取合并单元配置数据，也能更改合并单元配置数据。

2. 许继采集单元的更换

许继 DSU826 系列光 CT 采集单元包括电源插件、温度插件、采集插件和合并插件，采集单元故障时可根据故障板卡进行单插件的更换。电源插件和温度插件的更换不涉及任何程序及参数配置，插件异常时只需取下插件更换新的插件即可，故下文不再赘述。电源插件和温度插件的更换需针对具体规格、配置、插件型号和通信协议，正确进行固件程序下载和装置参数配置。

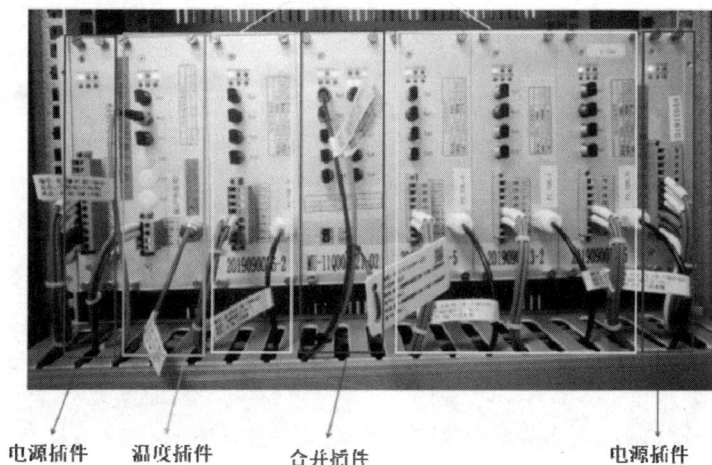

电源插件　　温度插件　　　合并插件　　　　　　　电源插件

图 6-2-20　许继采集单元装置示意图

（1）采集插件更换

采集插件的更换步骤如下：

① 准备工作。

1）确认采集插件型号：待更换的采集插件和替换的采集插件型号一致有待更换合并单元的固件程序；

2）确认采集插件的程序版本：待更换的采集插件和替换的采集插件程序版本一致；

3）准备 1 台预装 FOCS 调试软件的电脑；

a. 确认电脑已安装"FOCS 调试"专用软件；

b. 确认电脑已安装 RS-485 通信线驱动程序。

4）1 根 485 通信线；

5）保偏光纤熔接机及熔接相关辅料：用于采集插件光纤熔接；

6）一字螺丝刀一把：用于拆卸采集插件背板螺丝；

7）防静电手环。

② 更换前备份。

1）将 RS-485 通信线一端（USB 接口侧）与电脑相连，另一端与光 CT 采集插件的调试口（DBG-A/B）相连（注意通信线信号正负极性，A 接+，B 接-，反接时将无法正常通信），如图 6-2-21 所示。

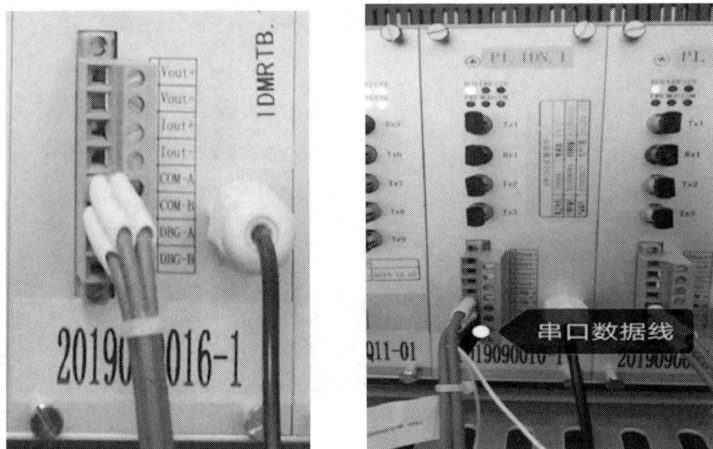

图 6-2-21 调试口连接示意图

2）双击打开"FOCS 调试"软件，出现如图 6-2-22 软件初始界面。

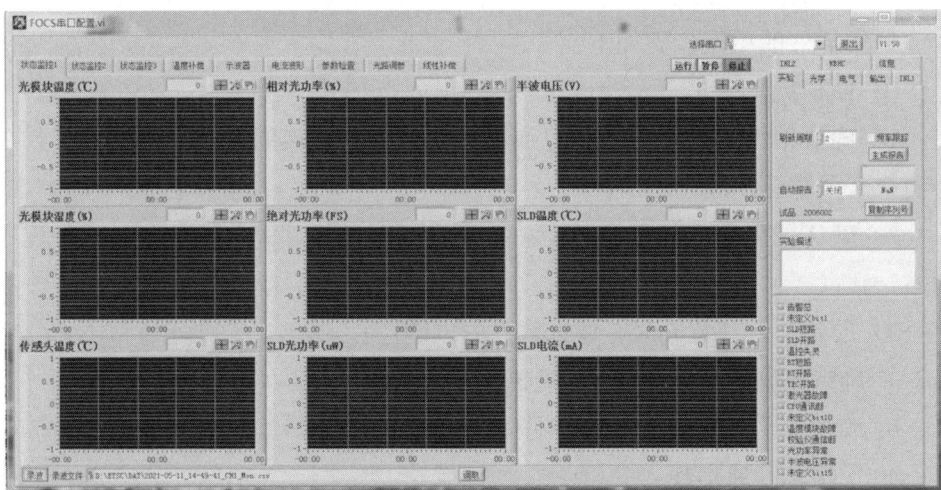

图 6-2-22 "FOCS 调试"软件初始界面

3）点击软件右上方"选择串口"，在下拉菜单中选择正确的 COM 口；然后点击"运行"，程序界面各参数开始刷新，说明连接通信成功。

4）下载报告时，首先确保软件与光 CT 采集插件已连接成功且通信正常（软件界面中数据能实时刷新）。

5）在"实验"菜单栏下，在"试品"和"实验描述"中填写备份信息。

a. 试品：即生成报告存放的"文件夹名"；

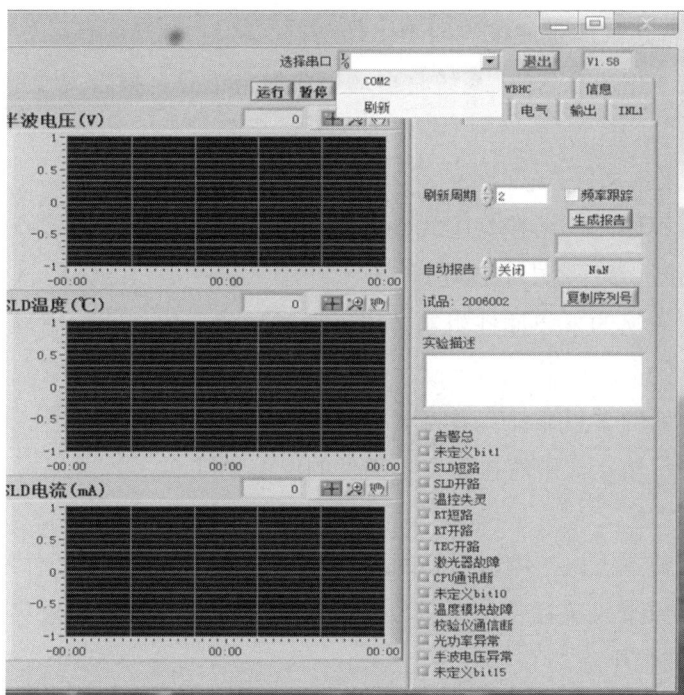

图 6-2-23　串口选择界面

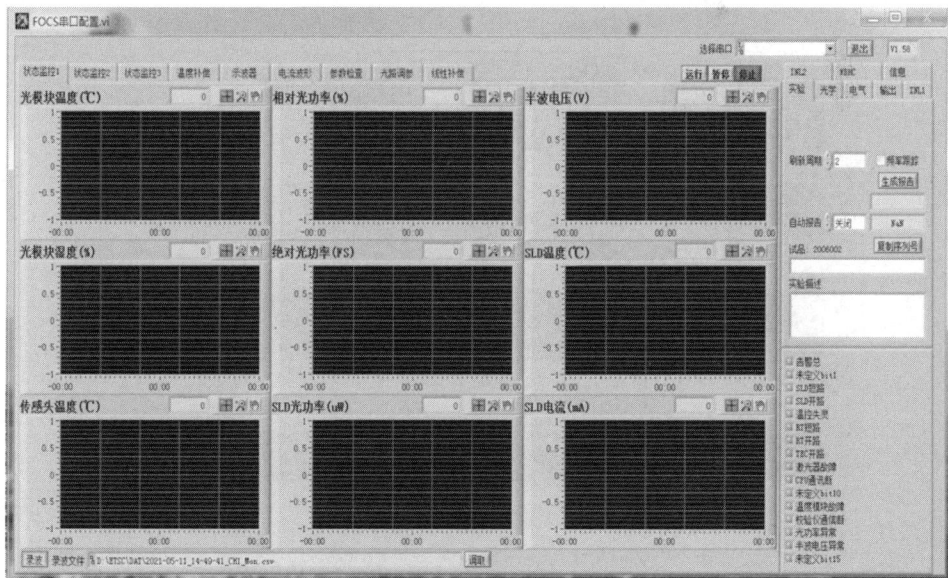

图 6-2-24　数据监视界面

b. 实验描述：即生成报告的"文件名"。

6）点击"生成报告"，系统将自动生成报告信息。报告文件默认存在：D盘_ETSC 文件夹中。

③ 更换采集插件。

1）从屏柜侧光纤熔接盒中找到并确认故障采集插件的熔接点，从熔接点断开光纤，并从盘纤盒中取出尾纤；

2）将待更换的采集插件机箱掉电，通过螺丝刀松开背板螺丝并取下采集插件（含尾纤）；

3）更换新的采集插件，并将背板螺丝固定可靠；

4）在光纤熔接盒中熔接新采集插件的保偏光纤。

④ 参数配置。

1）采集装置上电，调试电脑通过 RS-485 通信线与采集插件相连接；

2）参照原来采集插件的备份，将所有配置参数写入新的采集插件中（光源电流、半波电压除外）；

3）检查相对、绝对光功率是否正常；

4）打开"光路调参"选项卡，使用一键调参面板上的"微调分频"功能，调整分频。

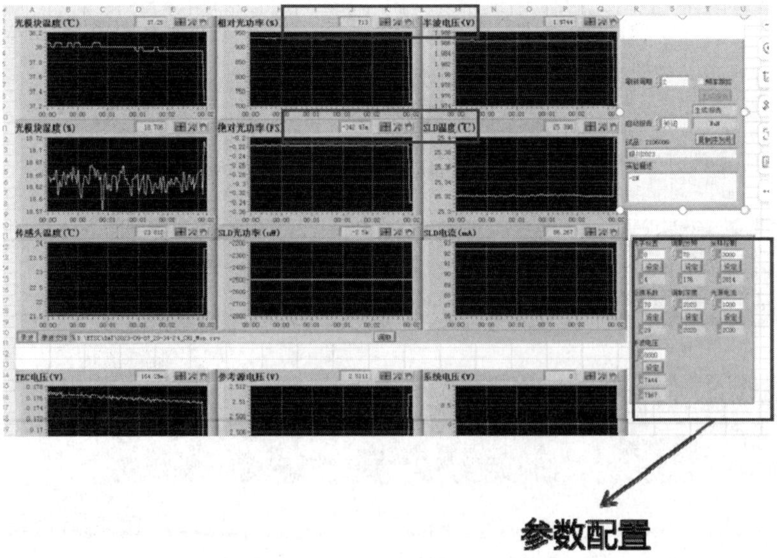

图 6-2-25 参数配置界面

5）打开调试软件示波器选项卡，点击"开始"触发录波，界面会显示梳状波波形，检查梳状波状态是否正常。

检查梳状波尖峰是否只有一个采样点，且每个尖峰宽度不超过 100ns。若不满足此，需要打开"光路调参"选项卡，先点击"粗调分频"再点击"微调分频"。回到示波器选项卡，检查梳状波是否调试正常。

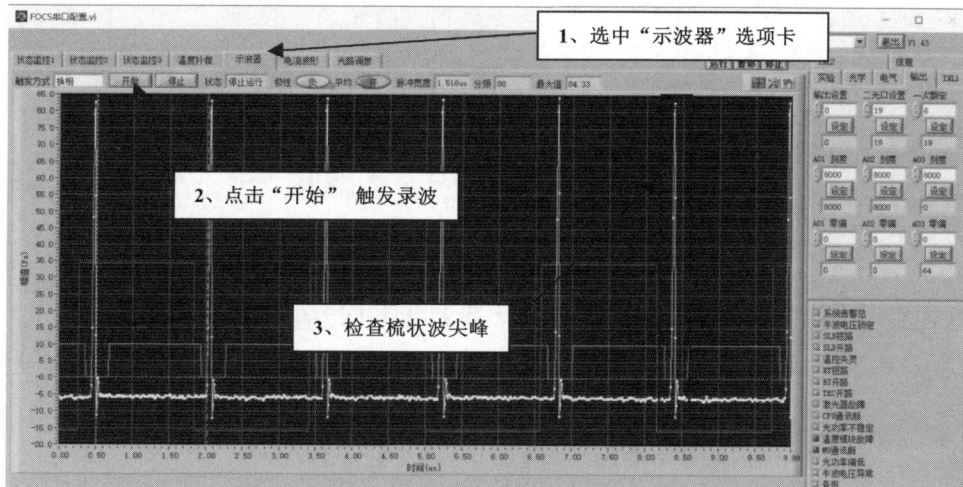

图 6-2-26　调试软件示波器选项卡

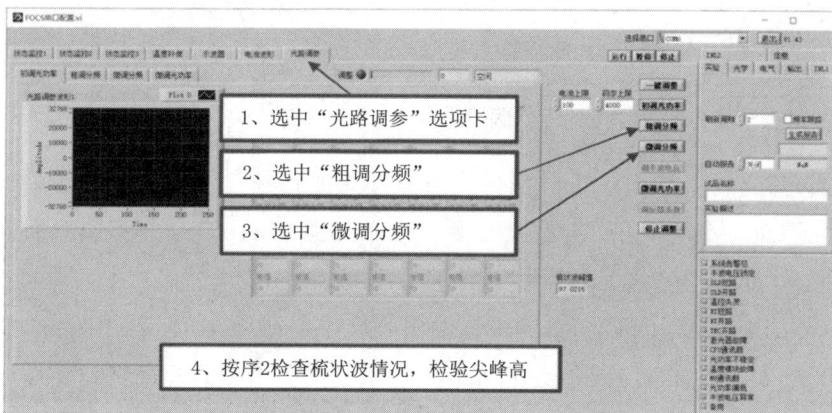

图 6-2-27　调试软件"光路调参"选项卡

⑤ 注流校验。

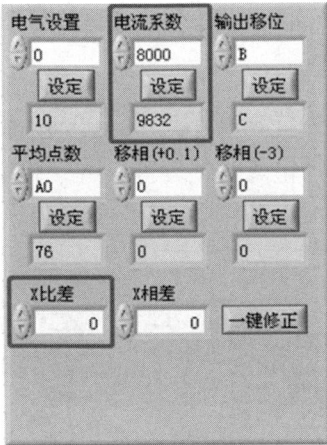

图 6-2-28 注流校验界面

现场进行注流试验，使用 FOCS 串口调试软件检查采集插件的输出电流与试验电流或其他冗余传感器的输出电流幅值及极性是否一致。若输出电流比差如不一致，可适当修正比差；极性不一致时通过电气控制字调整极性。

1）比差修正：

a. 将测量出的比差相差，填入到下图所示的"电气"选项卡中的比差相差输入框（浮点数，比差单位为百分值，相差单位为分），点击一键修正。

b. 查看校验系统中比差、相差是否修正。

c. 如果需要对修正结果进行微调，可以手动修改电流系数。

2）极性修正：修改输出反相的调试方法如下：

a. 在电气选项卡中双击"电气设置"输入框，弹出如下图所示的选项卡。

b. 在选项卡中"输出反相"设置中取反，点击确定。

c. 点击"电气设置"输入框下面的设定。

图 6-2-29 "电气"选项卡界面

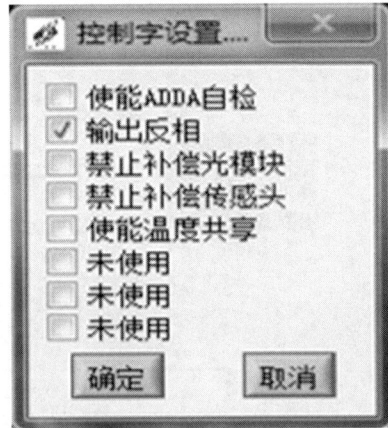

图 6-2-30 "电气设置"选项卡界面

（2）合并插件更换

合并插件的更换流程如下：

① 准备工作。

1）确认合并插件型号：待更换的插件和替换的插件型号一致。

2）确认合并插件的程序版本；待更换的插件和替换的插件程序版本一致。

1 台预装 FOCS 调试软件的电脑：

a. 确认电脑已安装"FOCS 调试"专用软件；

b. 确认电脑已安装 RS−485 通信线驱动程序。

3）1 根 485 通信线。

4）一字螺丝刀一把：用于拆卸插件背板螺丝。

5）防静电手环。

② 更换前备份。

1）将 RS−485 通信线一端（USB 接口侧）与电脑相连，另一端与光 CT 合并插件的调试口（DBG−A/B）相连。

2）双击打开"MU 调试"软件，点击"选择串口"，然后点击"召唤状态"，即可获取当前插件的参数配置。

3）点击"生成报告"，即可生成该合并插件的参数报告。

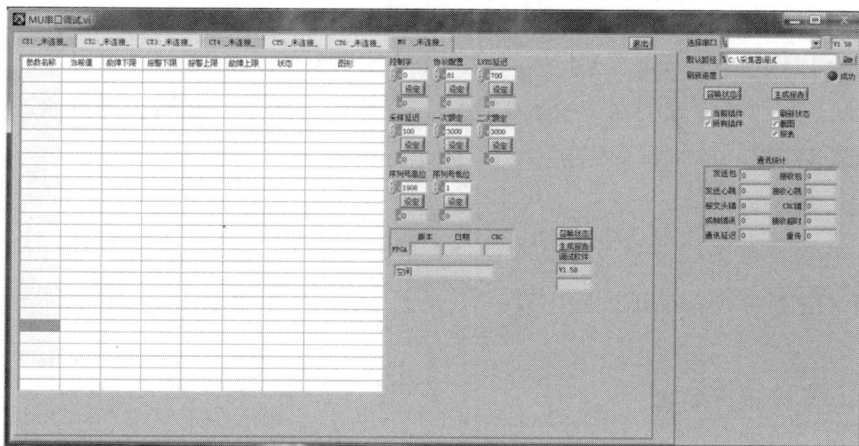

图 6−2−31　"MU 调试"软件界面

③ 更换合并插件。

1）机箱断电，通过螺丝刀松开背板螺丝并取下合并插件；

2）更换新的合并插件，并将背板螺丝固定可靠。

④ 参数配置。

1）采集装置上电，调试电脑通过 RS−485 通信线与合并插件相连接；

2）参照原来合并插件的备份，将所有配置参数写入新的合并插件中。

⑤ 最终备份。

再次进行合并插件参数备份，结束工作。

采集单元相关插件的更换操作注意事项如下：

1）需要经过培训或具有一定资质的人员进行有关操作和维修工作。

2）严禁带电插拔插件。

3）严禁带电插拔电缆。

4）严禁在没有防静电措施的条件下触摸插件。

5）元件可能遭到静电放电（ESD）的破坏。一般除非必要不允许接触电子电路板。

6）在接触任何电路板之前，身体应进行放电，方法是接触导体或接地的物体（比如裸露的金属机箱，插座保护导体连接部分）。

（三）试验

1. 准确度试验

1）方法步骤。

通过直流标准源在光 CT 两端施加不小于额定电流 50%的直流电流，施加电流的方向与系统控制保护要求的电流方向应保持一致；然后在后台通过录波读取测量结果，并将读取结果与标准源进行比对。

2）质量标准。

a）测量结果应符合设备技术规范要求。

b）若测得设备准确度超出设备技术规范要求，应通过用光 CT 软件进行误差修正。

2. 直流耐压试验

1）方法步骤。

根据不同光 CT 的电压等级选取相应的试验电压，试验电压按照出厂试验的 80%，对光 CT 进行干式直流耐压测试，持续时间 5min。

2）质量标准。

a）若没有发生破坏性放电，则认为装置成功通过该项试验。

b）如果在外部自恢复绝缘上发生破坏性放电，应在同一试验状况下重复进行试验，如果没有再次发生破坏性放电，则认为装置成功通过该项试验。

三、直流分压器

1. 外观检查

依据 DL/T 393—2010 中 6.10.1.1，进行以下检查：

（1）复合绝缘外套外观颜色正常，无积污、无龟裂、粉化、损伤现象，无电蚀痕迹；

（2）分压器本体、均压环、高压端引线、接地线等各处连接正常，螺栓应紧固，无松动、锈蚀；

（3）气体密度计观察窗面清洁，气压指示清晰可见，外观无污物、无损伤痕迹；密度计与本体连接可靠，无松动；气体压力值在规定范围内。

2. 密封性能检查

依据 GB/T 26217—2010 中 8.5.5，定期读取并记录分压器压力表计读数，通过数据对比定性判断设备是否存在气体泄漏；当气体密度表显示密度下降或定性检测发现气体泄漏时，进行定量检漏，年漏气率小于 0.5%，方法可参考 GB/T 11023。

3. 合并单元检查（如有）

合并单元面板上各指示灯状态应正常，设备端子接线可靠、无松动；通过人为触发模拟故障，检查合并单元各项故障告警功能，合并单元应能识别各类故障并给出相应的告警指示。

4. 分压电阻、电容值测量

依据 DL/T 393—2010 中 6.10.1.4，每三年或二次侧电压值异常时进行此项试验。

测量高压臂和低压臂电阻阻值，同等测量条件下，初值差不应超过±2%；如属阻容式分压器，应同时测量高压臂和低压臂的等值电阻和电容值，同等测量条件下初值差不超过±3%或符合设备技术文件要求。

5. 直流耐压试验

依据 GB/T 26217—2010 中 8.5.4，在分压器一次侧端子施加直流电压，试验电压为出厂试验电压的 80%，时间 5min，无闪络及击穿现象。

6. 电压限幅元件校验

依据 DL/T 393—2010 中 6.10.1.3，每三年或有短路、雷击事故时进行此项试验。

试验方法和要求参见设备技术文件。一般使用不超过 1000V 绝缘电阻表施加于电压限制装置的两个端子上，应能识别出电压限制装置内部放电。限幅电压与设备出厂值相比无明显变化。

7. 微水试验

依据 DL/T 393—2010 中 8.1，在以下情况时进行该项试验。

（1）新投运测一次，若接近注意值，半年之后应再测一次；

（2）新充（补）气 48h 之后至 2 周之内应测量一次；

（3）气体压力明显下降时，应定期跟踪测量气体湿度。

在 20℃的体积分数下，新充气后分压器气体的微水不大于 250μL/L，运行中的分压器气体的微水不大于 500μL/L；或满足厂家技术参数要求。

8. 直流分压器比试验

依据 DL/T 393—2010 中 6.10.2.1，在二次侧电压值异常时进行此项试验。

在 80%～100%的额定电压范围内，在高压侧加任一电压值，测量低压侧电压，校核分压比。简单检查可取更低电压（不小于 10%额定电压）。检查结果应满足设备技术文件要求。

9. 气体密度表（继电器）校验

依据 DL/T 393—2010 中 5.3.2.6，当气体密度表（继电器）数据显示异常或达到制造商推荐的校验周期时进行此项试验。校验按设备技术文件要求进行。

10. 隔离放大器校准（如有）

当直流分压器二次侧电压值异常时或隔离放大器达到制造商推荐的校验周期时进行此项试验。校验按设备技术文件要求进行。

第二节 典型故障处理

一、光电式光 CT

（一）光电式光 CT "激光器驱动电流高（或激光器关闭）"

光电式光 CT 的合并单元通过激光器给高压端的远端模块供能，激光器驱动电流过高可能损伤器件，因此在异常情况下会报警或关闭激光器。

1. 故障特征

光电式光 CT 运行参数中的激光器驱动电流数值偏高，或者激光器关闭。

2. 案例

2022 年 12 月 27 日 03:15，某换流站 OWS 后台 S1P2PPR1 主机 A 系统报"直流场 IAN 信号输出异常、中性母线差动保护退出、极差动保护退出、轻微故障出现"，DMUA 系统报"极 2 直流场合并单元柜 DMU2A1 B08 激光 2 关闭出现、RX6 数据接收异常出现"，SAASC 系统报"极Ⅱ直流场合并单元柜 H1 装置报警出现"。

3. 故障原因分析

根据光电式光 CT 测量系统的组成部分，可引起"激光器驱动电流高（或激光器关闭）"的原因主要有以下几类：

1）激光器故障：合并单元的 NR1125 或 NR1165 板卡上的激光器若出现损坏，导致激光器输出功率降低或关闭。合并单元 NR1165 板卡激光器为静电敏感器件，静电耐受电压仅为 500V，易受到静电损伤并逐渐恶化，导致激光器失效。

2）光纤回路异常：造成光纤回路损耗增大，激光器会在控制下逐步提高功率，至阈值后关闭。

光纤回路损耗增大的原因包括：激光器尾纤通过法兰与光纤配线架连接失配，如现场施工、检修插拔光纤过程中光纤头未拧紧或光纤头由于进入灰尘被污染；光缆或尾纤受外力挤压，如扎带过紧；光纤配线架熔接点质量问题，如光缆的熔接点质量不合格。

4. 处理方法

更换故障合并单元 8 号槽 NR1165 板卡后恢复正常，更换下来的 NR1165 故障板卡返厂进行检测，对板卡进行了以下测试：

1）激光器端面检查。用光纤端面检测仪对故障板卡通道 2 激光器光纤端面进行检查，激光器光纤端面正常。

2）功能测试。用测试远端模块通过光纤跳线接入故障板卡通道 2，激光器 2 关闭，将故障板卡激光器设为测试模式，即加固定驱动电流，通道 2 激光器发光明显偏弱。对故障 NR1165 板卡通道 2 激光器施加固定驱动电流值（530mA），用光功率计测量其输出功率为 487.2μW，明显低于正常输出功率值

（正常应为 300mW 左右）。

引起"激光器驱动电流高（或激光器关闭）"的原因可能是激光器故障或光纤回路异常，可以根据激光器驱动电流的变化情况初步判断异常原因，若激光器驱动电流缓慢（几天或几个月）升高或波动，一般是光纤回路损耗波动、远端模块温度升高后功耗增加等因素引起；若现场激光器驱动电流短时间（几分钟内）升高或者关闭，一般是激光器失效或者光纤回路损耗很大（如受力弯折）或者断开导致的。

现场处理可先将异常通道的远端模块退出，然后将热备用通道的远端模块接入合并单元，若报警消除则可能是远端模块或光纤回路异常；若继续报警，则更换激光供能板卡，将异常通道的远端模块重新接入。

典型激光供能异常排查流程图如图 6-2-32 所示。

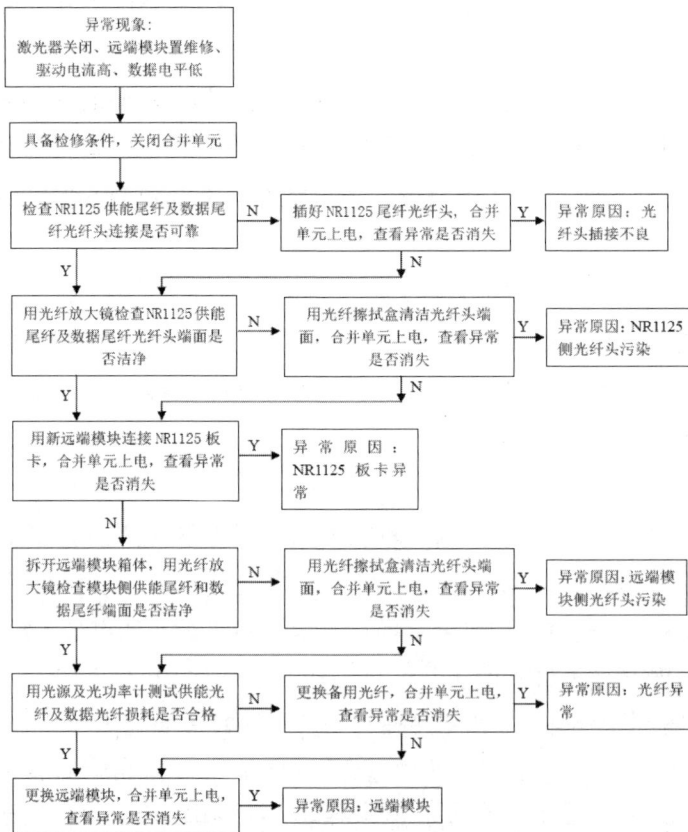

图 6-2-32　激光供能异常排查流程图

5. 预防措施

1）减少静电对板卡元件的影响，如工作中佩戴防静电手环。

2）现场施工、检修插拔光纤过程中光纤头要拧紧，避免光纤头由于进入灰尘被污染。

3）避免光缆或尾纤受外力挤压，如扎带不要过紧。

4）规范光纤熔接操作，确保熔接质量可靠。

（二）光电式光 CT "合并单元数据电平越下限"

光电式光 CT 的合并单元接收远端模块发送的光信号，并将其转换为数字信号，数据电平越下限是指远端模块发送给合并单元的信号数据电平过低。

1. 故障特征

光电式光 CT 运行参数中的数据电平数值偏低，或合并单元液晶屏自检报文中显示"数据电平低"。

2. 案例

2022 年 2 月 7 日 12 点 07 分 26 秒起，某换流站监控后台陆续发"第三大组交流滤波器合并单元装置 A 故障""AFP3A OIB 测量故障、紧急故障出现"。检查 OWS 光 CT 参数界面，发现 5632 交流滤波器 B 相高端光 CT 数据电平值为 410 且还在缓慢下降，比正常的 2 千多明显偏低。合并单元液晶屏上也有"数据电平低"的自检报文。

3. 故障原因分析

根据光电式光 CT 测量系统的组成部分，可引起"合并单元数据电平越下限"类的原因主要有以下几类：

1）光纤回路异常：造成光纤回路损耗增大，激光器会在控制下逐步提高功率，至阈值后关闭。光纤回路损耗增大的原因包括：激光器尾纤通过法兰与光纤配线架连接失配，如现场施工、检修插拔光纤过程中光纤头未拧紧或光纤头由于进入灰尘被污染；光缆或尾纤受外力挤压，如扎带过紧；光纤配线架熔接点质量问题，如光缆的熔接点质量不合格。

2）远端模块电路器件效率降低：远端模块中负责信号发送部分的电路效率降低可能导致输出信号的数据电平低。

4. 处理方法

在 5632 交流滤波器 A 系统合并单元背面，将 NR1125 板卡上的故障通道光纤与正常通道光纤进行对调，发现故障报警转移至新通道上了，从而判断为合并单元至光 CT 本体之间回路有故障。将 5632 交流滤波器转检修，检查发现 B 相高端光 CT HV-LINK 绝缘子内故障芯较多，对 HV-LINK 进行更换，更换后检查数据电平值恢复正常。将故障 HV-LINK 返厂检测。

引起"合并单元数据电平越下限"的原因可能是光纤回路异常或远端模块电路器件效率降低，可以根据合并单元数据电平的变化情况初步判断异常原因，若合并单元数据电平缓慢（几天或几个月）降低，一般是远端模块电路器件效率降低引起；若合并单元数据电平短时间快速降低，一般是光纤回路损耗很大（如受力弯折）或者断开导致的。

现场处理可先将异常通道的远端模块退出，然后将热备用通道的远端模块接入合并单元，若报警消除则待停电或大修期间进一步定位异常位置；若继续报警，则需检查异常通道与备用远端模块通道光纤回路的公共部分。

5. 预防措施

1）停电检修期间，使用 OTDR 测试仪检测互感器已熔接的冷备用光纤回路衰耗是否正常。

2）停电检修期间，对互感器产品的模块箱体进行开箱检查，检查内部是否进水及潮气等异常问题。必要时拆解波纹管接口，检查内部有无水气：如无潮气，采用户外防水胶带包裹波纹管，恢复接头；如有潮气，现场进行擦干处理，并加强波纹管接头密封防护。

（三）光电式光 CT "激光器失效和端面污染"

在激光发射板故障中，最常见的是激光器失效和端面污染，端面污染是造成故障的直接原因。如果较多的灰尘进入装置，在气流的带动下容易产生带电颗粒，使得激光器受到静电损伤失效的概率大大增加。

1. 故障特征

合并单元内 NR1125 板卡激光器故障。

2. 故障原因分析

1）端面污染原因：NR1125 板卡上的激光器为精密光学元器件，如灰尘进入法兰盘光纤连接面时，激光器发送的能量不能通过光纤正常传输而在此短时快速积聚，随着热效应逐渐导致 NR1125 板卡上的激光器光纤端面碳化污染。

2）激光器失效原因：如果较多的灰尘进入装置，在气流的带动下容易产生带电颗粒，使得激光器受到静电损伤的概率大大增加。

3. 处理方法

1）激光器端面检查。用光纤端面检测仪对激光器端面进行检查，检查激光器光纤端面是否受到污染。

图 6-2-33　光纤端面检查

对所有故障板卡进行检查测试，检测出激光器光纤端面存在污染，如图 6-2-34 所示（左图为污染端面，右图为洁净端面）；

2）功能测试。用测试远端模块通过光纤跳线直接接入合并单元 NR1125 故障板卡，记录测试数据：激光器驱动电流、数据接收电平、激光器 PWM 调制量；

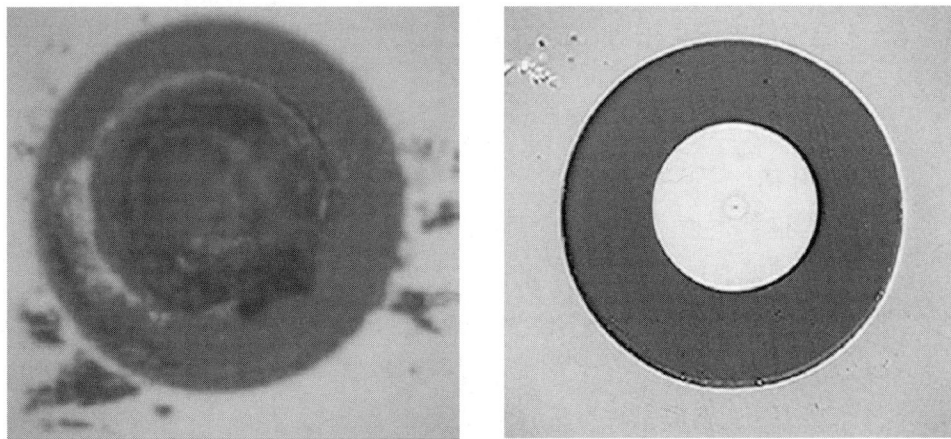

图 6-2-34　光纤端面图

3）激光器功率测试。对激光器施加固定驱动电流值，用光功率计测量其输出功率。

光纤端面干净的板卡在进行功能测试时，故障现象与现场一致（激光器驱动电流高、数据接收电平低、远端模块置维修）；

用光功率计测试激光器输出功率，其输出功率大大低于正常值，确定为激光器失效。

南瑞继保光电式光 CT 激光器运行时参数报警定值如表 6-2-1 所示。

表 6-2-1　南瑞继保光电式光 CT 激光器运行时参数报警定值

名称	定值
激光器驱动电流高	800mA
RTU 数据电平低	900mV
激光器温度高	50℃

4. 预防措施

1）对合并单元装置进行灰尘清理工作；

2）将合并单元风扇单层滤网改成双层滤网，提高防尘能力；

3）利用光纤端面检测仪对供能光纤的端面进行检查，并用光纤端面清洁工具对受到污染的光纤端面进行清洁处理。若无法处理干净，则更换备用光纤。

二、全光纤电流互感器

（一）全光纤电流互感器"光 CT 测量通道数据无效（或光 CT 测量通道故障）"

本故障是全光纤电流互感器在工程中最为典型的故障。

1. 故障特征

监控后台报"光 CT 测量通道数据无效（或光 CT 测量通道故障）"报警。引起"光 CT 测量通道数据无效"的原因较多，不同原因导致的故障将呈现一些典型的故障特征，如光 CT 测量装置的故障一般会导致 OWS 后台报光 CT 单一测点故障（两个及以上光 CT 测点不同时刻故障、多个无关联测点故障均应视为光 CT 单一测点故障进行分析），而合并单元故障、传输光纤故障和其他环节故障时 OWS 后台一般会同时报多个测点故障。

2. 案例

某换流站在 2018 年 11 月 26 日—12 月 10 日期间，交流滤波场发生 4 次不同小组交流滤波器的光 CT A\B 套数据无效报警。通过光时域反射仪测量发现 4 台光 CTAB 套波形基本一致，故障点都是位于光缆端子箱到本体的单模光纤上，而这段光缆预埋在地下管道内，又根据该换流站的寒冷天气（－30℃），推测管道内可能存在结冰导致光缆受挤压变形而产生告警，通过内窥镜检查发现光纤敷设用钢管道内确实存在结冰现象。

3. 故障原因分析

根据光 CT 测量系统的组成部分，可引起 OWS 后台产生"光 CT 测量装置数据无效"的原因主要有以下四类：

1）光 CT 测量装置故障：光 CT 测量装置指由 CT 采集单元和外部保偏光回路（光 CT 一次本体设备＋中间保偏光缆）组成的光 CT 最小测量系统，是光 CT 测量系统正常工作时必不可少的环节。光 CT 测量装置能够对自身的状态进行实时监视，当检测到光功率异常、光回路断纤、探测器异常等测量系统自身严重故障时，会在输出的报文中将故障测点相应的通道品质位置"1"（即数据无效），同时点亮光 CT 采集单元上相应的故障指示灯进行提示。根据光 CT 测量装置的系统构成，可引起光 CT 测量装置数据无效故障的原因进一步可分为以下两种：

（a）采集单元故障：工程主要表现为由光 CT 采集单元上硬件或软件故障、参数设置不合理等原因造成的系统故障。现场一般可通过在二次屏柜侧通过光纤通道交换来确认具体的故障原因。

（b）外部保偏光回路故障：工程主要表现为由光纤断裂、光纤熔接不良、光纤过度弯折或受到挤压等现象造成光回路损耗过大引起光 CT 系统故障。现场一般可通过在一次本体侧光 CT 下挂箱中进行光纤重新熔接或通道交换来确认具体的故障原因。

2）合并单元故障（若有）：工程主要表现为由合并单元上硬件或软件故障等原因造成的光 CT 测量系统故障。合并单元装置能够对自身的状态进行实时监视，当检测到自身严重故障时会在输出的报文中将相应的通道品质位置"1"（即数据无效），同时点亮合并单元上相应的故障指示灯进行提示。

3）采集单元至合并单元的传输光纤故障：工程主要表现为由传输光纤断

裂、光纤端面严重污秽、光纤过度弯折或受到挤压等现象造成光回路损耗过大而引起光 CT 系统故障。此类故障会引起合并单元数据输入口的状态指示灯异常（指示灯为绿灯时表明数据通信正常，指示灯变为熄灭状态时表明无信号输入），同时该传输光纤对应通道的测量值经合并单元上送时通道对应的品质位将会置无效。

4）其他环节故障：主要指非测量系统环节的故障，部分情况下也将造成 OWS 后台产生"光 CT 测量装置数据无效"，如合并单元至控制保护的传输光纤故障、控制保护相关软硬件故障等现象。此类故障一般可借助外置故障录波进行辅助分析和定位。

4. 处理方法

采用撒盐加防冻液化冰、挖开地基通过加热器加热融冰、蒸汽排冰等方式，抽出光纤后发现光纤已经出现严重伤痕，为不可逆转损伤。将光 CT 自带光纤从本体 0.5～1m 处剪断，重新敷设一截铠装低温光缆由光缆端子箱到达光 CT 本体，光缆与本体与旧有光纤熔接，消除缺陷。

在进行故障溯源时可根据故障测点存在的相关性进行分析，如共用同一根传输光纤、接入同一个合并单元、接入同一套控制保护等，排除非公用环节的因素，可以大大提高现场故障溯源的效率。

另一方面，在进行故障溯源时首先应对测量系统中具备自监视能力的装置进行巡视，确认其工作状态是否正常，然后对发现有异常的设备进行针对性的排查。若巡视后发现各环节均无明显异常时，现场最简单、有效的手段是通过"交叉排除法"进行故障溯源，在确保单一变量（操作）的情况下，一步步地进行故障排除最终锁定故障具体的点位。采用"交叉排除法"时，应确认互换的对象具有一致性，如二者接口方式、数据格式、后端配置等需完全一样，具备互换条件。

综上所述，当监控后台报"光 CT 测量通道数据无效"报警时，形成处理流程图如图 6-2-35，根据现场操作由简单至复杂的原则，可按照流程步骤进行故障溯源及处理。

5. 预防措施

1）做好光缆及光纤运行防护，防止光纤断裂、光纤熔接不良、光纤过度弯折或受到挤压。

2）在寒冷地区，要做好光缆防冻措施，可采用槽盒明铺、管中管、增加伴热带等方法，避免光缆受冻受挤压后的测量异常。

3）工程施工及消缺时做好光纤端面防护，防止光纤端面污秽。

4）厂内对发现的不完善逻辑及时优化完善。

OWS后台报光CT通道数据无效 → 检查采集单元装置运行指示灯 → 指示灯是否正常

指示灯是否正常：否 → 进行采集单元报告下载和查看 → 在采集单元侧交叉更换保偏光纤 → 后台故障是否转移（否 → 更换采集单元）

后台故障是否转移：是 → 在一次端子箱交叉更换保偏光纤 → 后台故障是否转移（否 → 更换本体至采集单元保偏光缆备用芯）

后台故障是否转移：是 → 更换光CT一次本体

指示灯是否正常：是 → 检查合并单元装置运行指示灯 → 指示灯是否正常

指示灯是否正常：是 → 在采集单元处交叉更换至合并单元光纤 → 后台故障是否转移（是→）

后台故障是否转移：否 → 在合并单元处交叉更换至采集单元光纤 → 后台故障是否转移（是→）

后台故障是否转移：否 → 后台故障是否转移（是→）

后台故障是否转移：否 → 在合并单元处交叉更换至控保光纤 → 后台故障是否转移（是 → 更换合并单元）

后台故障是否转移：否 → 外部故障：检查控保和至控保系统连接 → 结束

清洁采集单元至合并单元传输光纤两端端面 → 后台故障是否消失（是→）

后台故障是否消失：否 → 更换光纤备用芯 → 结束

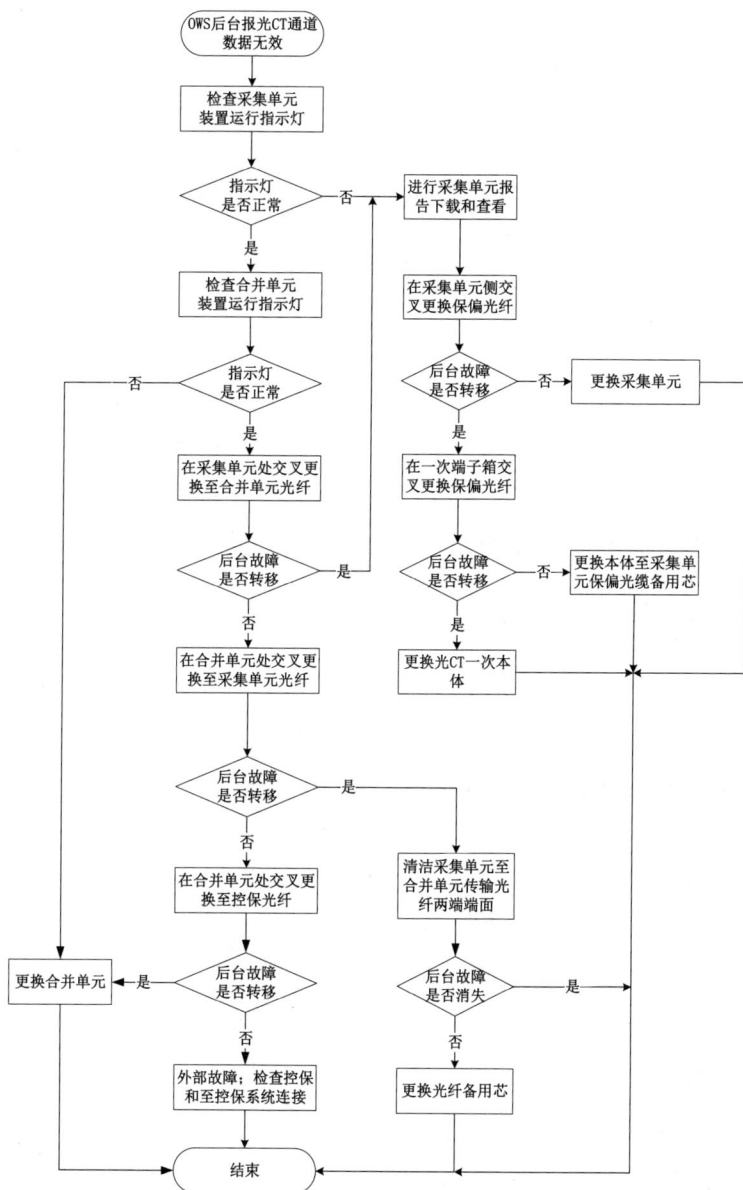

图6-2-35　光CT测量通道数据无效故障处理流程图

（二）全光纤电流互感器采集单元光功率偏低

1. 故障特征

调试软件上相对光功率或绝对光功率状态参量报警，或者插件面板 POW 指示灯点亮。

2. 故障原因分析

造成光功率偏低的主要原因有以下几种：

- 光源输出功率衰减
- 探测器功能异常
- 参数调整不正确（建议使用示波器查看梳状波确认）
- 熔接质量不良（一般在断纤重新熔接后可能发生）
- 光纤过度弯折或受到挤压（完成光路熔接后到装配完成后功率衰减偏大）

3. 处理方法

对于长期运行过程中出现的衰减，一般需要进行横向比较和纵向比较，确认是否出现器件快速劣化的现象。如属正常的光功率衰减，可适当调高 SLD 驱动电流（不超 150mA）。否则应分析光功率衰减的具体原因。

对于短期操作过程中出现的光功率急速下降，建议从调参、熔接、受力角度排查。

4. 预防措施

做好光缆及光纤运行防护，防止光纤断裂、光纤熔接不良、光纤过度弯折或受到挤压。

（三）全光纤电流互感器采集插件 DI 故障灯亮

1. 故障特征

采集插件 ERR 灯点亮。

2. 故障原因分析

插件故障灯亮的主要原因有以下几种：

- 光功率非常低
- 光纤断开
- 配置校验错误、加量状态未关闭

3. 处理方法

使用调试软件查看状态位和状态参量，确定报警原因，步骤如下：

1）如果是配置校验错报警，需要确认各项配置参数，并重新设定任意一个参数，等待 10s 后，将插件重新上电，即可清除报警。

2）如果是光功率引起的报警，先检查驱动电流设置是否正确。

3）如果驱动电流正常（70mA 以上），再通过示波器判定分频设置是否正确，如果示波器上显示无光信号返回（一条含有少量噪声成分的直线），则可判定是光纤断开，否则是光学参数调整不合适。

4）如重新调整参数仍然无法解决问题，则需进一步分析采集插件 DI 故障具体原因。

4．预防措施

1）正确配置参数。

2）使用合适的光学参数。

3）做好光缆及光纤运行防护，防止光纤断裂、光纤熔接不良、光纤过度弯折或受到挤压。

（四）全光纤电流互感器合并插件 ERR 故障灯亮

1．故障特征

合并插件 ERR 灯点亮。

2．故障原因分析

插件故障灯亮的主要原因有以下几种：

- 采集插件未安装或通信断
- 采集插件故障
- 配置校验错误

3．处理方法

使用调试软件查看状态位和状态参量，确定报警原因，步骤如下：

a）如果是配置校验错报警，需要确认各项配置参数，并重新设定任意一个参数，等待 10s 后，将插件重新上电，即可清除报警。

b）如果是采集插件引起的报警，先解决采集插件的报警。

4．预防措施

1）正确配置参数。

2）做好光缆及光纤运行防护，防止光纤断裂、光纤熔接不良、光纤过度弯折或受到挤压。

三、零磁通电流互感器

1. 故障特征

零磁通电流互感器“测量故障导致保护退出”。

2. 案例

2016年7月1日12时17分，某换流站双极PPRA系统报出“S2P1PPR1A直流场测量IDNE信号异常报警”，P1.WN.T2零磁通电流互感器A套电子模块极1 IDNE A系统采样变为−10471A，电子模块X6、X7波形有明显饱和现象。P2PPR1A系统中双极中性母差保护、双极后备站接地过流保护退出。双极中性母线差动保护变为“二取二”，其他保护变为“二取一”。

2016-07-01 12:17:03.174	S2P2PPR1	A	报警	直流场测量	IDNE_OP信号输出 异常
2016-07-01 12:17:03.174	S2P1PPR1	A	报警	直流场测量	IDNE信号输出 异常
2016-07-01 12:17:03.176	S2P1PPR1	A	报警	极	中性母线差动保护 退出
2016-07-01 12:17:03.176	S2P1PPR1	A	报警	极	极差动保护 退出
2016-07-01 12:17:03.176	S2P1PPR1	A	报警	极	接地极线开路保护 退出
2016-07-01 12:17:03.176	S2P1PPR1	A	报警	极	中性母线开关保护 退出
2016-07-01 12:17:03.177	S2P2PPR1	A	轻微	系统监视	轻微故障 出现
2016-07-01 12:17:03.177	S2P1PPR1	A	轻微	系统监视	轻微故障 出现
2016-07-01 12:17:03.184	S2P1PCP1	A	报警	直流场测量	IDNE信号输出 异常
2016-07-01 12:17:03.189	S2P2PCP1	A	报警	直流场测量	IDNE_OP信号输出 异常
2016-07-01 12:17:03.195	S2P1PPR1	A	报警	双极	中性母线差动保护 退出
2016-07-01 12:17:03.195	S2P1PPR1	A	报警	双极	后备站接地过流保护 退出
2016-07-01 12:17:03.195	S2P1PPR1	A	报警	金属回线	横差保护 退出
2016-07-01 12:17:03.202	S2P1PCP1	A	轻微	系统监视	轻微故障 出现
2016-07-01 12:17:03.207	S2P2PPR1	A	报警	双极	中性母线差动保护 退出
2016-07-01 12:17:03.207	S2P2PCP1	A	轻微	系统监视	轻微故障 出现
2016-07-01 12:17:03.207	S2P2PPR1	A	报警	双极	后备站接地过流保护 退出

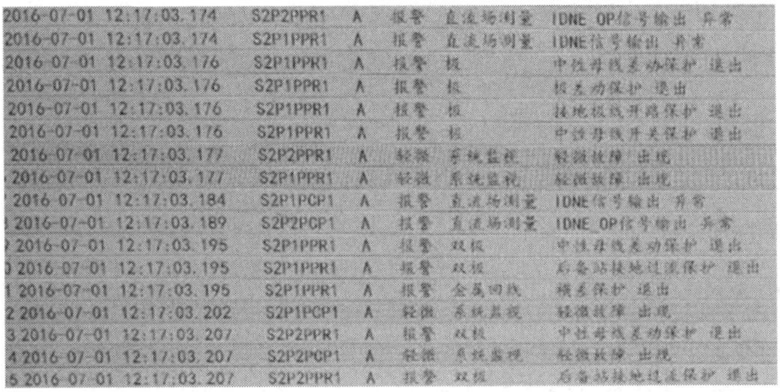

图6−2−36 换流站OWS后台告警界面

现场检查P1.WN.T2零磁通电流互感器 A套电子模块OUTPUT VALID（输出有效）灯灭，IDNE输出异常，输出值为−10471A。

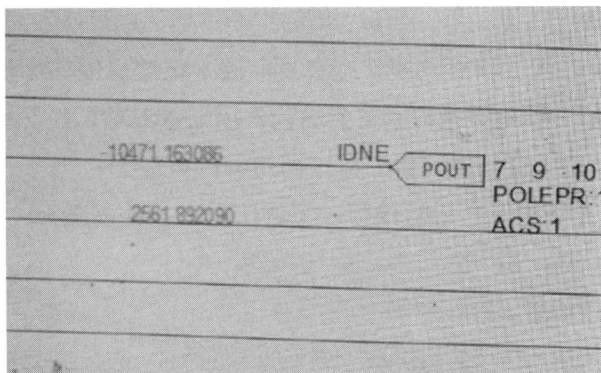

图6−2−37 IDNE输出界面

3. 故障原因分析

直流控保系统中的零磁通电流互感器测量值异常一般涉及直流控保隔离板卡、零磁通电流互感器电子模块以及零磁通电流互感器本体。

现场测量电子模块 X6、X7 波形有明显变化，与正常测量波形对比如图 6-2-38 所示，波形明显出现饱和现象。

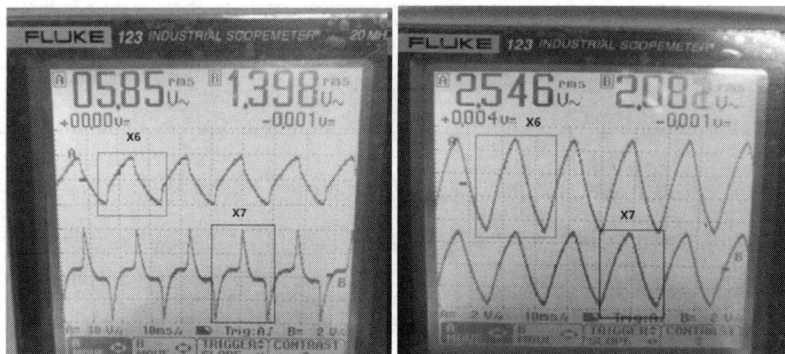

正常电压测量X6 X7波形　　　　异常电压测量X6 X7波形

图 6-2-38　电压测量 X6　X7 波形

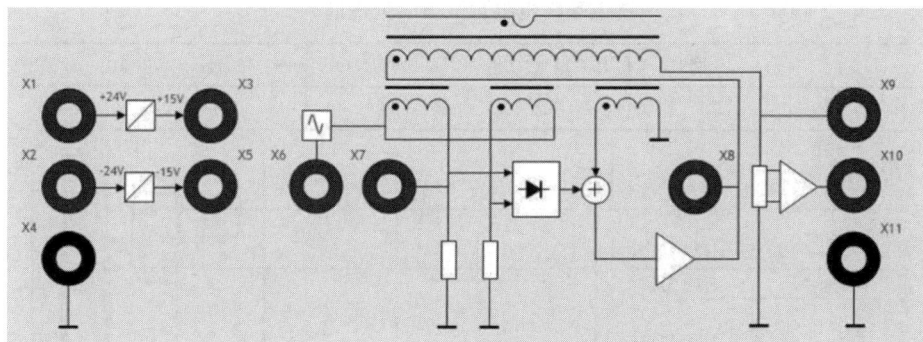

图 6-2-39　电子模块前面板测试点图

表 6-2-2　　　　　　　子模块前面板测试点描述表

测试点	描述
X1	内部电源电压正极
X2	内部电源电压负极
X3	稳定正极电源电压
X4	公共端 0V

续表

测试点	描述
X5	稳定负极电源电压
X6	励磁电压
X7	N1 磁化电流水平
X8	功率放大器输出感应电压
X9	负荷电阻器输出
X10	电压输出信号
X11	公共端 0V

根据仿真结果分析，当 N3 回路电阻变化时，会对补偿电流产生影响，使电子模块输出给补偿线圈 N3 的电流为最大值时仍不能将回路磁通补偿至零，使 P1.WN.T2 零磁通电流互感器测量线圈一直处于磁饱和状态。

绕组回路电阻测试：使用万用表分别测量 14－15（N1），16－17（N2）、18－19（N3）、9－12（N4）和 10－11（N5）端子间的电阻，发现 18－19（N3）端子间的电阻为∞，其他端子测量值正常。

表 6－2－3　　　　　　　　绕组回路电阻测试表（处理前）

测试端子	14－15（N1）	16－17（N2）	18－19（N3）	9－12（N4）	10－11（N5）
电阻值（Ω）	9.7	9.7	∞	7.5	8.0

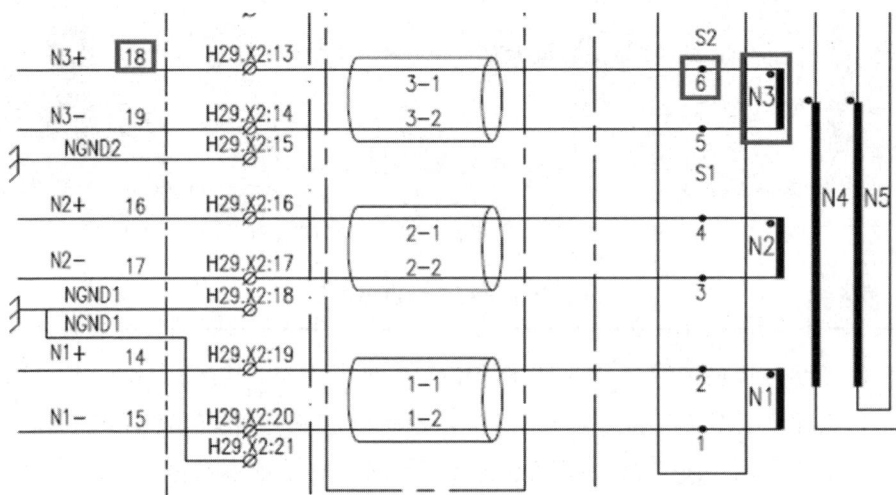

图 6－2－40　零磁通电流互感器本体 A 接线图

本次逐步排查定位为零磁通电流互感器本体处存在异常。

4. 处理方法

对 P1.WN.T2 零磁通电流互感器本体 A 接线盒内所有接线进行检查，发现本体接线盒内 6 号接线柱接线线鼻子压接工艺不良，压接部分较靠近电缆绝缘皮侧，导致电缆裸露线芯和线鼻子之间存在虚接。

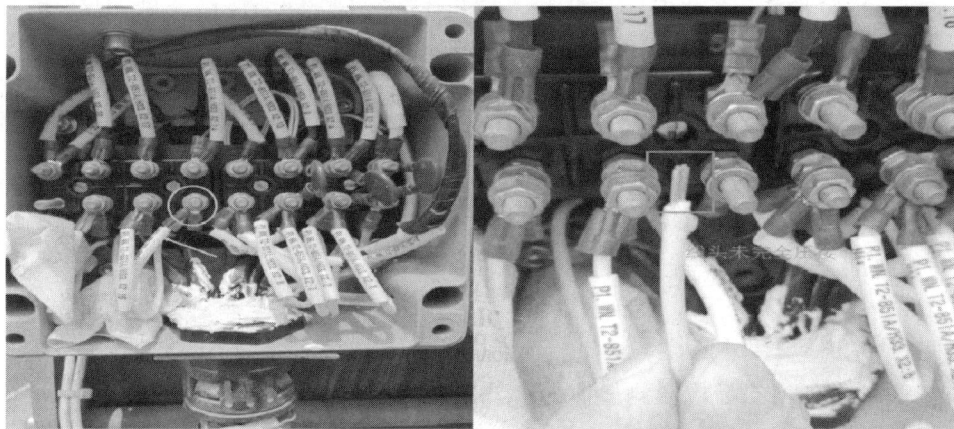

图 6-2-41　接线盒内 6 号接线柱接线图

对端子盒内其余接线与线鼻子压接处进行检查，对存在松动迹象的电缆全部重新压接线鼻子，再次对绕组回路电阻进行测试，18-19（N3）端子间的电阻恢复正常，其他端子测量值相较于前次测量值都有减小。

表 6-2-4　　　　　　　　绕组回路电阻测试表（处理后）

测试端子	14-15（N1）	16-17（N2）	18-19（N3）	9-12（N4）	10-11（N5）
电阻值（Ω）	9.1	9.2	9.2	7.0	7.5

对每个绕组回路所连电缆进行绝缘试验，分别测试接线端子对地、端子间绝缘，所有测试结果都大于 550MΩ。

进行 P1.WN.T2 零磁通电流互感器 A 套电子模块精度测试与功能试验，使用万用表分别测量 X1、X2、X3、X5、X6、X7、X8、X9、X10 对 X4，测量结果显示满足精度需要，并测量 X6、X7 端口的波形，波形显示与正常运行设备测量波形一致，电子模块功能正常。

基建施工期间 P1.WN.T2 零磁通电流互感器本体 A 套接线盒内 6 号接线柱

的接线线鼻子压接工艺不良,压接部分较靠近电缆绝缘皮侧,导致电缆裸露线芯和线鼻子之间存在虚接情况。在长期运行后,由于热胀冷缩、振动等原因导致线鼻子压紧力降低,N3 回路电阻异常,进而对补偿电流产生影响,使电子模块输出给补偿线圈 N3 的电流达最大值时仍不能将回路磁通补偿至零,零磁通电流互感器测量线圈一直处于磁饱和状态。

5. 预防措施

1)完善基建施工期间接线工艺,零磁通电流互感器本体接线盒内接线柱的接线线鼻子压接工艺要良好,避免电缆裸露线芯和线鼻子之间虚接。

2)接线鼻子紧固后,开展零磁通电流互感器回路电阻试验、绝缘试验、精度测试和功能试验。

四、直流分压器

1. 故障特征

直流分压器直流电压测量值异常。

2. 案例

某换流站直流分压器"直击雷导致直流电压测量异常"。

2015 年 9 月 19 日 21:58:00:206,某换流站 OWS 报"线路故障欠压保护 Init Down";21:58:00:233,极Ⅰ直流线路保护再启动逻辑跳闸;21:58:00:247,极Ⅱ直流线路保护再启动逻辑跳闸;21:58:00:282,极Ⅰ直流闭锁;21:58:00:296,极Ⅱ直流闭锁。

查看故障录波图发现,在同一时刻,极Ⅰ直流电压由 795kV 瞬时降为 0,极Ⅱ直流电压由 -400kV 瞬时降为 0;双极直流电压跌落至 0 后约 4ms 内,极Ⅰ、极Ⅱ直流电流仍保持了 4460A 左右,没有明显下降。

双极直流电压跌落 4ms 后,极控系统低压限流(VDCOL)逻辑动作,增大触发角 α 来限制直流电流;随着直流电流的逐步减小,直流系统消耗无功降低,交流电压逐步升高。

故障发生约 80ms 后,极控系统发出去游离(Order Down)命令;约 107ms 后极控系统发出移相(Retard)命令,随后双极直流系统先后闭锁。

3. 故障原因分析

故障发生时,站内持续雷电暴雨天气,故障初始时刻极 1、极 2 直流电压均出现突降，但电流没有变化，据此推断并非线路故障，直流线路实际电压并未跌落。

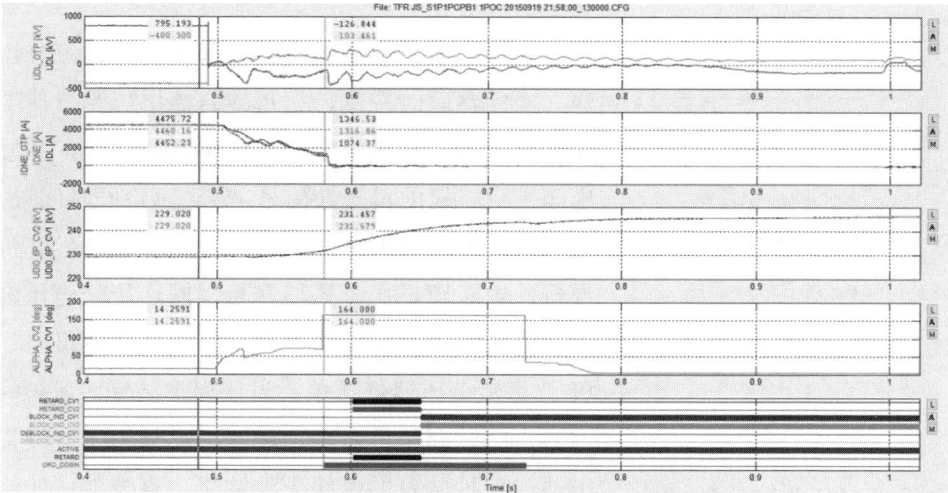

图 6-2-42　P1PCPB1 控制主机故障录波图

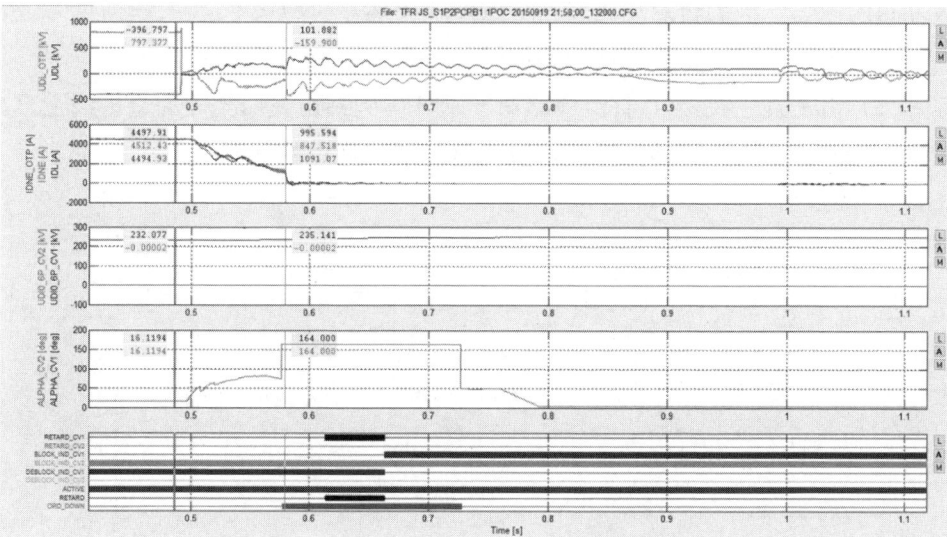

图 6-2-43　P2PCPB1 控制主机故障录波图

　　故障后，对双极直流分压器及其二次回路进行了检查，一次设备外观无异常，没有闪络放电痕迹，双极分压器二次回路及测量板卡各自独立，无公共部分。分压回路保护用压敏电阻动作电压与标称值一致，且动作后能够正常复归。

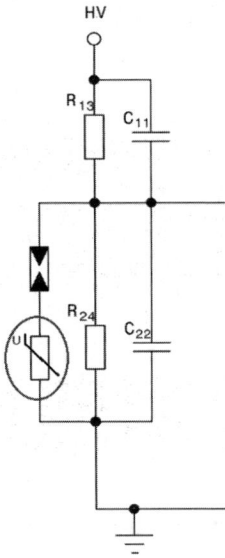

图6-2-44 保护间隙回路中串联压敏电阻示意图

四川省公司雷电监测系统显示当晚21:57:59，锦苏线4号杆塔附近也遭受雷击，与保护跳闸时间21:58:00吻合。

初步分析为直击雷导致双极极母线直流分压器二次回路同时扰动，极母线直流电压测量值瞬间跌落至0，双极直流欠压保护同时动作，并发出闭锁另一极的再启动信号，导致两极同时闭锁。

换流站近区雷击，雷电流通过主接地网泄流，导致站内直流电压分压器与接地网连接处电压升高，电压波形类似雷电过电压，同时造成极1、极2直流分压器低压单元过压保护装置（保护间隙）击穿，测量电压快速跌落，可能由于连续雷击造成保护装置的绝缘无法恢复，直流电压始终无法建立，进而引起直流线路欠压保护动作。两极互相闭锁另一极的再启动逻辑，导致双极停运。

在从雷击近区开始到最终双极闭锁的过程中，有如下两个重点：

（1）雷击发生在极I直流线路第一基杆塔到站内龙门架间的避雷线上，雷电流部分通过站内主接地网泄流，表明这一泄流通道的功能正常；

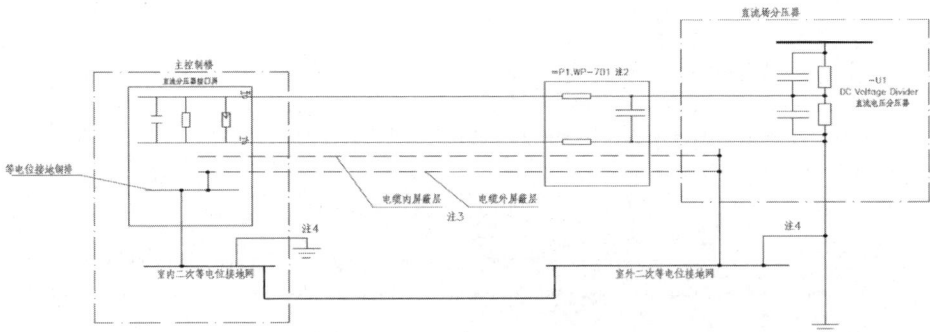

图6-2-45 二次信号电缆屏蔽层改进示意图

（2）站内接地网电压升高，超过直流分压器保护装置动作值，保护间隙响应动作，避免损坏直流分压器低压回路元件，表明直流分压器保护装置功能正常。

4. 处理方法

现场检查直流分压器分压回路时，在施加 250V 电压时，分压回路压敏电阻（保护分压回路测量分压元件）过压导致绝缘击穿（动作电压 230V）；在施加50V、100V 电压时，分压回路压敏电阻绝缘正常。试验证明压敏电阻功能正常。

图 6-2-46　直流分压器分压回路检查

现场检查直流场防雷接地装置，未发现损坏、脱落等情况。

图 6-2-47　直流场防雷接地装置检查

检查站内工业视频录像显示故障时刻直流线路杆塔附近有一道闪电。

考虑到直流系统单换流器运行方式，直流分压器二次回路正常最低工作电压为 35V，压敏电阻应与之匹配，选择残压值为 35V 左右的元件与极母线直流分压器保护间隙串联安装。

图 6-2-48 工业视频录像检查

改进直流分压器二次信号电缆屏蔽层接地方式：外屏蔽两端接地、内屏蔽在直流场单端接地，且两端屏蔽层均需可靠接入等电位地网。

图 6-2-49 直流分压器低压单元改造前照片

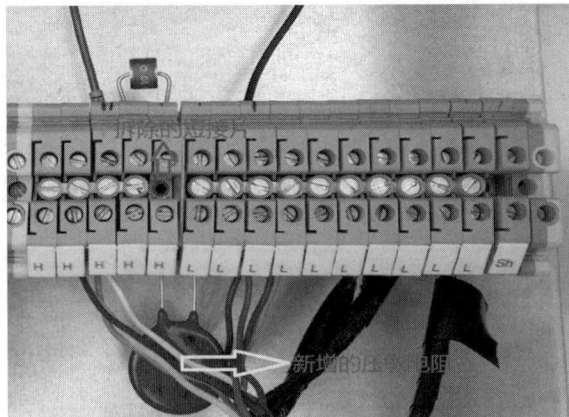

图 6-2-50 直流分压器低压单元改造后照片

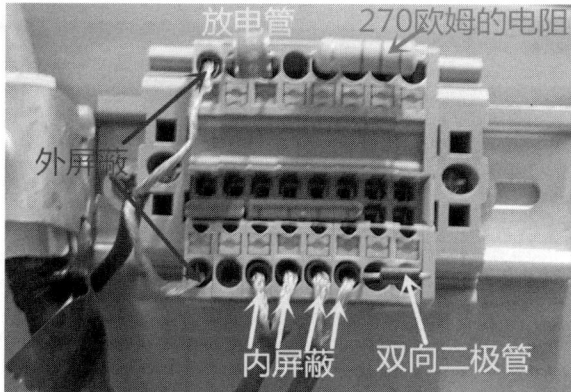

图 6-2-51　直流分压器二次接口屏改造前照片

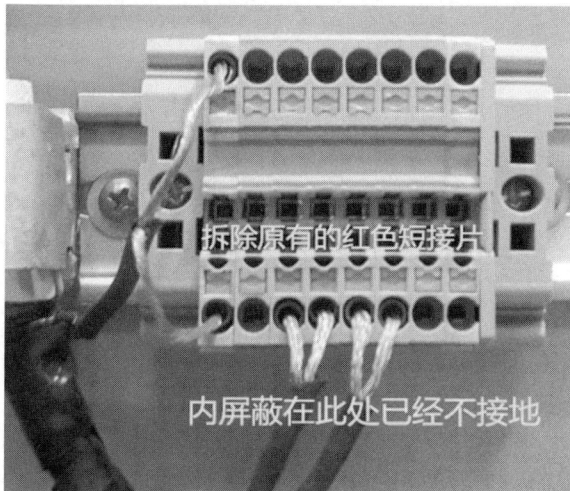

图 6-2-52　直流分压器二次接口屏改造后照片

5. 预防措施

（1）直流分压器二次信号电缆屏蔽层需可靠接入等电位地网。

（2）直流分压器分压回路保护用压敏电阻动作电压应与二次回路正常最低工作电压匹配。